高等学校土木工程专业"十四五"系列教材
土木工程专业本研贯通系列教材

岩土灾害学

樊晓一　邱恩喜　万旭升　主　编
路建国　晏忠瑞　田述军　张友谊　副主编
邵永波　何思明　主　审

中国建筑工业出版社

图书在版编目（CIP）数据

岩土灾害学 / 樊晓一，邱恩喜，万旭升主编；路建国等副主编. -- 北京：中国建筑工业出版社，2025. 6. （高等学校土木工程专业"十四五"系列教材）（土木工程专业本研贯通系列教材）. -- ISBN 978-7-112-31188-0

Ⅰ. TU4

中国国家版本馆 CIP 数据核字第 2025NB3245 号

　　本书以常见的岩土灾害为基本内容，通过简明、新颖、实用的内容编写，结合近年来岩土灾害领域所取得的成就与进展，以及教材编著者们在该领域研究中所取得的最新成果帮助学生了解常见岩土灾害特征及研究所涉及的理论和方法，各类岩土灾害的发生机制、发展规律和灾害防治。全书共 10 章，分别为绪论、滑坡灾害、泥石流灾害、崩塌灾害、地质灾害链、冻土灾害、盐渍土、膨胀土、软土、黄土性质及灾害。本书可作为高等学校土木工程、水利工程、测绘工程、城乡规划、油气储运、交通运输等相关专业的研究生教材和教学参考书。

　　为了更好地支持相应课程的教学，我们向采用本书作为教材的教师提供课件，有需要者可与出版社联系。

　　建工书院：https://edu.cabplink.com

　　邮箱：jckj@cabp.com.cn　电话：(010) 58337285

责任编辑：赵　莉
文字编辑：周　潮
责任校对：党　蕾

高等学校土木工程专业"十四五"系列教材
土 木 工 程 专 业 本 研 贯 通 系 列 教 材
岩土灾害学
樊晓一　邱恩喜　万旭升　主　编
路建国　晏忠瑞　田述军　张友谊　副主编
邵永波　何思明　主　审

*

中国建筑工业出版社出版、发行（北京海淀三里河路 9 号）
各地新华书店、建筑书店经销
北京红光制版公司制版
廊坊市海涛印刷有限公司印刷

*

开本：787 毫米×1092 毫米　1/16　印张：23¾　字数：528 千字
2025 年 7 月第一版　2025 年 7 月第一次印刷
定价：**78.00** 元（赠教师课件）
ISBN 978-7-112-31188-0
(44565)

前　言

在自然界中，岩土灾害以其突发性和巨大的破坏性，给人类的生产生活带来了严重威胁。为了深入了解和科学应对此类灾害，编写了这本《岩土灾害学》。本书旨在系统阐述岩土灾害学的基本理论、研究方法及其实践应用，以期为广大从事土木工程、地质工程、环境工程及岩体灾害防治等领域的学者、工程师和研究生提供一个全面、深入的学习和参考平台。

岩土灾害的发生往往伴随着巨大的经济损失和人员伤亡。因此，针对岩土灾害的成因机制、预测预报及防治技术进行深入研究，具有重要的理论价值和实际意义。岩土灾害学作为一门交叉学科，涵盖了地质学、土力学、水文学、工程力学、物理学和化学等多个学科领域的知识，旨在通过综合运用各种理论和方法，揭示各类岩土灾害的发生机制、发展规律，为灾害防治提供科学依据。

本书从岩土灾害的基本概念入手，介绍了岩土灾害的分类、特点及其影响因素。随后，详细阐述了岩土灾害的成因机制和演化过程，包括滑坡、崩塌、泥石流、盐渍土、冻土、软土、膨胀土以及黄土等典型灾害的成因、发生条件及演变规律。在此基础上，本书进一步探讨了岩土灾害的预测预报方法，包括地质勘察、监测预警、数值模拟等手段及其综合应用，并相应提出了针对性的防治策略和措施。

在编写过程中，我们力求做到内容全面、系统、深入，同时注重理论与实践的结合。此外，我们广泛吸收了国内外岩土灾害学领域的最新研究成果和工程实践经验，力求使本书既具有学术性，又具有实用性。希望本书能够为读者在岩土灾害防治领域的研究和实践提供有益的参考和借鉴。

当然，由于岩土灾害学涉及的领域广泛，内容繁杂，加之编写时间有限，本教材的缺点、错误在所难免，衷心希望广大读者在阅读过程中能够提出宝贵的意见和建议，以便我们在今后的工作中不断完善和提高。

最后，再次感谢您的关注和支持。愿本书能为您在岩土灾害学领域的探索之旅提供有力的帮助和启迪。

全书由西南石油大学樊晓一教授负责策划和统稿，并编写第1、2、5章；西南石油大学邱恩喜副教授负责校核，并编写第8、9章；西南石油大学万旭升教授负责校核，并编写第7章；西南科技大学张友谊教授编写第3章；西南科技大学田述军教授编写第4章；西南石油大学路建国副教授编写第6章；西南石油大学晏忠瑞副教授编写第10章。全书由西华大学邵永波教授、中国科学院水利部成都山地灾害与环境研究所何思明研究员主审。

本书的出版得到西南石油大学研究生教材建设项目（项目编号：21YJC14）资助，特此致谢！

本书撰写中借鉴和参考的文献已列出，但难免遗漏，在此谨向有关文献作者一并致谢！

编者

2024 年 4 月

目 录

第1章 绪 论

1.1 岩土灾害概述

岩土灾害学是研究工程建设过程中岩土工程的地质灾害问题，涉及岩体、土体和岩土体材料的物理、化学和力学过程，是土木工程、工程地质学与岩土力学的交叉学科。岩土灾害学的主要任务是研究岩土工程灾害的地质条件和发生机理；预测岩土体在自然因素和人为活动作用下岩土力学性质的变化和破坏规律，控制它的发展和影响范围，并提出改造环境、防治岩土灾害的方案和措施。

我国是亚洲乃至世界上岩土灾害最为严重的地区之一。特别是20世纪80年代以来，随着我国经济建设高速发展以及自然环境因素的影响，岩土灾害呈逐年加重的趋势。主要的岩土灾害包括滑坡、崩塌、泥石流、盐渍土、冻土、软土、膨胀土、黄土灾害等，其中盐渍土、冻土、软土、膨胀土、黄土灾害属于特殊土类灾害。

滑坡（Landslide）是指斜坡上的土体或者岩体受降雨、地震、人工堆砌或切坡等自然和人为因素的诱发，在重力作用下，沿着一定的软弱面或者软弱带，整体或分散地顺坡向下滑动的自然现象。滑坡的发生会对滑坡体及其运动路径上的建筑、桥梁、道路、工厂等土木工程设施造成损毁或掩埋，导致严重的人员伤亡和财产损失。如2017年6月24日，四川省阿坝州茂县叠溪镇新磨村突发高位滑坡，造成40余户农房损毁和被掩埋，83人死亡和失踪；2013年7月10日，四川都江堰三溪村高位山体滑坡造成11户建筑被掩埋，161人死亡和失踪。

崩塌（Rockfall）是较陡斜坡上的岩体和土体受降雨、地震或人类工程活动等因素影响，在重力作用下突然崩落、滚动、堆积在坡脚（或沟谷）的地质现象。崩塌的发生会对其下部坡体或地面上分布的建筑、桥梁、道路、工厂等土木工程设施造成损毁，导致严重的人员伤亡和财产损失。

泥石流（Debris flow）是指在山区沟谷或坡面因为暴雨、融雪、冰湖溃决或其他自然灾害引发的携带有大量泥沙以及石块的特殊洪流。泥石流具有突然性、流速快、流量大、物质容量大和破坏力强等特点。泥石流常常会冲毁建筑、桥梁、公路、铁路等交通设施甚至城镇等，造成巨大损失。如2010年8月7日，甘肃甘南藏族自治州舟曲县发生泥石流，泥石流冲毁和掩埋舟曲县城三眼峪沟和罗家峪沟沟内和两侧建筑，造成1700余人遇难和失踪。

盐渍土（Saline soil）是指土中易溶盐、中溶盐的含量超过某一含量界限的土。《盐渍土地区建筑技术规范》GB/T 50942—2014 定义盐渍土为当易溶盐含量大于或等于 0.3% 且小于 20%，并具有溶陷或者盐胀等工程特性的土。《铁路工程地质勘察规范》TB 10012—2019 认为在地表 1m 范围内，易溶盐含量超过 0.5% 的土为盐渍土。盐渍土对工程建设的危害是多方面的，由此造成的经济损失巨大。危害性主要有溶陷性、盐胀性和腐蚀性。当盐渍土地区构筑物所处的地基中盐分不断溶解或结晶，导致地基不均匀变形，使土体结构强度衰减，地基承载力下降。土中氯离子对混凝土和金属有强烈的腐蚀作用，严重威胁混凝土基础安全。

冻土（Frozen soil）一般是指温度在 0℃ 或以下，并含有冰的土类和岩石。通常按照土体处于冻结状态的时间分为短期冻土、季节冻土以及多年冻土。冻土是一种对温度极其敏感且性质不稳定的特殊岩土体介质，寒区工程的修筑中必须考虑两大工程难题：冻胀和融沉。冻土中温度的变化引起冻土力学性质的改变，最终会影响上部建筑物的稳定性。在全球气候变暖的大背景下，人类的工程活动首先将改变多年冻土的热量平衡，由此会引起冻土地段地基下沉、路面开裂等病害，这些病害会显著地影响着冻土区建筑物的稳定性及安全运营。

软土（Soft soil）一般是指天然含水量大，有机质含量多，压缩性高，孔隙比大，渗透性差，承载能力低的一种软塑到液塑状态的黏性土，如淤泥、淤泥质土、泥炭以及其他高压缩性饱和黏性土，它是在静水或缓慢水流环境下，经生物化学作用形成的以细粒土为主的近代沉积物。软土具有天然含水量高、孔隙比大、压缩性高、透水性低、抗剪强度低、具触变性、具流变性等特点。软土地区常常出现房屋建筑、路基工程、桥梁等土木工程设施的变形和稳定性问题，其中变形问题是一个缓慢的过程，而稳定性问题则是突发性的，但两者都对人类的生命财产造成了很大的威胁。如 2008 年 11 月 15 日，在杭州的软土地区发生一起地铁工地重大塌陷事故，造成了 21 人死亡，多人受伤，直接经济损失达 4961 万余元。

膨胀土（Expansive soil）是一种吸水膨胀、失水收缩且对环境湿热变化十分敏感的高分散、高塑性黏土，主要由蒙脱石、伊利石等矿物组成。膨胀土具有胀缩性、多裂隙性、超固结性、崩解性等特点。膨胀土的病害常见于道路、铁路、房屋建筑等，我国由于膨胀土地基致害的建筑面积非常广，尤其是铁路、公路地基受膨胀土危害非常严重，造成了巨大的经济损失以及生态环境的破坏，同时对工程活动也造成了严重的经济损失。

黄土（Loess）指的是在地质时代中的第四纪期间，干燥气候条件下形成的多孔性具有柱状节理的黄色粉土。湿陷性是黄土灾害的典型特征，其物理性质表现为疏松、多孔隙、竖向节理发育、极易渗水，且有许多可溶性物质，在干燥时较坚硬，一旦被流水浸湿，通常容易剥落和遭受侵蚀，甚至发生坍陷。如 2020 年 1 月 13 日，青海省西宁市城中区某公交车站路面塌陷，湿陷性黄土路基因多年渗水导致路基物质流失，逐步形成地下陷穴，年久失修的防空洞外壁空腔为水土流失提供通道，市政工程施工、车辆动荷载扰动下方土体，在经常性荷载反复作用下，路基原设计能力失效，承载力下降，引发公交车压塌路面后坠落，砸断供水管道和市政电缆，大量自来水快速泄出，再次冲刷形成大面积塌陷，大量泥浆造成次生灾害，造成 10 人遇难，17 人受伤。

1.2　我国岩土灾害的特征及诱发因素

1.2.1　地质灾害

广义的地质灾害是以地质动力活动或地质环境异常变化为主要成因的自然灾害，是在地球内动力、外动力或人为地质动力作用下，地球发生异常能量释放、物质运动、岩土体变形位移以及环境异常变化等，危害人类生命财产、生活与经济活动或破坏人类赖以生存与发展的资源、环境的现象或过程。不良地质现象通常叫作地质灾害，是指自然地质作用和人类活动造成的恶化地质环境，降低环境质量，直接或间接危害人类安全，并给社会和经济建设造成损失的地质事件，包括崩塌、滑坡、泥石流、地裂缝、地面沉降、地面塌陷、岩爆、坑道突水、突泥、突瓦斯、煤层自燃、黄土湿陷、岩土膨胀、砂土液化、土地冻融、水土流失、土地沙漠化及沼泽化、土壤盐碱化，以及地震、火山、地热害等。

滑坡、崩塌、泥石流是常见的地质灾害类型，据统计，2013～2023 年，这三类灾害占全国发生地质灾害总数的 93％～98％，是我国每年导致严重人员伤亡和经济损失的主要灾害（表 1-1），本教材主要分析这三类地质灾害类型。

2013～2023 年全国滑坡、崩塌、泥石流地质灾害统计表　　　　　表 1-1

年	地质灾害总数（起）	滑坡（起）	崩塌（起）	泥石流（起）	死亡和失踪（人）	受伤（人）	直接经济损失（亿元）
2023	3668	925	2176	374			
2022	5659	3919	1366	202	106	34	15
2021	4772	2335	1746	374	91		32
2020	7840	4810	1797	899	139	58	50.2
2019	6181	4220	1238	599	224	75	27.7
2018	2966	1631	858	339	112	73	14.7
2017	7521	5524	1356	387	352	173	35.4
2016	9710	7403	1484	584	405	209	31.7
2015	8224	5616	1801	486	287	138	24.9
2014	10907	8128	1872	543	400	218	54.1
2013	15403	9849	3313	1541	669	264	102

滑坡、崩塌、泥石流地质灾害发育最根本的原因是有利的地形地貌，强烈的内、外动力条件（地震、降雨）和人类工程活动。强震、极端气候条件和全球气候变化构成了地质

灾害的主要触发和诱发因素，我国中部和东部地区属于典型的季风气候区，汛期的暴雨强度可达到200～300mm/d，易于触发滑坡、崩塌、泥石流。西北地区春季冻结层的融化，也是大规模黄土类滑坡、崩塌、泥石流发生的诱因。近年来全球气候变化导致气温上升、雪线上移、冰川后退、冰湖溃决，也都成为特定地区滑坡、崩塌、泥石流发生的诱发和触发因素。

由此，得出中国大陆地质灾害发育特征：

（1）中国大陆地质灾害发育最根本的原因是独特的地形地貌特征。从西到东，从青藏高原到四川盆地及云贵高原，再到中部山区和东部的近海平原构成我国大陆地形三级台地的基本景观，并在它们之间形成巨大的大陆地形坡降地带；尤其在青藏高原与云贵高原和四川盆地之间的坡降带，不仅地形坡降陡，而且发育于青藏高原的金沙江及其主要支流（雅砻江、大渡河、岷江）以及澜沧江、怒江等深切成谷，形成高山峡谷的地貌景观，从而奠定了地质灾害发生的地貌基础。除了有利的高山峡谷地貌特征外，复杂的河谷岸坡结构和人类频繁的活动是促使地质灾害发育的另一个主要原因。

（2）中国西部也是世界上板内构造活动最为活跃的地区之一。印度洋板块与亚欧板块的"强烈"碰撞与青藏高原的持续隆升，地壳内动力自西向东传递，波及范围远及中东部，并在西部地区表现得特别地活跃，高地应力、强活动性构造及其伴随的强震过程构成这一地区内动力条件的突出特点。在上述大陆地形坡降带的深切河谷地区，地壳内、外动力条件强烈地交织与转化，促使高陡边坡发生强烈的动力过程，从而促进了地质灾害的发生。

（3）极端气候条件和全球气候变化构成了地质灾害发生的主要触发和诱发条件。青藏高原的形成和秦岭东西山脉的阻隔，导致中国形成南、北两个条件迥异的气候分区。中国南方天气系统主要受印度洋暖湿气流的控制，夏季多局部强降雨过程，暴雨强度达到200～300mm/d，易于形成极端气候，尤其是在西南地区的云南、贵州和四川等省，从而触发大规模地质灾害的发生。而在中国的西北地区，主要受西北季风气候影响，冬季寒冷，在广泛的黄土地区毛细管水位上升，形成坡角的季冻层，来年的春季冻结层融化，诱发形成大规模的黄土地质灾害。青藏高原以及新疆的天山、阿尔泰山等高海拔地区，近年来还表现出全球气候化对当地气候条件的影响，直接的结果是气温上升、雪线上移、冰川后退、冰湖溃决，所有这些，都已经表现出对地质灾害的诱发和触发作用。

（4）大规模人类活动是中国大陆地质灾害频繁发生的又一个主要因素。随着经济的发展，人类活动的力量与日俱增，并表现出逐渐取代自然营力成为导致地球环境变化和日益恶化的主要因素。尤其是在中国西部地区，不仅前述的自然和地质条件有利于地质灾害的发生，20世纪90年代西部大开发战略实施以来，这个地区也是大型工程活动最为集中和频繁的地区。

（5）地质灾害的发生通常都具有灾害链效应。由于大型滑坡、崩塌、泥石流通常发生在深切河谷地带，巨大的物源，尤其是具有高位能的物源通常形成碎屑或碎石流，运动相当长的距离，堵塞江河，从而形成滑坡（崩塌、泥石流）→碎屑流运动→堵江堰塞成湖→堰塞湖溃决→洪水次生灾害的一个完整的地质灾害链。这种情况在西南地区具有相当的普遍性。

1.2.2 盐渍土

盐渍土对工程建设的危害是多方面的。据不完全调查统计，每年因此造成的直接经济损失可高达上亿元。盐渍土对工程的危害主要是由其浸水后的溶陷、盐渍土失水或温度降低导致的结晶盐胀和对基础和其他地下设施的腐蚀等造成的。此外，在盐渍土地区所用的工程材料（如砂、石、土等）和施工用水中，常含有过量的盐类，也会对工程建设造成危害。

盐渍土的溶陷、盐胀及腐蚀是盐渍土的主要灾害类型，本教材主要围绕这三个方面进行介绍。

（1）溶陷性。盐渍土的溶陷性在工程中往往会造成地基的沉降，当盐渍土地基遇水浸湿后，在原有地基受荷产生压密沉降的基础上，通常还会产生因盐渍土地基溶陷而引发的附加沉降。盐渍土地基溶陷变形量与地基浸水时间有重要关系。土体结构遭破坏，从而强度降低，土颗粒重新分布，孔隙减小，产生溶陷。除了地基浸水时间对盐渍土溶陷有影响外，易溶盐含量、含水率、上覆荷载等因素，也是盐渍土溶陷性的主要影响因素。

（2）盐胀性。盐渍土的盐胀与一般膨胀土的膨胀机理不同。一般膨胀土的膨胀主要是土中含有的强亲水性黏土矿物吸水后导致土体膨胀，尽管有的盐渍土也是由于土体吸水产生膨胀（如碳酸盐渍土），而更多的却是因失水或因温度降低导致盐类结晶膨胀（如硫酸盐渍土），并且后者的危害大于前者。盐渍土的盐胀影响因素有盐渍土本身和外界环境两个方面的多种因素，包括盐渍土本身的含盐量、含盐种类、含水量等以及外部环境的温度、温度变化速率等方面。

（3）腐蚀性。盐渍土的腐蚀是土腐蚀中一种较为严重的类型，与大环境（温、湿度，降雨量，冻融条件等）和小环境（物件埋设条件、干湿交替情况等）紧密相连，又取决于含盐的性质、种类和数量等。以氯盐为主的盐渍土，主要对金属的腐蚀危害大，如罐、池、混凝土中的钢筋及地下管线等。以硫酸盐为主的盐渍土，主要是通过化学作用等，对水泥制品（砂浆、混凝土）和黏土砖类建筑材质发生膨胀腐蚀破坏，对钢结构、混凝土中钢筋、地下管道等也有一定腐蚀作用。

1.2.3 冻土

冻土是气候变化的产物，地球上多年冻土约占陆地面积的23%，季节冻土约占陆地面积的50%，主要分布在俄罗斯、加拿大、中国和美国的阿拉斯加等地区。我国是世界上第三大多年冻土分布国，多年冻土分布面积占世界多年冻土分布面积的10%，占国土面积的21.5%，主要分布在东北大、小兴安岭和松嫩平原的北部及西部高山和青藏高原。

其中青藏高原多年冻土面积占整个多年冻土面积的 70% 左右。这种特殊地质体的存在，对寒区工程的修建及维护势必会提出严峻的挑战，同时对人类的生存和发展会产生深远的影响。

冻土灾害是指在冻土区域，冻土层的特殊性质和脆弱性，受到外界因素的影响导致的各种灾害现象。这些灾害包括地面沉降、冻土塌陷、冻土滑坡和冻土溶洞等。

（1）地面沉降与冻土塌陷。冻土层在冬季的低温环境下冻结，当气温升高时会融化。融化的冻土变为水分，冻土的结构疏松，水分会渗透到土壤中，导致土层沉降。这种沉降现象对建筑物和基础设施造成了巨大的压力和损害，可能引发建筑物的倾斜、结构破裂等问题。冻土层的稳定性依赖于其冻结状态和内部结构。然而，在受到外力或水分变化的作用下，冻土层可能失去稳定性，导致土层发生坍塌或下沉。这种塌陷现象会给地面和建筑物带来明显的凹陷或沉降，给交通运输和城市化进程带来难题。

（2）冻土滑坡。在冻土区域中，冻土层与下方非冻土层之间的边界层被称为冻结-融化过渡带，这一带是较为脆弱的地区。当暴雨、震动或其他扰动因素作用于冻土层时，冻土层与非冻土层之间的黏结力可能减弱，导致冻土层发生滑动和滑坡。冻土滑坡的速度较快，对周围的土地、建筑物和交通设施造成严重破坏，甚至对人民生命和财产安全造成重大威胁。

（3）冻土溶洞。由于地下水流和冻融循环的作用，在冻土区域形成的溶洞会引发地表下陷和塌陷。冻土溶洞的形成主要是冻土层内水分的运动和冻融循环引起的物质变化。冻土溶洞的存在对当地的基础设施和人类活动构成威胁，可能导致道路、建筑物的破坏，对水资源利用和生态系统造成影响。

综上所述，冻土灾害包括地面沉降、冻土塌陷、冻土滑坡和冻土溶洞等多种形式。这些灾害都源于冻土层的特殊性质和脆弱性，当气候条件或人类活动等因素改变时，冻土层容易失去稳定性，从而引发灾害。对于冻土区域的开发和利用，应注意灾害防范和管理，采取合理的工程措施，加强监测和预警系统，以减轻冻土灾害对人类和环境的影响。

1.2.4 软土

由于软土成因类型复杂，分布范围广泛，在工程实践中经常会遇到软土地基以及相关工程问题，这主要是软土的工程特性决定的。软土地基由于其含水率高、天然孔隙比大、压缩性高、渗透性小、抗剪强度低、固结系数小等工程性质，天然地基承载力往往不能满足工程设计的要求，使建筑结构发生失稳问题或沉降过大，从而引起一系列软土地区的工程病害问题。

当路线经过软土地区时，由于地基的特殊性，或采取的工程措施不当，就会诱发相关工程病害产生。稳定和沉降是软土路基工程的两大工程地质问题，大量的工程实践表明，关于稳定性的相关技术（稳定分析、地基加固方法）已达比较成熟的程度，且已有足够的可控性和可靠性；而沉降问题，由于软土性状的复杂性、特殊性、变异性和受相关参数获取可靠性的影响，其沉降值的确定还只能达到估算的水平和精度。

（1）软土稳定性问题的特征及其诱发因素

地基的强度破坏是一种突发性事件，破坏的先兆十分短促，破坏规模大，在较均匀的软土地基中，失稳的路堤多是沿圆弧形滑面滑动，目前多用圆弧滑动法为代表的极限平衡法来验算其稳定性。由于软土地基承载力低，强度差，受路基填筑的上部荷载影响较大，当下部软土地基的抗剪强度及承载能力不足时，就会造成路堤的破坏，形成裂缝，严重的还会造成路堤局部或整体的塌方、失稳，导致相邻的桥台、涵洞等结构物受到破坏。

（2）软土沉降问题的特征及其诱发因素

软土地区地面沉降是地表松软土体压缩而导致区域性地面标高降低的一种环境地质现象，是软土地区城市化建设过程中出现的主要地质灾害之一，具有持续时间长、影响范围广、成因机制复杂和防治难度大等特点。地面沉降作为一种缓变性、持久性、不可逆性的灾害，其影响范围和程度随时间的推移越发明显。沉降的发生、发展和停止都是缓慢进行的，初期人们往往不易察觉，没有明显的表征，但是灾害一旦发生，持续时间长，后果较严重。黏性土层的压缩变形是不可逆的，沉降一旦发生就不可复原，并且在较长时间内将持续沉降。引起软土地面沉降的主要因素为：地下水位变动、附加荷载的作用、欠固结软土自然压实等。根据发生沉降对象不同，软土地面沉降分为建筑区软土地基沉降和公路软土地基沉降两大类。

① 建筑区软土地基沉降

工程建筑与软土地面整体不均匀沉降而导致建筑物发生倾斜、开裂破坏。软土具有高压缩性，发生不均匀沉降时，建筑物的基础受集中应力出现裂缝，最终使建筑物遭到破坏产生开裂，失去其使用功能。若建筑物有足够刚度，其抗拉、抗剪强度足以抵抗地基不均匀沉降而产生拉剪应力时，则会发生倾斜。建筑结构稳定，但邻近地面整体沉降，发生此种沉降类型的建筑特点是，建筑物一般建成年代较新，以基岩或风化基岩为桩基持力层，地基承载力较高，因此建筑物整体结构稳定，而邻近的地面因承受静、动荷载而产生地面整体固结沉降，导致建筑物主体高于地面甚至架空。

② 公路软土地基沉降

沉降导致的均匀变形所产生的负面影响是可以忽略的，但实质上，地基下方土层的厚度是非统一的，土是非均质的，在施工过程或后期使用过程中会出现软土地基不均匀沉降的情况（图1-1），软土分布区公路路面普遍波状起伏、路基侧向位移、路桥接触处不均匀沉降、路面开裂（图1-2）等。另一种不均匀沉降出现在桥梁等结构物与路基的交界面，由于在设计施工的过程中，桥梁等结构物与路基对于沉降控制的要求是不同的，结构物与路基之间往往也会产生较大的沉降差，给后期的投入使用埋下了一定的安全隐患。

本教材通过斜坡软土的稳定性和深厚软土地区沉降问题两个工程实例，对斜坡软土进行了病害原因分析、稳定性分析，对深厚软土进行了地基加固以及沉降值的监测，使得对稳定和沉降两大软土区的工程问题有了更加深刻的认识。

尽管建在软弱地基上的构筑物因为其基础结构形式多样，病害原因及表现形式也不尽相同，但都是软土地基稳定和沉降两大问题所衍生的一系列工程问题，软土地基上的病害问题又与其工程特性密切相关，因此在软土地基上进行工程活动，就必须准确把握软土的工程特性，因地制宜采取相关的软土地基处理措施。

图 1-1　房屋倾斜倒塌

图 1-2　路面沉降开裂

1.2.5　膨胀土

膨胀土其显著的吸水膨胀、失水收缩以及其本身的工程特性，使得膨胀土地区经常遭受各种不同情况的破坏，给工程建设带来了极大危害，膨胀土的危害是潜在、长期和反复的，膨胀土所造成的工程病害大多是由于膨胀土在设计和施工前未被确定，使得膨胀土地区道路路基和房屋建筑遭受了不同情况的破坏。

对于膨胀土道路地区灾害形成的原因不同，可以将膨胀土地区的灾害分为裂隙、翻浆冒泥、路基下沉、溜坍、滑坡、坍滑、剥落、冲蚀、泥流等，以下主要介绍与本教材有关的滑坡和坍滑两个道路灾害的特征及成因。

（1）滑坡：和一般滑坡相同，斜坡土体沿土体内软弱面滑动。这一软弱面多为裂隙面、层面或其他结构面，由于土体存在滑动趋势，当失去前部支撑，便产生滑动。膨胀土地段的滑坡，由于其滑动面土体含水量较大，强度低，有时虽然土体边坡已经放缓，但仍易产生滑动。膨胀土滑坡多以牵引式出现，呈叠瓦状，成群发生，滑体呈纵长式，有的滑坡从坡脚可一直牵引到边坡顶部，有很大的破坏性。滑体厚度大多具有浅层性，一般为 1.0～3.0m，多数小于 6.0m（图 1-3）。

（2）坍滑：路基边坡坍滑是膨胀土地段的路堑、路堤边坡经常发生的一种变形现象，不少地段坍滑体厚度不大，但其在边坡上会不断扩展。坍滑是边坡浅层膨胀土体在湿胀干缩效应与内化作用影响下，由于裂隙切割以及水的作用，土体强度衰减，丧失稳定，沿一定滑面整体滑移，并伴有局部坍落的现象，坍滑常发生在雨季，较降雨稍有滞后。滑面清晰且有擦痕，滑体裂隙密布，多在坡脚或软弱的夹层处滑出。破裂面上陡下缓，滑面含水富集，明显高于滑体。坍滑若继续发展，可牵引形成滑坡，坍滑厚度一般在风化作用层内，多为 1.0～3.0m（图 1-4）。

图 1-3 膨胀土边坡滑坡

图 1-4 膨胀土路堑边坡坍滑

对于建造在膨胀土地基上的房屋建筑物其主要特征及成因如下：

（1）建筑物的开裂破坏一般具有地区性成群出现的特点，且以低层、轻型、砖混结构损坏最为严重，因为这类房屋重量轻，结构刚度小，基础埋深浅，地基土易受外界环境变化的影响而产生胀缩变形。

（2）膨胀土地基上的房屋在垂直和水平方向都受弯和受扭，故在房屋转角处首先开裂，墙上经常出现正、倒八字形裂缝以及 X 形交叉裂缝，外纵墙基础则受到地基在膨胀过程中产生的竖向切力和侧向水平推力的作用，造成基础外移而产生水平裂缝，并伴有水平位移，室内地坪和楼板发生纵向隆起开裂。对于建在斜坡上的建筑物，其地基变形不仅有垂直向，还伴随有水平向，因而损坏要比平地上更严重。

本教材用路堑坍滑和斜坡路堤滑坡两个工程实例分析了膨胀土病害特征及其产生的原因，介绍了相关的防治工程措施与效果。实例启示我们，地质不良、水的危害、地质勘察认识不足、分析不够、防护措施不力、施工不当等均是病害产生的原因，但各有主次和差异；其次边坡病害应以防为主，而地质不良地段应避免深挖方，并加强排水，加大支挡力度，以防止病害的发生或恶化。

1.2.6 黄土

黄土在地球上分布广泛，总面积大约有 1300 万 km²，约占陆地总面积 9.3%，主要分布在中纬度气候温暖地带。而我国是世界上黄土分布面积最广、厚度最大、成因类型最复杂、地层层序最完整的国家，以中国北方的黄土最为典型，在黄河中游构成了著名的黄土高原，具有最为典型的黄土地区特征。中国黄土分布的北界大致在小兴安岭南麓、内蒙古诸沙漠南缘，然后转向西北近于中蒙边界，呈弧形。中国主要黄土地带的南界大致由长白山西麓经辽东半岛东沿、山东半岛至秦岭、祁连山和昆仑山北麓。中国黄土的总面积为63 万 km²，黄土状沉积的总面积约为 25 万 km²。其中黄河流域黄土面积约为 31 万 km²。由于我国各个地区地理、地质和气候等条件的差异，黄土的物质成分、分布地带、沉积厚度、湿陷特征和物理力学性质等也因地而异。黄土的厚度各地不一，陕西泾河与洛河流域的中下游地区，最大厚度可达 180～200m。中国黄土物质主要来自里海以东北纬 35°～45°的内陆沙漠盆地地区。沙漠盆地中的上升气流将粉尘颗粒输送至高空，进入西风环流系统，随着西风带的高空气流自西向东、东南飘移，至东经 100°以东的地区发生大规模沉降。堆积起来的粉尘颗粒，由于生物化学风化作用，发生次生碳酸盐化形成黄土。

黄土是第四纪以来形成的特殊沉积物，黄土节理裂隙发育，结构疏松多孔，是一种容易致灾的特殊土体。同时黄土的颗粒成分多为粉土和黏土，颗粒之间呈现弱胶结状，故其在干湿两种状态下强度差异非常大，遇水后极易发生软化，从而变形湿陷，所以水环境变化极易导致黄土陷、沉、裂、崩、滑、流群集出现，从而诱发黄土地质灾害链。同时由于黄土的这些特有性质，90%以上的黄土地质灾害链都是由水引起的，水已经成为黄土地质灾害链最重要的诱发因素之一。

黄土高原地质灾害发育齐全，目前已经确定的常见黄土地质灾害有 7 种：黄土湿陷、黄土塌陷、黄土地面沉降、黄土裂隙、黄土崩塌、黄土滑坡、黄土泥流。这些黄土灾害虽在同一自然环境在演化过程中伴生，或在演化过程中与人类活动共同作用引起，但他们本身有着特殊的性质和特点，研究黄土地质灾害链需要首先认识这些地质灾害本身的特性。黄土湿陷、黄土塌陷、黄土崩塌、黄土滑坡等常见的地质灾害在黄土地区往往协同发生，互相转化，在时间和空间上复杂交汇形成黄土地质灾害链，如图 1-5 所示。

图 1-5　常见黄土地质灾害

黄土高原是我国重大工程的战略实施地。随着国家"西部大开发"战略实施，南水北调、西气东输等重大工程的进行，高速铁路、高速公路、西气东输管线等重大线性工程纵横在黄土高原之上，为黄土高原提供了新的发展机遇的同时，也带来了前所未有的重大工程灾变威胁。因此，基于工程实例总结了黄土区工程病害的类型，针对各类工程病害介绍了其对应的病害防治措施。

思 考 与 习 题

1-1 我国主要岩土灾害类型及分布规律有哪些?

1-2 各类岩土灾害的岩土体组成和特征是什么?

1-3 各类岩土灾害有哪些灾害特征?

1-4 论述岩土灾害与工程建设和环境的关系。

第2章 滑 坡 灾 害

本章介绍滑坡特征、分类及辨识方法，从滑坡规模、岩土类型、力学条件、运动速度、滑动面与岩体结构面、诱发因素方面阐述滑坡分类；分析降雨、地震、人类工程等活动诱发滑坡的力学机制、发展过程、成灾机理；根据滑坡发展过程的特征，基于力学理论，阐述滑坡的稳定性分析和评价方法，介绍滑坡灾害模拟的技术和方法；分析高速远程滑坡的基本特征、运动机理和影响因素；介绍滑坡破坏和运动模型试验的方法、材料、相似理论分析；介绍监测预警的技术、理论方法和应用成果。

2.1 滑坡特征与分类

2.1.1 滑坡概念

滑坡是指构成斜坡的岩土体，受降雨、地震、人类工程活动等自然或人为因素诱发，在重力作用下失稳，沿着坡体内部的一个（或几个）软弱面（带）发生剪切而产生的整体性下滑的地质现象。国际上一直流行着广义的滑坡概念，但是自 20 世纪 70 年代以来，广义的滑坡概念逐渐地被"斜坡移动""块体运动"等概念所代替。它包括了坠落、崩塌、滑动、侧向扩展和流动五大类型。我国所采用的狭义的滑坡概念并不完全与广义滑坡中的滑坡类型相对应，即滑坡并不局限在滑动类斜坡运动范畴内。

滑坡的定义反映出滑坡现象具备了以下特点：

（1）滑坡体的物质成分就是构成原始斜坡的岩土体。而斜坡坡面上的其他物质（如雪体、冰体、货物、动植物体等）顺坡面下滑都不是滑坡现象。甚至坡面上的岩块、土块等岩土碎屑物质零星地顺坡面下滑也不属于滑坡现象。

（2）滑坡是发生在地球表层的处于重力场之中的块体运动，产生块体滑动的力源是重力。当各种条件的有利组合，使块体的重力沿滑动面（带）的下滑分力大于抗滑阻力时，一部分斜坡体即可脱离斜坡（母体）发生顺坡滑动。

（3）滑坡下部的软弱面（带），即滑动面（带），是发生滑坡时应力集中的部位，斜坡坡体在这一位置上发生着剪切作用。自然界中的许多所谓"岩崩""山崩"现象实质上仍是滑坡现象。但是从滑坡体解体后的各个局部块体来看，它们在滑动背景中还同时发生了倾斜，甚至翻滚，块体之间还发生挤压和碰撞。这样的滑坡具备了一些崩塌现象的特征，又被统称为"岩崩"或"山崩"。这类滑坡可以看作是滑坡与崩塌之间的过渡类型，称为崩塌性滑坡。

（4）坡体内往往有很多软弱面（带），并且有的坡体内同时发生滑动剪切的软弱面（带）也不止一个。有的滑坡虽然只有一个发生着剪切作用的软弱面（带），但随着边界条件的变化，也可能会向上或向下转移到一个新的软弱面（带）位置上继续发生剪切滑动作用。

（5）整体性是滑坡体的重要特征，滑坡体至少在启动时呈现整体性运动，许多滑坡体在运动过程中也能保持自身的完整状态。但也有些滑坡体因岩土体结构、滑动面（带）起伏、含水量、剪出口位置等原因而发生变形或解体，从而表现为崩塌性或流动性滑坡，或更进一步转变为崩塌、坡面（或沟谷）碎屑流。

通常情况下，滑坡是包含着滑动过程和滑坡堆积物的双重概念，滑坡的滑动过程和堆积过程都会带来灾害。滑坡堆积物是滑坡运动后的产物，它不仅是指那些直接参与了滑动过程后停积下来的物质，即滑坡体本身所形成的堆积物，而且也包括由于滑坡作用的影响而间接形成的堆积物，如水下的浊流堆积物、滑坡堰塞湖中的静水堆积物等。滑坡中的许多研究课题都是涉及对滑坡堆积物的研究。

2.1.2　滑坡特征

2.1.2.1　滑坡体的形态

自然界中的滑坡有各种各样的形态，滑坡形态是一个复杂的三维立体概念，包括滑坡各部位的形态（图 2-1）、滑坡地表裂缝。此外滑坡在平面上和剖面上都有它自身的特点。

（1）滑坡体（滑体），指与整体斜坡分离、产生移动的那部分岩土体，简称为滑坡体。

（2）滑动面（滑面、滑床面），滑坡体沿其滑动的面。有的滑动面平整、光滑，称为滑动镜面或滑坡镜面；有时滑面上还显出相对滑动的擦痕。按照擦痕的方向可以判断滑坡

图 2-1　滑坡形态特征示意图

1—滑坡壁；2—滑坡洼地；3—滑坡台阶；4—醉汉林；5—滑坡舌；6—滑坡鼓丘；
7—滑坡裂缝；8—滑动面；9—滑坡体；10—滑坡泉

体的滑动方向，有时这一滑动方向只表明当地局部的滑动方向，它与滑坡的整体滑动方向之间有一个交角。

（3）滑动带（滑带），滑坡体下部与滑床之间，因剪切作用而发生变形破坏的层位，其厚度有时为数毫米或数厘米，有时甚至达数米。有的滑坡只有滑动面，而有的滑坡发育有滑动带，这时的滑动面位于滑动带之内。

（4）滑坡床（滑床），指滑动面以下的稳定岩土体，通常也多指这部分岩土体的表部。

（5）滑垫面，指滑坡体滑出剪出口后继续滑动和停积的原始地面，它对滑坡体的运动特征有着直接的影响。

（6）滑坡后壁，由于滑坡体滑动，滑坡后缘一带的滑坡体高度下降，露出了外围的不动岩土体。这里的露头高度数厘米到上百米不等，呈陡壁状，坡度在 $60°\sim80°$ 之间。

（7）滑坡洼地，在滑坡后缘，由于滑体的高程下降和水平方向的位移，在滑坡体与滑坡后壁之间被拉开，或有次一级的块体沉陷而成为封闭洼地。大型或巨型滑坡的滑坡洼地在滑动方向上的宽度可达数十米，甚至上百米。在滑坡洼地，由于地下水常沿滑坡裂缝上升或由于地下水通道改变，原含水层中的水由后壁渗出而不断积水，形成沼泽地，甚至积水成湖，称为滑坡湖。有时滑坡堵河成湖，称为滑坡堰塞湖，容易与真正的滑坡湖相混淆。

（8）滑坡台地，滑坡体滑动后，滑坡体表面坡度变缓呈台地状，称为滑坡台地。

（9）滑坡台坎，由于滑动速度的差异，滑坡体在滑动方向上解体为几段，每段滑坡块体的前缘都能成为一级台坎。

（10）滑坡前端（缘）。①滑坡舌：滑坡体前端呈舌状形态，这是滑坡剪出口高于坡脚时，滑坡体前端运动后堆积的形状。②滑坡趾：当滑坡体从坡脚处或坡体前面的平坦地面上剪出，且滑动距离较小时，滑坡体前端的隆起地形称为滑坡趾。滑坡趾常被流水冲掉或被人为平整，可导致滑坡继续下滑，此处的滑坡趾对于滑坡体的平衡作用犹如人体脚趾对于人体站立时能保持稳定的作用一样重要。③滑坡鼓丘：位于滑坡体前段由滑体受阻挤压作用而形成的丘状地形。

（11）滑坡顶点，滑坡主轴通过滑坡后壁上缘的交点，通常是滑坡后壁的最高点。在小比例尺的平面图上，它的位置代表了滑坡发生时的原始位置。

（12）滑坡周界，滑坡床与地面的交线称为滑坡周界。

滑坡周界经常有三种不同的含义：一种是指滑坡发生区的周界；第二种含义是指滑离原始位置后的滑坡体在地面的边界线，包含尚未完全脱离滑床的那部分滑坡体同地面的交线；第三种含义是从滑坡灾害的观点出发，将滑垫面、滑床与地面的交线统称为滑坡周界。

滑坡周界还经常细分为三部分：①滑坡后界，指滑坡后段产生张性裂缝的周界，有时称为破裂周界、破裂边缘、滑坡弧，这段周界的最高点，也就是滑坡范围内的最高点，称为滑坡顶点。②滑坡侧界，指滑坡体两侧的周界，这里以剪切作用为主，周界两侧的高差变化较小。③滑坡前缘，指滑坡体最前端的周界。

2.1.2.2　滑坡地表裂缝

滑坡体在剧烈滑动以前，首先在地表上产生一系列的裂缝。这些裂缝严格地反映了滑动力与抗滑力构成的力偶作用，这与其他成因的地表裂缝不同，根据受力状况，滑坡裂缝可以划分为以下 4 种。

（1）拉张裂缝

在滑坡体将要发生滑动时，滑坡体的后部受拉而产生一系列的张性裂缝。其中一条与滑坡后壁相吻合，称为主裂缝。有些拉张裂缝分布在滑坡体之外一定距离的地方。土质滑坡的拉张裂缝多呈弧形，长度可达数十米或数百米，因滑坡规模而不同，拉张裂缝之间的滑坡块体可能会产生陷落而成滑坡洼地。拉张裂缝的宽度与滑坡规模、滑坡水平位移、滑动面倾角有关。通常滑动规模大，水平位移距离长，滑动面倾角较缓时，拉张裂缝宽度大。在自然滑坡中，有些滑坡并未发生大规模运动，但由于滑坡规模巨大，滑坡体本身产生压缩应变而使后缘拉张裂缝的宽度达数十米。

（2）剪切裂缝

滑坡的剪切张性裂缝与剪切压性裂缝是分布在滑坡体中、前部的两侧，在顺、反滑动方向所组成的力偶作用下所形成的两组 X 形裂缝。其中，剪切张性裂缝呈明显的羽状（雁行状）排列，两壁粗糙不平，另一组剪切压性裂缝常不明显。单条的剪切裂缝（张性和压性）在岩层中往往追踪两组节理发育。它们的完整性取决于滑坡体物质、滑坡发育程度、后期被充填或掩埋情况。一般情况下，在滑坡中、前部的两侧都可能出现剪切张性裂缝和剪切压性裂缝，最终发育成滑坡体的侧界裂缝。

（3）鼓张裂缝

滑坡体在下滑过程中，如果滑坡前部受阻或后部的滑动速度较快，滑坡前部则发生向上鼓起并开裂，形成横向弧形裂缝。这些张性裂缝大体上垂直于滑坡体的滑动方向，但两头尖端的弯曲方向恰与拉张裂缝相反，向滑坡后部弯曲，有时交互排列成网状。鼓张裂缝两侧块体的高度无明显差异。

（4）放射形裂缝

放射形裂缝是因滑坡前部滑离原位后，在两侧没有限制的情况下滑坡体向两侧自由扩散而形成的。在滑坡中轴部位，这些裂缝方向与滑动方向平行；在滑坡前部，它们呈放射形分布。

2.1.3　滑坡分类

2.1.3.1　滑坡分类体系

滑坡是斜坡岩土体的滑动行为，滑坡的勘查、研究和工程防治必须理解三大基本问题：滑动岩土体、滑动原因、滑动特征。表征滑坡的完整概念都必须包括滑体特征、形成原因及其活动情况这三方面的内容。据此，将滑坡分类归纳为滑体特征分类、动力成因分类和活动特征分类三大系列。

滑体特征分类包括滑体组构特征（物质组成与结构特征）、形态特征（平面形态的几何形状，剖面形态的高、陡、曲、直状况）及滑体规模（大小、厚薄）的分类，这主要是反映滑坡自稳条件的分类研究。

变形动力成因分类包括天然动力和人为动力的分类，是对破坏斜坡稳定性、引起滑坡的环境条件的分类。

变形活动特征分类包括斜坡变形与运动特征（破坏方式、运动形式、力学机制）及发育时程（滑坡发生的时代、活动历史及所处发育阶段）。这是对滑坡活动状态及演化进程的分类研究。这三方面的特征，全面反映了斜坡变形破坏的内、外在条件，活动状态及演化过程。

结合近年来滑坡研究，按照上述三类特征属性将前人已有的各种方案进行科学合理定位，采用"综合分类法"的多层次分类体系，全面反映滑坡多个方面的分类特点，并使所有现存的滑坡分类都得到其应有的体现，如图 2-2 所示。

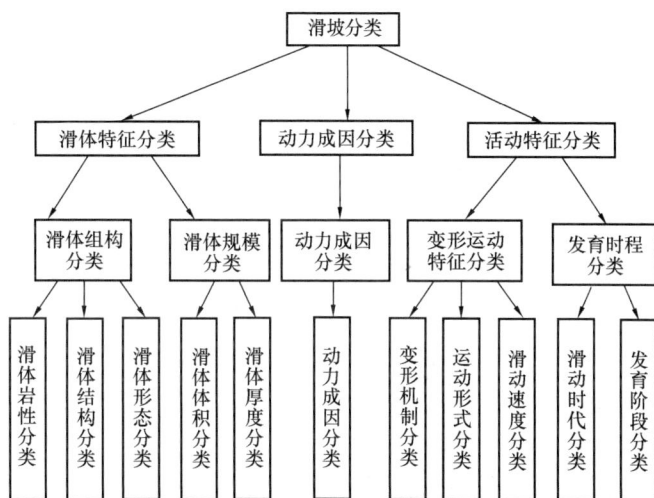

图 2-2 综合性滑坡分类体系框图

2.1.3.2 滑坡滑体特征分类

（1）滑体岩性分类：包括堆积层（土质）滑坡和岩质滑坡，进一步划分亚类及特征描述如表 2-1 所示。

（2）滑体结构分类：指滑面形成之后以滑动面为主导的滑体结构分类，包括滑动面与岩层层面的关系、滑动面上下的岩土体接触关系和滑动面的层数以及滑体分区、分段等。如按滑面与岩层层面的关系分为顺层滑坡、切层滑坡和逆层滑坡等；按滑床的性质分为层间滑动和界面滑动（土体滑坡的土质土床和土质岩床）；按滑面层数分为单层、双层及多层滑动；以及滑体的分区分段性。

（3）滑体形态分类：按滑体平、剖面形态进行的分类。圈椅形（冰斗形）滑坡、横长形（正面形）滑坡、纵长形（冰川形）滑坡、葫芦形滑坡、勺形滑坡、椭圆形滑坡、角形滑坡、综合形滑坡。

　　（4）滑体体积（规模）分类：按滑体体积大小进行的划分。

　　（5）滑体厚度分类：按厚度大小进行的分类。

滑坡岩性分类 　　　　　　　　　　　　　　　　　　　　　　　　　表 2-1

类型	亚类	特征描述
堆积层（土质）滑坡	滑坡堆积体滑坡	由前期滑坡形成的块碎石堆积体，沿下伏基岩顶面或滑坡体内软弱面滑动
	崩塌堆积体滑坡	由前期崩塌等形成的块碎石堆积体，沿下伏基岩或滑坡体内软弱面滑动
	黄土滑坡	由黄土构成，发生在黄土体中或沿下伏基岩面滑动
	黏土滑坡	由具有特殊性质的黏土构成，如昔格达组、成都黏土
	残坡积层滑坡	由基岩风化壳、残坡积土等构成，通常为浅表层滑动
	冰水（碛）堆积物滑坡	冰川消融沉积的松散堆积物，沿下伏基或滑坡体内软弱面滑动
	人工填土滑坡	由人工开挖堆填弃渣构成，沿下伏基岩或滑坡体内软弱面滑动
岩质滑坡	近水平层状滑坡	沿缓倾岩层或裂隙滑动，滑动面倾角不大于 10°
	顺层滑坡	沿顺坡岩层层面滑动
	切层滑坡	沿倾向坡外的软弱面滑动，滑动面与岩层层面相切
	逆层滑坡	沿倾向坡外的软弱面滑动，岩层倾向山内，滑动面与岩层层面倾向相反
	楔体滑坡	厚层块状结构岩体中多组软弱面切割分离楔形体滑动
滑体体积 V	小型滑坡	$V < 10 \times 10^4 \mathrm{m}^3$
	中型滑坡	$10 \times 10^4 \mathrm{m}^3 \leqslant V < 100 \times 10^4 \mathrm{m}^3$
	大型滑坡	$100 \times 10^4 \mathrm{m}^3 \leqslant V < 1000 \times 10^4 \mathrm{m}^3$
	特大型滑坡	$1000 \times 10^4 \mathrm{m}^3 \leqslant V < 10000 \times 10^4 \mathrm{m}^3$
	巨型滑坡	$V \geqslant 10000 \times 10^4 \mathrm{m}^3$
滑体厚度	浅层滑坡	滑坡体厚度小于 6m
	中层滑坡	滑坡体厚度在 6～20m 之间
	深层滑坡	滑坡体厚度在 20～50m 之间
	超深层滑坡	滑坡体厚度超过 50m

2.1.3.3 滑坡动力成因及变形机制分类

　　滑坡动力成因按天然动力和人为动力划分为 2 种动力成因类型（表 2-2）。成都理工大学针对层状或含层状岩体组成的斜坡变形机制提出了 5 种基本组合模式：蠕滑-拉裂、滑移-压致拉裂、弯曲-拉裂、塑流-拉裂、滑移-弯曲，充分表明了斜坡演化中内部应力状态的调整轨迹、途径和现象。

滑坡动力成因分类　　　　　　　　表 2-2

名称类别	特征说明
自然滑坡	由于自然地质作用产生的滑坡，包括地震型、降雨型、汇水型、冲蚀型、剥蚀型、崩坡积加载型等
人为滑坡	由于切脚或加载等人类工程活动引起的滑坡，包括爆破型、水库蓄水型、水工渗漏型、地面切挖型、地下洞掘型、堆土型等

2.1.3.4　滑坡活动特征分类

（1）变形运动形式分类：包括概括性划分的推移式滑坡和牵引式滑坡以及较具体划分的蠕滑拉裂、滑移弯曲、弯曲拉裂等（表 2-3）。其运动形式分类可划分为剧动式滑动、渐进式滑动、平推式滑动、转动式滑动等。

（2）滑动速度分类：即按滑动速率划分蠕动型滑坡、慢速滑坡、中速滑坡和高速滑坡（表 2-3）。

滑坡特性分类表　　　　　　　　表 2-3

活动特征	名称类别	特征说明
滑动形式	推移式滑坡	上部岩（土）层滑动，挤压下部产生变形，滑动速度较快，滑体表面波状起伏，多见于有堆积物分布的斜坡地段
	牵引式滑坡	下部先滑，使上部失去支撑而变形滑动。一般速度较慢，多具上小下大的塔式外貌，横向张性裂隙发育，表面多呈阶梯状或陡坎状
滑动速度	蠕动型滑坡	人们凭肉眼难以看见其运动，只能通过仪器观测才能发现的滑坡
	慢速滑坡	每天滑动数厘米至数十厘米，人们凭肉眼可直接观察到滑坡的活动
	中速滑坡	每小时滑动数十厘米至数米的滑坡
	高速滑坡	每秒滑动数米至数十米的滑坡
发生年代	新滑坡	现今正在发生滑动的滑坡
	老滑坡	全新世以来发生滑动，现今整体稳定的滑坡
	古滑坡	全新世以前发生滑动的滑坡，现今整体稳定的滑坡

（3）滑动时代分类：即按新滑坡、老滑坡、古滑坡的划分（表 2-3）。滑坡的发育阶段也可按滑坡新生性和复活性及其演进阶段的划分，将新生性滑坡（即首次滑坡）和复活性滑坡（即再次滑坡）皆作孕育阶段、滑动阶段、滑后阶段的划分，或进一步对滑动阶段的再划分，如蠕滑阶段、匀滑阶段、加速阶段、破坏阶段等。

2.2　滑坡灾害的环境条件

滑坡形成的环境条件包括两大类：一类是斜坡本身所具有的内部特征，它们在滑坡发育中起着决定性的作用；另一类是只有通过斜坡的内部特征才能起作用的外界因素。它们分别称为滑坡发育的内部条件和外部条件，其中内部条件包括地层岩性、坡体结构、有效临空面（地形条件）；外部条件包括地下水、地表水、振动（地震、机振、爆破等）、降水（雪）、加载、坡脚侵蚀或开挖等。

发生滑坡的内部条件是属于斜坡坡体本身具备的有利于滑坡发生的地质、地貌条件。内部条件是滑坡发生的内因和根据的体现，是发生滑坡的必要条件。其对于每一个滑坡的发生都是必不可少的，具备了这些条件，斜坡坡体即具备了滑坡的可能性。

发生滑坡的外部条件是各种作用在斜坡坡体上的、促使内部条件发挥作用，使下滑与抗滑因素激化，从而导致斜坡坡体发生滑动的外界因素，是发生滑坡的充分条件（补充条件、触发条件、诱发条件）。滑坡的发生并不需要满足所有的外部条件，而只要有其中的某一项或几项外部条件激发内部条件发挥作用即可发生滑坡。

所有的内部条件和某些适当的外部条件相配合，即构成了发生滑坡的充分必要条件，此时滑坡就必然要发生。

2.2.1　易滑地层

大量区域资料表明，滑坡的分布具有极其明显的区域集中性。而这种集中性又与某些地层的区域分布几乎完全一致。这些地层分布区的滑坡往往成群地出现。与此相应，一个滑坡广布的区域内，一定可以发现滑坡的发生与某些地层密切相关，滑坡多分布于这些地层的界线之内。

因此可以把这类地层称为"易滑地层"，事实上这些地层不仅其本身容易发生滑坡，而且它们的风化碎屑产物也极易滑动，甚至覆盖在它们之上的外来堆积层（冲积物、洪积物等）也容易沿着这些基岩面或风化碎屑产物顶面滑动。因此，"易滑地层"不仅指其基本岩层，而且应当包括其风化破碎产物所形成的本地堆积层，以及覆盖在其上的外来堆积层。我国常见的易滑地层及其与滑坡分布的关系如表2-4所示。

我国的主要易滑地层及其与滑坡分布的关系　　　　　　　　　　表2-4

类型	易滑地层名称	主要分布地区	滑坡分布状况
黏性土	成都黏土	成都平原	密集
	下蜀黏土	长江中、下游	有一定数量
	红色黏土	中南、闽、浙、晋南、陕北、河南	较密集
	黑色黏土	东北地区	有一定数量
	新、老黄土	黄河中游、北方诸省	密集
地层半成岩	共和组	青海	极密集
	昔格达组	川西	极密集
	杂色黏土岩	山西	极密集
成岩地层	泥岩、砂页岩	西南地区、山西	密集
	煤系地层	西南地区	极密集
	砂板岩	湖南、湖北、西藏、云南、四川等地	密集
	千枚岩	川西北、甘南等地	密集-极密集
	富含泥质（或风化后富含泥质）的岩浆岩	福建、云南、四川等地	较密集
	其他富含泥质地层	零星分布	较密集

易滑地层容易产生滑坡，决定因素是它们的岩性条件。它们由黏土、泥岩、页岩、泥灰岩及它们的变质岩如片岩、板岩、千板岩组成；或由上述软岩与硬岩互层组成；或由某些质地软弱、易风化成泥的岩浆岩（如凝灰岩）组成，因此易滑地层具有如下特点：

（1）决定这些地层易滑性质的主要方面是其中的软弱岩层，它们的抗风化性能差，风化产物中含有较多的黏土、泥质颗粒。如昔格达组页岩的黏粒含量可达 30%，甚至在泥岩中可超过 51%。易滑地层中富含的黏土矿物具有很高的亲水性、胀缩性、崩解性等特征。

（2）这些地层的软岩及其风化产物一般抗剪性能较差，遇水浸润饱和后即产生表层软化和泥化，形成厚度很薄（$n \times 10^0 \sim n \times 10^2$ mm）的黏粒层，抗剪强度极低（$c = 0 \sim 10$ kPa，$\varphi = 2° \sim 10°$）。正是这些黏粒薄层在滑坡的发育中起到决定性作用。

（3）岩性、颗粒成分和矿物成分的差异，导致了水文地质性能的差异。细颗粒的泥质-黏土质软层既是吸水层，又是相对隔水层。

（4）黏土成分的高胀缩性，使岩土在干湿交替情况下，裂隙迅速发生并扩大，各种地表水很容易进入坡体，有利于滑坡的发育。

2.2.2 坡体结构

作为滑坡发育的背景条件，坡体结构与滑坡的关系大体表现在三个方面：（1）构造单元与滑坡发育的关系；（2）区域性断裂带与滑坡发育的关系；（3）低级序列的坡体结构面与滑坡发育的关系。

2.2.2.1 构造单元与滑坡发育的关系

地质构造因素对滑坡发育的作用首先在于大地构造单元的特点，不同的大地构造单元不仅存在着岩浆活动、地震、地层及其成岩过程等地质发育史方面的差异，而且在地层结构、强度方面也有着明显的不同。例如，我国的第一级南北向构造带控制的横断山区内的滑坡特别集中。这里的新构造运动活跃、地震活动强烈、坡体完整性差、河网密集、切割深，成为滑坡极为发育的地带。

此外，即使在同一个大地构造单元内，不同的次一级构造单元及其接触、复合部的滑坡发育状况也极不相同。

2.2.2.2 区域性断裂带与滑坡发育的关系

区域性断裂带同滑坡发育的关系表现在它控制了滑坡密集发育并呈带状分布。因此在分析区域断裂带同滑坡发育的关系时，可以部分地排除河流侵蚀对滑坡的影响，这样就更能说明区域断裂带同滑坡发育的关系。

2.2.2.3 低级序列的坡体结构面与滑坡发育的关系

斜坡上的土体或岩体滑动首先必须与其周围的土体或岩体分离，因此，必须具备一些软弱界面，如滑坡底部的控制面（发展到后来成为滑坡的滑动面）和周围的切割面（发展到后来成为滑坡的后壁和侧壁）。这些坡体分离面一般总是首先沿着土（岩）体中的软弱结构面、潜在的软弱面和薄弱带发展而来的。

在多年来工程地质力学实践的基础上,对结构面发育程度和规模的研究,提出了结构面分级的概念,目前通用为五级划分:

(1) Ⅰ级结构面

一般泛指对区域构造起控制作用的断裂带,它包括大小构造单元接壤的深大断裂带,是地壳或区域内巨型的构造断裂面。不仅走向上延展远(一般数十千米以上),而且破碎带的宽度在数米、数十米至数百米以上。有些滑坡就发育在区域性断裂带及其影响带之内。

Ⅰ级结构面沿纵深方向至少可以切穿一个构造层,在1:200000的地图上都有所体现,它直接关系到工程区域的稳定性。如果它穿过露天矿区,是控制采场边坡稳定性的主要因素,并直接控制露天矿区褶皱、断裂的展布规律。

(2) Ⅱ级结构面

一般指延展性强而宽度有限的地质界面,如不整合面、假整合面、原生软弱夹层以及延展数百米至数千米的断层、层间错动带、接触破碎带、风化夹层等,它们的宽度一般是1~10m。

Ⅱ级结构面主要是在一个构造层中分布,可能切穿几个地质时代的地层。一般在1:50000的地图上都有所体现,它对边坡稳定性有直接的影响,与其他结构面组合,会形成较大规模的块体破坏。

(3) Ⅲ级结构面

一般为局部性的断裂构造,主要指的是小断层,延展十米或数十米,宽度半米左右。除此以外,还包括宽度在数厘米的走向和纵深延伸断续的原生软弱夹层、层间错动等。

这种小断层,由于它的延伸有限,往往仅在一个地质时代的地层中分布,有时仅仅在某一种岩性中分布,一般在1:2000的地图上都应有所体现。它与Ⅱ级结构面相组合,对边坡稳定性有直接影响,会形成较大的块体滑动。如果它自身组合,仅能形成局部的或小规模的边坡破坏。

(4) Ⅳ级结构面

一般延展性较差,无明显的宽度,主要指的是节理面,它仅在小范围内分布,但在岩体中很普遍。这种结构面往往受上述各级结构面的控制,它的分布比较有规律。

(5) Ⅴ级结构面

主要是微小的节理、劈理、隐微裂隙、不发育的片理、线理、微层理等。它们的延展性甚差,随机分布,是数量最多的细小结构面,它们的发育为上述各级结构面所限制,但能降低由Ⅳ级结构面所包围的岩块强度。

可以发展成为滑动面的主要软弱结构面有:

(1) 不同岩性的堆积层界面,如外来堆积层与本地堆积层的界面,本地堆积层内部的界面。

（2）覆盖层与岩层的界面，这种界面多为古地形面。覆盖层与岩层之间的差异使它们既是岩性界面，又是水文地质界面，较易发展成为滑动面。

（3）缓倾的岩层层理面。

（4）软弱夹层面。

（5）被泥质、黏土充填的层理面、裂隙面。

（6）缓倾的大型节理面。

（7）某些断层面、断层泥形成的界面。

（8）潜在的软弱面，如均质黏土中的弧形破裂面等。

可以发展成滑坡后壁、侧壁的主要软弱结构面有：

（1）各种陡倾节理面。

（2）陡倾的层面。

（3）陡倾的断层面。

（4）沉积边界面。

物体的破坏总是从最薄弱的部位开始的，上述软弱结构面正是斜坡上岩土体中的薄弱部位，因此滑动也就容易从具备这些软弱结构面的部位起动。

2.2.3 地形和有效临空面

滑坡发生的有利地形是山区，凡有斜坡的地方就有可能产生滑坡。25°～45°的斜坡发生滑坡的可能性最大；45°以上的斜坡发生滑坡的可能性虽也较大，但发生的多是崩塌性滑坡。

当斜坡上的易滑地层为上述软弱结构面所切割，与周围土（岩）体的连接性减弱或分离时，发生滑坡的必要空间条件是前方要有足够的临空面，使滑移控制面得以暴露或剪出的临空面，称为有效临空面。否则，即使存在临空面，但没有暴露出软弱结构面或坡体无法剪出，也就不可能成为滑坡的有效临空面。被切割的土（岩）体不能成为自由块体，滑坡也就不可能发生，这样的临空面称为一般临空面。

形成有效临空面的基本条件是：（1）临空面与滑移控制面的倾斜方向一致或接近一致；（2）临空面的陡度大于滑移面的陡度，临空面的高度大于或接近于其前缘控制滑移的软弱结构面的埋藏深度。

河流、沟谷的下切作用是造成有效临空面的主要因素。许多自然滑坡都发生在河、沟两岸或其斜坡上，滑移剪出口与滑坡发生时的河、沟侵蚀基准面接近，是河流、沟谷提供有效临空面的例证。随着人类工程活动的迅速发展，大量的深开挖工程同样可以与河流、沟谷下切作用相比拟，为滑坡的发生提供了有效临空面。

2.2.4 诱发因素

滑坡的诱发因素按增大下滑力和减小抗滑力划分为两大类。并可把它们能够诱发滑坡的作用机理归纳为下列 9 种：（1）减小抗剪强度；（2）削弱抗滑段；（3）破坏坡体完整性（增大、扩大节理、裂隙）；（4）增大坡体重量；（5）液化作用；（6）增大孔隙水压力；（7）增大静水压力；（8）增大动水压力；（9）增大对滑坡的顶托力（如浮托力等）。

从表 2-5 列举的滑坡诱发因素及其作用机理可以看出：

（1）一部分诱发因素对发生滑坡有直接的作用，如地下水。还有更多的诱发因素对于滑坡的发生只起着间接作用，例如降水、融雪、坡面上的地表水体等。

（2）一些诱发因素对于滑坡的作用机理不止一种效应，可能具有两种或两种以上的复合效应，例如，坡脚处的下切作用或人为的深开挖工程活动不仅削弱了抗滑段的抗滑力，而且增大了地下水的水力坡度，加大了动水压力，甚至促进了坡体的开裂，破坏了坡体的完整性，进而加速了物理风化、化学风化、地表水体的下渗作用。

（3）有些诱发因素只有在特定的条件下才有利于滑坡的发生，而在另一些条件下，并不利于滑坡的发生，甚至还有相反的作用，即促进了斜坡向稳定方向转移。例如地震作用所产生的瞬间应力可使坡体结构产生破坏和变形，这是地震作用的作用方向与坡向接近一致时的表现。地震作用的另一部分作用恰恰相反有利于坡体稳定，对于这样的因素我们只考虑它的不利因素。又例如森林对于滑坡的发生也有两种相反的作用。树木根系的盘结使表层土体结构强度提高，有利于斜坡稳定；而不利的因素在于林木本身的重量以及传递给坡体上风荷载，树根对岩体的机械分裂作用和化学侵蚀等。事实上，许多在雨季中发生的林区表层滑坡的滑动面都是沿着根系盘结层的底面发育的。

滑坡诱发因素及其作用机理 表 2-5

诱发因素	主要作用机理			
	增大下滑力		减小抗滑力	
	直接作用	间接作用	直接作用	间接作用
坡脚下切或人为开挖工程活动		破坏坡体完整性	削弱抗滑段	
冲刷或人工开挖坡脚			削弱抗滑段	
斜坡上自然加积或人为加载	增大坡体重量			
振动（地震、爆破、各种机振）	增大滑动面上的切向分力			破坏坡体完整性
暴雨		增大动、静水压力、增大滑坡体重量		
绵雨、融雪水、各种地表水渗入	增大滑坡体重量		减小滑面抗剪强度	
地下水	增加滑坡体重量			减小滑面抗剪强度
溶、潜蚀作用			减小滑面抗剪强度	
坡前地表水位上升		增大对滑坡体的顶托力		减小滑面抗剪强度

诱发因素	主要作用机理			
	增大下滑力		减小抗滑力	
	直接作用	间接作用	直接作用	间接作用
坡前地表水位突降	增大动水压力			
风化作用		削弱抗滑段	破坏坡体完整性	
冻融交替		减小滑面抗剪强度	破坏坡体完整性、增大孔隙水压力	

（4）许多因素具有明显的地域性。如由气候条件所决定的诱发因素都有明显的地带性；融冻作用只发生在高纬度地带和高寒地带；火山活动引起的诱发作用只局限在火山地区。

（5）有些诱发因素只是偶然作用，如火山活动，更多的诱发因素都是年复一年、周而复始的作用。

（6）许多因素不仅诱发了滑坡的首次滑动，而且对于滑坡复活或周期性活动都有诱发作用。

2.3 滑坡灾害形成机制

滑坡是一种土体或岩石的一部分从斜坡上移出的现象，斜坡的不稳定部分通过顶部失效或滑动失效与稳定部分分离。块体的分离是由滑动界面的应力下降引起的，大多数山体滑坡都是通过滑动发生的。

2.3.1 土体/岩石的抗剪强度

图 2-3 表示了两个块体之间开始运动的状态以及失效时的滑动摩擦角。图 2-3 中，T 是剪切力（剪切应力乘接触面积），N 是法向力（法向应力乘接触面积），R 是剪切阻力。

在初始阶段，滑块是稳定的，剪切阻力 R 将取与剪切力 T 相同的值。随剪切力 T 增加，滑块与接触面产生破坏并开始运动。破坏时的剪切阻力 R 表示为 R_f。如果剪切力 T 继续增加，则合力（$T+N$）增加，作用方向将沿顺时针旋转。

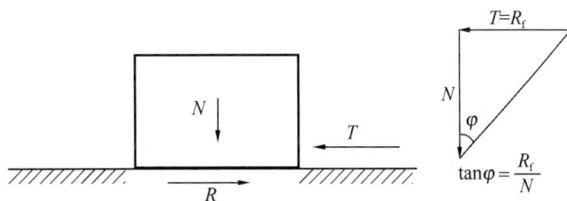

图 2-3 剪切强度和滑动摩擦角

N 和失效时的合力（$N+T$）之间的角度称为摩擦角 φ。在物理学中，R/N 被称为摩擦系数，在滑坡和岩土力学中，摩擦系数通常使用摩擦角表示为 $\tan\varphi$。

当岩土体的剪切发生在接触的土体内，而不是在两个块体之间的边界处，土体内的摩擦角被称为内摩擦角。图 2-4 显示了土体内的剪切力，其中力/单位面积表示为应力，即法向应力 σ、剪切应力 τ 和剪切阻力。

当潮湿的土体干燥后，土体会变得坚硬，在这种情况下，即使没有任何法向应力，这种土体也具有很强的抗剪切性能。这种与法向应力无关的抗剪切参数表示为黏聚力 c。

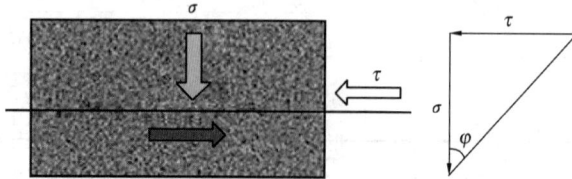

图 2-4　土体内的法向应力 σ、剪切应力 τ 和内摩擦角 φ

土体破坏时的剪切应力 τ_f 由式（2-1）表示。

$$\tau_f = c + \sigma \tan\varphi \qquad (2-1)$$

式中，τ_f 为破坏时的剪切应力（剪切强度）；σ 为法向应力；c 为黏聚力；φ 为内摩擦角，滑坡中处理的所有摩擦角都是内摩擦角，因此简称为摩擦角。

2.3.2　孔隙压力的作用

降雨是引发山体滑坡的主要因素之一，图 2-5 显示了降雨对两种类型斜坡的渗透。上图是一个带有浅层滑坡的斜坡，斜坡层由两层组成：上层薄的透水土层覆盖在下层渗透性较低的土层或基岩之上。下图是具有深层滑坡的斜坡，斜坡由三层岩土组成：表层土层、高渗透性的裂隙岩层或风化岩层和低渗透性的基岩层。当雨水渗入斜坡时，地下水流将出现在低渗透土层或基岩层上、浅层土体和深层的断裂/风化岩石内。随着持续降雨，斜坡土层或裂隙岩层内的地下水位逐渐上升。地下水上升将降低土体或断裂/风化岩石的抗剪强度，并导致浅层滑坡或深层滑坡。对于深层滑坡，在早期降雨和地震期间，先前的斜坡变形或重复的小剪切位移可能会降低潜在滑动面的抗剪强度，例如风化岩石底部的抗剪

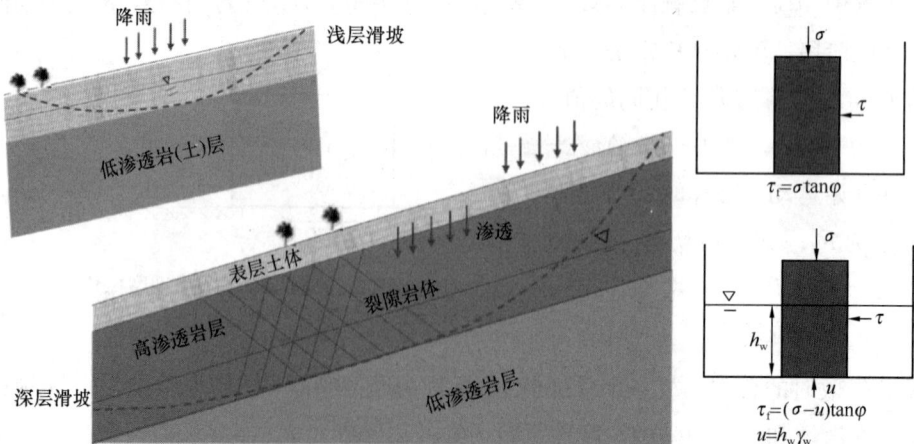

图 2-5　降雨、地下水形成和孔隙水压力

强度。

图 2-5 右侧直观地表明了地下水上升的影响，一个黄色的方块放置在一个未充水的水池地板上，当通过水平推力推动块体移动时，块体移动所需的力以应力单位表示为（忽略黏聚力分量）

$$\tau_f = \sigma \cdot \tan\varphi \tag{2-2}$$

当水池中充填了一定量的水后，水压力 u 作用在块体底部，其值为水的高度 h_w 乘水的单位重量 γ_w，即 $h_w \cdot \gamma_w$，作用在块体周围侧面的水压将被相互抵消。因此，作用在块体下部水池底板上的应力将从 σ 减小到 $\sigma - u$。由此，破坏时的孔隙压力将降低剪切应力值。

$$\tau_f = (\sigma - u) \cdot \tan\varphi \tag{2-3}$$

并且（$\sigma - u$）表示为 σ'，称为 "有效法向应力"。由于土层内的水存在于孔隙空间中，土体内部的水压力被称为孔隙水压力。

2.3.3 斜坡地下水流产生的孔隙水压力

地下水在斜坡土体中汇聚后将产生流动，因此，地下水流产生的孔隙水压力与静水压力（图 2-5）不同，图 2-6 显示了平行于基岩土层内的地下水中的孔隙压力。假定滑坡的滑动面将在土层底部形成，作用在土体基底上的水压值将不再是水深乘水的单位重量（$z_w \cdot \gamma_w$）。如果沿着斜坡的法线方向安装在三个不同高度的测管（图 2-6），三个测管中的水位顶部必定是地下水表面的位置。水沿着斜坡流动，没有水沿着垂直于斜坡的方向流动。

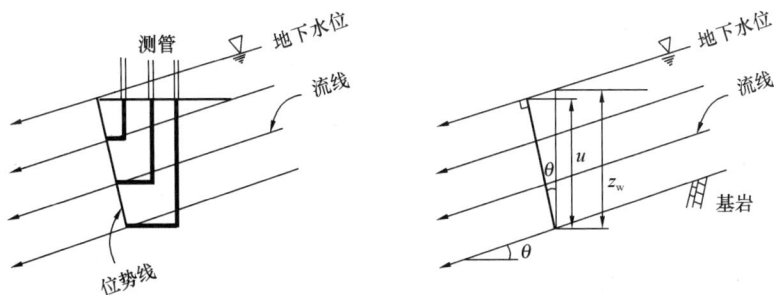

图 2-6 平行于基岩土层内的地下水中的孔隙压力

因此，作用于土层底部的孔隙水压力 u 为

$$u = z_w \cdot \gamma_w \cdot \cos^2\theta \tag{2-4}$$

式中，z_w 是地下水流的垂直深度；γ_w 是水的单位重量；θ 是斜坡坡度角。

2.3.4 潜在滑动面上的孔隙水压力

作用在滑动表面上的孔隙压力可以由下层岩体或土体提供（图 2-7）。基岩通常形成渗透性较低的隔水层，然而，在构造活动区，这些岩体可能会受到构造应力的剪切，可能存在具有大孔隙和高渗透性的剪切带。在这种地质条件下发生降雨时，剪切带的裂隙通道会在降雨期间携带水流，剪切带可能会被水饱和，地下水高程可能远高于潜在滑坡体底部的高程。如果潜在滑坡体的渗透率远低于剪切带的渗透率，则高水压可能作用在滑坡土体敏感层（潜在滑动面）的基底上，这就向潜在滑动面提供孔隙水压力。此过程中产生的超孔隙水压力 u 可能与图 2-6 中的示例存在显著不同。

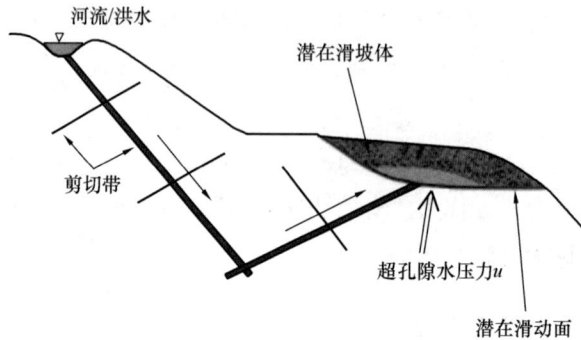

图 2-7 从下部作用在潜在滑动表面上的孔隙水压力

2.3.5 作用在滑动面上的应力

假设滑坡滑动面形成在土层底部（图 2-8），应力是作用在单位面积上的力。取沿着基岩的单位长度的土柱，土柱的自重 W 表示为

$$W = [\gamma_{t1} \cdot (z - z_w) + \gamma_{t2} \cdot z_w]\cos\theta \tag{2-5}$$

式中 γ_{t1}——地下水位以上土体的单位湿重度；

γ_{t2}——地下水位以下土体的单位湿重度。

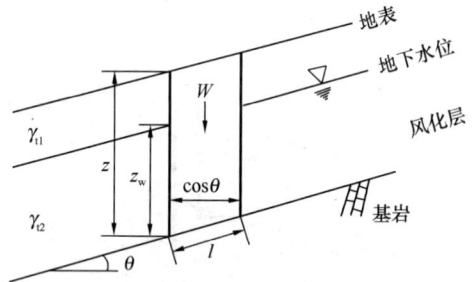

图 2-8 作用在斜坡内滑动表面上的应力

湿重度是指土体的单位体积的重量，包括土体中孔隙水的重量。

$$\begin{aligned}
\tau &= W \cdot \sin\theta \\
&= [\gamma_{t1} \cdot (z - z_w) + \gamma_{t2} \cdot z_w]\cos\theta \cdot \sin\theta \\
&= \gamma_{t1} \cdot z \cdot \cos\theta \cdot \sin\theta + (\gamma_{t2} - \gamma_{t1}) \cdot \cos\theta \cdot \sin\theta \cdot z_w
\end{aligned} \tag{2-6}$$

$$\begin{aligned}
\sigma &= W \cdot \cos\theta \\
&= [\gamma_{t1} \cdot (z - z_w) + \gamma_{t2} \cdot z_w]\cos^2\theta \\
&= \gamma_{t1} \cdot z \cdot \cos^2\theta + (\gamma_{t2} - \gamma_{t1}) \cdot \cos^2\theta \cdot z_w
\end{aligned} \tag{2-7}$$

联立式（2-4）和式（2-7），得到式（2-8）。

$$\sigma' = \sigma - u$$
$$= \gamma_{t1} \cdot z \cdot \cos^2\theta + (\gamma_{t2} - \gamma_{t1}) \cdot \cos^2\theta \cdot z_w - z_w \cdot \gamma_w \cdot \cos^2\theta \qquad (2\text{-}8)$$
$$= \gamma_{t1} \cdot z \cdot \cos^2\theta - [\gamma_w - (\gamma_{t2} - \gamma_{t1})] \cdot \cos^2\theta \cdot z_w$$

因为土体和风化岩层通常通过毛细吸力包含或保留水分，地下水位以上的单位湿重量和地下水位以下的单位重量之间的差异通常很小，忽略这种差异，式（2-8）可以简化为式（2-9）

$$\sigma' = \sigma - u = (\gamma_t \cdot z - \gamma_w \cdot z_w) \cdot \cos^2\theta \qquad (2\text{-}9)$$

2.3.6 水/孔隙压力诱发滑坡机制

图 2-9 显示了在类似于图 2-5 和图 2-6 的情况下，孔隙水压力诱发滑坡的机制。图 2-8 显示了沿土体（风化岩石）底部的单位长度土柱，假设该层易发生滑坡，土柱的重量（图 2-8 中的 W）在图 2-9 中以 mg 表示，其中，$m = \rho \cdot g \cdot z \cdot \cos\theta$（$\rho$ 为土层密度）。

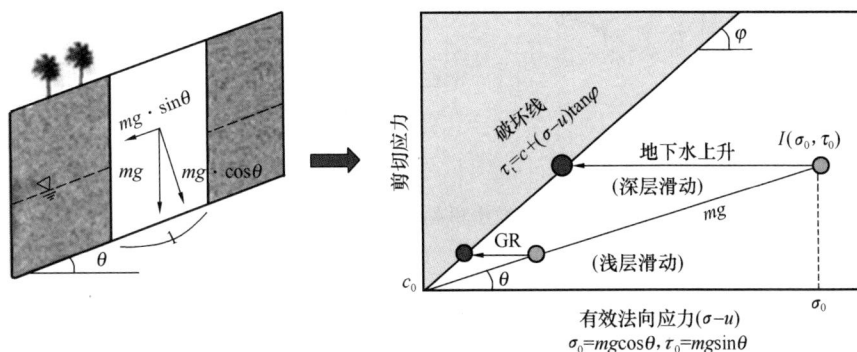

图 2-9 地下水上升/孔隙水压力上升引起的滑坡发生机制

使用质量 m 的原因在于它便于表达地震诱发滑坡的影响。如果土柱内不存在地下水（没有孔隙水压力作用），则该土柱底部的初始应力在法向应力和剪应力的应力路径图中绘制为"I"（图 2-9）。

I 处的法向应力为 $\sigma_0 = mg\cos\theta$，I 处的剪应力为 $\tau_0 = mg\sin\theta$。其中，初始应力点位于斜率为 θ 的线上；原点与应力点 I 之间的长度表示 mg（土柱重量 W）。当地下水位增加时，孔隙水压力 u 增加，应力向左移动。当应力达到式（2-1）表示的破坏线时，将发生剪切破坏，破坏时的应力为沿破坏线显示的实心圆。

2.3.7 地震引发滑坡机制

地震诱发滑坡既可能发生在陡坡上，也可能发生在缓坡上。图 2-10 显示了斜坡中的加载应力（图 2-10a）和地震期间的应力路径（图 2-10b），该图中未考虑地震前的孔隙水压力。图 2-10（a）中作用在滑坡敏感地层上的初始应力 mg 如图 2-10（b）中 I 所示。

当地震发生并加载地震加速度时，加载应力用 kmg 表示；k 被称为地震系数，它是地震加速度 a 和重力 g 的比值，即 $k = a/g$。当将地震作用的方向从垂直方向表示为 α 时，地震应力增量的方向表示为（$\alpha+\theta$）。这里 θ 是斜坡的斜率。

　　地震期间的有效应力路径与总应力路径的方向不同。图 2-10 说明了初始应力＋地震应力达到破坏线的情况。地震加载过程中可能会产生孔隙水压力，然后有效应力路径从 I 向 A_f 移动。

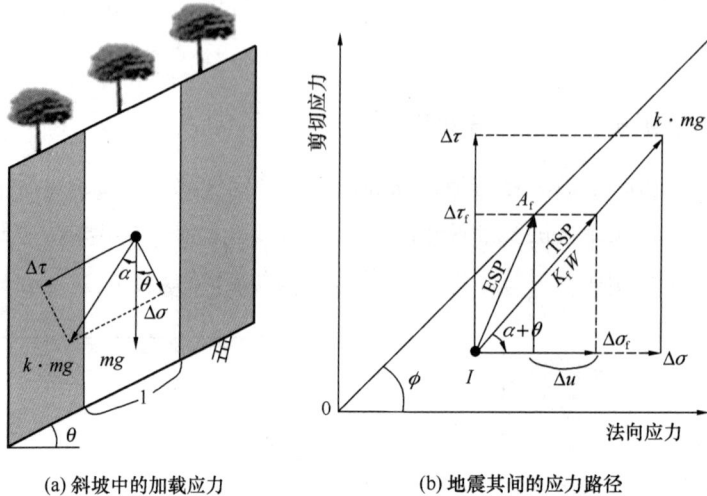

(a) 斜坡中的加载应力　　　　　　　(b) 地震其间的应力路径

图 2-10　滑坡发生机制-初始应力和地震应力

TSP：总应力路径；ESP：有效应力路径

　　地震应力是一种动态应力，不同于重力（永久性）和孔隙水压力（相对缓慢的变化）。当地震应力达到甚至越过破坏线时，剪切应力和剪切阻力之间的差异将被用来加速土柱。当时间变化（0.01～0.1s）时，剪切位移将非常有限，并可能在地面震动终止后稳定下来，而不会成为快速、长时间的滑坡。然而，当潜在滑动表面的安全系数小于 1.0 时，在静态滑坡（土）力学中的概念中确定滑坡处于不稳定状态，滑坡破坏发生在潜在的滑动面上。

2.3.8　地震荷载和孔隙水压力诱发滑坡机制

　　地震可能发生在旱季，也可能发生在汛期。即使在旱季，水库、河流、湖泊附近的斜坡上或水下（如海底滑坡），水压力也可能增加。图 2-11 显示了地震和孔隙水压力（主要是降雨）影响下诱发滑坡的应力路径。

　　图 2-11 中的地震应力是沿垂直方向绘制，只有剪切应力增量。地震应力既有剪切应力分量，也有法向应力分量。然而，当滑动面完全饱和时，所产生的孔隙水压力将抵消法向应力增量。在这种情况下，有效地震应力增量主要是垂直作用在潜在滑动面上，

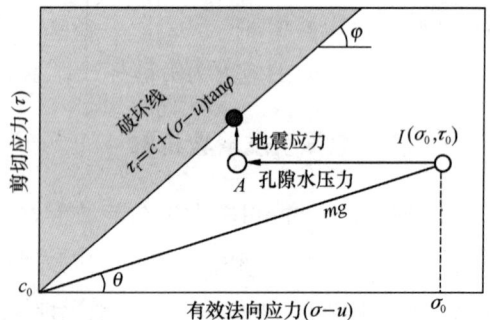

图 2-11　地震和孔隙压力上升共同作用下的滑坡诱发机制

初始应力将位于图 2-11 中的 I 处。孔隙压力将通过滑坡敏感层的地下水上升或下伏层的超孔隙压力作用在滑动面上,应力点将移动到图 2-11 中的 A 点,即斜坡中的应力与破坏线之间的距离变得更近。在这种状态下,较小的地震应力可能会导致土体失效。一个例子是 2006 年菲律宾莱特滑坡,它由强降雨后的 2.6 级地震诱发,山体滑坡的体积约为 $2 \times 10^7 \, \mathrm{m}^3$,造成 1000 多人死亡。

2.4 滑坡稳定性评价

滑坡稳定性分析是滑坡灾害防治的前提,滑坡稳定性评价和推力计算应根据滑面类型和滑体物质组成、地质条件的复杂性选用极限平衡法或数值模拟强度折减法。滑坡稳定性分析常用的方法包括瑞典条分法、传递系数法、Bishop 法、Janbu 法等。其中,瑞典条分法是最为常用的滑坡稳定性评价和计算方法之一,该法假定土坡沿着圆弧面滑动,并认为土条间的作用力对土坡的整体稳定性影响不大,可以忽略,即假定土条两侧的作用力大小相等、方向相反且作用于同一直线上。

2.4.1 土条边界上静水压力的计算

从坡体中取出一个土条(图 2-12),W_1 为浸润线以上土条的重力,W_2 为浸润线以下土条的饱和重力,W_2' 为浸润线以下土条的浮重,W_{2w} 为浸润线以下土条中水的重力。P_a 为 AB 边静水压力的合力,P_b 为 CD 边静水压力的合力,U 为 BC 边静水压力的合力,N 为土颗粒之间的接触压力(有效压力)。

为了确定 AB、CD 和 BC 边上的静水压力 P_a、P_b 和 U,可根据流线与等势线垂直的流网性质来确定周边的静水压力。

如图 2-13 作 BE 和 CG 垂直于浸润线(流线),再作 $GH \perp CD$、$EF \perp AB$,这样就得到 B 点的水头 BF,C 点的水头 CH,由几何关系可以得到

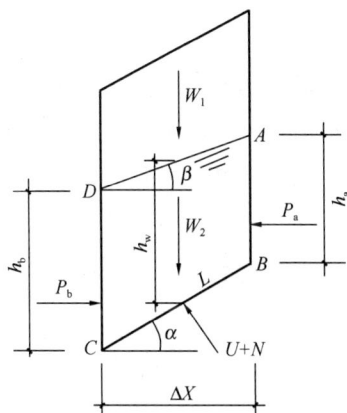

图 2-12 土条计算简图   图 2-13 水头计算简图

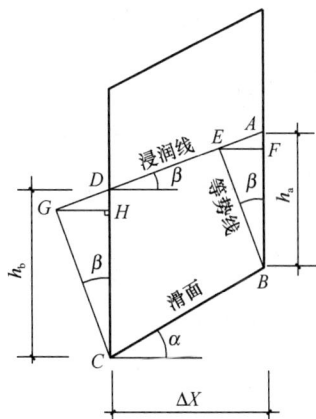

$$\overline{BF} = h_a\cos^2\beta \tag{2-10}$$

$$\overline{CH} = h_b\cos^2\beta \tag{2-11}$$

这样边界 AB 和 CD 上的静水压力的合力为

$$P_a = \frac{1}{2}\gamma_w h_a{}^2\cos^2\beta \tag{2-12}$$

$$P_b = \frac{1}{2}\gamma_w h_b{}^2\cos^2\beta \tag{2-13}$$

在滑面 BC 上的静水压力的合力为

$$U = \frac{\gamma_w(h_a+h_b)L}{2}\cos^2\beta \tag{2-14}$$

该力在竖向和水平方向的分量为

$$U_y = \frac{\gamma_w(h_a+h_b)L}{2}\cos\alpha\cos^2\beta \tag{2-15}$$

$$U_x = \frac{\gamma_w(h_a+h_b)L}{2}\sin\alpha\cos^2\beta \tag{2-16}$$

土条中水的重量

$$W_{2w} = \frac{\gamma_w(h_a+h_b)L}{2}\cos\alpha \tag{2-17}$$

令 $h_w = \frac{(h_a+h_b)}{2}$ ，那么

$$W_{2w} = \gamma_w h_w L\cos\alpha \tag{2-18}$$

$$P_a - P_b = \gamma_w h_w(h_a-h_b)\cos^2\beta \tag{2-19}$$

$$U_x = \gamma_w h_w L\sin\alpha\cos^2\beta \tag{2-20}$$

$$U_y = \gamma_w h_w L\cos\alpha\cos^2\beta \tag{2-21}$$

为了分析的方便，在以下的分析时将 U 用 U_x、U_y 代替。

2.4.2　瑞典条分法计算公式

瑞典条分法是最简单的一种方法，该法不考虑条间的作用力，以此为例推导坡体中具有地下水时的计算公式，该法对于其他条分法都适用。由图 2-11 的静力平衡得

$$N = (W_1+W_2-U_y)\cos\alpha - (P_a-P_b+U_x)\sin\alpha \tag{2-22}$$

滑面 BC 上的下滑力 T

$$T = (W_1+W_2-U_y)\sin\alpha + (P_a-P_b+U_x)\cos\alpha \tag{2-23}$$

滑面 BC 上的抗滑力

$$R = [(W_1+W_2-U_y)\cos\alpha - (P_a-P_b+U_x)\sin\alpha]\tan\varphi + cl \tag{2-24}$$

滑体的安全系数可表示为

$$F_s = \frac{\sum R}{\sum T} \tag{2-25}$$

将上式进行变换得

$$F_{s} = \frac{\sum\{[(W_{1}+W_{2}-W_{2w})\cos\alpha+G]\tan\varphi+cl\}}{\sum[(W_{1}+W_{2}-W_{2w})\sin\alpha+Q]} \tag{2-26}$$

式中

$$G = (W_{2w}-U_{y})\cos\alpha-(P_{a}-P_{b}+U_{x})\sin\alpha \tag{2-27}$$

$$Q = (W_{2w}-U_{y})\sin\alpha+(P_{a}-P_{b}+U_{x})\cos\alpha \tag{2-28}$$

为了寻求土条周边的静水压力与渗透压力之间的关系，将式（2-18）～式（2-21）代入式（2-27）、式（2-28），则

$$(W_{2w}-U_{y})\cos\alpha-(P_{a}-P_{b}+U_{x})\sin\alpha$$
$$= (\gamma_{w}h_{w}L\cos\alpha-\gamma_{w}h_{w}L\cos\alpha\cos^{2}\beta)\cos\alpha-$$
$$[\gamma_{w}h_{w}(h_{a}-h_{b})\cos^{2}\beta+\gamma_{w}h_{w}L\sin\alpha\cos^{2}\beta]\sin\alpha \tag{2-29}$$

将式（2-29）化简得

$$(W_{2w}-U_{y})\cos\alpha-(P_{a}-P_{b}+U_{x})\sin\alpha = -\gamma_{w}h_{w}L\cos\alpha\sin\beta\sin(\alpha-\beta) \tag{2-30}$$

$$(W_{2w}-U_{y})\sin\alpha+(P_{a}-P_{b}+U_{x})\cos\alpha$$
$$= (\gamma_{w}h_{w}L\cos\alpha-\gamma_{w}h_{w}L\cos\alpha\cos^{2}\beta)\sin\alpha+$$
$$[\gamma_{w}h_{w}(h_{a}-h_{b})\cos^{2}\beta+\gamma_{w}h_{w}L\sin\alpha\cos^{2}\beta]\cos\alpha \tag{2-31}$$

将式（2-31）化简得

$$(W_{2w}-U_{y})\sin\alpha+(P_{a}-P_{b}+U_{x})\cos\alpha = \gamma_{w}h_{w}L\cos\alpha\sin\beta\cos(\alpha-\beta) \tag{2-32}$$

式中，设 $D=\gamma_{w}h_{w}L\cos\alpha\sin\beta$，其物理意义是土条中水的重量乘水力坡降 $\sin\beta$，大小等于渗透压力（或动水压力）。

因此，式（2-26）也可表示为

$$F_{s} = \frac{\sum\{[(W_{1}+W_{2}-W_{2w})\cos\alpha-D\sin(\alpha-\beta)]\tan\varphi+cl\}}{\sum[(W_{1}+W_{2}-W_{2w})\sin\alpha+D\cos(\alpha-\beta)]} \tag{2-33}$$

因为浸润线以下土的浮重 $W'_{2}=W_{2}-W_{2w}$，所以上式又可表示为

$$F_{s} = \frac{\sum\{[(W_{1}+W'_{2})\cos\alpha-D\sin(\alpha-\beta)]\tan\varphi+cl\}}{\sum[(W_{1}+W'_{2})\sin\alpha+D\cos(\alpha-\beta)]} \tag{2-34}$$

从式（2-34）可看出，在浸润线以下，稳定系数仅与渗透压力 D 和土条浮重有关。因此，当用渗透压力表述稳定系数时，对于浸润线以上取天然重量，对浸润线以下取土条浮重和渗透压力即可。这样可将图 2-12 改用图 2-14 代替，把土条周边上的水压力和水重用一个渗透力 D 代替。

2.4.3　不平衡推力法计算

因不平衡推力法计算简单，且可以为治理提供依据，故为我国的交通、水利等工程界广泛采用，并作为规范执行。为了说明目前规范方法中存在的不足，下面先从理论上来推导不平衡推力法的计算公式。

假定条间力的作用方向与上一条的滑面方向平行，由此可得到图 2-15 所示的计算简图，在该图中用渗透压力 D_i 取代了土条中的水重及周边静水压力。由条块的静力平衡得

$$N_i = (W_{1i} + W_{2i}')\cos\alpha_i - D_i\sin(\alpha_i - \beta_i) + F_{i-1}\sin(\alpha_{i-1} - \alpha_i) \tag{2-35}$$

$$T_i = (W_{1i} + W_{2t}')\sin\alpha_i + D_i\cos(\alpha_i - \beta_i) + F_{i-1}\cos(\alpha_{i-1} - \alpha_i) - F_i \tag{2-36}$$

由莫尔库仑准则得

$$T_i = (c_i l_i + N_i\tan\varphi_i)/F_s \tag{2-37}$$

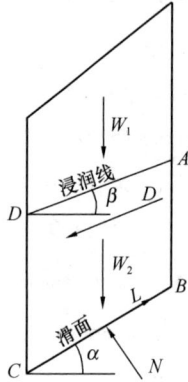

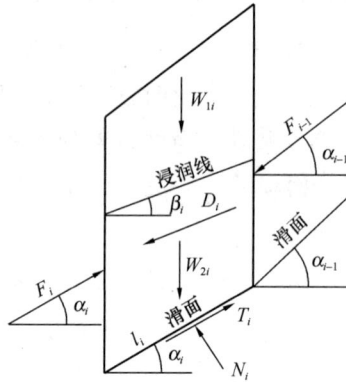

图 2-14　计算简图　　　图 2-15　不平衡推力法计算简图

由上面的等式可得到

$$\begin{aligned}
F_i =& [(W_{1i} + W_{2i}')\sin\alpha_i + D_i\cos(\alpha_i - \beta_i)] - \{c_i l_i + \\
& [(W_{1i} + W_{2i}')\cos\alpha_i - D_i\sin(\alpha_i - \beta_i)]\tan\varphi_i\}/F_s + \\
& F_{i-1}[\cos(\alpha_{i-1} - \alpha_i) - \sin(\alpha_{i-1} - \alpha_i)\tan\varphi_i/F_s]
\end{aligned} \tag{2-38}$$

令传递系数

$$\psi_{i-1} = \cos(\alpha_{i-1} - \alpha_i) - \sin(\alpha_{i-1} - \alpha_i)\tan\varphi_i/F_s \tag{2-39}$$

可得到

$$\begin{aligned}
F_i =& [(W_{1i} + W_{2i}')\sin\alpha_i + D_i\cos(\alpha_i - \beta_i)] - \\
& \{c_i l_i + [(W_{1i} + W_{2i}')\cos\alpha_i - \\
& D_i\sin(\alpha_i - \beta_i)]\tan\varphi_i\}/F_s + F_{i-1}\psi_{i-1}
\end{aligned} \tag{2-40}$$

式（2-40）中右边第 1 项为本条的下滑力，第 2 项为本条的抗滑力，第 3 项为上一条传下来的不平衡推力。对于第一个土条，最后一项为 0，用上式逐条计算，直到最后一个土条的剩余下滑力为 0，由此确定稳定系数 F_s。

上述计算需要经过试算才能得到结果，为了简化计算，岩土工程勘察规范采用了下面的近似算法。用公式表示如下

$$\begin{aligned}
F_i' =& F_s[(W_{1i} + W_{2i}')\sin\alpha_i + D_i\cos(\alpha_i - \beta_i)] - \{c_i l_i + \\
& [(W_{1i} + W_{2i}')\cos\alpha_i - D_i\sin(\alpha_i - \beta_i)]\tan\varphi_i\} + F_{i-1}'\psi_{i-1}'
\end{aligned} \tag{2-41}$$

式中

$$\psi_{i-1}' = \cos(\alpha_{i-1} - \alpha_i) - \sin(\alpha_{i-1} - \alpha_i)\tan\varphi \tag{2-42}$$

为了比较式 (2-40) 与式 (2-42)，将式 (2-40) 两边乘 F_s 得

$$F_s F_i = F_s[(W_{1i} + W_{2i}')\sin\alpha_i + D_i\cos(\alpha_i - \beta_i)]$$
$$- \{c_i l_i + [(W_{1i} + W_{2i}')\cos\alpha_i$$
$$- D_i\sin(\alpha_i - \beta_i)]\tan\varphi_i\} + F_{i-1}\psi_{i-1}F_s \tag{2-43}$$

式 (2-40) 是坡体稳定分析通常采用的方法，它反映的是材料强度的储备系数。式 (2-41) 是用增加坡体重力的方法得到的，它反映的是超载系数。由于采用的方法不同，计算得到的推力也就不同。当 $F_s = 1$ 时，式 (2-40) 和式 (2-41) 是等价的。

由于坡体的稳定系数一般在 1 左右，为了简化计算，常常在计算上土条对本土条的推力时假定 $F_s \approx 1$，这样就得到 $F_{i-1}'\psi_{i-1}' \approx F_s F_{i-1}\psi_{i-1}$，将其代入式 (2-43) 得

$$F_s F_i = F_s[(W_{1i} + W_{2i}')\sin\alpha_i + D_i\cos(\alpha_i - \beta_i)]$$
$$- \{c_i l_i + [(W_{1i} + W_{2i}')\cos\alpha_i$$
$$- D_i\sin(\alpha_i - \beta_i)]\tan\varphi_i\} + F_{i-1}'\psi_{i-1}' \tag{2-44}$$

由式 (2-41)，式 (2-44) 就得到下面的近似等式

$$F_i' \approx F_s F_i \tag{2-45}$$

由式 (2-45) 可以看出，在相同安全系数的情况下，用规范公式计算得到的剩余下滑力近似等于式 (2-40) 的 F_s 倍，这也就是工程中计算的剩余下滑力偏大的内在原因。

2.4.4 计算实例

图 2-16 所示的滑坡体，已知滑体的天然重度为 20.8kN/m^3，饱和重度为 21kN/m^3，滑带土在天然状态下的 $c = 20\text{kPa}$，$\varphi = 10°$；饱和状态下的 $c = 15.6\text{kPa}$，$\varphi = 9.27°$。计算中浸润线以下取滑带土饱和强度，浸润线以上取滑带土天然强度，经计算该滑坡的稳定系数为 0.932，不同安全系数下滑坡剪出口的剩余推力如表 2-6 所示。

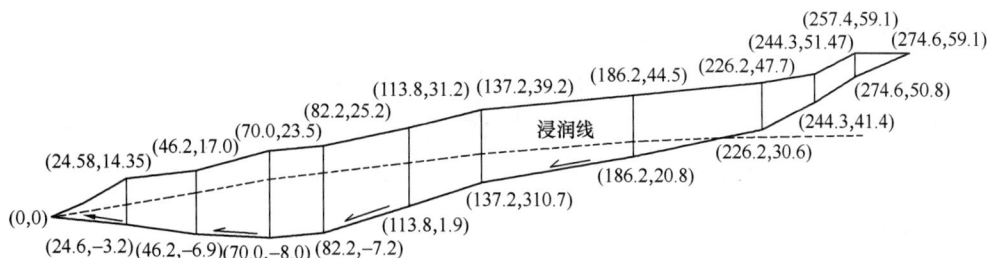

图 2-16 滑坡简图

若其他条件不变，改变滑带土的强度参数，天然状态下，$c = 21\text{kPa}$，$\varphi = 11°$；饱和状态下，$c = 16.6\text{kPa}$，$\varphi = 10.27°$。在此情况下计算的该滑坡的稳定系数为 1.023。不同安全系数下滑坡剪出口的剩余推力如表 2-6 所示。

计算结果表明，当安全系数小于坡体的稳定系数时，$F_i' = F_s F_i$；当安全系数大于坡体的稳定系数时，$F_i < F_i' < F_s F_i$。在稳定系数附近，两种方法计算得到的推力相差很小。由此可以看出用简化方法计算滑坡的稳定系数是可行的，误差也不大；但用它来确定支挡结构的推力就不合适了，其结果相差比较大。该误差随坡体稳定系数的增大而减小，随安全系数的增大而增大。

不同安全系数下滑坡剪出口的剩余推力（kN）　　　　　　表 2-6

稳定系数	安全系数 F_s	F_i'	F_i	F_i'/F_i
0.932	0.85	−53.3	−62.7	0.85
	0.90	−53.48	−59.43	0.90
	0.95	389.84	383.13	1.02
	1.00	1378.08	1378.08	1.00
	1.05	2366.31	2283.21	1.04
	1.10	3354.45	3110.16	1.08
	1.15	4345.44	3870.95	1.12
	1.20	5337.08	4571.86	1.17
1.023	0.85	−56.88	−66.91	0.85
	0.90	−57.05	−63.39	0.90
	0.95	−57.22	−60.23	0.95
	1.00	−57.39	−57.39	1.00
	1.05	502.83	506.56	0.99
	1.10	1482.43	1405.42	1.05
	1.15	2462.02	2230.26	1.10
	1.20	3442.58	2990.64	1.15

2.5　滑坡动力学研究理论与方法

滑坡的下滑力大于抗滑力，即稳定性系数小于 1.0 时，岩土体将沿斜坡向下产生运动。滑坡的运动时间、速度、距离、堆积范围和厚度等致灾参数是评价滑坡危害的主要指标，由于滑坡规模巨大，受模型试验的尺寸效应制约，数值方法得到了广泛的应用和发展。目前滑坡运动分析的数值方法可分为 3 类，分别为离散介质模型法、连续介质模型法和耦合模型法。

离散介质模型法适用于岩质滑坡，包括离散元法（PFC、DEM）、非连续变形分析法（DDA）和数值流形法（NMM）等。连续介质模型法适用于流动性滑坡，主要有有限差分法（FDM）、有限体积法（FVM）、光滑粒子流法（SPH）、任意拉格朗日-欧拉法（ALEM）、元胞自动机法（CA）和格子玻尔兹曼法（LBM）等，这些方法最初都被用来处理流体力学问题，后逐渐被引入高速远程滑坡预测。一些离散介质模型和连续介质模型的耦合方法也成为高速远程滑坡数值模拟的一种发展趋势。例如利用 DEM-FDM 耦合方法建立了固-液二相泥石流的运动模型、计算滑坡的关键滑面、初始时间和速度；利用耦合的 DDA-SPH 法研究岩质滑坡涌浪问题；运用 DEM-SPH 耦合模型研究土体中固-液两相的相互作用以及滑坡泥石流对建筑结构的影响。这些耦合方法有利于综合离散介质模型和连续介质模型各自的优点，扩展了模型的适用范围。

2.5.1 滑坡运动的 LS-RAPID 模型

滑坡运动的 LS-RAPID 模型是 1988 年 Sassa 提出的滑坡运动的数值模拟模型，它可以使用滑坡岩土测试中测量的参数。但它并不模拟滑坡的启动过程，滑坡的发生采用边坡稳定性分析或有限元分析。该运动模型在移动的滑坡体中考虑了一个垂直的假想柱（图 2-17）。作用在该柱上的力包括：（1）土柱的自重 W；（2）地震力（垂直地震力 F_v，水平 x、y 方向地震力 F_x 和 F_y）；（3）作用在侧壁上的横向压力 P；（4）作用在基底上的剪切阻力 R；（5）作为对自重法向分量的反作用力，作用在基底上的法向应力 N；（6）作用在基底上的孔隙压力 U。

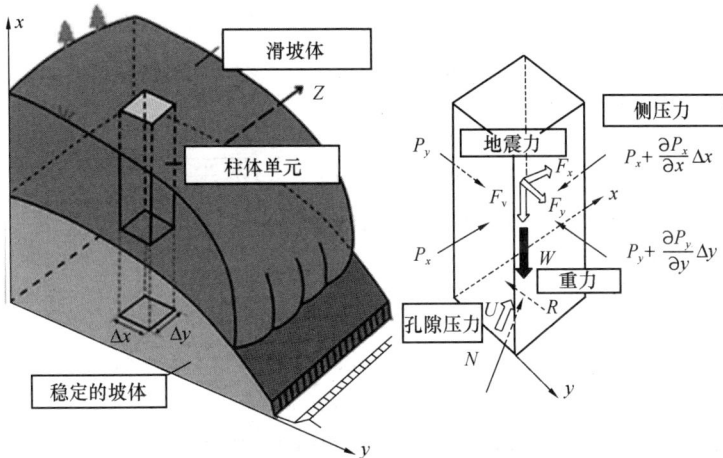

图 2-17　LS-RAPID 模型的基本概念

滑坡体 m 将由这些力的总和产生的加速度 a 加速，即驱动力等于（自重＋地震力）＋侧向压力＋剪切阻力（式 2-46）。

$$ma = (W + F_v + F_x + F_y) + \left(\frac{\partial P_x}{\partial x}\Delta x + \frac{\partial P_y}{\partial y}\Delta y\right) + R \tag{2-46}$$

式中，R 包括 N（自重 W 引起的法向应力）和 U 的影响，这两种力在运动前沿最大边坡线的向上方向作用，在运动期间沿滑坡运动的相反方向作用。

式（2-46）在 x 和 y 方向表示为式（2-47）和式（2-48）。假设流入一个柱体的滑坡体的总和（M，N）与土柱高度的变化或增加相同，将给出式（2-49）的关系，滑坡模型参数如表 2-7 所示。

滑坡模型参数

表 2-7

符号/参数	描述
h	网格内土柱的高度（移动质量的深度）
g	重力（加速度）
α、β	地面与 x-z 平面和 y-z 平面的夹角
u_0、v_0、w_0	土柱在 x、y、z 方向上的速度（忽略 z 方向的速度分布，视为常数）
M、N	x、y 方向每单位宽度的土体流量（$M=u_0 h$，$N=v_0 h$）
k	侧向压力比（侧向压力与垂直压力之比）
$\tan\varphi_a$	滑坡滑动面的表观摩擦系数
h_c	黏聚力 c，以高度单位表示（$c=\rho g h_c$，ρ 为土体密度）
q	$\tan^2\alpha+\tan^2\beta$
w_0	$-(u_0\tan\alpha+v_0\tan\beta)$
K_v、K_x、K_y	垂直方向、x 和 y 水平方向的地震系数
r_u	孔隙压力比（u/σ）

$$\frac{\partial M}{\partial t}+\frac{\partial}{\partial x}(u_0 M)+\frac{\partial}{\partial y}(u_0 M)$$

$$=gh\left[\frac{\tan\alpha}{q+1}(1+K_v)+Kx\cos^2\alpha\right]$$

$$-(1+K_v)kgh\frac{\partial h}{\partial x}-\frac{g}{(q+1)^{1/2}}\cdot\frac{u_0}{(u_0^2+v_0^2+w_0^2)^{1/2}}$$

$$\times\left[h_c(q+1)+(1-r_u)h\tan\varphi_a\right]$$

$$\tag{2-47}$$

$$\frac{\partial N}{\partial t}+\frac{\partial}{\partial x}(u_0 N)+\frac{\partial}{\partial y}(u_0 N)$$

$$=gh\left[\frac{\tan\beta}{q+1}(1+K_v)+K_y\cos^2\beta\right]$$

$$-(1+K_v)kgh\frac{\partial h}{\partial y}-\frac{g}{(q+1)^{1/2}}\cdot\frac{v_0}{(u_0^2+v_0^2+w_0^2)^{1/2}}$$

$$\times\left[h_c(q+1)+(1-r_u)h\tan\varphi_a\right]$$

$$\tag{2-48}$$

$$\frac{\partial h}{\partial t}+\frac{\partial M}{\partial x}+\frac{\partial N}{\partial y}=0 \tag{2-49}$$

式（2-47）、式（2-48）和式（2-49）建立了滑坡的发生和运动过程中的运动学方程。φ_a、h_c、r_u 的值在三种状态下变化：（1）滑坡发生破坏时，发生剪切位移前的内摩擦角（强度开始降低）；（2）破坏前和稳态之间的瞬态参数；（3）强度降低结束后的稳态参数。式（2-47）和式（2-48）中的横向压力比 k 通过使用 Jakey 方程表示如下

$$k=1-\sin\varphi_{ia}$$

$$\tan\varphi_{ia}=\frac{\left[c+(\sigma-u)\tan\varphi_i\right]}{\sigma} \tag{2-50}$$

式中，$\tan\varphi_{ia}$ 是滑坡体内的表观摩擦系数；$\tan\varphi_i$ 是滑坡体内部的有效摩擦系数，并不与滑

动面上运动时的有效摩擦系数 φ_m 相同；当土体处于液化状态时（$\sigma=u$ 和 $c=0$），$k=1.0$，而当土体处于刚性状态时 $k=0$。通过循环剪切试验的稳态剪切阻力 τ_{ss} 和总法向应力 σ，可以获得表观摩擦系数 $\tan\xi_{a(ss)}$。

2.5.2 PFC 方法

自 1971 年 Cundall 提出离散元法的基本思想以来相继开发了多款离散元软件。目前，常用的离散元商用软件是由离散元思想首创者 Cundall 加盟的 ITASCA 公司开发的 PFC 软件，继该公司 1984 年成功开发 UDEC 后，又于 1994 年推出二维颗粒流程序 PFC2D 和三维颗粒流程序 PFC3D 两款离散元分析软件。这两款软件目前都已发展到 V7.0 版本。

PFC2D/3D 是通过离散元法来模拟二维圆盘/三维球体颗粒介质的运动及其相互作用。颗粒离散单元法中，物体的宏观本构行为通过单元间简单的微观模型实现。颗粒流程序最初是研究颗粒介质特性的一种工具，它将物体分为颗粒单元，用连续介质的方法求解复杂变形的真实问题。随着计算机计算能力的迅速发展，用数量较多的单元建立模型成为可能，可以采用有代表性的数百个至上万个颗粒单元，模拟固体力学和颗粒流复杂问题。目前，PFC 已经成为数值模拟的有效工具之一。

2.5.2.1 颗粒流 PFC 的基本元素

在 PFC 内建立的所有模型都是由圆盘/球单元、墙、接触和黏结这些基本元素构成的，其中圆盘单元和球单元分别为 PFC2D 和 PFC3D 的离散单元。

（1）圆盘/球单元

PFC 内一个圆盘/球单元可以代表材料中的个别颗粒（例如砂粒），也可以代表构成个别颗粒多个单元中的一个。图 2-18（a）就是以单个圆形单元代表砂粒，若需要分析砂粒自身的破裂，则可以采用多个单元模拟一个砂粒（图 2-18b）。采用该方式，以 76 个圆形单元构成的集合来模拟单个砂粒。在 PFC 内每个生成的单元都有各自的"身份识别号"，这些身份识别号分别以不同的整数表示。

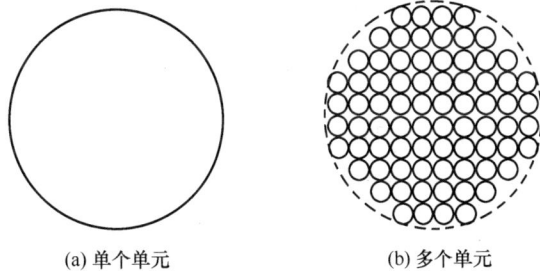

(a) 单个单元　　　(b) 多个单元

图 2-18　砂砾的模拟方式

单元除了可以代表散体颗粒之外，也能模拟黏结在一起的固体材料，例如混凝土或岩石，若采用图 2-18（b）所示的 76 个单元描述一个砂粒，那么 76 个单元之间就需要设置黏结。当黏结发生破坏时，模拟颗粒的破裂。

（2）墙

墙是 PFC 的又一基本元素。在 PFC2D 内，墙以有限长度的线段表示；在 PFC3D 内，墙以有限尺寸的平面表示。无论是二维离散元内线段作墙，还是三维离散元内平面作墙，墙都有两侧，而只有其中的一侧为墙的"有效面"，对墙赋予的所有物理和力学参数，只是对有效面赋值。

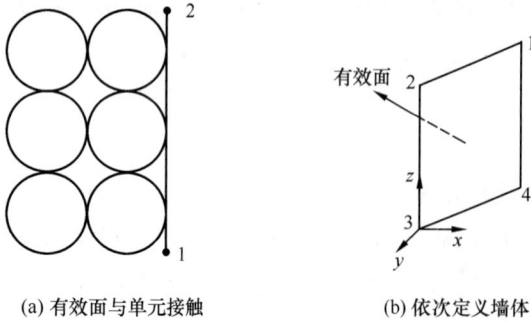

(a) 有效面与单元接触　　　　(b) 依次定义墙体

图 2-19　墙体有效面的判断

例如，要在 6 个单元构成的集合右边设置墙作为边界，在定义墙时就必须以有效面与单元接触，如图 2-19（a）所示。在定义墙时，wall id〈ID〉nodes (x_1, y_1) (x_2, y_2) 命令中，x_1 和 y_1 应为 1 号节点的 x 和 y 坐标，x_2 和 y_2 应为 2 号节点的 x 和 y 坐标。对于二维墙有限面的判断，可以采用如下方法：PFC 先生成 1 号端点，再生成 2 号端点，沿着 1 号端点至 2 号端点的左侧就是有效面。

在 PFC3D 中，墙是由 4 个端点构成的平面。在定义墙体时，4 个端点应按照顺时针或逆时针方向依次定义，而不能出现端点之间的跳跃。比如，对于图 2-19（b）所示的墙体，通过 wall id〈ID〉face (x_1, y_1, z_1) (x_2, y_2, z_2) (x_3, y_3, z_3) (x_4, y_4, z_4) 命令，或者 wall id〈ID〉face (x_4, y_4, z_4) (x_3, y_3, z_3) (x_2, y_2, z_2) (x_1, y_1, z_1)，而不能采用 wall id〈ID〉face (x_4, y_4, z_4) (x_1, y_1, z_1) (x_3, y_3, z_3) (x_2, y_2, z_2) 这种端点跳跃的方式。

尽管按照顺时针和逆时针次序定义 4 个端点都可以生成三维空间内的墙，但对于端点不同的定义次序，墙的有效面不同。离散元规定采用"左手法则"判断墙的有效面，比如当采用 wall id〈ID〉face (x_1, y_1, z_1) (x_2, y_2, z_2) (x_3, y_3, z_3) (x_4, y_4, z_4) 按顺时针定义墙体 4 个端点时，采用"左手法则"时大拇指的方向为活动面的法向方向，墙体左上方的面即为有效面，如图 2-18（b）所示，若按照逆时针方向定义墙体的 4 个端点后，生成的墙的有效面则相反。

2.5.2.2　颗粒流 PFC 的接触和黏结

除了单元和墙为 PFC 的基本元素之外，单元与单元之间、单元与墙之间的接触和黏结也是 PFC 基本元素。

（1）接触

离散元方法的核心思想是把分析对象（包括构件、结构等）离散成一定数量的球形或者圆盘形颗粒单元。接触就是描述单元间相互作用的接触力与相对位移的关系，包括法向接触力与法向位移之间的关系，以及切向位移与切向力之间的关系。在 PFC 内，接触主要包括线性接触和 Hertz-Mindlin 非线性接触两大类。用户也可以根据处理问题的材料特点，自定义材料的接触模型，比如 Burgers 黏弹性模型等。

（2）黏结

离散元颗粒流方法允许相互接触的颗粒以一定的强度黏结在一起，并设定了两种黏结模型：接触黏结模型和平行黏结模型。接触黏结认为单元之间的连接只发生在接触点很小范围内，而平行黏结发生在接触颗粒之间圆形或方形的一定范围内，如图 2-20 所示。接触黏结只能传递力，而平行黏结不仅能传递力，还能传递力矩。在离散元方法中，两种类型的黏结可以同时存在，直到接触丧失，且这两种黏结模型只能用于颗粒单元之间的黏结，不能表征颗粒与墙之间的黏结特征。

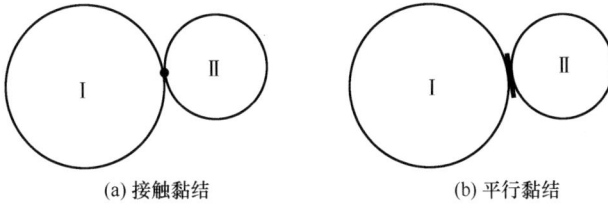

(a) 接触黏结　　　　　　　　　　　(b) 平行黏结

图 2-20　常用的两种黏结模式

2.5.2.3　颗粒流 PFC 的微观体系计算法则

(1) 力-位移关系

PFC 程序进行时步迭代计算，每个时步开始时，首先依据现有颗粒和墙体信息更新颗粒间的接触关系；然后根据接触实体间相对运动状态及接触信息，基于力-位移关系法则计算更新接触力；最后，基于运动定律计算更新颗粒的速度和位置，如此按照时步迭代遍历整个颗粒集合体直至求解计算完毕，如图 2-21 所示。

在 PFC 模型中，接触形式有两种，如图 2-22 所示。图中 A、B、b 表示颗粒实体，W 表示墙体，x_A、x_B、x_b 代表颗粒实体的位置坐标，R_A、R_B、R_b 代表颗粒实体的半径，d 表示两颗粒实体形心的距离，x_i 表示接触点位置，U_n 为实体单元重叠量，n_i 为垂直接触面的单位法向量。

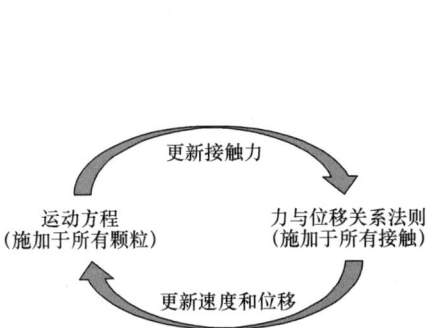

图 2-21　PFC 计算循环示意图

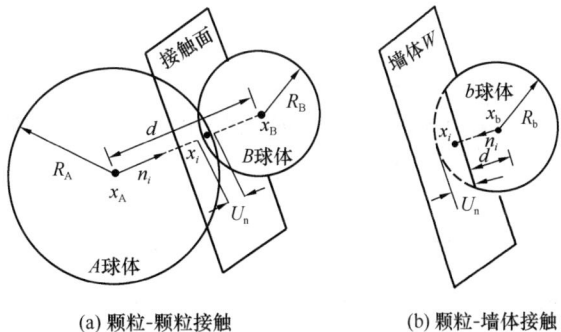

(a) 颗粒-颗粒接触　　　　(b) 颗粒-墙体接触

图 2-22　接触类型示意图

接触实体之间的接触力可以沿法向和切向进行分解，得到

$$F_i = F_i^n + F_i^s \tag{2-51}$$

法向接触力与颗粒之间的重叠量成正比，即

$$F_i^{\mathrm{n}} = k_{\mathrm{n}} U_{\mathrm{n}} \tag{2-52}$$

式中，k_{n} 为法向接触刚度。

切向接触力增量计算为

$$\Delta F_i^{\mathrm{s}} = - k_{\mathrm{s}} U_{\mathrm{s}} \tag{2-53}$$

$$\Delta U_{\mathrm{s}} = v_{\mathrm{s}} \Delta t \tag{2-54}$$

式中，ΔF_i^{s} 为切向接触力增量；k_{s} 为接触点切向刚度；U_{s} 为单位时步 Δt 内接触点的切向位移增量；v_{s} 为接触实体在接触点的相对切向速度。

进一步地，可以得到某一时刻的切向接触力，即

$$F^{\mathrm{s}} = F_i^{\mathrm{s}} + \Delta F_i^{\mathrm{s}} \tag{2-55}$$

综上，可以得到每个计算时步时接触实体之间合力及合力矩，即

$$\begin{cases} F_i^{[\phi 1]} \leftarrow F_i^{[\phi 1]} - F_i \\ F_i^{[\phi 2]} \leftarrow F_i^{[\phi 2]} - F_i \\ M_i^{[\phi 1]} \leftarrow M_i^{[\phi 1]} - e_{ijk} (x_j^{[c]} - x_j^{[\phi 1]}) F_{\mathrm{k}} \\ M_i^{[\phi 2]} \leftarrow M_i^{[\phi 2]} - e_{ijk} (x_j^{[c]} - x_j^{[\phi 2]}) F_{\mathrm{k}} \end{cases} \tag{2-56}$$

可以得到作用于颗粒上的力和力矩为

$$\begin{cases} F_i^{[\mathrm{A}]} \leftarrow F_i^{\mid \mathrm{A} \mid} - \Delta F_i \\ F_i^{[\mathrm{B}]} \leftarrow F_i^{\mid \mathrm{B} \mid} - \Delta F_i \\ M_i^{[\mathrm{A}]} \leftarrow M_i^{[\mathrm{A}]} - e_{ijk} (x_i^{[c]} - x_i^{[\mathrm{A}]}) \overline{F_{\mathrm{k}}} + \Delta M_i \\ M_i^{[\mathrm{B}]} \leftarrow M_i^{[\mathrm{B}]} - e_{ijk} (x_i^{[c]} - x_i^{[\mathrm{B}]}) \overline{F_{\mathrm{k}}} + \Delta M_i \end{cases} \tag{2-57}$$

式中，置换符号 e_{ijk} 根据 i、j、k 为顺循环、逆循环或非循环分别取值为 1、-1 或 0；$F_i^{[\mathrm{A}]}$，$F_i^{[\mathrm{B}]}$ 分别为作用于颗粒 A 和 B 上的力；$M_i^{[\mathrm{A}]}$，$M_i^{[\mathrm{B}]}$ 分别为作用于颗粒 A 和 B 上的力矩；ΔF_i 为单位时步 Δt 内力增量；ΔM_i 为单位时步 Δt 内力矩增量。

（2）运动定律

在颗粒流模型中，颗粒在力的作用下会发生平动和转动导致颗粒位置的改变，合力引起的平移方程为

$$\begin{cases} F_x = m x'' \\ F_y = m (y'' - g) \end{cases} \tag{2-58}$$

式中，F_x、F_y 为颗粒在 x、y 方向上所受合力；m 为颗粒质量；x''、y'' 为颗粒加速度；g 为重力加速度。

合力矩引起的转动方程为

$$\begin{cases} M_1 = I_1 \omega'_1 + (I_3 - I_2) \omega_3 \omega_2 \\ M_2 = I_2 \omega'_2 + (I_1 - I_3) \omega_1 \omega_3 \\ M_3 = I_3 \omega'_3 + (I_2 - I_1) \omega_2 \omega_1 \end{cases} \tag{2-59}$$

式中，M_i 为各主轴方向的合力矩分量；I 为颗粒在主轴方向的主惯性轴；ω_i 为颗粒在主轴

方向的角速度；ω'_i 为颗粒在主轴方向的角加速度（$i=1$，2，3）。

通过数值积分，可以得到颗粒沿主轴方向的速度和位移

$$\begin{cases} x'(t_1) = x'(t_0) + x''\Delta t \\ x(t_1) = x(t_0) + x'\Delta t \end{cases} \tag{2-60}$$

式中，t_0 为初始时间；Δt 为时步。

2.5.3 Massflow 方法

Massflow 软件是中国科学院水利部成都山地灾害与环境研究所欧阳朝军等开发的一款模拟地表灾害动力过程的仿真软件，可模拟滑坡、泥石流、碎屑流、山洪、雪崩、堰塞湖等地质灾害及灾害链动力演化全过程，还适用于山区流域水文计算、尾矿库溃坝、流固耦合等一系列灾害问题的数值模拟工作。通过使用该软件可实时揭示地质灾害随时空演化过程，应用于地质灾害定量风险评估、基础设施与城镇规划布局和制定应急减灾与救灾策略等。Massflow 软件是基于深度积分的连续介质力学理论利用改进的 Mac Cormack-TVD 有限差分方法，兼有考虑复杂地形地貌，具有二阶精度和自适应求解域特征的滑坡等山地灾害动力学计算模拟软件。

2.5.3.1 深度集成连续体模型的控制方程

考虑到地质灾害的大规模时间和空间演化，复杂的三维 Navier-Stokes 方程通常在垂直方向上积分，并通过忽略微小项而简化为二维耗时问题。通过严格推导多层流动模型，将广义深度积分质量和动量守恒方程表述如下

$$\frac{\partial(h)}{\partial t} + \frac{\partial(h\bar{u})}{\partial x} + \frac{\partial(h\bar{v})}{\partial y} = 0 \tag{2-61}$$

$$\frac{\partial(\bar{\rho}h\bar{u})}{\partial t} + \frac{\partial(\beta_{uu}\bar{\rho}h\bar{u}^2)}{\partial x} + \frac{\partial(\beta_{uv}\bar{\rho}h\bar{u}\bar{v})}{\partial y} = \bar{\rho}g_x h - k_{ap}\bar{\rho}g_z h \frac{\partial(h+z_b)}{\partial x} - (\tau_{zx})_b + \bar{\rho}\xi u_b E \tag{2-62}$$

$$\frac{\partial(\bar{\rho}h\bar{v})}{\partial t} + \frac{\partial(\beta_{uv}\bar{\rho}h\bar{u}\bar{v})}{\partial x} + \frac{\partial(\beta_{vv}\bar{\rho}h\bar{v}^2)}{\partial y} = \bar{\rho}g_y h - k_{ap}\bar{\rho}g_z h \frac{\partial(h+z_b)}{\partial y} - (\tau_{zy})_b + \bar{\rho}\xi v_b E \tag{2-63}$$

式中，$\bar{\rho}$ 表示流量密度；h 为流量高度。$\bar{u}$ 和 $\bar{v}$ 是 x 和 y 方向上的深度积分流速；$(\tau_{zx})_b$ 和 $(\tau_{zy})_b$ 是基底摩阻分量；E 为基底携带率；$(g_x$、g_y、$g_z)$ 表示坐标轴上的重力分量；β 为动量分布系数；k_{ap} 为侧向土压力系数；$\xi = \sqrt{1+(\partial z_b/\partial x)^2 + (\partial z_b/\partial y)^2}$ 可以积分为几何校正系数。

一般而言，由于滑坡土体松散滑动，滑源区和沉积区之间的土体密度没有明显扩大。流动滑体的体积膨胀系数约为 1.0，因此 $\bar{\rho}$ 被认为是常数，并且可以在方程的左侧消除。此外，滑坡下游区的基底土体侵蚀是有限的，因此可以忽略与夹带相关的参数。如果忽略动量分布系数 β 的影响（例如，$\beta=1$），则具有垂直 z 轴的直角笛卡尔坐标系中的质量和动量方程（式 2-61～式 2-63）减小为

$$\frac{\partial(h)}{\partial t} + \frac{\partial(h\bar{u})}{\partial x} + \frac{\partial(h\bar{v})}{\partial y} = 0 \tag{2-64}$$

$$\frac{\partial(h\bar{u})}{\partial t} + \frac{\partial(h\bar{u}^2 + k_{ap}gh^2/2)}{\partial x} + \frac{\partial(h\bar{u}\bar{v})}{\partial y} = k_{ap}gh\frac{\partial z_b}{\partial x} - \frac{(\tau_{zx})_b}{\bar{\rho}} \tag{2-65}$$

$$\frac{\partial(h\bar{v})}{\partial t} + \frac{\partial(h\bar{u}\bar{v})}{\partial x} + \frac{\partial(h\bar{v}^2 + k_{ap}gh^2/2)}{\partial y} = k_{ap}gh\frac{\partial z_b}{\partial y} - \frac{(\tau_{zy})_b}{\bar{\rho}} \tag{2-66}$$

式中，k_{ap} 为侧向土压力系数，其值取决于移动土柱的应变速率，在扩展时表现为主动状态，在压缩时表现为被动状态。Savage 和 Hutter（1989）提出的表达如下

$$k_{ap} = \frac{2}{\cos^2\varphi} \times \left[1 \mp \sqrt{1 - (1 + \tan^2\delta)\cos^2\varphi}\right] - 1 \tag{2-67}$$

式中，φ 和 δ 是流动材料的内摩擦角和基底摩擦角；k_{ap} 是发散流的主动状态（表示 $\frac{\partial \bar{u}}{\partial x} + \frac{\partial \bar{v}}{\partial x} > 0$）和汇聚流的主动状态（表示 $\frac{\partial \bar{u}}{\partial x} + \frac{\partial \bar{v}}{\partial x} < 0$）。

假设 τ_b 服从库仑破坏准则，如下所示

$$\tau_b = c + \bar{\rho}gh(1 - \lambda)\tan\varphi \tag{2-68}$$

式中，c 和 φ 是土体的黏聚力和内摩擦角；λ 是孔隙压力比，表示基底土体的液化程度，其数值范围从 0（干岩崩）到 1（完全饱和的碎片）。孔隙水压力的产生和消散受到颗粒膨胀和水力扩散的影响。孔隙水压力演化过程复杂，目前考虑采用统一的 λ 进行简化。

2.5.3.2 数值模拟的实现

式（2-64）～式（2-66）通过基于 Mac Cormack-TVD 格式的有限差分法求解（Liang et al. 2006；Ouyang et al. 2013）。计算过程使用 Fortran 编程实现。首先，式（2-64）～式（2-66）以矢量格式表示

$$\frac{\partial \boldsymbol{X}}{\partial t} + \frac{\partial \boldsymbol{F}}{\partial x} + \frac{\partial \boldsymbol{G}}{\partial y} = \boldsymbol{S} + \boldsymbol{T} \tag{2-69}$$

式中

$$\boldsymbol{X} = \left\{\begin{matrix} h \\ h\bar{u} \\ h\bar{u} \end{matrix}\right\}, \boldsymbol{F} = \left\{\begin{matrix} h\bar{u} \\ h\bar{u}\bar{u} + \dfrac{k_{ap}gh^2}{2} \\ h\bar{u}\bar{v} \end{matrix}\right\}, \boldsymbol{G} = \left\{\begin{matrix} h\bar{v} \\ h\bar{v}\bar{v} \\ h\bar{v}\bar{v} + \dfrac{k_{ap}gh^2}{2} \end{matrix}\right\} \tag{2-70}$$

$$\boldsymbol{S} = \left\{\begin{matrix} 0 \\ k_{ap}gh\dfrac{\partial zb}{\partial x} - gh(1-\lambda)\tan(\varphi)\bar{u}/\sqrt{\bar{u}^2 + \bar{v}^2} \\ 0 \end{matrix}\right\} \tag{2-71}$$

$$\boldsymbol{T} = \left\{\begin{matrix} 0 \\ 0 \\ k_{ap}gh\dfrac{\partial zb}{\partial w} - gh(1-\lambda)\tan(\varphi)\bar{v}/\sqrt{\bar{u}^2 + \bar{v}^2} \end{matrix}\right\} \tag{2-72}$$

然后，通过算子分裂技术将矢量化的式（2-69）划分为两个单独的一维问题，如下所示

$$\frac{\partial \boldsymbol{X}}{\partial t} + \frac{\partial \boldsymbol{F}}{\partial x} = \boldsymbol{S} ; \quad \frac{\partial \boldsymbol{X}}{\partial t} + \frac{\partial \boldsymbol{G}}{\partial y} = \boldsymbol{T} \tag{2-73}$$

下一步更新的数量由 Strang 型运算符拆分计算

$$\boldsymbol{X}_{i,j}^{n+1} = L_x 2 \left(\frac{\Delta t}{2}\right) L_y 2 \left(\frac{\Delta t}{2}\right) L_y 1 \left(\frac{\Delta t}{2}\right) L_x 1 \left(\frac{\Delta t}{2}\right) \boldsymbol{X}_{i,j}^{n} \tag{2-74}$$

式中，L_x 和 L_y 表示预测器-校正器平均的计算过程。每个分裂算子被处理两次，以在下一步获得解。

对于每个分裂算子，以 $L_x 1$ 为例，其计算可以由下式给出

$$\boldsymbol{X}_{i,j}^{p} = \boldsymbol{X}_{i,j}^{n} - (\boldsymbol{F}_{i,j}^{n} - \boldsymbol{F}_{i-1,j}^{n}) \cdot \frac{\Delta t}{2\Delta x} + \boldsymbol{S}_{i,j}^{n} \cdot \Delta t/2 ,$$

$$\boldsymbol{X}_{i,j}^{c} = \boldsymbol{X}_{i,j}^{n} - (\boldsymbol{F}_{i+1,j}^{p} - \boldsymbol{F}_{i,j}^{p}) \cdot \frac{\Delta t}{2\Delta x} + \boldsymbol{S}_{i,j}^{p} \cdot \Delta t/2 ,$$

$$\boldsymbol{X}_{i,j}^{n+1/2} = (\boldsymbol{X}_{i,j}^{p} + \boldsymbol{X}_{i,j}^{c})/2 + [\boldsymbol{G}(r_{i,j}^{+}) + \boldsymbol{G}(r_{i+1,j}^{-})] \Delta \boldsymbol{X}_{i+1/2,j}^{n} - [\boldsymbol{G}(r_{i-1,j}^{+}) + \boldsymbol{G}(r_{i,j}^{-})] \Delta \boldsymbol{X}_{i-1/2,j}^{n} \tag{2-75}$$

其中上标 p 和 c 分别表示预测器步骤和校正器步骤。采用式（2-75）右侧的第二项和第三项来获得二阶精度并避免数值振荡。r^+ 和 r^- 是相对于五个相邻节点的标量函数。它表示为

$$r_{i,j}^{+} = \frac{(\Delta \boldsymbol{X}_{i-1/2,j}^{n} \Delta \boldsymbol{X}_{i+1/2,j}^{n})}{(\Delta \boldsymbol{X}_{i+1/2,j}^{n} \Delta \boldsymbol{X}_{i+1/2,j}^{n})} ; r_{i,j}^{-} = \frac{(\Delta \boldsymbol{X}_{i-1/2,j}^{n} \Delta \boldsymbol{X}_{i+1/2,j}^{n})}{(\Delta \boldsymbol{X}_{i-1/2,j}^{n} \Delta \boldsymbol{X}_{i-1/2,j}^{n})} \tag{2-76}$$

式中

$$\Delta \boldsymbol{X}_{i+1/2,j}^{n} = (\boldsymbol{X}_{i+1,j}^{n} - \boldsymbol{X}_{i,j}^{n}) ; \Delta \boldsymbol{X}_{i-1/2,j}^{n} = (\boldsymbol{X}_{i,j}^{n} - \boldsymbol{X}_{i-1,j}^{n}) \tag{2-77}$$

函数 $\boldsymbol{G}(\theta)$ 表示为

$$\boldsymbol{G}(\theta) = 0.5 \times C \times [2 - \varphi(\theta)] \tag{2-78}$$

式中，函数 $\varphi(\theta)$ 是通量限制器函数。这里，采用了 MC 限制器（Van Leer 1979），并将其写成

$$\varphi(\theta) = \max \left[0, \min \left(2, 2\theta, \frac{1+\theta}{2}\right)\right] \tag{2-79}$$

式中，θ 是一个函数变量；变量 C 表示为

$$C = \begin{cases} C_r \times (1 - C_r) & C_r \leqslant 0.5 \\ 0.25 & C_r > 0.5 \end{cases} \tag{2-80}$$

式中，C_r 是局部 Courant 数，用于约束时间步长，定义为

$$C_r = \frac{(|\bar{u}| + \sqrt{gh}) \Delta t}{2\Delta x} \tag{2-81}$$

时间步长受 Courant 公式约束为

$$\Delta t = \min \left(\frac{2\Delta x C_r}{(|\bar{u}| + \sqrt{gh})}, \frac{2\Delta y C_r}{(|\bar{v}| + \sqrt{gh})}\right) \tag{2-82}$$

2.5.4 DDA 方法及其特征简介

非连续变形分析（Discontinuous Deformation Analysis，DDA），于 20 世纪 80 年代由石根华博士提出，是一种用于研究块体系统运动和变形的新型数值计算方法。该方法严格遵循经典力学规则，以各个块体的位移和应变作为未知数，在假定的块体位移模式下根据最小势能原理建立平衡方程，采用隐式解法，经过开闭迭代可以求出系统中块体在每个时刻的应力、应变、速度、加速度和位移等。该方法把动力学和静力学问题统一起来，其中静力学计算是把每一时间步的初始速度假定为零，动力学计算中每一时间步的初始速度是继承前一时间步末的速度。

DDA 方法与有限元法（FEM）和离散元法（DEM）都有一定的联系，同时也存在区别。DDA 方法根据结构面将系统切割为众多不连续的单元块体，形成离散的非连续结构体，单元块体的变形具有不连续性特点，从研究对象性质上来看与离散元法类似。但是从求解理论来看，DDA 方法以最小势能原理建立平衡方程，采用 Newmark 常加速度隐式解法，属于位移法；而离散元法则以牛顿定理建立平衡方程，采用 Newmark 中心差分显示解法，属于力法。DDA 方法求解时的未知量是块体的位移和应变，在块体内部，采用插值函数表征位移分布，与有限元法相通。但 DDA 方法中的块体刚度矩阵比有限单元法的刚度矩阵更为简单，且不同于有限元法只能处理规则形状的单元块体，DDA 方法中被切割形成的块体形状可以是任意的凸形或凹形，甚至块体单元内部可以带孔洞。所以，DDA 方法兼具 DEM 和 FEM 的优点，又克服了它们在某些方面的局限性。

对于节理岩体边坡这类非连续介质材料而言，DDA 方法的优势首先在于能考虑材料的各向异性和非连续性，以合理的方式解决岩体中节理处的变形和位移等，真实地再现边坡内部复杂结构面的分布情况及其物理力学性质；其次，DDA 方法具有完备的运动学理论、严格的平衡假定、正确的能量消耗，对系统中岩石块体的移动和转动、块体间的分离和闭合、块体结构面的张开和闭合等一系列过程都能实现，突出岩体中节理裂隙的张开、滑移与错动的特征，并能模拟岩体的渐进破坏过程，判断岩体破坏的范围以及破坏程度。因此，DDA 方法在边坡、隧道、爆破等岩石工程领域具有一定优势，得到广泛应用。

2.5.4.1 块体位移和变形

在 DDA 方法中，块体的变形和位移满足小变形和小位移假定，且为常值，通过对每一时间步的小变形和小位移进行累加，从而得到块体系统的大变形和大位移。在每一时间步中，假设每个块体处具有常应力和常应变，用六个位移不等式变量来表示块体中随机一点 (x, y) 的位移 (u, v)，即

$$(u_0, v_0, r_0, \varepsilon_x, \varepsilon_y, \varepsilon_{xy}) \tag{2-83}$$

式中，(u_0, v_0) 是块体内某随机点的刚体位移；r_0 是块体单元绕转动中心 (u_0, v_0) 的转动角度（角度采用弧度制，以 rad 为单位）；ε_x、ε_y、γ_{xy} 表示该块体的法向应变和切向应变。前三项描述块体的刚体运动（平动和转动），后三项则描述块体的变形。

DDA 方法中块体单元受拉、压、剪切作用产生形变，块体的位移变化可以分为平动和转动两种情形，因此，块体的位移和变形可以分为平行移动、转动、法向应变、切向应变四种情形，如图 2-23 所示。

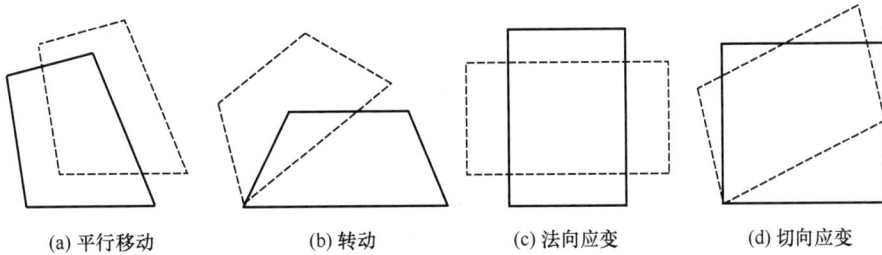

(a) 平行移动　　　　(b) 转动　　　　(c) 法向应变　　　　(d) 切向应变

图 2-23　块体的位移与变形

综合考虑块体以上四种情形的各项位移分量，块体内任意点的总位移 $(u，v)$ 是所有变量 $(u_0，v_0，r_0，\varepsilon_x，\varepsilon_y，\varepsilon_{xy})$ 的位移累加

$$\begin{Bmatrix} u \\ v \end{Bmatrix} = \begin{bmatrix} 1 & 0 & -(y-y_0) & (x-x_0) & 0 & (y-y_0)/2 \\ 0 & 1 & (x-x_0) & 0 & (x-x_0) & (x-x_0)/2 \end{bmatrix} \begin{bmatrix} u_0 \\ v_0 \\ r_0 \\ \varepsilon_x \\ \varepsilon_y \\ \gamma_{xy} \end{bmatrix} \qquad (2\text{-}84)$$

上式可以写成以下形式，其中下标 "i" 表示第 i 个块体

$$\begin{Bmatrix} u \\ v \end{Bmatrix} = [T_i][D_i] \begin{bmatrix} t_{11} & t_{12} & t_{13} & t_{14} & t_{15} & t_{16} \\ t_{21} & t_{22} & t_{23} & t_{24} & t_{25} & t_{26} \end{bmatrix} \begin{bmatrix} d_{1i} \\ d_{2i} \\ d_{3i} \\ d_{4i} \\ d_{5i} \\ d_{6i} \end{bmatrix} \qquad (2\text{-}85)$$

2.5.4.2　块体接触

在 DDA 计算中，二维多边形块体在其边界处发生相互接触，存在三种接触类型，分别是角-角接触，角-边接触和边-边接触，如图 2-24 所示，这三种接触在最终均被视为角-边接触。

角-边接触存在三种不同状态：张开、锁定和滑动。DDA 程序中采用罚函数的方法来避免相邻块体间的嵌入，每个时间步中，程序会检测块体之间的接触，根据接触情况在各个接触面上施加或撤销法向弹簧和切向弹簧，从而实现接触状态的转换。接触对状态的改变是由接触块之间的拉伸、剪切和滑动特性决定的。DDA 计算中刚性弹簧的施加与撤销

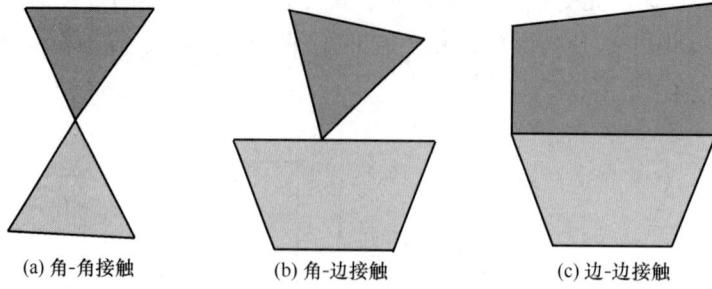

(a) 角-角接触　　　　(b) 角-边接触　　　　(c) 边-边接触

图 2-24　不同的接触类型

被定义为开闭迭代（OCI）过程，在每一时步都要重新确定是否施加弹簧以及施加弹簧的位置。在某一时步的计算中，当块体间所有接触都满足无拉伸和无嵌入时，开闭迭代达到收敛，计算进入下一时步。

2.5.4.3　块体系统平衡方程式

DDA 方法理论假设块体单元均为弹性体单元，受力时块体发生弹性变形，在此过程中，块体单元会积蓄部分弹性势能，其表面的作用外力势能也会发生变化。对于一般弹性体的弹性势能可以表示为

$$\prod{}_1 = \int_s \frac{1}{2} \varepsilon^T \sigma \mathrm{d}S \tag{2-86}$$

而外力势能为

$$\prod{}_2 = -\int_s \delta^T q \mathrm{d}S - \int_L \delta^T p \mathrm{d}L \tag{2-87}$$

弹性体的总势能为

$$\prod = \prod{}_1 + \prod{}_2 = \int_s \left(\frac{1}{2} \varepsilon^T \sigma - \delta^T q \right) \mathrm{d}S - \int_L \delta^T p \mathrm{d}L \tag{2-88}$$

设块体单元 i 受到的力为 F_i，块体单元的总势能为

$$\prod = \frac{1}{2} D_i^T K_i D_i - D_i^T F_i \tag{2-89}$$

根据变分原理对其进行变分，再由最小势能原理，对位移向量求偏导数，建立系统平衡方程。对由 n 个块体组成的块体系统，联立方程式为

$$\begin{bmatrix} k_{11} & k_{12} & k_{13} & \cdots & k_{1n} \\ k_{21} & k_{22} & k_{23} & \cdots & k_{2n} \\ k_{31} & k_{32} & k_{33} & \cdots & k_{3n} \\ \vdots & \vdots & \vdots & \vdots & \vdots \\ k_{n1} & k_{n2} & k_{n3} & \cdots & k_{nn} \end{bmatrix} \begin{bmatrix} D_1 \\ D_2 \\ D_3 \\ \vdots \\ D_n \end{bmatrix} = \begin{bmatrix} F_1 \\ F_2 \\ F_3 \\ \vdots \\ F_{1n} \end{bmatrix} \tag{2-90}$$

因为每个块体有 6 个自由度（$u_0, v_0, r_0, \varepsilon_x, \varepsilon_y, \varepsilon_{xy}$）。因此系数矩阵中每个元素 K_{ij} 表示

的是 6×6 的子矩阵。$[D_i]$ 和 $[F_i]$ 是 6×1 的子矩阵，此处的 D_i 表示块体 i 的变形变量 $(d_{1i}, d_{2i}, d_{3i}, d_{4i}, d_{5i}, d_{6i})$，$F_i$ 是块体 i 上分配的 6 个形变量的荷载。

单元的势能是

$$\prod_i = -\iint [u(x,y,t)\ v(x,y,t)] \begin{Bmatrix} f_x(x,y,t) \\ f_y(x,y,t) \end{Bmatrix} \mathrm{d}x\mathrm{d}y$$

$$= \iint M[u(x,y,t)\ v(x,y,t)][T_i(x,y)] \frac{\partial^2 [D_i(t)]}{\partial t^2} \mathrm{d}x\mathrm{d}y \tag{2-91}$$

假设每个时间步内的加速度为常数，根据最小势能原理求得惯性力矩阵

$$-\iint [T_i(x,y)]^T [T_i(x,y)] \mathrm{d}x\mathrm{d}y \left(\frac{2M}{\Delta^2}[D_i] - \frac{2M}{\Delta}[V_i(0)] \right) \rightarrow [F_i] \tag{2-92}$$

式中，M 为单元质量；Δ 为该时间步步长；$[V_i(0)]$ 为

$$[V_i(0)] = \frac{\partial [D_i(0)]}{\partial t} \tag{2-93}$$

2.6 高速远程滑坡-碎屑流灾害

高速远程滑坡运动过程中常表现出超常的高速度和异常高的流动性，是自然界中具有极端破坏力的地质灾害现象之一，常常给山区居民的生命和财产造成严重灾难及重大损失。例如，1881 年 9 月 11 日发生于瑞士的 Elm 高速远程滑坡事件，$10^7\,\mathrm{m}^3$ 的岩体自斜坡上高速下滑，碎屑流运动距离 1.5km，运动速度 50～100m/s，摧毁了 Elm 镇并造成 115 人死亡。1970 年 5 月 31 日发生于秘鲁安第斯山脉最高峰 Nevados Huascaran 的高速远程滑坡，$(5～10) \times 10^7\,\mathrm{m}^3$ 岩体与冰川物质自 5400～6500m 高的斜坡上骤然失稳，向下运动达 16km，垂直落差达 4km，覆盖面积达 22.5km²，碎屑流平均运动速度约为 280km/h，造成的死亡人数超过 18000 人。我国是高速远程滑坡碎屑流灾害频发的国家之一。1965 年 11 月 22 日发生于中国云南省禄劝县的普渡河高速远程滑坡，$2 \times 10^8\,\mathrm{m}^3$ 的岩体垂直向下滑约 1800m，崩滑碎屑流掩埋 5 个村庄，导致 444 人丧生。2008 年 5 月 12 日，中国四川省汶川地震触发的青川县东河口高速远程滑坡，将东河口村 184 户房屋和村民、过往行人、东河口小学师生等共计 780 余人掩埋，造成 400 余人死亡。2010 年贵州关岭县岗乌镇大寨村滑坡造成 99 人死亡和失踪。2013 年四川都江堰"7·10"特大型滑坡灾害造成 161 人死亡和失踪。2015 年浙江省丽水市"11·13"特大型滑坡灾害导致 38 人伤亡；2017 年茂县新磨村滑坡造成 83 人死亡和失踪；2019 年贵州省水城县鸡场镇滑坡造成 52 人死亡和失踪等。

2.6.1 高速远程滑坡-碎屑流的基本特征

崩塌或滑坡高速远程运动的实质是岩土体崩落或滑动过程中解体，高陡地形孕育的重

力势能转化的动能一部分使岩土块体解体碰撞碎屑化，一部分形成岩土碎屑流运动的初速度。在后续运动过程中，碎屑流历经多级地形陡坎补充势能转化为动能，以克服下垫面和块体或颗粒之间摩擦耗能的急剧减速抑制作用，使碎屑流运动高速远程运动。高速远程崩塌滑坡-碎屑流一般具有规模大、速度快、滑程远、多态化、常转向、冲程多、冲击性和摧毁性等特征。

规模大是指崩塌或滑坡体的体积足够大，体积越大，运动速度越高，滑动距离越远。据统计，碎屑流运动距离与崩塌或滑坡的体积正相关，且其体积一般大于 $10^6 m^3$，存在所谓"尺寸效应"或"体积效应"。美国阿巴拉契亚南部辛肯克里克山曾发生 $10^9 m^3$ 的大规模古滑坡，中国汶川地震区大光包滑坡体积超过 $1.1 \times 10^9 m^3$，二者均出现高速远程运动。

多数学者认为高速滑坡平均运动速度大于 20m/s。Evans 考虑摩擦损失推算加拿大 Mackenzie 山区岩崩湖滑坡-碎屑流的最大速度达 213m/s。1970 年，秘鲁安第斯山脉 Yungay 城区域因 Ms7.7 级地震引发岩崩，估算一些碎屑物的最大运动速度达到 278m/s。Heim 推算瑞士 Elm 滑坡-碎屑流最大速度为 70m/s，Muller 估算意大利瓦依昂（Vajont）水库顺层岩质滑坡的最大速度为 25m/s。中国学者推算甘肃洒勒山、湖北新滩、云南头寨沟、陕西石家坡等滑坡-碎屑流的最大速度在 20～40m/s。速度快是滑坡-碎屑流滑程远、冲击力大和摧毁性强的主要原因，且认为碎屑流运动速度一般比泥石流运动速度大一个数量级。

滑坡-碎屑流的滑程包括了崩塌块体翻滚或坡体滑动和碎屑流运动的总长度，水平运动距离一般可以达到数千米甚至超过十千米。在近乎水平的地面上，或下垫面摩擦损耗低的情况下，会出现异常运行距离和显著的流动性（如岩崩碎屑在冰冻面上滑动）。高速崩塌滑坡-碎屑流更多的是依靠速度实现远距离运动，形成冲击破坏。在土体液化或后期积水等情况下，低速滑坡土体也会出现远程漫流涌动，如深圳滑坡土体高含水状态导致液化流动，在平缓地形下运动距离超过 1km。

多态化是指崩塌滑坡-碎屑流运动过程中形态多变的现象。崩塌滑坡阶段主要表现为块体蠕动、转动、崩塌、滑动，解体变为碎屑流后宏观上出现明显的"流态化"现象，表现为飞越、冲击、跳跃、激流、滚动、堆积等不同现象。大块石特别是扁平状块石在碎屑体表面快速滑动飞跃。碎屑流颗粒的相互碰撞实现彼此间作用力的传导。大型滑坡-碎屑流堆积物中有时可观察到气孔，Sharpe 描述了美国 Madison 峡谷滑坡-碎屑流堆积物中的气体作用特征。崩塌滑坡-碎屑流运动的沟谷上空往往粉尘或灰尘高扬，弥漫山谷。

运动方向的转变指碎屑流运动路径不是单一顺直，而是在曲折多变的沟谷内遇到阻挡而会改变"流动"方向。顺直沟道是少见的，沟道转折使碎屑流运动方向多变，每次转向都是一次碎屑流颗粒的集群式碰撞行为。碎屑流在沟道内的折转碰撞是能量损失过程，也是颗粒破碎过程，常出现弯道超高、仰冲、俯冲和冲撞折返现象。狭长沟谷有利于空气圈闭，使得空气润滑和浮托作用成为碎屑流运动的影响因素。在下垫面堆积物饱含水分或者冰冻面上运动时，底部铲刮物的摩擦耗能降低也有利于远程运动。

大型崩塌滑坡-碎屑流往往历经多级陡坎和缓坡接续，动势能转化形成多次加速与减速，仰冲和俯冲交替的多级冲程和多次碰撞转折等运动形式。顺直沟道每一个跌坎下的缓坡段形成一个冲程。弯曲沟道转向一次就开始一个新的冲程，由于碰撞和仰冲消能，冲程可能减少。

冲击性指岩土碎屑流强大动能具有的冲击力，表现为能够弯道仰冲爬坡甚至翻越高坡或推动空气或水体涌浪爬升。崩塌滑坡-碎屑流从启动到停止，地形落差越大，运动的斜坡越长，下垫面摩擦阻力越小，摩擦能耗越小，就越有利于大型崩塌滑坡形成高速远程碎屑流。崩塌冲击可以复活老崩塌滑坡体形成碎屑流，冲入堵塞沟溪在对岸形成反坡地形，如 2016 年 9 月 28 日浙江苏村崩塌后推动滑坡。顺层基岩滑坡则会整体冲入河湖，冲击爬上河流对岸形成地形反坡和地层反倾，如 2003 年长江三峡水库区千将坪顺层滑坡和 1963 年意大利瓦依昂水库顺层滑坡。

崩塌滑坡-碎屑流高速冲撞压覆运动路径上的人居建筑、田地或工程设施，强烈的冲击气浪粉尘或磨蚀性"砂云"吹折树木，掀翻房屋建筑，具有巨大的破坏力，致灾范围大，毁灭性强。Wieczorek 等报道美国加州某岩崩形成的冲击气浪推翻或折断了约 1000 棵树，碎屑流像翻动的犁一样，将沿途树木、植被和土层铲刮殆尽。

2.6.2 高速远程滑坡-碎屑流运动机理

在百余年的高速远程滑坡研究历程中，揭秘其运动过程中所表现出来的超常运动学与动力学本质一直是国际上不同学者研究的热点科学问题和不懈追求的目标，也是高速远程滑坡动力学机理研究中的核心问题和"难解之谜"。为探究这一关键科学问题，国内外许多学者已进行了大量研究工作，先后提出多种机理假说。

2.6.2.1 能量转化传递理论

崩塌滑坡岩土体与下方坡面碰撞后，一部分岩土体会在下方坡面上停积下来，另一部分岩土体会呈流态化的形式向前运动。势能转化的动能使碎屑颗粒之间相互碰撞，岩土块体或碎屑从后部向前部进行能量传递，前部碎屑物质不断接受能量继续向前运动，直至整个运动系统获得的能量消耗完毕。能量转化与传递不仅发生在崩塌滑坡体与地面碰撞的坡脚处，也发生在复杂路径上整个碎屑流的运动过程中。崩塌滑坡岩土块体规模和地形高差越大，蕴含的势能越大，转化的动能也越大，颗粒之间的碰撞强度越高，频次越多，破碎越彻底，持续的时间越长，宏观上碎屑流运动的距离就越远，"尺寸效应"或"体积效应"就越明显。势能转化为动能是加速行为，快速运动又是摩擦耗能过程，后续陡坡的势能补充低于动能损耗，出现减速效应，直至最终碎屑流运动完全停止。根据 Scheidegger（1973）的研究，忽略影响小的黏聚力作用，崩塌滑坡-碎屑流运动的速度和加速度公式可分别写成

$$v^2 = 2gh(1 - \tan\varphi \cot\alpha) \tag{2-94}$$

$$a = g(\sin\alpha - \cos\alpha\tan\varphi) \tag{2-95}$$

式中　v ——崩塌滑坡-碎屑流运动速度；

　　　g ——重力加速度；

　　　h ——崩塌滑坡-碎屑流运动落差；

　　　a ——崩塌滑坡-碎屑流运动加速度；

　　　α ——崩塌滑坡-碎屑流运动坡面倾角；

　　　φ ——崩塌滑坡-碎屑流物质内摩擦角。

2.6.2.2　气体浮托润滑理论

碎屑流物质一般是固体碎屑与空气粉尘相互混合的两相干碎屑流，固体碎屑表面可能是湿润的，但不存在连续液相，使其碎屑流运动方式和运动机理均不同于一般的泥石流。固气两相的干碎屑流蕴含高势能或高动能，具有强烈的冲击力、破坏力。碎屑流体内暂态圈闭的空气有利于岩土碎屑在下垫面上形成流态化，显著降低块体或碎屑间的碰撞耗能并成为传力的媒介。岩土体颗粒运动过程就是空气润滑浮托力产生、达到峰值与逐渐消散的过程。当碎屑流岩土颗粒间的空气粉尘压力能够平衡甚至暂态性抬升固体颗粒的重量时，就出现碎屑物高速流态化，使其向前运动很长距离。初始时应力能释放产生的初速度或势能向动能急剧转化，润滑气体产生有助于碎屑流飞行或持速。冲击力达到峰值时，冲击速度最大，但摩擦作用也达到峰值。

当运动速度下降，空气逐渐排出或溢出，气体托浮作用逐渐减弱，重力及粒间摩阻作用逐渐占优势，使碎屑颗粒逐次沉落，下沉堆积速度加快。接近下垫面摩擦阻力大的区段最先沉积，上部碎屑滞后还要前行一段时间。碎屑流前峰直接压缩空气，产生气垫层及孔隙气压，对其前峰会产生向上的升力，延长碎屑流前峰高速运动持时，利于增大碎屑流运动的距离。

圈闭地形（狭谷深沟）条件有利于空气压缩掺入，浮托润滑作用增强，颗粒间黏度减小，雷诺数增大，阻力减小，增强气垫托浮滑翔效应和碎屑物流态化作用。碎屑流运动碰撞产生的"石粉"和细小碎屑的存在增加了颗粒间"气体"浓度，增大浮托力、粒间气压和润滑作用，有利于增强"持速效应"，使碎屑流运动速度更大，运动距离更远。

空气润滑模型并不对所有的高速远程滑坡-碎屑流都有效，它只适合那些空气封闭条件比较好的高速远程滑坡-碎屑流。其原因在于：（1）只有极少数高速远程滑坡-碎屑流的堆积物中发现气孔等空气作用特征；（2）随着美国和俄罗斯对月球和火星探测成功，科学家发现在月球和火星上，同样有高速远程滑坡-碎屑流发生，而且，它们的等值摩擦系数并不小于地球上同等条件下的高速远程滑坡-碎屑流。

2.6.2.3　颗粒流理论

碎屑流固体颗粒之间的内部碰撞是碎屑流流态化运动的原因。无黏性颗粒流理论认为高速碎屑流颗粒是纯固相的，彼此之间无黏性，运动过程中受到了来自地面的剪应力。碎屑流运动速度越大，底部颗粒受到下垫面的剪切力越大，下部颗粒对上部颗粒逐级传递施加的碰撞力越大，越能克服或减轻上部颗粒重量，碎屑流内部的摩擦损耗就越低，出现所谓"力学液化"，形成"无黏性颗粒流"。"力学液化"会使碎屑流体积膨胀，颗粒间涌入的空气流增加或粉尘"气化"会使颗粒间接触次数和面积减少，导致有效应力减弱，摩擦阻力降低，利于形成运动"持速效应"。随着运动过程的持续，颗粒间碰撞消耗动能会使下部剪切速率逐步下降，下部颗粒施加给上部颗粒的碰撞力逐渐减小，逐渐不能平衡上部颗粒的重量，速度不能够继续维持，碎屑流便在重力作用下逐次下沉堆积，碎屑流体厚度逐渐变薄，直至停止运动。碎屑颗粒之间碰撞导致部分颗粒破裂，破裂物一部分减速下沉，一部分获得能量加速向前运动，碎屑流动实质上是一个边运动边沉积的过程。颗粒粒径越大，受到的正应力和剪应力也越高，大颗粒向上运动，碎屑流堆积物上部颗粒大，越往下颗粒越细，形成"反序"分层现象。后期碎屑流下部及两侧的颗粒会先于上部及中间的颗粒停止运动，常在碎屑流前端和两侧形成高于原斜坡的堤状地形，即出现所谓"边界层效应"。

由于颗粒流理论提出流体并不是高速远程滑坡-碎屑流高速远程效应的必要因素，且能合理解释碎屑流堆积物中的颗粒反序现象，受到了很多学者的认可。但是它不能解释高速远程滑坡-碎屑流的"尺寸效应"，也不能合理解释碎屑流运动过程中动摩擦系数的减小。

2.6.2.4　底部超孔隙水压力理论

底部超孔隙水压力理论是以日本的 Sassa 教授为首的学者提出的，他认为当碎屑流在冲积层、淤积层或者冰川上流动时，会铲刮这些物质而在底部形成一层饱和或者近饱和的淤泥层，这些淤泥层由于受到上部碎屑流的加载剪切作用，且其渗透系数很低，这个过程相当于加载不排水剪切，因而在淤泥层内产生超孔隙水压力，使碎屑流施加给地面的有效应力降低，摩擦阻力减小。

底部超孔隙水压力理论虽然有其局限性（不是每个高速远程滑坡-碎屑流的流通路径上都有淤泥层或者冰川），但是在条件符合的地区，它确实能合理地解释碎屑流的高速远程效应，并且能在现场找到相关的证据。因此，很多学者研究相关的实例后，认为底部不排水剪切产生的超孔隙水压力是高速远程滑坡-碎屑流能够高速远程的主要原因。

2.6.2.5　能量转化传递论

能量转化传递论反映了高速远程运动的物理规律，气体浮托润滑论从宏观上解释了能量消耗延时的原因，颗粒流作用论从细观上解释了碎屑流颗粒间的力学机理。碎屑流运动机理的三种理论解释显然不是相互独立的，而是互相联系，分别解释了不同层次的科学问题。能量转化传递理论是根本性的宏观整体论，解释了崩塌滑坡-碎屑流运动的动力来源及其损耗原因。气体浮托润滑论解释了碎屑流运动路径摩擦消耗减轻、势能转化为有效动能的比例增加、高速能够实现及维持一定时间的原因。颗粒流作用论更多地解释了能量传递的内在物理本质及碎屑颗粒间的摩擦运动力学作用。能量转化传递论、气体浮托润滑论

和颗粒流作用论可称为碎屑流运动的三定律。通解公式可写为

$$E_0 + E_h = E_v + E_f + E_s \tag{2-96}$$

式中　E_0——初始应变能或地震抛射能；

　　　E_h——总重力势能，由 n 级斜坡运动落差的势能构成，$E_h = E_{h1} + E_{h2} + \cdots + E_{hn}$；

　　　E_v——势能转化的有效总动能，$E_v = E_{v1} + E_{v2} + \cdots + E_{vn}$；

　　　E_f——运动过程中消耗的总摩擦能，$E_f = E_{f1} + E_{f2} + \cdots + E_{fn}$；

　　　E_s——崩塌坠落冲击压缩土体做功，$E_s = E_{s1} + E_{s2} + \cdots + E_{sn}$。

2.6.3　滑坡-碎屑流远程运动影响因素

崩塌滑坡-碎屑流远程运动取决于崩塌滑坡体规模、地形落差、沟道形态、物质组成等。

2.6.3.1　崩塌滑坡体规模

碎屑流运动距离与崩塌滑坡体规模关系密切，"尺寸效应"或"体积效应"就是反映了碎屑流体积与运动距离之间的统计正相关关系。因为足够体积或规模的碎屑物不但能满足让先期到达的碎屑流填平崎岖的沟道、使冲击路径"顺直化"，剩余部分还能够足以维持碎屑流的持续运动，延长能量传递的持续时间，推动碎块体持续上抛、飞越、跃升。汶川地震区的大光包、东河口、文家沟等高速远程滑坡-碎屑流均具有足够大的规模。

实现远程运动也并非崩塌滑坡体积一定要达到 $1.0 \times 10^6 \mathrm{m}^3$，特殊情形下较小规模的崩滑体也可以出现高速远程运动。2016 年 9 月 28 日，浙江遂昌县苏村崩塌滑坡事件中参与碎屑流运动的物质体积约 $50 \times 10^4 \mathrm{m}^3$。此次滑坡启动表现为后山滑移式崩塌，而后推动下方斜坡上的老崩积体滑坡，属于岩体开裂-滑移剪出-崩塌冲击-老崩积体滑坡-碎屑流摧毁上村-堵河堰塞成湖的链式过程。滑坡运动路径地形陡而平直，下垫面摩阻力小，体积不是绝对的条件。1981 年 8 月 23 日，陕西宁强县发生的石家坡多冲程高速滑坡体积也只有 $48 \times 10^4 \mathrm{m}^3$。

2.6.3.2　地形落差

崩塌滑坡-碎屑流后缘与前缘的地形最大垂直高差（H_{max}）与最大水平距离（L_{max}）的比值是描述其远程运动的一个重要指标，称为等效摩擦系数或等价摩擦系数。其值越小表示滑坡碎屑流的运动性越强。地形落差关系到势能的大小，是能否实现远程运动的重要因素。高差大、势能大，弯道碰撞不致能量损失太多而不能继续前行。崩塌滑坡的下部存在陡坡地形是重要条件，顺直长大斜坡有利于远程运动，多级陡坎补偿能量分级加速，延长驱动能量损耗时间。崩塌滑坡的堆积地形一般较为平缓。2010 年 6 月 28 日，贵州关岭大寨村滑坡-碎屑流后缘高程 1115m，碎屑流前缘高程 780m。滑坡-碎屑流运动具有 4 级动势能转化（4 级陡坎）和 4 级冲程（4 级缓沟道）的特点。除第 4 冲程只有俯冲外，其他三级冲程中都存在俯冲与仰冲接续问题，每一冲程都存在摩阻和碰撞能量损失，冲速逐渐降低，冲高逐渐变小。每个阶段都有势能转化为动能的

能量补充，只是随着冲击高度的逐次减小，补充能量小于消耗能量，使碎屑（石）流能量耗散完毕最终停止于沟口。

2.6.3.3 地形条件

滑坡的运动和堆积具有两种典型特征：（1）完全受阻滑坡，是指滑坡体的运动方向与沟谷的延伸方向以直角或近似直角相交，滑坡前缘冲击对面斜坡，滑坡体的运动被对面斜坡完全阻止，沿沟谷上、下游两侧堆积，堵塞河道，形成堰塞坝。这类滑坡的运动距离完全受阻于对面山体，未能充分展示其运动性特征。（2）未完全受阻滑坡，是指滑坡前缘在开阔的地形上运动，在相对平缓的斜坡或平坦的地面停止堆积，或者在沟谷地形中滑坡起始运动方向与沟谷下游延伸方向基本一致或斜交，滑坡运动未受对面斜坡的完全阻止，滑坡的运动能量和过程得以相对充分地发挥，产生远程运动。

未完全受阻滑坡的运动场地类型包括开阔型和沟谷型场地地形。开阔型场地地形表明在滑坡运动方向的横断面上地形平坦、开阔。滑坡的运动受侧面边界地形的影响较小。滑坡在启动、运动和堆积区的地形上分布 3 个不同的原始平均地形坡度：滑源区坡度 α、运动区坡度 β 和堆积区坡度 γ。根据 3 个地形坡度的变化，将开阔型滑坡划分为 4 种类型：坡脚堆积型、坡面堆积型、凹面型和阶梯型（图 2-25a～图 2-25d）；根据滑坡初始运动方向与沟谷下游延伸方向的夹角关系 θ，沟谷型滑坡地形条件分为沟谷顺直型和偏转型（图 2-25e、图 2-25f）。滑坡场地分类及地形条件如表 2-8 所示。

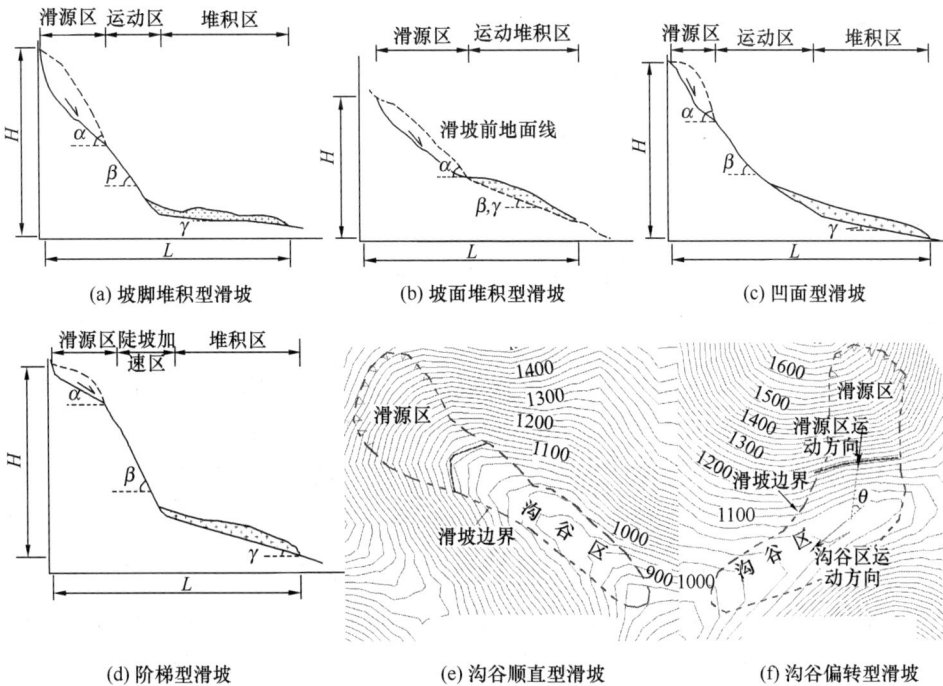

(a) 坡脚堆积型滑坡　　(b) 坡面堆积型滑坡　　(c) 凹面型滑坡

(d) 阶梯型滑坡　　(e) 沟谷顺直型滑坡　　(f) 沟谷偏转型滑坡

图 2-25 未完全受阻滑坡场地地形分类

未完全受阻滑坡场地地形条件分类   表 2-8

场地分类		场地名称	地形条件
开阔型	I	坡脚堆积型	$\alpha \approx \beta$，且 $\gamma \leqslant 10°$
	II	坡面堆积型	$\alpha > \beta$、γ，且 $\beta \approx \gamma$
	III	凹面型	$\alpha > \beta > \gamma$，且坡度变化连续
	IV	阶梯型	$\beta > \alpha$、γ
沟谷型	V	沟谷顺直型	$\theta \leqslant 30°$
	VI	沟谷偏转型	$\theta > 30°$

如果滑坡在运动方向上未明显受阻，滑坡的体积与运动距离具有较为显著的幂律关系。图 2-26 显示了汶川地震不同类型地形条件的滑坡体积与运动距离之间的显著相关性，但对于不同类型的地形条件，同等体积的运动距离存在较大的差异。其中，沟谷顺直型滑坡的运动距离最大，随后依次为凹面型、阶梯型、沟谷偏转型、坡脚堆积型和坡面堆积型。地形条件对滑坡运动距离的影响表现为：对于中小规模的滑坡，不同类型的地形条件对滑坡的运动距离就产生了较大的影响；而随着滑坡体积的增大，影响更加显著。

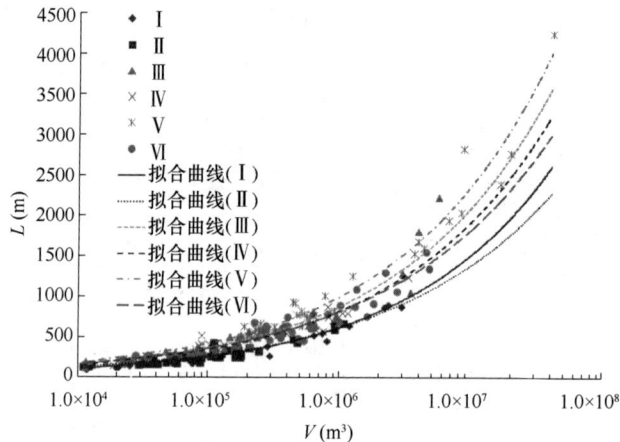

图 2-26 滑坡运动距离与场地地形条件的关系

2.6.3.4 物质组成

崩塌或滑坡本身是土体还是岩体，初始糙度是棱角的还是"等粒度"的，岩土结构上是松散的、固结的、结晶的或层状的还是块状的，均会影响碎屑流的形成和运动特征。碎屑流运动过程中颗粒不断"细小化"和"磨圆化"，颗粒越"圆"，碎屑流运动距离越远。崩塌滑坡解体成为碎屑流后，颗粒的"滚动摩擦"代替"滑动摩擦"使下层颗粒的摩擦阻力远小于滑移阶段，"等粒度"或"磨圆化"的颗粒流运动速度会大于粒径大小不一或表面粗糙者，因为等粒径颗粒之间的滚动摩擦能量损耗远小于滑动摩擦造成的能量损耗，运动速度远大于滑移阶段，这是松散土崩塌滑坡很快解体、斜抛、流态化运动的原因。碎屑流"流动"实质上是离散体或颗粒滚动与弹射的宏观整体表象，颗粒间的接触方式和接触强度，如承受张、剪、压力和暂态平衡，决定了颗粒集合体运动的基本特征。

涉及岩性特征对滑坡的远程运动的作用机制包括滑面液化、颗粒流和能量传递机制。硬岩在运动过程中发生碰撞、碎裂作用，产生较大的块体体积，有利于块体之间的能量传递作用，但大块体的棱角突出，块体运动受地面摩擦作用也相对增加，并且硬度较高的岩体碎屑产生滑动面液化和颗粒流动的作用相对有限，导致运动距离减小。软岩滑坡在长距离的运动过程中块体破碎较为完全，整体的颗粒粒径相对最小，虽然在上部滑体物质的压力下有利于滑动面颗粒的液化效应，但较小粒径的滑体物质之间的接触面积增加，导致颗粒之间的能量耗散增大，颗粒间的能量传递效应以及颗粒流动作用减小，滑坡运动距离减小。而对于较硬或较软岩性的滑坡而言，可产生粒径分布较宽级配组成，滑坡在运动过程中有利于滑面液化、颗粒流或能量传递机制效应的发挥，滑坡可运动相对较长的距离。

2.6.3.5 远程运动的下限值问题

崩塌滑坡-碎屑流远程运动的定义尚无明确界定。一种界定是崩塌滑坡体重心位置垂直位移 H 与水平位移 L 的比值（称为等价坡度或等效摩擦系数）小于 0.6（相当于 $\tan 32°$）即认为是远程运动。但在实际应用上，崩塌滑坡体重心及其运动的垂直位移与水平位移并不容易确定。另一种界定以崩塌滑坡-碎屑流区域的前后缘最大垂直高差 H_{max} 与前后缘最大水平距离 L_{max} 的比值进行判断，将崩塌滑坡-碎屑流的 H_{max}/L_{max} 值小于 0.4 界定为远程运动的崩塌滑坡-碎屑流。

2.7 滑坡灾害模型试验

滑坡灾害模型试验包括两种类型：滑坡破坏试验和运动堆积试验。滑坡破坏试验是利用天然斜坡并开展人工降雨，直到发生滑坡破坏，此外，类似的人工模拟降雨诱发岩土体灾害可能不会导致边坡破坏的试验可转变为长期的现场监测研究。滑坡运动堆积试验则绕过了边坡破坏的开始，以关注滑坡或泥石流运动的动力学为主。这些试验通常将沉积物混合物堆积到装有监测仪器的天然斜坡或人工水槽上，通过控制岩土体材料的释放，观察和监测岩土体在天然斜坡或人工水槽中运动学、动力学特征。尽管现场试验可以足够大，以避免尺寸缩放问题，也可以足够复杂，以模拟自然现象，但由于所涉及的自然环境和材料的特殊性，没有任何模型试验是可以严格复制的。

在室内试验中，尺寸缩放效应具有挑战性，这些试验的目的不是测试特定假设，而是去除自然界中普遍存在的混杂影响，从而揭示难以在现场观察或测量的现象。对此类探索性试验的设计存在多样性和不一致性。室内试验设计可以通过使用量纲分析来评估显著物理现象（例如通过提高孔隙流体压力降低摩擦）和不太明显现象的潜在尺度依赖性（例如由小颗粒的静电吸引或空气-水界面的表面张力引起的明显碎片黏聚力）。

另一类室内试验旨在测试运用精确数学模型的特定假设。在这些情况下，数学模型控制方程的归一化产生了关于适当试验尺寸缩放的信息。但是，以模型测试为目的的试验通常只有在过程的基本现象被反复观察和测量之后才能确保其准确性。

2.7.1　滑坡破坏模型试验

2.7.1.1　相似理论与相似材料

降雨是诱发滑坡的主要因素之一，模拟雨水作用下滑坡体的应力、变形以及破坏的特征，需要模拟滑坡体在线弹性、塑性以及破坏时的状态，模拟试验要求模型与原型之间必须满足一定的相似关系，其中滑带是模拟试验的成败关键，是滑坡预测的关键条件，对它的研究主要考虑黏聚力和内摩擦角的相似。滑体是研究雨水作用下滑坡的重点，主要研究滑坡过程中的变形、破坏以及水流的渗透速度与渗透路径等，对它的研究必须满足黏聚力、内摩擦角、弹性模量、泊松比、渗透系数（渗透速度）和渗透路径的相似条件。

采用量纲分析和方程推导可初步确定滑坡模型试验的相似判据。模型试验涉及的相似参数包括长度 l、密度 ρ、黏聚力 c、内摩擦角 φ、变形模量 E、泊松比 μ、重力加速度 g、应力 σ、应变 ε、位移 u、渗透系数 k、时间 t、流速 v、降雨强度 q、土压力 p 等参数。设各参数的相似比分别为原型参数与模型参数之比，符号分别表示为 l'、ρ'、c'、φ'、E'、μ'、g'、σ'、ε'、u'、k'、t'、v'、q'、p'。模型采用重力加速度和密度相似比 g'、ρ' 为 1，假设几何相似比 $l=n=100$。由无量纲量相似比等于 1，推导出其余各参数的相似比分别为：$\varphi'=\mu'=\varepsilon'=1$，$u'=l'=n$，$c'=E'=\varphi'=p'=n$，$k'=v'=q'=n^{0.5}$，$t'=n^{0.5}$。

相似材料的研制是模型试验的关键，也是滑坡模型试验的一个难点。根据相似判据，土质滑坡相似材料是一种高密度、低弹模、低黏聚力、较低内摩擦角以及低渗透系数的散粒材料，而且这些参数还需和目标参数之间满足一定的相似比。目前，岩石类与土质类滑坡相似材料满足弹性范围内的静力学问题的材料研究成果较多，而既考虑应力场相似，又考虑渗透场相似的研究很少。要对这样一种相似材料进行研究，具有较大的难度，试验工作量大，必须采用适当的试验设计和数据处理理论及合理的结果评价方法进行相似材料试验。常用的相似材料主要有：重晶石粉、河砂、标准砂、双飞粉、滑石粉、地板蜡、黏土、膨润土、水等。

2.7.1.2　滑坡模型试验系统

滑坡模型试验（图 2-27）为破坏试验，试验平台起降控制系统可保证滑坡模型最终破坏，从而揭示滑坡变形破坏特性，并计算出滑坡稳定系数。试验平台可由底部框架、液压缸（控制滑坡倾斜角度）、水分测试系统、非接触位移场测试系统和多物理量测试系统（包括水位、土压力和位移）、人工降雨系统等组成，模拟多种边坡边界条件及量测滑坡破坏的多物理量参数。

对自然降雨的模拟主要是模拟降雨强度及降雨历程，系统在确定所需的雨强范围后，对雨强进行优化离散，以最少的喷洒单元，以叠加组合的方式实现对整个雨强范围的模拟。在对降雨历程的模拟方面，由于将整个降雨过程离散成降雨时间段，因此可取的时间段越短，模拟过程越近似，降雨系统可采用电气控制部件（电磁阀）作为雨强转换控制的执行元件，其开关控制过程耗时在毫秒级，对于模拟降雨历程非常有利。

目前对模型试验的数据测量采用孔隙水压力传感器、土压力传感器、位移传感器，可对滑坡相似模型中的土体内部地下水位、内部土压力以及关键点的位移进行测试。模型表面的面内位移和变形的测量方法，主要包括机械法、电测法和光测法。

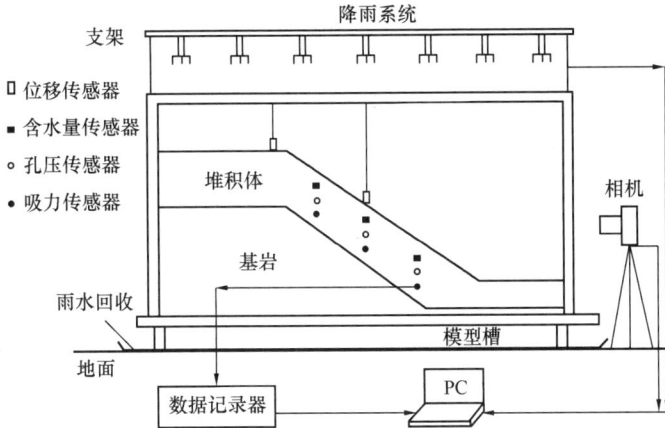

图 2-27　滑坡模型试验示意图

2.7.2　滑坡运动模型试验

由于滑坡运动相对滑坡破坏具有更大的距离，滑坡运动模型试验相对于破坏试验必须具备更大的模型尺寸。并且，在实验室环境中可以严格控制初始条件、边界条件和材料特性，但室内试验对试验规模产生了限制。迄今为止最大的实验室岩土体物质运动试验采用了约 $83m^3$ 的材料（图 2-28），许多试验的岩土体材料都小于 $2m^3$。因此，相对于滑坡破坏试验的关键是相似材料，而滑坡运动室内试验的尺寸效应则是试验设计的一个重要方面。

图 2-28　大规模室内滑坡试验（Moriwaki 等，2004）

2.7.2.1　无流体的块状滑动或崩塌的量纲分析

作为应用于滑坡块体运动试验的量纲分析，考虑对无限宽的均质材料沿均匀斜坡向下运动时保持其宏观形状（图 2-29）。对于滑坡运动而言，这种简化模型忽略了块体中的流体相（空气或水）的作用。该简化模型分析目的是推断控制物质运动下滑速度 $\bar{u}$ 的无量纲变量。滑坡物质在运动过程中 $\bar{u}$ 的演变与其他地质地貌现象不同，大多数岩土灾害的物质运动过程在本质上是不稳定的，它们缺乏特征速度，在空间和时间上有明显的起点和终点。如图 2-29 所示，碎屑流运动的厚度和长度分别为 H 和 L。取碎屑流中的一部分柱体放大，用以描述分析中考虑的关键因变量。在最简单的分析中，只有深度平均向下运动

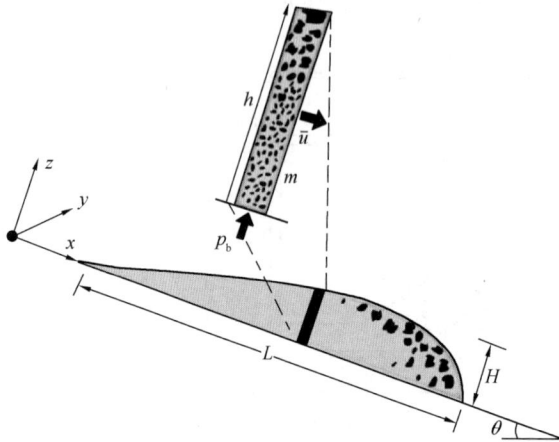

图 2-29　沿斜坡角度 θ 下滑的滑坡运动示意图

速度 $\bar{u}$ 随时间演变；在更复杂的分析中，H 和 L 也会演变，局部厚度 h、基础孔隙流体压力 p_b 和固体体积分数 m（影响碎屑堆积密度 ρ）也会发生演变。

在运动分析中，首先运用基本物理知识和图 2-29 中的示意图，列出可能影响 $\bar{u}$ 演化的宏观变量。基本变量包括运动物质的体积密度 ρ、长度 L、厚度 H、重力加速度 g、倾角 θ、时间 t 和基底库仑摩擦角 φ。在这种简化分析方法中，运用参数 ϕ 概化了基底滑动过程中的能量耗散效应，内部变形对能量耗散的所有影响都包含在应力变量 σ 中。该系列变量的假设效应可概括为

$$\bar{u} = f_1(g, L, H, \rho, \sigma, \theta, \varphi, t) \tag{2-97}$$

式中，f_1 表示未知函数。

式（2-97）包括两个固有无量纲变量（θ 和 ϕ）以及 7 个有量纲的变量（$\bar{u}$、g、L、H、ρ、σ 和 t）。固有无量纲变量在确定新的无量纲变量时不起作用，这表明 θ 和 ϕ 可以暂时忽略。式（2-97）中剩下的 7 个变量涉及 3 个基本物理量纲（质量 m、长度 L 和时间 t）的各种组合。因此，Buckingham Ⅱ 定理表明，这 7 个量纲变量必须互相关联并且可以运用 $7-3=4$ 个独立无量纲变量来表达。为了确定这 4 个变量，首先假设式（2-97）中的函数关系具有一般形式

$$\bar{u} = \kappa g^a L^b H^c \rho^d \sigma^e t^f \tag{2-98}$$

式中，a、b、c、d、e 和 f 的值未知；κ 是无量纲比例因子。通过将式（2-98）中的所有物理变量表示为量纲，这些量纲涉及质量 $[M]$、长度 $[L]$ 和时间 $[T]$ 的各种组合，式（2-98）可以改写为

$$\left[\frac{L}{T}\right] = \left(\left[\frac{L}{T}\right]^2\right)^a [L]^b [L]^c \left(\left[\frac{M}{L}\right]^3\right)^d \left(\left[\frac{M}{[L][T]^2}\right]\right)^e [T]^f \tag{2-99}$$

在式（2-99）中只有当 $[M]$、$[L]$ 和 $[T]$ 的幂在其左侧和右侧相同时，该式才在量纲上是均匀的。因此，这些幂率相等必须满足三个条件：

（1）$[M]$ 的齐次性条件，$0 = d + e$；

（2）$[L]$ 的齐次性条件，$1 = a + b + c - 3d - e$；

（3）$[T]$ 的齐次性条件，$-1 = -2a - 2e + f$。

这些条件构成了包含 6 个未知数（a、b、c、d、e 和 f）的 3 个联立代数方程，因此，可以消除其中 3 个未知数。例如，通过发现 $a = (1/2) - e + (f/2)$，$b = (1/2) - c - e - (f/2)$ 和 $d = -e$，可以用代数方法消除 a、b 和 d。在式（2-98）中运用这些替换，则得到

$$\bar{u} = \kappa g^{(1/2)-e+(f/2)} L^{(1/2)-c-e-(f/2)} H^c \rho^{-e} \sigma^e t^f \tag{2-100}$$

对相同指数的项进行分组，由式（2-100）得到

$$\bar{u} = \kappa (gL)^{1/2} \left(\frac{H}{L}\right)^c \left(\frac{\sigma}{\rho g L}\right)^e \left[\frac{t}{(L/g)^{1/2}}\right]^f \tag{2-101}$$

通过将式（2-101）两边除以 $(gL)^{1/2}$，并重新引入无量纲变量 θ 和 ϕ，式（2-97）中假设的一般函数关系可以以无量纲形式重新表述

$$\frac{\bar{u}}{(gL)^{1/2}} = f_2 \left[\frac{H}{L}, \frac{\sigma}{\rho g L}, \frac{t}{(L/g)^{1/2}}, \theta, \phi\right] \tag{2-102}$$

其中 f_2 表示新的未知函数。如 Buckingham Ⅱ 定理所预期的那样，式（2-102）只包含 6 个无量纲变量，而不是式（2-97）中包含的原始 9 个变量。注意 L 在式（2-102）中用作基本长度尺度，因为它出现在除 θ 和 ϕ 之外的每个变量的分母中。此外，$(L/g)^{1/2}$ 是 $\bar{u}$ 演化的基本时间尺度。

式（2-102）具有完全有效性，但具有唯一性。例如，如果在式（2-100）的代数代换中选择了 c 而不是 b 进行消除，则 H 和 L 将在式（2-102）中交换位置，H 将作为基本长度标度。这种非唯一性表明，通过乘法或除法组合修正式（2-102）中的 Ⅱ 群是合理的。在式（2-102）的情况下，重力对岩石和土体影响的经验表明，预期应力将随物质运动的厚度 H 而不是长度 L 而缩放。因此，将 $\sigma/\rho g L$ 除以式（2-102）中的 H/L，从而获得修正的 Ⅱ 群的 $\sigma/\rho g H$。该修改引出了适合于指导试验设计的无量纲变量之间的关系

$$\frac{\bar{u}}{(gL)^{1/2}} = f_3 \left[\frac{H}{L}, \frac{\sigma}{\rho g H}, \frac{t}{(L/g)^{1/2}}, \theta, \phi\right] \tag{2-103}$$

由此，借助式（2-103）设计的一个小尺寸试验涉及具有常数 H、L、ρ 和 σ 的刚性块体沿斜面下滑的运动。然而，即使对于这个简单的试验，式（2-103）也提供了有用的指导，因为它表明 $\bar{u}$ 以 $(gL)^{1/2}$ 缩放，而 t 以 $(L/g)^{1/2}$ 缩放。总之，这些关系简明地表示了 $\bar{u}$ 与 gt 成比例缩放，式（2-102）进一步表明了缩放比例将取决于 θ 和 ϕ 的值。通过上述推导，运用严谨的方程预测了在 $t = 0$ 时刻从静止状态释放的滑块运动的主要变量，即 $\bar{u}$

$=gt$（$\sin\theta-\cos\theta\tan\phi$）。如果这个方程是未知的，那么量纲分析将有助于通过使用单个块体和多个倾斜平面以及 θ 和 ϕ 的各种组合的试验来揭示。此外，在式（2-103）中，没有信息表明 θ 和 ϕ 对 $\bar{u}/gt$ 的作用会受到试验装置大小的影响。因此，研究人员可以合理地推断，刚性滑块的小型化试验结果可能适用于大规模的类似滑块。然而，很少有天然滑坡表现为刚性块体。

更多相关类型的岩土灾害运动试验是由数百万干燥、坚硬颗粒组成的可变形的运动（图 2-30）。在这种情况下，式（2-103）仍然适用，但其中的任何变量都不能视为常数。假定 $\bar{u}\propto gt$ 保持与刚性滑块相同，但在碎屑流运动中，$\bar{u}$ 会随着 H/L 的演变而变化。同时，$\sigma/\rho gH$ 可能受多种因素影响而演变，例如 ρ 可能因颗粒材料的膨胀或收缩而变化，垂直加速度分量可能改变碎屑流颗粒上的有效重力加速度 g，或者颗粒动量交换可能从接触主导模式转变为碰撞主导模式。在任何情况下，设计用于跟踪最容易测量的应力分量（基础法向应力）演变的试验都将有助于限制 $\sigma/\rho gH$ 随时间和运动路径位置变化而产生的演变。然后，可以将变化的基础法向应力的空间分布测量值与 H/L 和 $\bar{u}/(gL)^{1/2}$ 的测量值相结合，以试图在控制岩土体运动路径的条件下，揭示沿不同 θ 和 ϕ 值的动力学因素。

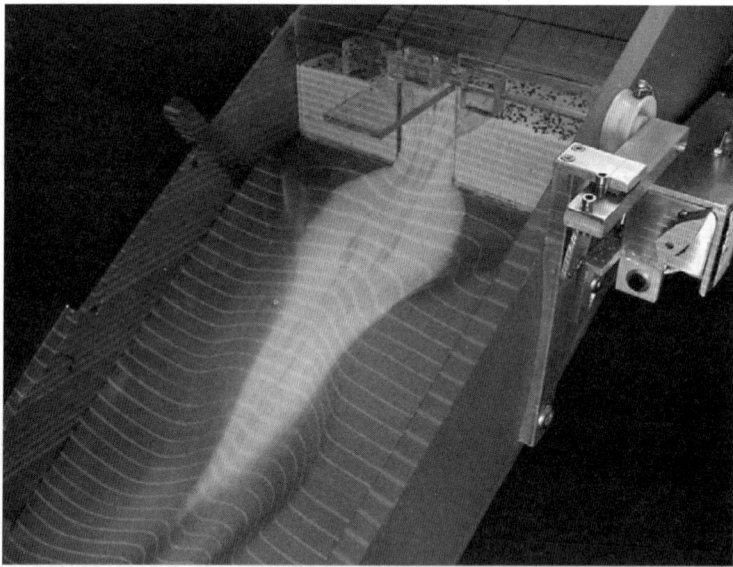

图 2-30　小规模干沙运动试验（Iverson 等，2004）

在这种颗粒碎屑流动试验中需要注意的是，尺度效应可能很重要。一个可能的原因是碎屑流运动中体积规模的大小影响着运动过程，从而影响 $\sigma/\rho gH$ 值。事实上，在试验设计中，长期存在将大型自然岩土灾害的碎屑流运动误解为与干燥颗粒物质的小型碎屑流一样的运动特征。Hsü（1978）在总结前人的研究基础上指出，从 Heim（1882）开始，许多研究人员曾经认为，如果水平运动距离与垂直运动距离的比值超过 1.7，则大型滑坡的流动型运动表现出异常行为。然而，这些小型崩滑流忽略了许多可能影响大型滑坡行为的尺度相关性。最明显的尺度相关性之一是孔隙流体压力对 $\sigma/\rho gH$ 的修正。

2.7.2.2 含流体的滑坡或泥石流量纲分析

流体在所有泥石流和许多由水诱发的滑坡中起着至关重要的作用，在试验中加入流体效应可以增加其与实际灾害发生环境的相关性。然而，流体的存在也使量纲分析、试验缩放和数据解释变得复杂。一般而言，灾害点邻近岩体的环境流体以及灾害岩体内的粒间流体可能很重要，但此节所述的量纲分析仅考虑灾害岩体内粒间孔隙流体的影响。由于周围空气施加的浮力或惯性反作用力可忽略不计，因此这种简化适用于许多大密度地表崩滑流运动。

粒间孔隙流体的物理性质包括密度 ρ_f、黏度 μ_f、弹性体积模量（往复压缩性）E_f 和可能的屈服强度 c_f（流体中含有悬浮泥浆）。固体颗粒被视为不可压缩的，其物理性质指标包括密度 ρ_s、内摩擦角 φ、固体体积分数 m（孔隙度则为 $1-m$），这些参数随泥石流或滑坡运动而演变。因此，固体-流体混合物的压缩性（或其倒数，混合物体积模量 E）可能在崩滑流运动中的作用就表现得很重要。如果 m 的值是已知的，则 ρ_s、ρ_f 的值也是已知的，则无需独立考虑不断变化的混合物体积密度 ρ，因为这三者必须满足 $\rho = \rho_s m + \rho_f (1 - m)$。然而，在未产生运动变形的初始状态，即 $m = m_0$ 时，初始密度定义为固定参考值 ρ_0。另一个重要的体积特性是粒状固体骨料的达西孔隙流体渗透率 k。一般而言，k 值随 m 值的变化而变化，但在此分析中只考虑了一个具有代表性的固定 k 值，该值概况了不同形状和尺寸的颗粒混合物的达西渗透率。将这些材料特性增加到式（2-97）考虑的变量列表中，得到了一个扩展的函数关系

$$\bar{u} = f_4(g, L, H, \rho_0, \rho_s, \rho_f, \sigma, \theta, \varphi, u_f, c_f, E_f, E, k, m, t) \tag{2-104}$$

根据 Buckingham Ⅱ 定理，式（2-104）可以从包含 17 个变量的关系简化为 14 个无量纲 Ⅱ 群的关系。在这些 Ⅱ 群中，保留了源于式（2-103）的基本时间标度 $(L/g)^{1/2}$、速度标度 $(Lg)^{1/2}$ 和质量标度 $\rho_0 H^3$。

通过与获得式（2-103）完全类似的数学方法，并保留基本量纲 $(L/g)^{1/2}$、$(Lg)^{1/2}$ 和 $\rho_0 H^3$，式（2-103）可以简化为包含 14 个 Ⅱ 基团的函数关系

$$\frac{\bar{u}}{(gL)^{1/2}} = f_5 \left[\frac{H}{L}, \frac{\sigma}{\rho_0 g H}, \frac{t}{(L/g)^{1/2}}, \theta, \phi, m, \frac{\rho_s}{\rho_0}, \frac{\rho_f}{\rho_0}, \frac{c_f}{\rho_0 g H}, \frac{E_f}{\rho_0 g H}, \right.$$

$$\left. \frac{E}{\rho_0 g H}, \frac{(L/g)^{1/2}}{\mu_f H^2 / kE}, \frac{\rho_0 H (gL)^{1/2}}{\mu_f} \right] \tag{2-105}$$

式（2-105）中的前 6 个无量纲变量与式（2-103）相同，接下来的 6 个变量为固体体积分数 m、简单密度比 ρ_s/ρ_0 和 ρ_f/ρ_0、比例屈服强度 $c_f/\rho_0 g H$ 和比例体积模量 $E_f/\rho_0 g H$ 和 $E/\rho_0 g H$ 组成。地球表面水和空气的 E_f 的典型值分别约为 $2.2 \times 10^9 \text{Pa}$ 和 $1 \times 10^5 \text{Pa}$，这表明，如果是包含水的崩滑流模型试验，则 $E_f/\rho_0 g H \gg 1$ 满足任何大小相似比的物质运动，与之相反的是对于包含气体的运动试验，只有当 H 小于 1m 时，$E_f/\rho_0 g H \gg 1$ 才满足其相似比。因此，可以得出，水的压缩变形在各种相似比的物质运动试验中起着最小的作用，但是，气体压缩在大规模的崩滑流中可能会对其运动参数产生重要作用，而在实验室

尺度的试验中不会产生这种作用。最后，式（2-105）中的 $c_f/\rho_0 g H$ 表明，小型试验中 c_f 的影响可能被夸大，其原因在于小型试验中 H 值远小于大型滑坡或泥石流中 H 值。

从模型试验缩放的角度来看，式（2-105）中的最后两个无量纲变量最受关注，每个变量都涉及流体黏度 μ_f。这些变量中的第一个可以解释为时间尺度比，因为分子 $(L/g)^{1/2}$ 是滑坡或泥石流重力驱动下运动的时间尺度，分母 $\mu_f H^2/kE$ 是孔隙度变化产生的超孔隙流体压力的沿坡面法向扩散的时间尺度。因为孔隙压力本身并未明确包含在式（2-105）中，确定这一时间尺度需要事先理解已建立的孔隙压力扩散理论。相反，在式（2-105）中第二项的归一化通用应力变量 $\sigma/\rho_0 g H$ 中则包含了孔隙压力。然而，由于滑坡和泥石流的动力学通常受孔隙压力扩散和内部变形的影响，式（2-105）中含有的孔隙压力扩散的时间尺度 $\mu_f H^2/kE$ 就可解释这一特征。式（2-105）中的最后一项也容易解释，因为 $\rho_0 H (gL)^{1/2}/\mu_f$ 构成雷诺数，其中 $gL^{(1/2)}$ 作为了速度标度。该雷诺数概括了充满流体、重力驱动的包含有限长度 L 但无特征速度崩滑流运动中的体积惯性力与黏性剪切阻力之比。

式（2-105）中的 $(L/g)^{1/2}/(\mu_f H^2/kE)$ 和 $\rho_0 H (gL)^{1/2}/\mu_f$ 对于试验设计具有重要的影响，因为 $\mu_f H^2$ 出现在其中一个基团的分母中，而 μ_f/H 出现在另一个的分母中〔如果将其改写为 $\rho_0 (gL)^{1/2} (\mu_f/H)$〕。因此，如果 μ_f 保持恒定而 H 减小（即从现场规模尺度到试验室的规模尺度），则黏性剪切阻力的重要性影响就不成比例地增大，而孔隙压力扩散的重要性影响就不成比例地减小（图 2-31）。

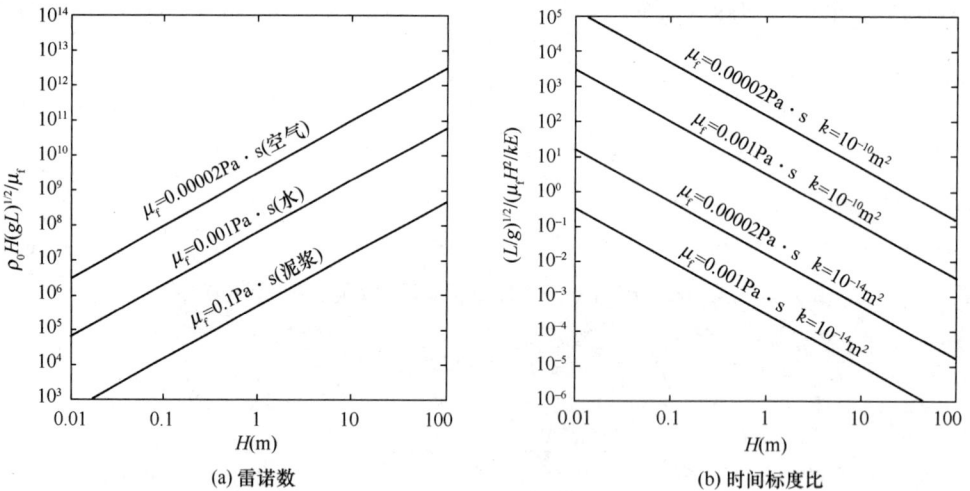

图 2-31 雷诺数 $\rho_0 H (gL)^{1/2}/\mu_f$ 和时间标度比 $(L/g)^{1/2}/(\mu_f H^2/kE)$
随滑坡或泥石流厚度 H 变化的曲线

典型流体黏度值分别为：空气 $\mu_f = 0.00002\mathrm{Pa} \cdot \mathrm{s}$、水 $\mu_f = 0.001\mathrm{Pa} \cdot \mathrm{s}$ 和泥浆 $\mu_f = 0.1\mathrm{Pa} \cdot \mathrm{s}$，以及洁净砂 $k = 10^{-10}\ \mathrm{m}^2$ 和分选不良的淤泥基质碎屑 $k = 10^{-14}\ \mathrm{m}^2$。为生成这些图，假设其他三个量的固定值为长度比例 $H/L = 100$（许多崩滑流运动的典型值）、压缩刚度 $E = 10^7\mathrm{Pa}$（松散粒状土壤的典型值）以及堆积密度 $\rho_0 = 1500\mathrm{kg/m}^3$（松散粒状土的

典型值)。在试验中控制 μ_f 的值不能解决这个缩放问题,因为 μ_f 的变化会按比例改变 $(L/g)^{1/2}/(\mu_f H^2/kE)$ 和 $\rho_0 H (gL)^{1/2}/\mu_f$ 的数值。

当模型试验需要将 H 从现场规模减小到实验室规模时,解决上述尺度缩放问题就需要保持参数 $(L/g)^{1/2}/(\mu_f H^2/kE)$ 和 $\rho_0 H (gL)^{1/2}/\mu_f$ 的比值恒定,但这是一个看似合理但最终无效的方法。由 $(L/g)^{1/2}/(\mu_f H^2/kE)$ 和 $\rho_0 H (gL)^{1/2}/\mu_f$ 的比值 $kE/\rho_0 gH^3$,该参数可用以评估模型试验尺寸缩放的可行性。例如,对于一组 $H=1\mathrm{m}$,$k \sim 10^{-9}\mathrm{m}^2$ 和 $E \sim 10^6\mathrm{Pa}$ 的饱和砂砾土,得出 $kE/\rho_0 gH^3 \sim 10^{-6}$;对 $H=0.02\mathrm{m}$,$k \sim 10^{-12}\mathrm{m}^2$,$E \sim 10^5\mathrm{Pa}$ 的小型饱和细砂土,也得出 $kE/\rho_0 gH^3 \sim 10^{-6}$。因此,在将 H 从 1 减小到 $0.02\mathrm{m}$ 的同时,通过改变材料特征组成可以保持 $kE/\rho_0 gH^3$ 的值恒定。因此,考虑 $kE/\rho_0 gH^3$ 和仅由 $(L/g)^{1/2}/(\mu_f H^2/kE)$ 或 $\rho_0 H (gL)^{1/2}/\mu_f$ 中的一个参量来确定相似比缩放问题,可能会导致得出有效缩小试验规模是可行的错误推断。然而,该方法并未解决相似比缩放对 $(L/g)^{1/2}/(\mu_f H^2/kE)$ 和 $\rho_0 H (gL)^{1/2}/\mu_f$ 产生相互对立的影响。它说明了对 Buckingham Ⅱ 定理中参量选择的判断不当导致了该方法存在缺陷。一般来说,具有不透明物理意义的变量组(如 $kE/\rho_0 gH^3$)比 Buckingham Ⅱ 定理中具有明确物理意义变量组的适用性更小。

迄今为止,还没有提出令人满意的方法来避免 Buckingham Ⅱ 定理变量组 $(L/g)^{1/2}/(\mu_f H^2/kE)$ 和 $\rho_0 H (gL)^{1/2}/\mu_f$ 中出现的缩放问题,并且这些变量组对评估孔隙流体在减少有效基底摩擦方面的作用具有重要意义。人为模拟此类减少摩效果的小型室内滑坡试验需要安装黏性基底层,但这种模拟并不构成物理相似性。因此,在设计饱和滑坡和泥石流的适当规模试验时,最可行的替代方案是建造和利用最大可行的实验室设施。这种理论基础促使日本于 1974 年在国家地球科学与灾害预防研究所(NIED)建造了大型降雨模拟器和滑坡试验设施(图 2-28),也促使美国地质勘探局(U. S. Geological Survey)于 1991 年在俄勒冈州建造了长 95m、宽 2m、坡度 31°的大型泥石流水槽(图 2-32、图 2-33)。然

图 2-32 美国地质勘探局(USGS)大型泥石流水槽试验($V=6\mathrm{m}^3$)

图 2-33　美国地质勘探局降雨诱发滑坡水槽试验（$V=6\mathrm{m}^3$）

而，即便在这些设施中，试验性的崩滑流运动也不能复制大型自然事件中可能发生的所有行为。

2.8　滑坡灾害监测预警

随着卫星遥感技术、航空摄影测量技术、物联网通信技术的不断进步和发展，基于星载监测平台（高分辨率光学卫星遥感技术＋卫星合成孔径雷达干涉测量技术）、航空监测平台（机载光雷达测量技术＋无人机摄影测量技术）、地表监测平台（如全球导航卫星系统、地基雷达干涉测量技术、裂缝计等）以及坡体内部监测平台（钻孔测斜仪、孔隙水压力计、地下水位计等）的"天-空-地-内"一体化的多源立体观测体系逐步建立起来并在大量滑坡监测中得到了实际应用。首先利用多时相高分辨率光学卫星影像和时序 InSAR 对正在变形的滑坡区域进行探测和监测，实现大范围滑坡形变历史追踪和形变发展趋势的非连续监测；随后，利用机载激光雷达和无人机航拍技术，获取滑坡高风险区、隐患集中分布区或重大滑坡隐患点的多时相高精度数字高程模型（Digital Elevation Model，DEM），通过 DEM 差分实现对滑坡隐患三维形变机动监测；最后，利用地表和斜坡内部传感器，通过物联网通信实现对滑坡隐患的地表和内部形变以及相关形变影响参数的实时连续监测（图 2-34）。其中星载监测平台和航空监测平台主要应用于大范围或重点区域滑坡隐患中长期监测预警，而地表和坡体内部监测手段主要用于单点滑坡隐患临滑阶段的监测预警。

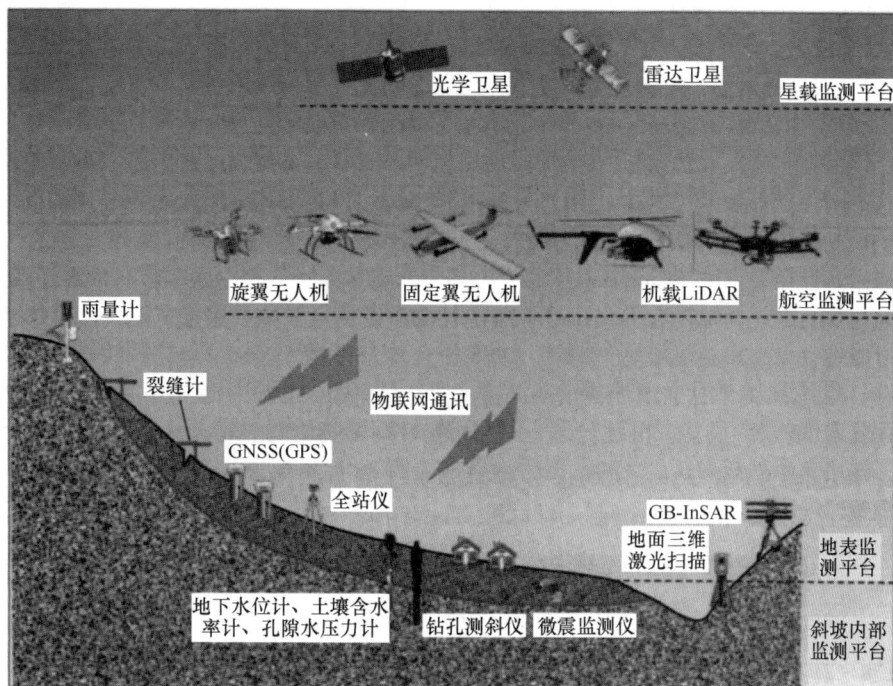

图 2-34 滑坡星-空-地-内多源立体监测网络布设示意图

2.8.1 滑坡监测方法

2.8.1.1 星载监测平台

（1）多时相卫星光学遥感监测

卫星光学遥感技术因其具有时效性好、宏观性强、信息丰富等特点，已成为重大自然灾害调查分析和灾情评估的一种重要技术手段。早在 20 世纪 70 年代，Landsat（分辨率 30~80m）、SPOT（分辨率 10~20m）等中等分辨率光学卫星影像便被用于地质灾害探测分析。20 世纪 80 年代，黑白航空影像被用于单体地质灾害的探测。20 世纪 90 年代以后，Ikonos（分辨率 1.0m）、Quickbird（分辨率 0.61m）等高分辨率卫星影像被广泛用于地质灾害的探测与监测。目前，光学遥感正朝着高空间分辨率（商业卫星分辨率最高为 Worldview：30.31m）、高光谱分辨率（波段数可达数百个）、高时间分辨率（Planet 小卫星的重返周期约 1 天）方向发展。光学遥感技术在地质灾害研究中的应用逐渐从单一的遥感资料向多时相、多数据源的复合分析，从静态地质灾害辨识、形态分析向地质灾害变形动态监测过渡。随着卫星光学遥感影像分辨率的不断提高以及卫星数目的不断增多，观测的精度将不断提高，获取影像的时间间隔也将大大缩短，目前已实现每天一次重复观测，不久的将来可实现一天多次重复观测，对地质灾害隐患形变趋势的中长期监测大有裨益。

（2）时序星载 InSAR 监测

InSAR 技术是近二十年来兴起的一种新型对地观测技术，其主要利用雷达影像的相位信息来获取目标点在雷达视线向的形变信息，是一种主动遥感技术手段，具有全天候、全天时工作、覆盖范围广、空间分辨率高、非接触、综合成本低等优点，适宜开展大范围地质灾害长期持续监测。特别是 InSAR 具有大范围连续跟踪微小形变的特性，使其对正在变形区具有独特的识别和监测能力。1996 年法国学者 Fruneau 首先证明了合成孔径雷达差分干涉测量技术（DInSAR）可有效用于小范围滑坡形变监测，随后各国学者陆续开展了 DInSAR 在滑坡监测中的应用研究，取得了一些成功案例。但在实际应用中，特别是在地形起伏较大的山区，星载 InSAR 的应用效果往往受到几何畸变、时空去相干和大气扰动等因素的制约，具有一定局限性。此外，应用 DInSAR 只能监测两时相间发生的相对形变，而无法获取研究区域地表形变在时间维度上的演化情况，这是由该技术自身的局限性所决定的。针对这些问题，国内外学者在 DInSAR 的基础上提出了多种时间序列 InSAR 技术（时序 InSAR），包括永久散射体干涉测量（Permanent/Persistent Scatter-erInterferometry，PSI）、小基线集干涉测量（Small Baseline Subsets，SBAS）、SqueeSAR 等。通过对重复轨道观测获取的多时相雷达数据，集中对提取到具有稳定散射特性的高相干点目标上的时序相位信号进行分析，反演研究区域地表形变平均速率和时间序列形变信息，能够取得厘米级甚至毫米级的形变测量精度。图 2-35 为四川丹巴甲居藏寨滑坡 2006 ～2010 年累计形变量。

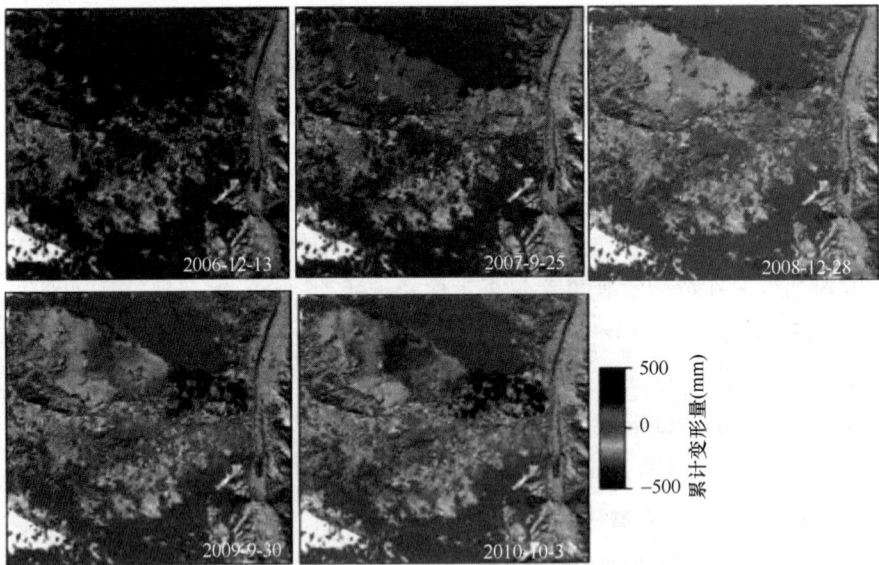

图 2-35　四川丹巴甲居藏寨滑坡 2006～2010 年累计形变量

2.8.1.2　航空监测平台

（1）多时相机载 LiDAR 滑坡监测

LiDAR 是激光探测及测距系统的简称，其通过集成定姿定位系统和激光测距仪，能够直接获取观测区域的三维表面坐标。机载 LiDAR 集成了位置测量系统、姿态测量系统、三维激光扫描仪（点云获取）、数码相机（影像获取）等设备。机载 LiDAR 不仅能够提供高分辨率、高精度的地形地貌影像，同时通过多次回波技术可"穿透"地面植被，通过滤波算法有效去除地表植被，获取真实地面高程数据信息并生成数字高程模型（DEM），为高位、隐蔽性滑坡隐患的识别和监测提供了重要手段。通过对多时相机载 Li-DAR 点云生成的 DEM 进行差分，并可获得滑坡形变区的垂直方向的形变量，通过对多时相机载 LiDAR 点云生成的山体阴影反映出来的地表裂缝等形变迹象进行对比，便可得到滑坡水平方向的形变量，从而可以实现滑坡隐患三维形变的动态监测。图 2-36 为四川省丹巴县城中路藏寨滑坡航空影像和机载 LiDAR 结果图，该滑坡后缘植被较茂密，从无人机航拍影像（图 2-36a）和未去除植被的机载 LiDAR 原始点云生成的山体阴影图（图 2-36b）上均不易发现滑坡形变迹象，但去除植被后，则滑坡后缘拉裂缝清晰可见，同时时序 InSAR 结果也显示该区域滑坡目前正处于缓慢蠕滑阶段。

(a) 滑坡后缘无人机航拍影像

(b) 机载LiDAR原始点云生成的山体阴影图

(c) 机载LiDAR原始点云滤除植被生成的山体阴影图

(d) 图局部放大

图 2-36 航空影像和机载 LiDAR 结果图

（2）多时相无人机航拍滑坡监测

随着无人机技术的飞速发展，利用无人机可进行高精度（厘米级）的垂直航空摄影测量和倾斜摄影测量，并快速生成测区数字地形图（Digital Line Graphic，DLG）和数字正射影像图（DOM）、数字地表模型（DSM）和数字地面模型（DTM）。利用三维 DSM 或 DTM，不仅可以清楚直观地查看斜坡的历史变形破坏痕迹和现今变形破坏迹象（如地表裂缝、拉陷槽、错台、滑坡壁等）以发现和识别地质灾害隐患，还可进行地表垂直位移、体积变化、变化前后剖面的计算，从而实现滑坡隐患的动态监测。图 2-37 为甘肃省黑方台地区滑坡多时相无人机航拍 DSM 差分结果，通过 DSM 差分结果可以准确探测出滑坡形变区垂直方向的位移量，同时通过对多时相高精度无人机光学影像上的地表裂缝等形变迹象进行对比解译，便可得到滑坡水平方向的形变量，从而可以实现滑坡隐患三维形变的动态监测。

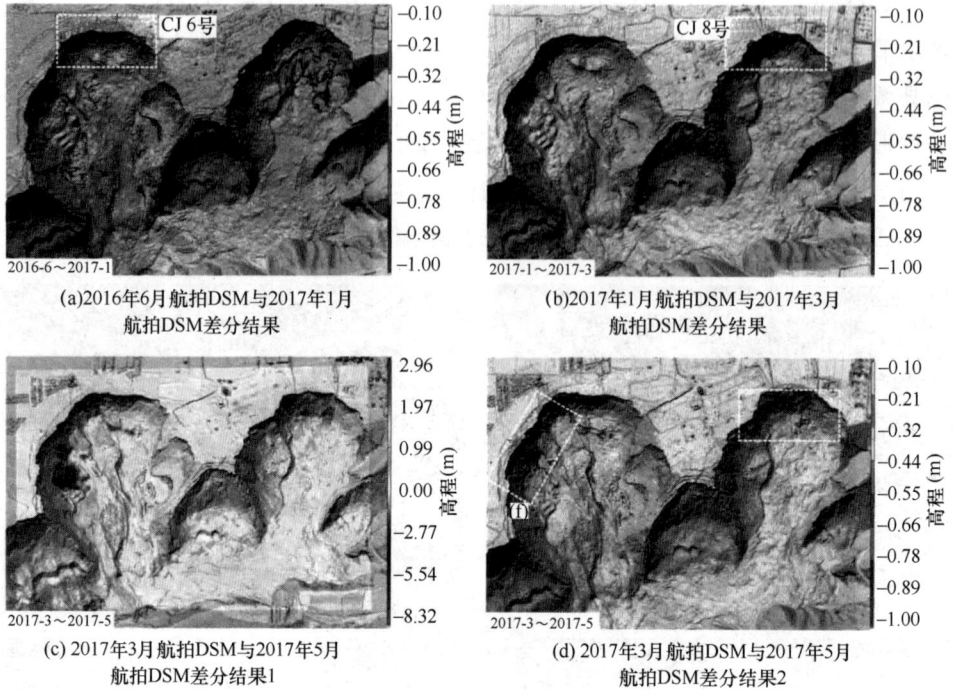

(a)2016年6月航拍DSM与2017年1月
航拍DSM差分结果

(b)2017年1月航拍DSM与2017年3月
航拍DSM差分结果

(c) 2017年3月航拍DSM与2017年5月
航拍DSM差分结果1

(d) 2017年3月航拍DSM与2017年5月
航拍DSM差分结果2

图 2-37　滑坡多时相无人机航拍 DSM 差分结果

2.8.1.3　地表和斜坡内部监测平台

在利用星载和航空监测技术手段对滑坡目前的变形状况以及历史形变特征规律进行监测分析基础上，判定其变形所处阶段，若变形速率较大或已进入加速变形阶段，则应及时布设地面传感器（如 GNSS、裂缝计、雨量计）和坡体内部传感器（如钻孔倾斜仪、地下水位计等）对地表和内部的变形及其外在影响因素进行精准密集监测，并根据监测结果在灾害实际发生前发出预警信息，以保障受威胁人员的生命财产安全。目前，滑坡灾害的地面和坡体内部的监测，从各种指标（位移、应力、含水率、水位、雨量等）的现场自动采集、监测数据的远程无线传输等技术都已成熟，其难点在于对现场监测数据的分析处理以及根据监测数据对灾害发生时间及时地作出准确的预警预报。那么，在地质灾害发生前，究竟能不能提前做出预警预报呢？客观地讲，地质灾害的预警预报目前还是一个国际难题，还不可能提前对灾害发生时间做出准确的预报，但近年来的研究和实践证明，对大多数进行了科学、专业监测的地质灾害体而言，在灾害发生前提前数小时、数分钟发出预警信息还是可能的。

2.8.2 滑坡变形-时间曲线特征

滑坡预警难度相对较大，尤其是突发性滑坡预警难度很大。但大量的滑坡实例表明，滑坡尤其是重力型滑坡（主要受重力而形成的滑坡，而非地震、降雨、人类工程活动诱发的滑坡），基本都满足日本学者斋藤提出的三阶段变形规律。通过 InSAR 地基合成孔径雷达（GBSAR）、GNSS、裂缝计等变形监测手段的持续监测，获取滑坡的变形时间序列曲线，结合监测数据不难判断滑坡当前处于哪一阶段。理论和实践均表明，滑坡变形进入加速变形阶段是滑坡发生的前提，也是滑坡预警的重要依据。也就是说，若滑坡还处于等速变形阶段，即使有较大的变形速率（一般可达每天数厘米、数分米）也未必会发生滑坡，但一旦进入加速变形阶段，预示着在不长的时间内将会发生滑坡。因此，对于新发现的重大滑坡隐患，一般应尽快实施变形监测，掌握滑坡所处的变形阶段，并由此判断滑坡的稳定性和危险性。

2.8.2.1 滑坡变形-时间曲线的三阶段演化规律

大量滑坡实例的监测数据表明：在重力作用下，渐变型斜坡演化既具明显的个性特征，又具有共性特征，其变形（累计位移）-时间曲线在时间上具有如图 2-38 所示的三阶段演化特征。

第 1 阶段（AB 段）：初始变形阶段。坡体变形初期，变形从无到有，坡体中开始产生裂缝，变形曲线表现出相对较大的斜率，但随着时间的延续，变形逐渐趋于正常，曲线斜率有所减缓，表现出减速变形的特征。因此，该阶段常被称为初始变形阶段或减速变形阶段。

第 2 阶段（BC 段）：等速变形阶段。在初始变形的基础上，在重力作用下，斜坡岩土体基本上以相同（近）的速率继续变形。因不时受到外界因素的干扰和影响，其变形曲线可能会有所波动，甚至受周期性的外界因素影响出现周期性阶跃，但此阶段变形曲线宏观上仍为一倾斜直线，总体上变形速率基本保持不变，因此，此阶段又称为匀速变形阶段。

第 3 阶段（CD 段）：加速变形阶段。当坡体变形发展到一定阶段后，变形速率会呈现出不断加速增长的趋势，直至坡体整体失稳（滑坡）之前，变形曲线近于陡立，这一阶段被称为加速变形阶段。

大量的监测数据表明，上述斜坡变形演化的三阶段规律具有一定的普适性，是渐变型斜坡在重力作用下变形演化所遵循的一个普遍规律。在滑坡预警预报时把握此变形演化规律，根据监测曲线准确地判断斜坡所处的变形阶段，并据此采取针对性的应急处置措施。但在实际的滑坡监测中，有些滑坡可能会在变形已经达到一定程度后才被纳入专业监测范围，监测数据所反映的主要是后半段的情况，一般只能得到等速变形阶段之后甚至是加速变形阶段之后的监测数据，不能形成一个如图 2-38 所示的完整的"三段式"变形监测曲线。

2.8.2.2　滑坡变形-时间曲线的主要形态

图 2-38 所示的滑坡变形-时间曲线仅是斜坡在恒定的自重作用下所表现出的一种宏观规律和理想曲线。事实上，因斜坡处于地壳表层这个复杂的开放系统中，在其发展演化过程中将不可避免地遭受各种外界因素（如降水、人类工程活动等）的干扰和影响，使变形-时间曲线呈现出一定的波动和振荡性。因此，常见的变形-时间曲线在总体趋势符合上述三阶段演化规律的基础上，在微观和局部往往表现出振荡和波动性，由此可分为以下三种类型。

（1）光滑型

如果斜坡所处环境受外界因素影响较小，斜坡的变形演化主要受控于重力作用，则斜坡的变形-时间曲线就会显得相对比较光滑，此类变形曲线称为光滑型曲线（图 2-39）。

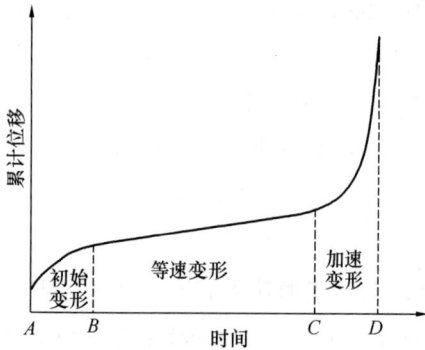

图 2-38　滑坡变形-时间曲线

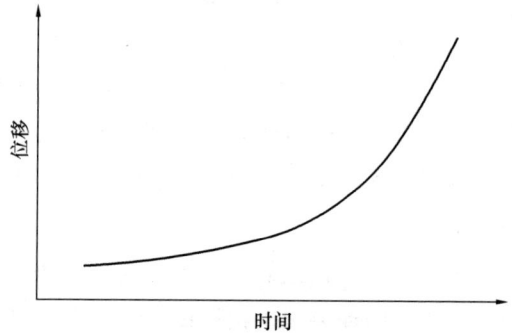

图 2-39　光滑型滑坡位移-时间曲线

（2）振荡型

斜坡变形曲线在总体趋势符合上述三阶段规律的前提下，在具体细节上表现出一定的波状起伏的振荡特性，有时振幅还很大，但很快又恢复正常。此类变形曲线被称为振荡型曲线。如 1985 年发生的龙羊峡龙西滑坡的变形监测曲线就呈现出明显的振荡特性（图 2-40）。产生振荡特性的主要原因是，斜坡在发展演化过程中，受到了一些相对微弱的、随机的外界因素影响，如非汛期的小降雨、降雪、小规模的人类工程活动、某个锁固段的突然剪断或变形的局部调整以及天体引力作用等。此外，来源于监测仪器和监测人员的测量误差也是导致斜坡变形曲线呈现振荡特性的原因。

（3）阶跃型

图 2-41 为三峡库区白水河滑坡位移的实际监测曲线。从该变形监测曲线可以明显地看出，每年汛期，受汛期降水的影响，变形曲线就出现一个明显的变形增长阶段，汛期结束后，变形又逐渐恢复平稳，整个变形曲线表现为阶梯状演化特征，我们将此类变形曲线称为阶跃型变形曲线。导致变形曲线呈现出阶跃特性的主要原因是周期性的外界作用，如每年汛期的降水、周期性的库水位变动等。这类外界作用的特点是：作用强度大，在斜坡变形曲线中反应明显（一般表现为斜坡变形突然增加，随着外界作用的减缓和消失，变形

又逐渐趋于平稳，回归常态），使斜坡变形曲线呈阶梯状。

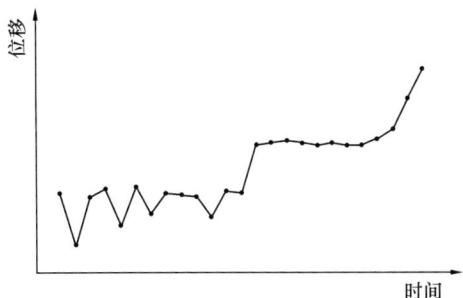

图 2-40 振荡型滑坡位移-时间曲线

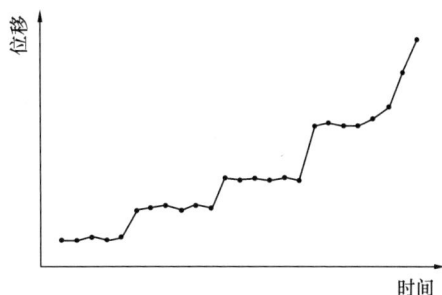

图 2-41 阶跃型滑坡累计位移-时间曲线

2.8.3 滑坡灾害预测预报与综合预警

斜坡与自然界其他事物的发展演化一样，斜坡从出现变形开始，到最终整体失稳破坏，也有其产生、发展及消亡的演化历程。从时间演化规律来说，就是要经历初始变形、等速变形、加速变形三个主要阶段；从空间演化规律来讲，伴随着潜在滑动面的孕育、形成和贯通，先后出现分期配套的后缘拉张裂缝、侧翼剪裂缝、前缘隆胀裂缝等变形体系。正确把握斜坡的时空演化规律是滑坡预警预报的基础。其中，斜坡变形演化阶段的判定又是直接关系到滑坡能否成功预警预报的关键。

2.8.3.1 斜坡变形阶段判定

一般而言，从宏观变形破坏迹象来讲，斜坡处于不同变形演化阶段时所具有的主要特征如下。

初始变形阶段：坡体表层，尤其是斜坡后缘出现拉张裂缝。当地表裂缝宽度和长度都较小时，往往还很难在松散土体中表现出来，因此，在斜坡变形的初期，最先出现裂缝的往往是变形区相对刚性的建（构）筑物，如房屋、地坪、公路路面等的开裂、错动。当变形量值达到一定程度后，裂缝才在松散土体的地表显现。通常情况下，初始变形阶段地表裂缝具有如下特点：张开度小、长度短、分布散乱、方向性不明显等。当然，如果斜坡的初始变形是由库水位变动、强降水以及人类工程活动等强烈的外界因素诱发，也可能一次性产生较大的初始变形，如地表、房屋出现明显的开裂、错动等，但变形会随外界作用的消失而衰减，甚至停止。

等速变形阶段：在初始变形的基础上，地表裂缝逐渐增多、长度逐渐增大，尤其是后缘拉张裂缝逐渐贯通，形成后缘弧形裂缝。在拉张的过程中下挫，形成多级下挫台坎。随着斜坡变形的逐渐增大，侧翼剪张裂缝开始产生并逐渐从后缘向前缘扩展、贯通。前缘出现鼓胀、隆起，并产生鼓胀裂缝。如果前缘临空，还可见到从滑坡前缘剪出口逐渐剪出、错动迹象。在此阶段的末期，沿滑坡周界的地表裂缝基本处于相连和贯通状态。

加速变形阶段：随着变形速率的不断增加，沿滑坡周界的地表裂缝很快完全贯通，形成圈闭的周界，滑坡区内的岩土体基本保持"步调一致"地整体向外滑动。斜坡各处的变形表现出明显的有序性和同步性。

临滑阶段：对于滑面平直、前缘临空条件较好的滑坡，临滑阶段斜坡的变形速率会快速增加，坡面上尤其是前缘剪出口部位会出现不断的小型崩落，各种前兆特征开始显现，变形、地下水、地声，甚至动物开始出现异常反应。对于弧形滑动面的滑坡体，或斜坡整体滑移受限的滑体（如滑面后陡前缓甚至反翘前缘临空条件差等），滑坡在真正整体失稳破坏之前需作一些变形调整，在此过程中甚至会出现一些反常现象，如后缘裂缝逐渐闭合、前缘迅速隆起或反翘。

2.8.3.2　滑坡预报的时间尺度

因滑坡变形破坏具有阶段性，滑坡预报也主要围绕滑坡变形阶段，分不同的时间尺度进行预报。滑坡预报时间尺度通常可分为长期预报、中期预报、短期预报及临滑预报四个阶段。不同的预报时间尺度，滑坡预报的对象、内容和方法等均有所不同，具体如表2-9所示。

斜坡变形演化阶段及对应的预警预报　　　　　　　　表 2-9

斜坡变形阶段			预警级别	预报尺度	时间界限	预报对象	预测内容
Ⅰ	AB	初始变形阶段		长期预报（背景预测）	几年至几十年	区域性滑坡预测为主，兼顾重点滑坡预测	个体滑坡侧重于稳定性评价及危险性预测
Ⅱ	BC	等速变形阶段	注意级（蓝色）	中期预报（险情预测）	几月至几年	以单体滑坡预测为主，兼顾重点滑坡群的预测	滑坡发生的险情预测及可能的危害预测
Ⅲ	CD	加速变形阶段 初加速	警示级（黄色）			开始出现变形增长现象的单体滑坡	滑坡险情和危害预测，对滑坡的发展趋势进行预测
Ⅳ	DE	中加速	警戒级（橙色）	短期预报（防灾预测）	几天至几月	具有明显变形增长现象的单体滑坡	短期防灾预测，对滑坡短期变形趋势作出判断
Ⅴ	EF	临滑	警报级（红色）	临滑预报（预警预测）	几小时至几天	具有变形陡然增加特征和较明显的滑坡前兆的单体滑坡	滑坡的具体发生时间预测及滑坡的临滑预警预报

2.8.3.3　滑坡时间预测预报模型与方法

对于一个斜坡（或滑坡体），在其自身重力或其他外界因素影响下，究竟会不会产生变形，以及发生何种形式和趋势的变形（逐渐稳定，渐变，还是突变）？用基于传统极限平衡原理的稳定性评价方法和仅依靠变形监测资料都很难回答这一问题。图2-42揭示了斜坡变形的内在本质和斜坡的三类变形-时间曲线形式，为滑坡的预测预报提供了重要的启示。通过图 2-42，可得到以下几点有利于滑坡时间预报的认识。

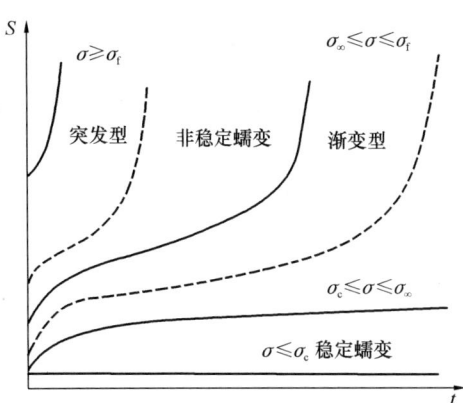

图 2-42 岩土体蠕变曲线簇及其形成条件
σ_c—岩土体的流变下限；σ_∞—岩土体的
长期强度；σ_f—岩土体的峰值强度

（1）斜坡是否会出现变形，以及出现什么样的变形行为（变形-时间曲线形式），主要取决于作用于滑带上的下滑力与滑带土摩擦产生的抗滑力两者之间的相对量值。当作用在滑带上的下滑力超过滑带土流变下限 σ_c 所能提供的抗滑力时，斜坡便具备发生缓慢蠕滑变形的条件。当斜坡出现变形后，如果作用在滑带上的下滑力小于滑带土长期强度 σ_∞ 所能提供的抗滑力，变形速率会逐渐衰减，斜坡变形逐渐趋于稳定。只有当作用在滑带上的下滑力大于滑带土长期强度所能提供的抗滑力时，斜坡的变形才会不断增大，并最终进入加速变形阶段和发生整体失稳破坏。斜坡在自身重力作用下的正常变形过程中，如果遭受较强的外界因素作用，使斜坡的下滑力突然增大（如地震使下滑力骤然增大，人工开挖切脚使斜坡抗滑力大大降低，等效于下滑力增大。强降水一方面使下滑力增大，还因滑带被软化使抗滑力降低）并大于滑带土峰值强度所能提供的抗滑力时，斜坡将会产生突发性变形破坏，产生突发型滑坡。

（2）图 2-42 并不仅仅包含三种类型的变形曲线，而是由众多渐变曲线组成的曲线簇。不同的滑带土强度参数和受力条件，将会产生不同的变形-时间曲线。在进行斜坡稳定性评价和分析预测斜坡变形发展趋势时，长期强度 σ_∞ 显得至关重要。上述分析表明，滑带土所受剪切应力 σ 与滑带土长期强度 σ_∞ 之间的比值，即 σ/σ_∞ 的大小是控制滑坡是否会发生以及整个变形过程所经历时间长短的关键指标。如果 σ/σ_∞ 小于 1，尽管斜坡有变形，也不会出现突发性的失稳破坏。反之，一旦 σ/σ_∞ 大于等于 1，斜坡变形迟早会进入加速变形阶段，并最终失稳破坏，即产生滑坡。σ/σ_∞ 越大，斜坡的变形速率越大，从出现变形到最终滑坡发生所经历的时间就越短。因此，分析滑坡的受力状态，测试滑带土流变参数是解决滑坡预测预报尤其是中长期预测预报问题的重要途径。

（3）斜坡非稳定变形都要经历加速变形阶段，因此，对于渐变型滑坡，其变形进入加速变形阶段是滑坡发生的前提。这也是目前滑坡预报主要根据斜坡加速变形阶段的监测数据，采用一定的预报模型进行拟合外推预报的原因。但是，当斜坡还未进入加速变形阶段之前，传统的拟合外推预报思路和方法就很难奏效，因为依据线性变形只能是无止境的外推，根本不能求得滑坡发生的时间。

基于拟合外推预测预报思想，国内外学者已提出了近 40 种滑坡预测预报模型和方法，表 2-10 为现有的具有代表性的滑坡预测预报模型和方法。

滑坡预测预报模型和方法　　　　　　　　　　表 2-10

滑坡预报模型及方法		适用预报尺度	备注
确定性预报模型	斋藤迪孝方法、变形趋势外延法、蠕变试验预报模型、福囿斜坡时间预报法	临滑预报	以蠕变理论为基础，建立了加速蠕变经验方程，其精度受到一定的限制
	蠕变样条联合模型	临滑预报	以蠕变理论为基础考虑了外动力因素
	滑体变形功率法	临滑预报	以滑体变形功率作为时间预报参数
	滑坡形变分析预报法	中短期预报	适用于黄土滑坡
	极限平衡法	中长期预报	基于极限平衡理论，计算斜坡稳定性，通过稳定性大小判断斜坡所处发展演化阶段
统计预报模型	灰色 GM（1，1）模型 [传统 GM（1，1）模型、非等时距序列的 GM（1，1）模型、新陈代谢 GM（1，1）模型、优化 GM（1，1）模型、逐步迭代法 GM（1，1）模型]	短临预报	模型预测精度取决于模型参数的取值，优化 GM（1，1）模型也适用于滑坡的中长期预报。逐步迭代法 GM（1，1）模型计算精度较高
	生物生长模型（Pearl 模型、Verhulst 模型、Verhulst 反函数模型）	临滑预报	常用于临滑阶段的滑坡发生时间预报
	曲线回归分析模型、多元非线性相关分析法、指数平滑法、卡尔曼滤波法、时间序列预报模型、马尔科夫链预测、模糊数学方法、动态跟踪法、正交多项式最佳逼近模型	中短期预报	多属趋势预报和跟踪预报
	灰色位移矢量角法	短期和临滑预报	主要适用于堆积层滑坡
	黄金分割法	中长期预报	有从等速变形阶段到加速变形阶段系统全面的监测数据，利用经验判据粗略预报滑坡发生时间
非线性预报模型	BP 神经网络模型	中长期或短临预报	通过对已有监测数据的学习，外推预测今后的发展演化趋势
	协同预测模型	临滑预报	
	滑坡预报的 BP-GA 混合算法	中短期预报	联合模型预报精度较单个模型高
	协同-分岔模型	临滑预报	
	突变理论预报（尖点突变模型和灰色尖点突变模型）	中短期预报	
	动态分维跟踪预报	中长期预报	
	非线性动力学模型	长期预报	
	位移动力学分析法	长期预报	

2.8.4　滑坡实时监测预警系统

为了使前述滑坡预警理论和方法转化为在实际工作中能真正应用的产品，需要建立一套滑坡实时监测预警系统。为此，基于云计算与物联网技术，整合滑坡地质灾害演化全过程资料，实现对地质灾害发展演化的全过程管理。构建滑坡监测预警云平台，集成多源异构实时监测数据，实现实时自动预警。同时，基于云平台构建一套集 B/S 架构、C/S 架构、移动终端为一体的混合架构体系滑坡实时监测预警系统，各个架构系统密切配合，充分发挥各架构的优势，提升了滑坡灾害的监测预警精度。

一个完整的滑坡实时监测预警系统，不仅需要对滑坡基础数据、实时监测数据进行统一管理，还需要实现遥感、无人机、InSAR、LiDAR 等成果数据的有机融合，构建基于变形演化规律的"过程预警"体系和定量预警判据，实现对滑坡的实时预警与信息发布。其主要功能包含如下五大模块：（1）三维综合信息展示模块；（2）滑坡综合信息管理模块；（3）多源异构监测数据实时自动集成与处理分析模块；（4）滑坡实时自动预警模块；（5）预警信息实时发布模块。

此外，还应有完善的系统管理功能，包括：元数据管理、权限管理、用户管理、角色管理、日志管理、菜单管理等，构成一套完善的滑坡实时监测预警系统。

2.8.4.1　系统架构

滑坡实时监测预警系统以数据流为导向，其系统架构可分为：数据采集层、数据中心层、业务逻辑层、系统应用层四大部分，基于云计算构建地质灾害监测预警云平台，建立一套地质灾害演化全过程一体化管理体系，实现对地资源、空间数据服务、三维模型、区域地质背景资料详查数据、勘察资料、监测部署方案、监测数据、预警模型及判据、预警过程等，构建多终端应用系统，相互协调，实现对滑坡的实时自动监测预警与信息发布，整个系统的结构如图 2-43 所示。

数据采集层，主要负责收集、管理各类相关数据，包括空间数据、属性数据、实时监测数据、元数据，同时还负责第三方的数据接入。

数据中心层，采用数据库管理工具，对各个数据库进行管理，并基于业务需求构建数据仓库，为接口提供相关数据。

业务逻辑层，本层主要采用基于 JWT（JSON Web Token，一种应用广泛的跨域身份验证解决方案）的 WebAPI 框架，采用 JSON 数据作为数据交互的统一格式，为应用系统提供相关的业务数据。

系统应用层，由各个模块构成一套完整的滑坡实时监测预警系统，包括三维综合信息展示模块、滑坡综合信息管理模块、监测数据实时集成与处理分析模块、滑坡实时自动监测预警模块、监测预警信息发布模块以及系统管理模块等。

2.8.4.2　网络拓扑结构

网络拓扑结构是指用传输媒体互连各种设备的物理布局。滑坡实时监测网络体系中涉及四大部分：传感器（监测设备）、传输通道（2G、3G、4G、NB-IoT、物联网等）、数据中心（数据接收服务器、数据处理服务器）、应用服务（监测预警系统）。四大部分通过网络串联在一起，整个结构如图 2-44 所示：现场监测设备将采集到的监测数据通过无线网络或者北斗卫星短报文方式传输到信息中心，通过监测数据自动集成系统，将数据集成到数据中心，供应用系统使用。其中滑坡实时监测预警系统可以部署到内网、政务网或者公网。

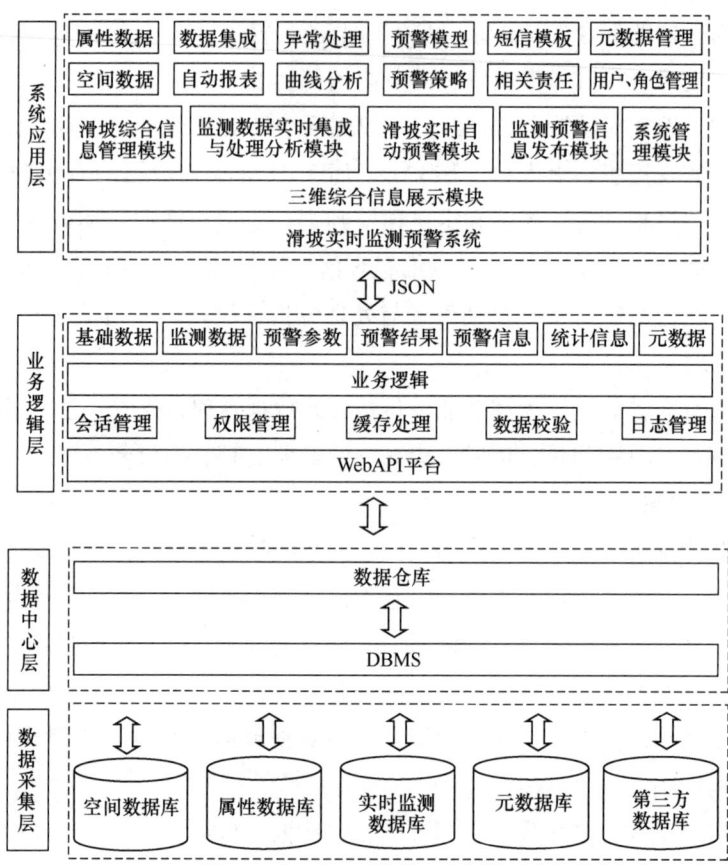

图 2-43　系统总体结构图

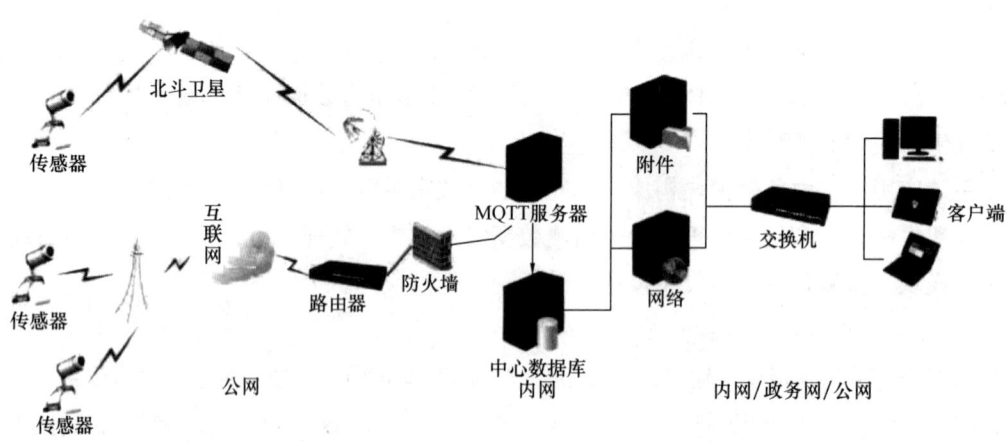

图 2-44　网络拓扑结构图

思 考 与 习 题

2-1 滑坡体的组成包括哪些? 有哪些分类指标?

2-2 简述滑坡发育的地层条件。

2-3 滑坡发育的坡体结构有哪些特征?

2-4 简述滑坡发育的诱发因素及其作用。

2-5 论述地下水对滑坡发生的作用。

2-6 地震对滑坡的发育有哪些作用机制?

2-7 滑坡稳定性分析常用的方法有哪些?

2-8 论述滑坡运动动力学的理论基础。

2-9 滑坡运动的数值模拟方法有哪些? 分别简述其理论基础和适用条件。

2-10 滑坡-碎屑流有哪些高速运动机理和特征?

2-11 论述滑坡灾害模型试验的相似性原理和量纲分析。

2-12 滑坡变形-时间曲线有哪些典型特征?

2-13 论述滑坡灾害监测预警方法。

第3章　泥石流灾害

本章介绍泥石流物质成分、流域形态、物质状态,从形成条件的地形地貌、松散物质来源、水源条件以及发生规律性方面阐述泥石流特征与分类;分析泥石流灾害的力学机制、发展过程、成灾机理;介绍基于两相流、流变学理论泥石流体颗粒作用力、运动力学模型、两相流应力本构关系的运动理论;阐述泥石流勘察技术和方法,动储量、冲出量以及冲击力计算方法和相应的泥石流工程防治措施。

3.1　泥石流特征与分类

3.1.1　泥石流概述

泥石流是发生在山区中一种含大量泥沙、石块的介于洪水和土石滑体之间的暂时性流体。它是泥沙在水动力作用下失稳后,集中输移的自然演变过程之一,具有严重的灾害性。

泥石流具有强大的搬运能力、侵蚀力和冲击力,发生时突然、历时短暂、来势凶猛、破坏性大,经常冲毁耕地、破坏交通、堵塞河道、摧毁城镇和乡村,对周边居民的生产生活、流域内的建筑、生态环境、交通、通信、水利等都有一定的负面影响。

3.1.2　我国泥石流分布与分区

3.1.2.1　我国泥石流分布

我国泥石流分布极为广泛,但是在各行政单元的分布极不均匀,整体上是西部山区多于东部山区,西南山区多于西北山区。其中泥石流灾害分布最为集中的是西南省份和东南沿海省份。

四川、云南、西藏东部,甘肃南部等地区,地形上多为高山峡谷地貌,主要表现为山高沟深、地形陡峻,沟床纵坡度较大,流域形状非常有利于水流汇集,因此这些地区泥石流灾害频繁。同时区域内地质环境受构造运动的影响,区域内地震频发,使岩体结构脆弱,各类松散堆积物发育,局部堆积物厚度上百米,加之这些地区气候湿润,暴雨、强降雨特别是高海拔的局地强降雨频发,因此这些地区不仅是泥石流灾害的高发地区,同时从规模上来说也是大型、特大型泥石流灾害的主要发生地区。

浙江、福建、广东等东南沿海省份,地形上以平原和低山丘陵为主,地质构造相对稳定，但由于沿海省份降雨特别台风暴雨较多，充足的降水使得这一区域成为泥石流灾害的相对高发区，受地形以及地质条件的限制，区域内发生的泥石流灾害在规模上通常为中型或小型，鲜有大型或特大型泥石流灾害的发生，灾害类型以第四系堆积物表面发生的坡面泥石流为主。

河南、河北、山西、内蒙古以及黑龙江、吉林等中部和东北部省份，地形地貌为平原及低山丘陵，通常沟道内的沟床纵坡度较小或沟道较短，沟道内的物源储备量较低，由于这些省份处于气候上的干旱以及半干旱地区，地形条件上并不利于降水的汇集，因此这些地区泥石流灾害发生数量较少，灾害规模多以中型和小型为主。

泥石流一方面受地貌、地质和气候控制，有一定的区域分布规律；另一方面也受到一些其他外力因素的作用，出现局部的区域性特点，具体体现如下：

（1）沿深大断裂带和强地震活动带分布

一些深大断裂带活动强烈，尤其是差异性升降运动，岩层遭受挤压降低了稳定性，易发生崩塌滑坡，为泥石流发生提供了丰富的碎屑，因此，深大断裂带是地震的多发区。此外，强地震过程中或地震后，地表遭到严重破坏，边坡失稳，大量松散固体物质坠入沟内聚积，阻塞沟道，形成泥石流发生的有利环境，促使泥石流成群发生。

储量丰厚的松散碎屑物质以及有利的发育环境，促使这些地段成为数量众多、分布密集的泥石流活动带。例如西藏波堆藏布断裂带、云南小江断裂带、四川安宁河断裂带、甘肃白龙江断裂带等，都是我国著名的泥石流活动带。2008 年 5 月 12 日发生的汶川地震，激活带动了龙门山断裂带，对区域内的生态环境造成破坏性影响，龙门山断裂带已成为山体垮塌、泥石流、滑坡等自然灾害的常发区域。

（2）沿迎风坡和顺阳坡分布

川滇横断山脉地貌陡坎，是东南、西南季风的天然屏障，这里的泥石流分布密集。秦岭、大巴山、太行山、燕山和大兴安岭迎风坡，泥石流分布也很集中。

北半球阳坡比阴坡的日照时间长，太阳辐射强，气温高，日较差大，蒸发强烈，湿度低。这种水热条件的坡向差异导致植被、水文、土壤等自然地理要素的规律性差异，从而使泥石流分布呈现出坡向差异规律。以近于东西流向的帕隆藏布为例，北岸谷坡为阳坡，南岸谷坡为阴坡，两岸的岩性、构造、降水、气温等条件相似。北岸与南岸相比，寒冻风化更强烈，雪线较高，地形较陡，植被较疏，土层较薄，松散固体物质丰富，地表径流与冰雪融水较多，因此泥石流比南岸数量多、规模大。

（3）沿气候带集中分布

气候分布的地带性导致泥石流的分布也具有地带性。我国西南山区，特别是干旱河谷区夏季暴雨集中，泥石流沿干旱河谷呈带状分布，形成金沙江、岷江、雅砻江、大渡河等串珠状泥石流分布带。西北地区干旱少雨，但局部地区暴雨较多，泥石流发育。青藏高原气候寒冷，冰川发育，山区寒冻风化作用强烈，因而在高山峡谷区道路沿线冰川型泥石流最为发育。在横断山区，由于山岭与河谷排列紧密，暴雨型泥石流和冰川型泥石流分布广泛，危害非常严重。在我国浙江、福建、广东沿海山区，由于夏季暴雨集中，常出现台风暴雨泥石流。

（4）沿生态环境破坏区分布

因不当的人为活动，如修渠、筑路、采矿、建房、开荒、伐木等，引起地表植被、土壤抗蚀层结构遭到破坏，废土乱弃，斜坡失稳，沟谷阻塞，排水不畅，地下水位上升等，促使老泥石流复活或引发新的泥石流活动。例如四川凉山州盐井沟由于铁矿开采造成弃土弃渣集中，成为泥石流发育广泛地区；新疆天山天池上游由于过度放牧造成草场退化，也成为泥石流发育地区。

3.1.2.2　泥石流分区

任何泥石流均存在一个流域。典型的泥石流流域可划分为泥石流形成区、泥石流流通区和泥石流堆积区三个区段，如图 3-1 所示，也有些泥石流三个区段不能明显分开。

（1）形成区

泥石流形成区，又称物源区或汇流区，位于泥石流流域上游，包括汇水动力区和固体物质补给区。其地形多为三面环山、一面出口的瓢状、树叶状或漏斗状的宽阔地段，周围山坡陡峻，坡度多在 $30°\sim60°$，其面积大者可达数平方千米至数十平方千米。这样的地形条件，有利于汇集周围山坡上的水流和固体物质，泥石流基本就在本区内形成，故名为形成区。

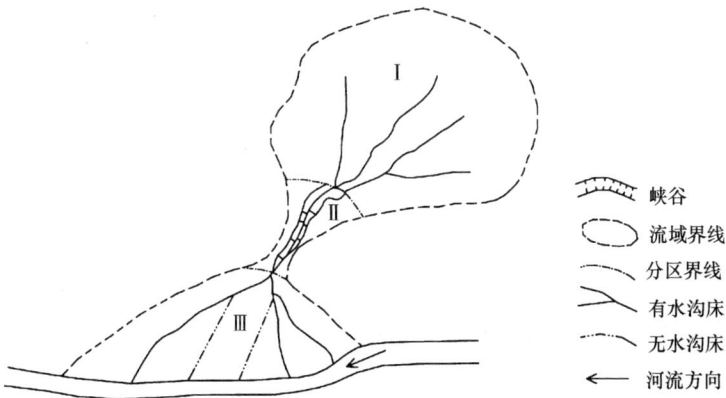

图 3-1　泥石流流域分区示意图
Ⅰ—形成区；Ⅱ—流通区；Ⅲ—堆积区

形成区的基本特点是地形起伏较大，具有较充沛的水流条件；岩土破碎或堆积有大量松散沉积物，具有较充分的碎屑物质条件；植被稀少，水土流失严重。因此，形成区是泥石流主要水源、土源和砂石供给与起始源地。形成区的面积愈大、山坡愈陡、沟壑密度愈大，则泥石流集流快、规模大且迅猛强烈；反之，则集流慢、规模小，强度也较小。

在泥石流形成区，泥石流主要以侵蚀破坏为主，主要通过侵溯源侵蚀、侧蚀、下蚀方式使得泥石流形成区房屋建筑桩基、条基、筏板基础等外露、悬空，影响房屋建筑地基基础的稳定性。例如我国著名泥石流沟（云南蒋家沟）源区村落——李家丫，该村落坐落在一个源区平台上，由于蒋家沟在建国有记录以来频繁暴发泥石流，源区平台在溯源侵蚀作用下逐渐消减，村落民宅地基基础稳定性逐渐受到威胁，村落已整体搬迁。

（2）流通区

泥石流流通区，指泥石流形成后向下游集中流经的地区，是泥石流破山而出的通道，位于泥石流流域中（下）游。其地形多为狭窄陡深的沟谷，有时为山坡，沟床纵坡降大，使泥石流能迅猛直泻。

流通区两岸的山坡一般比较稳定，沟壁有明显的泥石流痕迹，沟底基岩出露。但有些沟谷的流通区则积存着较厚的洪积物和泥石流堆积物，在洪水急剧冲蚀下，也可成为泥石流补给物质，酿成灾害性泥石流。流通区纵坡的陡缓、曲直和长短，对泥石流的强度有很大影响。当纵坡陡而顺直时，泥石流流动通畅，势力强，可直泄下游，能量大；反之，则泥石流容易受到堵塞而产生漫流、改道和淤积的现象，削弱了能量，泥石流流通区长短不一，甚至缺失。一般的泥石流沟槽多属于峡谷地形，比较顺直、稳定，沟槽坡度较大。有的流通区与形成区、堆积区相互穿插，形成宽窄相间的串珠状河段。

在泥石流流通区，泥石流主要以冲击、磨蚀破坏为主，泥石流体中携带的巨大颗粒对流通通道中遇到的房屋建筑产生直接撞击，泥石流体中携带的大量细小颗粒对流通通道中遇到的房屋建筑产生直接冲击或摩擦，使得房屋建筑的墙体、构造柱、剪力墙等承重结构或非承重结构受到冲击、磨蚀破坏。

（3）堆积区

泥石流堆积区，指泥石流碎屑物质大量淤积的地区，是泥石流流出沟口后的沉积地区，一般位于泥石流流域下游。其地形为开阔平坦的山前平原或河谷阶地，使堆积物有堆积场所。

堆积区典型的地貌形态为洪积扇，洪积扇地面往往垄岗起伏、坎坷不平，大小石块混杂。若泥石流物质能直泄入主河槽，而河水搬运能力又很强时，堆积扇有可能缺失。在泥石流堆积区，泥石流主要以淤埋堆积或冲击破坏方式危害既有建筑物。

3.1.3　泥石流活动特征

要预控泥石流的发生，不但需要了解泥石流发生的地区和泥石流的分区，还要熟知泥石流活动的特征。经过对以往泥石流的统计和研究，学者发现我国泥石流发生具有以下特点。

3.1.3.1　突发性

一般的泥石流活动暴发突然，历时短暂，来势凶猛，一场泥石流过程从发生到结束仅几分钟到几十分钟，在流通区流速可高达 20m/s。泥石流的突发性使得对泥石流难以准确预报，撤离可用时间短。因而常在顷刻之间造成巨大灾难，并使当地自然环境发生变化，常给山区造成突变性灾害，一起强烈的侵蚀、搬运和冲击能毁坏房屋、道路、桥梁，堵塞河湖，淤埋农田，破坏森林等，造成严重的人员伤亡与经济损失。例如，2010 年 8 月 13 日凌晨 1 时 30 分，四川九寨沟漳扎镇牙扎沟开始降暴雨，2 时 30 分开始暴发大规模泥石流，其间仅隔 1h 左右。

3.1.3.2 常发性

常发性的泥石流灾害主要由高频率泥石流沟引起，这类泥石流活动的地区范围都有随泥石流活动周期变化反复发生的规律。例如云南东川蒋家沟，每次雨季都会暴发泥石流，导致堵江，对周边交通、农业、生态环境以及居民生产生活造成了严重的影响。西藏波密地区古乡沟冰川泥石流是冰川消融型泥石流反复活动的典型例子，每年发生泥石流几次到几十次之多，已连续活动 30 余年。我国从 20 世纪 60 年代到 20 世纪 70 年代开始重视常发性泥石流灾害，并投入了一定的资金和人力进行观测和调查工作，对其中的一些泥石流沟进行了综合性的长期治理。近年来，常发性泥石流并没有给我国造成比较严重的危害。

3.1.3.3 群发性

由于在同一区域内泥石流的环境背景条件差别不大，地质构造作用、水文气象条件、地震活动等对泥石流的影响具有面状特征，使得在一定区域内均可满足泥石流的形成条件，导致泥石流的群发性特征。因为局部大暴雨笼罩范围一般在几百至一千多平方千米，正好是我国山区一个小流域的范围。在西南具备发生泥石流条件的流域内，当遭受暴雨袭击时，常引发流域内各条大沟同时发生泥石流。例如，2010 年 8 月 12 日 23：30 左右，受局地强降雨影响，位于四川省绵竹市清平乡场镇附近的 11 条沟道同时暴发泥石流，其中以文家沟泥石流规模和危害最大。2019 年 8 月 19 日至 20 日，同样受强降雨影响，位于汶川地震灾区的都江堰和汶川地区暴发群发性山洪泥石流灾害。

3.1.3.4 季节性与周期性

泥石流暴发主要受连续降雨、暴雨，尤其是特大暴雨的影响，所以泥石流发生的时间与集中降雨的时间是一致的，具有明显的季节性，一般发生在多雨的夏、秋季节。四川、云南等西南地区的降雨多集中在 6～9 月，因此西南地区的泥石流多发生在 6～9 月；西北地区的降雨多集中在 6、7、8 三个月，尤其是 7、8 两个月降雨集中，暴雨强度大，因此，西北地区的泥石流多发生在 7、8 两个月。

泥石流的发生多受暴雨、洪水、地震的影响，而暴雨、洪水、地震具有周期性，所以泥石流的发生和发展也具有一定的周期性，并且它的活动周期与暴雨、洪水、地震的活动周期大体一致。当暴雨、洪水两者的活动周期相叠加时，常常会形成泥石流活动的高潮。例如，四川省汶川县 2008 年 5 月 12 日发生 8.0 级地震，受此影响，都江堰-汶川高速公路沿线震后暴发了一系列群发性泥石流灾害，如北川"9·24"泥石流灾害、三大片区清平乡文家沟、映秀镇红椿沟、都江堰龙池"8·13"泥石流灾害等。

3.1.4 泥石流分类

目前泥石流的分类方法很多，各种分类方法都从不同的侧面反映了泥石流的某些特征。尽管分类原则、指标和命名等各不相同，但每一个分类方法均具有一定的科学性和实用性。常见的分类方式有按集水区地貌特征、水源成因、暴发频率、物质组成、流体性质、暴发规模分类几种。

3.1.4.1　按集水区地貌特征分类

泥石流按照集水区的地貌特征分为坡面型泥石流和沟谷型泥石流。

（1）坡面型泥石流

坡面型泥石流一般指发育在尚未形成明显沟谷的山体上的小型或微型泥石流，轮廓呈保龄球形。例如景宁县群发坡面型泥石流，如图 3-2 所示。无恒定地域与明显沟槽，只有活动周界。这类泥石流虽然总量小，活动规模小，且重现期长，无后续性，无重复性，但发生时空不易识别，可知性低，难以防范。

图 3-2　景宁县群发坡面型泥石流

主要发生在 30°以上的山坡坡面上，下伏基岩或不透水层埋藏较浅，表层有较好的植被覆盖，无沟槽水流，水动力为地下水浸泡和有压地下水作用，在同一坡面上可多处同时发生，成梳状排列，突发性强，无固定流路。

（2）沟谷型泥石流

沟谷型泥石流有明显的坡面和沟槽汇流过程，松散物主要来自坡面和沟槽两岸及沟床堆积物的再搬运，如图 3-3 所示。泥石流总量大，重现期短，有后续性，能重复发生，成灾规模及损失范围大，发生时空有一定的规律性，可识别，应该提前做好防范。

这类泥石流的形成、堆积和流通区较明显，流通区很长，有时替代了形成区；堆积区视汇入的主河是淤积性或是下切侵蚀性的，前者发育有明显的堆积扇，后者就没有堆积扇存在。泥石流流动除在堆积扇上流路不确定外，在山口以上基本上集中归槽。

3.1.4.2　按水源成因分类

水是泥石流组成的重要成分，也是激发泥石流形成的条件，按水源成因可分为暴雨

图 3-3　沟谷型泥石流

（降雨）泥石流、冰川（冰雪融水）泥石流，溃决（含冰湖溃决）泥石流。

（1）暴雨（降雨）泥石流

暴雨泥石流是指在冰川地区以外，以降雨为水体来源，以不同的松散堆积物为固体物质来源的一类泥石流，它是地球上分布最广泛的一类泥石流。在我国，暴雨泥石流的多发区包括西南山区、香港和台湾，每年由于暴雨、台风雨天气产生的泥石流给当地造成严重的危害。

（2）冰川（冰雪融水）泥石流

冰川泥石流是由冰川积雪消融后洪水冲蚀形成的泥石流，含有大量的泥沙和石块。它主要发源于高寒山区，出现在现代冰川和积雪边缘带，有时雪崩暴发等都可能激发泥石流的产生。在我国，这类泥石流主要分布在青藏高原的东南部冰川积雪地带。

（3）溃决（含冰湖溃决）泥石流

溃决泥石流主要是由于水库、高山、冰湖、堵塞湖以及滑坡崩塌形成的临时性湖泊的溃决而引起的一类泥石流。例如，2013 年 7 月 9 日夜至 10 日晚，茂县境内普降大雨，堰塞坝左岸龙头包坡面松散固体物质起动产生泥石流，并进入堰塞湖库区、抬高库区水位，同时主沟洪水进入堰塞湖，使库区水量激增，洪水的剧烈冲刷造成堰塞湖的进一步溃决，并引发泥石流灾害，造成巨大经济财产损失。

3.1.4.3　按暴发频率分类

泥石流的暴发频率或间歇周期有着比较大的变化，高者一年可发生数十次，低者几十年至几百年才发生一次。根据这一原则，将泥石流分为高频、中频、低频和极低频泥石流。一般情况，较高频率的泥石流主要分布在我国的云南、四川、甘肃等地区，较低频率的泥石流主要分布在东北和南方地区。

（1）高频泥石流

高频泥石流指一年暴发多次至 5 年暴发 1 次的泥石流。固体物质主要来源于沟谷的滑坡、崩塌，泥石流所需水量较少。该类泥石流多发生于地壳强烈抬升地区，岩层破碎，土坡疏松，山体稳定性差，滑坡、崩塌发育，植被生长差，沟床和扇形地上泥石流堆积物新鲜，无植被或仅有稀疏草丛。比如，青海西宁的火烧沟、云南东川的蒋家沟、四川凉山的格地罗沟泥石流等。

（2）中频泥石流

中频泥石流指 5 年至 20 年暴发一次的泥石流。固体物质主要来自沟谷，暴雨发生时坡面产生的浅层滑坡往往是激发泥石流形成的重要因素，此类泥石流在我国和日本分布普遍。

（3）低频泥石流

低频泥石流指 20 年至 50 年暴发一次的泥石流。低频泥石流所需水量较多，多分布于山地，山体稳定性相对较好，无大型活动性滑坡、崩塌，植被较好，沟床内灌木丛密布。因为人们对它警惕性不高，常常把它发育的沟谷当作一般的洪水沟看待，所以在沟谷堆积扇上修建了大量的房屋和其他设施；有时候为了获得更多的土地，人们甚至将沟槽压缩，靠近沟边进行建设。这样，一旦大规模的泥石流发生，就会造成巨大的损失。

（4）极低频泥石流

极低频泥石流指 50 年以上暴发一次的泥石流。这类泥石流多发生在山区大比降溪沟中。它的出现是非常少见的，没有长期的物质积累和百年不遇的降雨，这类泥石流是不会发生的。平常洪水带走了沟床中的细粒物质，经长期的作用，河床形成一层粗大块体相互嵌夹的结构，同时，大石块隐蔽了粗化层以下的混杂物，一般洪水不能将其搬运，只有那些超强暴雨引发的特大洪水才能把它的保护层掀揭起来，形成灾害性泥石流。

3.1.4.4　按物质组成分类

泥石流的物质组成是根据其挟带的泥沙物质含量，分为水石型、泥石型、泥流型泥石流三类。

（1）水石型泥石流

水石型泥石流由水和大小不等的砂粒、石块组成，粉砂、黏粒含量极少，多为粒径大于 2.0mm 的各级粒度，粒度很不均匀，为牛顿体，无黏性，沟槽坡度较陡（大于 10%）。这类泥石流多见于火成岩及碳酸盐岩地区，主要分布在我国陕西华山一带。

（2）泥石型泥石流

泥石型泥石流由大量黏性土和大小不同的砂粒、石块组成，可含黏、粉、砂、砾、卵、漂各级粒度，很不均匀。多为非牛顿体，少部分也可以是牛顿体，有黏性的，也有无黏性的，沟槽坡度较陡（大于 10%）。这类泥石流广见于各类地质体及堆积体中，主要发生在我国的广大山区，尤其是西南山区。

（3）泥流型泥石流

　　泥流型泥石流以粉砂、黏粒为主，粒度均匀，小于 2.0mm 的粒径占 98%，多为非牛顿体，有黏性，黏度大于 0.3Pa·s，沟槽坡度较缓。这类泥石流多集中分布在黄土及火山灰地区，主要分布在我国西北地区广大的黄土高原。

3.1.4.5　按流体性质分类

　　泥石流重度指单位体积的流体重度，能够反映出泥石流的流体性质。泥石流重度越大，固体物质含量越大，水的含量越小，结构越紧密，其运动阻力也越大，因此按照流体性质可划分为黏性泥石流和稀性泥石流。

　　(1) 黏性泥石流

　　黏性泥石流的重度为 18~24kN/m³，黏性大。浆体是由富含黏性物质（黏土、粒径小于 0.01mm 的粉砂）组成，黏度值大于等于 0.3Pa·s，形成网格结构，产生屈服应力，为非牛顿体；非浆体部分的粗颗粒物质由粒径大于等于 0.01mm 的粉砂、砾石、块石等固体物质组成。

　　黏性泥石流为水平流动状态，固体和液体物质作整体运动，无垂直交换现象的浓稠浆体。流体具有明显的辅床减阻作用和阵性运动，流体直进性强，弯道爬高明显，浆体与石块掺混好，沿程冲、淤变化小，由于黏附性能好，沿流程有残留物。在这里，水不是搬运介质，而是组成物质，稠度较大，石块呈悬浮状态，暴发突然，持续时间短，破坏力大。

　　(2) 稀性泥石流

　　稀性泥石流的重度为 13~18kN/m³，有很大的分散性。浆体是由不含或少含黏性物质组成，黏度值小于 0.3Pa·s，不形成网格结构，不会产生屈服应力，为牛顿体；非浆体部分的粗颗粒物质由大小石块、砾石、粗砂及少量粉砂黏土组成。

　　稀性泥石流为流动状态较乱，固体和液体之间作不等速运动，并有垂直交换现象的泥浆体。泥石流体中固体物质冲、淤变化大，无泥浆残留现象，堆积物在堆积区通常呈扇状散流。在这里，水是搬运介质，石块以滚动或跳跃式移动的方式前进，具有强烈的向下切割的作用。

3.1.4.6　按暴发规模分类

　　按照泥石流一次堆积总量和洪峰量的原则对泥石流暴发规模进行划分，可分为特大型、大型、中型和小型四级，是工程技术人员评价泥石流危害的一种方法。分类标准如表 3-1 所示。

泥石流暴发规模分类标准　　　　　　　　　　　　　表 3-1

分类指标	特大型	大型	中型	小型
泥石流一次堆积总量（10^4m^3）	>100	10~100	1~10	<1
泥石流洪峰量（m^3/s）	>200	100~200	50~100	<50

3.2　泥石流灾害形成条件

　　泥石流的发生具有一定的规律可循，其形成需要具备以下三个基本条件：地质条件、地貌条件和水源条件，缺一不可，这是泥石流的内因。但是，近年来人为因素诱发的泥石流数量正在不断增加。人类不合理的经济活动一定程度上影响了泥石流产生的规模、次数和活跃程度。

3.2.1　地质条件

地质条件主要由泥石流形成的松散碎屑物质体现出来。在山区的一个小流域内，如果缺少足够的松散碎屑物质，泥石流就不能形成。地质条件有内力地质作用和外力地质作用之分。内力地质作用包括岩性、地震、火山活动及构造、新构造运动等，外力地质作用则包括风化作用、各种重力地质作用、流水侵蚀搬运堆积等。参与泥石流活动的松散碎屑物的类型特征与其数量的多少，就是由这些错综复杂、互相关联的地质条件组合所决定的。

3.2.1.1　岩性

岩性主要包括岩石的类型、完整性、软硬程度和它的厚薄等，它通常与所属的地层相联系。新生界的时代新，结构松散，如第三系昔格达组、第四系黄土等；中生界、古生界及元古宇既有软弱岩石，也有坚硬岩石，其耐风化和抗侵蚀能力有着很大的差别。泥石流形成的关键因素是岩石性质，和岩石时代没有直接关系。

岩石根据硬度分为硬质岩石和软质岩石。硬质岩石有着致密的结构，耐风化侵蚀，如三大类岩石中的岩浆岩，属于硬质岩石。而软质岩石的结构密实性差，孔隙多，风化侵蚀速度快，易于形成深厚的风化壳，多数的沉积岩、变质岩及含煤地层，都是软弱岩石。其中，沉积岩中的半成岩和松散层，其储量、发育程度与泥石流的活动有着密切联系，如四川西南一带的昔格达组属半成岩，黄土、冰碛物、残坡积层和冲洪积层等第四系松散堆积层。

岩石是泥石流形成的物质基础，泥石流形成的频率、规模和性质与岩石的性质有密切关系。例如，云南小江流域出露岩石类型主要为碎屑岩（砂岩、页岩）和变质碎屑岩（板岩、千枚岩），这些岩石经历了多次构造运动，发育了许多褶皱断裂，因此，整体性差，不耐风化，吸水性和可塑性大，黏粒含量丰富。其次，本区的岩石类型还有灰岩、白云岩和玄武岩等。同样，这些地层也遭受了不同地质年代的构造变动，成为极为破碎坚硬岩块和碎屑物。这些岩石为小江泥石流的暴发提供了丰富的物质基础。又如，陇南白龙江流域，当地的软质岩石分布广泛，该地段岩性由碧口群和白龙江群的变质岩系，如片岩、板岩、千枚岩构成，其上部覆盖了较厚的黄土。因此，此流域中下游泥石流分布密集，有泥石流 1000 余处，较大泥石流约 490 条，其中以黏性泥石流为主。

3.2.1.2　地质构造

地质构造类型有断裂、断层、褶皱等，其中，断裂作用对泥石流形成发育具有直接的影响。断裂在地表往往呈带状分布，在断裂带内软弱结构面发育，岩石破碎，断层和裂隙发育，生成断层角砾岩、压碎岩、糜棱岩等。这有利于加速风化进程，形成带状风化，所以，断裂带上的风化壳深厚，滑坡、崩塌等重力侵蚀发育，松散碎屑物质也非常丰富。四川西部、西南部的高原山地就有很多条大规模的深大断裂，甚至延伸到云南省北部和中部，如小江断裂带、安宁河断裂带、元谋-绿汁江断裂带等，这些由许多次级断层组成的深大断裂带，断裂破碎的宽度大，影响范围广，岩石由于遭受到强烈破坏，普遍出现错落、崩塌、滑坡等，形成分布密集的泥石流沟群。

3.2.1.3 风化作用

风化作用对岩石的破坏是使松散碎屑物质积累快速、储量丰富。按风化程度，可将其分为微风化、弱风化、强风化和全风化四种类型。

风化作用的强弱受到气候带的影响明显。亚热带、暖温带半湿润半干旱气候区对风化作用最为有利。此气候区地域广大，包括陇南白龙江流域、秦岭以及华北地区，川西高原内的干暖河谷和干温河谷，云南和川西南干湿季分明的西南季风气候区。这里的气候干季长、降雨变率大、气温日差悬殊，裸露的岩石土体面积大，地表森林植被稀疏，干湿交替和热胀冷缩强烈，加快了风化速度，也增加了松散土石体的积聚过程。

中高山区的寒冻风化作用有利于松散碎屑物质的聚集。因为四川西部、西南部和云南北部的寒冻风化带上有许多泥石流沟的源头，寒冻风化碎屑成为泥石流物质的重要组成，寒冻风化的岩体、碎屑更是当地泥石流固体的主要来源。例如，云南大理市苍山十八溪上游，岩石主要为片麻岩，滑坡等重力侵蚀不发育，泥石流形成的主要供给源就来自海拔 3000~4000m 处的寒冻风化碎屑形成的水石流的固体物质。

西藏东南部及四川西部贡嘎山的高山海洋性冰川发育区，冰蚀、冰碛和寒冻风化作用旺盛，冰碛物异常丰富。西藏东南部波密古乡冰碛物厚达 300m，总储量 $4 \times 10^8 m^3$，成为泥石流活动的物质来源。

3.2.2 地貌条件

地貌条件是泥石流形成的空间条件，对泥石流的制约作用明显，其主要影响在于地形形态、相对高度和坡度坡向是否利于积蓄疏松固体物质、汇集大量水源和产生快速流动。

3.2.2.1 相对高度

相对高度决定势能的大小，相对高度越大，势能越大，形成泥石流的动力条件越充足。因此，高山、中山和低山区为泥石流的主要发生区，起伏较大的高原周边也有泥石流分布。从全国地貌来看，从西到东大体可分为三大地貌阶梯：海拔最高的阶梯是青藏高原，平均海拔 4000m，中间阶梯为高原和盆地，海拔 1000~2000m，最东部为平原和低山丘陵。地貌阶梯之间的交接带是山地，其岭谷相对高度悬殊，有强烈切割现象，最明显的第一阶梯和第二阶梯交接带上的横断山系，还有乌蒙山脉、大小凉山、龙门山脉、岷山、西秦岭、祁连山等。这些山脉平均相对高度 2000~3000m，最大达 5000m，对泥石流的形成最为有利，是泥石流的集中分布区。第二阶梯和第三阶梯之间的燕山、太行山、大巴山、巫山、武陵山、雪峰山等，平均相对高度 1000~1500m，泥石流沟的数量及活跃程度弱于西部山区。

3.2.2.2　坡度与坡向

形成泥石流的区域，山坡的坡度往往较陡。资料统计表明：分布在我国西部高山、中山的泥石流沟，山坡坡度往往在 $28°\sim50°$，东部低山 $25°\sim45°$。较陡的地形条件一旦遇到暴雨激发，容易产生重力侵蚀。一般 $25°\sim45°$ 的斜坡发生滑坡的可能性最大，大于或等于 $45°$ 的斜坡大多发生崩塌性滑坡，不稳定的坡体成为泥石流的主要物质来源。平均坡度小于 $25°$ 的缓坡山地，山坡比较稳定，很少有重力侵蚀；坡度小于 $5°$ 的缓坡，水土流失轻微。

泥石流活动的强弱与山坡坡向有一定的关系。受气候影响，阳坡的泥石流的发育程度、暴发强度均大于阴坡。这是因为阳坡岩石土体风化作用强度比阴坡剧烈，岩体易破碎，松散土石体较厚，再加上土体中的含水率、林草覆被率都低于阴坡，从而造成了阳坡泥石流的强度大于阴坡的强度。我国的东南低山丘陵，多受东南季风的控制，许多东西走向和东北-西南走向的山脉南坡、东南坡正好地处南来气流的迎风面上，例如，华北的燕山山脉、太行山脉，辽东的千山山脉，这些地区容易出现暴雨天气过程。受此影响，泥石流沟主要出现在迎风坡面上，而背风坡面的泥石流沟少。

3.2.2.3　流域和沟谷形态

表征沟谷形态的三个重要参数是泥石流沟的流域面积、沟长和沟床纵坡。根据流域和沟谷形态，常把泥石流沟分为宽缓和窄陡两种类型。宽缓型沟道平缓开阔、平均宽度大、流域面积广，利于堆积体淤积；窄陡型沟道纵坡陡、流域面积小、平均宽度窄，容易瞬间汇流形成大规模泥石流灾害。西藏、四川等地大量的泥石流沟，流域面积一般是 $0.5\sim35\text{km}^2$，流域面积小于 0.5km^2 的多为坡面泥石流，大于或等于 50km^2 的基本上为稀性泥石流或山洪。

沟床纵坡大小是控制泥石流发生的重要因素。一般沟床纵坡越大，越有利于泥石流的发生，但纵坡在 $10\%\sim30\%$ 的发生频率最高，$5\%\sim10\%$ 和 $30\%\sim40\%$ 的其次，其余发生频率较低。一般沟床平均纵坡小于 5% 时，泥石流活动减弱，逐渐过渡为清水沟。

3.2.3　水源条件

水不仅是泥石流的重要组成部分，还是泥石流的激发条件和搬运介质。水在泥石流的暴发中有两种作用：一是使固体物质滚落到泥石流沟，形成固体物质富集；二是使固体物质饱水液化，最终暴发为泥石流。形成泥石流的水源有降水、冰川雪水等。在我国，绝大部分泥石流的发生都是由于暴雨激发而引起的。雨强、暴雨频率、雨量和气温四个因子是降水条件中的主要因子。其中，气温主要对冰雪融水引起的泥石流起作用。

3.2.3.1　降水

泥石流的形成和降雨条件有密切关系，一般来说，短时强降雨更易诱发泥石流。例如川滇之间的西南季风控制区域，干湿分明，冬季干旱期长，夏季降雨集中，多暴雨，因而成为泥石流的多发区。

我国西北干旱区，年降水量小于 200mm，河西走廊西部和南疆甚至小于 50mm，但是也有泥石流活动。这是因为夏季降雨集中，有时发生短时高强度的降雨，甚至一次强降雨占全年降水量的一半。

3.2.3.2 冰川雪水、湖泊溃决

此类泥石流多发生在青藏高原南部、东南部和西北部的高山区。在海洋性冰川区，若夏季天气持续高温晴朗，冰雪强烈消融，会突然暴发泥石流，西藏东南部的高山地带就是如此。

例如，波密县的迫龙沟，在 1983~1986 年发生过特大泥石流灾害，多次冲毁川藏公路，并且堵断波堆藏布江而形成了迫龙湖，这是冰雪消融和暴雨共同作用的结果。由冰湖溃决水源造成的泥石流有工布江达县唐不朗沟、定结县吉来浦沟、樟木口岸境内次仁玛措等，产生于高山区的海洋性冰川地带，都是因为连续高温天气使冰雪强烈消融，冰川舌突然滑入冰碛湖中，增大了冰水压力，导致终碛堤溃决，形成泥石流。

3.2.4 人为因素

人为活动对泥石流形成具有积极和消极两方面的影响。不可否认在防治泥石流方面人类做了许多工作，但是人类对自然资源的开发程度和规模在不断发展，滥伐森林，不合理开挖，不合理地弃土、弃渣、采石，过度放牧等行为都一定程度上加速泥石流形成发展的进程。

3.3 泥石流运动理论

3.3.1 泥石流的起动

泥石流起动的本质为斜面颗粒堆积体在水流的作用下失稳起动的过程。泥石流起动受地形、物质结构、水共同影响。水流作用下固液两相耦合关系为泥石流起动研究的重点。固液耦合的宏观表现为渗流作用、冲刷作用；微观上则涉及颗粒间孔隙水对结构稳定性的改变。固液耦合为复杂物理、化学过程，颗粒物质与液相在堆积体内部相互影响。液相进入堆积体后形成渗流，造成细颗粒在堆积体内部迁移运动，堆积结构改变后又会影响渗流强度。

3.3.1.1 稀性泥石流起动与形成条件

稀性泥石流中粗粒体以悬移推移（滚动、跳跃）形式运动，速度小于浆体，有明显的垂直交换，为固液两相紊动流。粗砂和砾石呈悬浮状态，更粗的颗粒则以滚动和跳跃的方式前进，在近处可以听见石块的撞击声。根据泥石流两相流模型，将稀性泥石流划分为液相与固相，由于细颗粒随水流流失，运动过程中粗细颗粒容易分离。因此将液相组成定义为细颗粒（$d<2$mm）与水流，粗颗粒（$d>2$mm）组成固相物质。液相运动以紊流运动

为主，固相以推移质形式存在，推移质在床面层中以滚动、滑动及跳跃的形式运动，在运动过程中不断和床面泥沙发生交换。在山区公路中，以稀性泥石流水毁最为普遍和严重，液相部分对沟岸进行剧烈冲刷，固相部分对沟岸进行强烈撞击，最终导致路基沟岸边坡失稳破坏。

3.3.1.2　黏性泥石流的起动与形成条件

（1）起动机理

泥石流起动机理是研究泥石流起动的主要内容，目前研究该机理的工作主要集中在四个方面：一是从流体力学水、力学角度出发，通过室内野外现场试验，总结出相关的经验公式；二是概化准泥石流（或浆体），以极性平衡为理论基础，推演出泥石流或浆体的起动临界状态的表达式；三是从数理统计的角度，用模糊数学和灰色理论等进行统计分析，建立松散颗粒、准泥石流和浆体起动的判别式；四是结合上述三种方法，选用适当的判别式，设定相应的特定边界条件通过计算机模拟技术，分析泥石流浆体的起动。

至今为止，国内外有许多学者对泥石流起动进行过研究，并且取得了很多有价值的成果。其中最早的是日本学者高桥堡，他对泥石流起动的认识是，河床上形成泥石流的松散物质的运动不是由于流体动力，而最主要是由于这些物质静力不平衡的结果，其假定水的渗流平衡于坡面，在土体中不形成超压，在此基础上推导出泥石流的起动条件。

$$\tan\theta \geqslant \frac{C^*(\sigma-\rho)}{C^*(\sigma-\rho)+\rho\left(1+\dfrac{1+h_0}{d}\right)}\tan\varphi \tag{3-1}$$

式中　　θ——临界起动角；

　　　　φ——堆积体的内摩擦角；

　σ、ρ——分别为颗粒和水的重度；

　　C^*——固体颗粒的体积百分含量；

　　h_0——超出堆积体表面的水的深度；

　　　d——松散物质的平均粒径。

（2）形成条件

黏性泥石流的组成既有大量粗颗粒又有相当数量的细颗粒，其中细颗粒以悬移形式输移，消耗的是水砂混合流的动能，因而黏性泥石流形成条件中更重要的是洪水流量或降雨强度，要求的沟道纵坡比同浓度下形成水石流的纵坡要小。我国不少泥石流研究人员用临界雨量作为重要指标，研究黏性泥石流形成条件，但由于泥石流暴发的临界雨量受地区水文气象、流域地貌地质、固体颗粒组成及产流汇流等许多因素的影响，加之还有泥石流暴发前期降雨的影响等原因，使得临界降雨量即使对同一地区也差别很大。因此，能否将临界雨量作为含有大量细颗粒的泥石流形成条件，尚值得进一步分析研究。

3.3.2　泥石流运动的理论模型

研究泥石流运动理论的核心问题，在于确定泥石流的运动流速及阻力。如何正确地描述和计算泥石流内部阻力，既是建立泥石流运动理论模型的基础，也是推求泥石流运动速度的重要因素。早期大部分模型都属于单一流体模型，即假定泥石流中的固体颗粒都是均质地分布于流体之中，其中一种为宾汉体，另一种为膨胀体。为便于应用现有的各种泥石流运动力学模型，都将泥石流视为一种连续流体，即固体颗粒分布均匀的所谓均质体。通过对流体的质量和动量守恒方程进行求解，获得相应的泥石流模型。几种具有代表性的模型如下。

3.3.2.1　固体颗粒相互摩擦的模型

此模型认为固体颗粒相互接触，动量交换是在粒状物料缓慢运动中进行的，流体内部动量交换不予考虑，常用莫尔-库仑理论表示固体颗粒塑性流动时产生的剪应力，如式（3-2）所示。

$$\tau_c = C + p\tan\varphi_0 \tag{3-2}$$

这种摩擦模型已成功地应用于土力学，但在切变率较高的泥石流中，其适用性有待于进一步研究。

3.3.2.2　固体颗粒相互碰撞模型

固体颗粒相互碰撞模型即为 Bagnold 的膨胀体模型。该模型认为固体颗粒在运动中较分散，彼此接触是短时的，动量交换是通过颗粒间的碰撞来实现的。1954 年 Bagnold（转筒试验）发现在颗粒相互碰撞交换动量时，剪应力与切变率的平方成比例，如式（3-3）所示。

$$\tau = \alpha \left(\frac{\mathrm{d}u}{\mathrm{d}y}\right)^2 \tag{3-3}$$

式中，$\frac{\mathrm{d}u}{\mathrm{d}y}$ 为切变率；系数 α 与固体颗粒的密度、粒径大小、固体浓度等因素有关。由试验结果得到

$$\alpha = a_1 \rho_s (\lambda d)^2 \sin\theta \tag{3-4}$$

式中，a_1 为经验性常数，由试验得到 $a_1 = 0.042$；λ 为固体浓度；$\sin\theta$ 为动摩擦系数，其值为 0.31；得

$$\tau = k_1 \rho_s (\lambda d)^2 \left(\frac{\mathrm{d}u}{\mathrm{d}y}\right)^2 \tag{3-5}$$

式中，$k_1 = 0.013$。

在 Bagnold 之后又有很多人做过类似的试验研究，结果在定性上与 Bagnold 基本一致，但在定量上有差别。虽然 Bagnold 的试验在理论上包含些经验性因素，但其模型为快速颗粒流研究提供了理论基础。

3.3.2.3　固体颗粒摩擦与碰撞混合模型

固体颗粒相互摩擦模型比较适用于固体浓度高、颗间处在长时间接触的情况，而固体颗粒相互碰撞模型则较符合固体浓度不是很高、颗间距离较大、依靠运动中颗粒碰撞传递动量的情况，而对介于以上两者之间的情况，似乎更接近泥石流中颗粒内部阻力的分布。Mc Tigue 和 Jackson 对此进行研究，提出剪切应力为

$$\tau = \tau_c \cos\varphi + \eta_1 (S_v^2 - S_{v0}^2) \sin\varphi + \eta_2 (S_{vm}^2 - S_v^2) \left(\frac{du}{dy}\right)^2 \tag{3-6}$$

式中，η_1、η_2 为待定系数；S_{v0}、S_{vm} 分别为固体体积比浓度的最小值及最大值；等号右边前两项之和表示流动发生前要克服的屈服应力 τ，这种模型的剪应力-切变率关系可表示为一般形式

$$\tau = \tau_y + \alpha \left(\frac{du}{dy}\right)^2 \tag{3-7}$$

假定 τ_y 及 α 为常数，则二维稳定流的流速公式如下。

垂向流速 u

$$u = \frac{2}{3} \sqrt{\frac{\rho_m g \sin\theta}{\alpha}} \left[H^{1.5} - (H-y)^{1.5} \right] \tag{3-8}$$

式中，H 为流深（$0 \leqslant y \leqslant H$）。

表面流速 u_s

$$u_s = \frac{2}{3} \sqrt{\frac{\rho_m g \sin\theta}{\alpha}} H^{1.5} \tag{3-9}$$

3.3.2.4 黏塑性模型

泥石流的黏塑性模型是考虑高浓度水砂流在黏性随浓度加大而增加，同时还要克服由于细颗粒形成絮网结构及粗颗粒内部摩擦而产生的屈服应力 τ_y 的前提下，建立的宾汉流体模型即

$$\tau = \tau_y + \eta \frac{du}{dy} \tag{3-10}$$

式中 τ_y——宾汉屈服应力；

  η——宾汉流体刚度系数。

根据试验及野外观测，屈服应力包括黏性与摩擦两部分，而摩擦引起的部分又与正应力 p 成比例，即

$$\tau = \tau_c + p\tan\varphi + \eta \frac{du}{dy} \tag{3-11}$$

3.3.2.5 黏塑性与碰撞混合模型

黏塑性模型强调液相阻力而忽略泥石流中的粗颗粒，本模型考虑了液相阻力及固相粗颗粒的碰撞而产生的阻力。O'Brien 建立了一个包括屈服值、黏性、颗粒碰撞及紊流应力分量的模型即

$$\tau = \tau_y + u_d \frac{du}{dy} + (u_c + u_t) \left(\frac{du}{dy}\right)^2 \tag{3-12}$$

式中，u_d 为动力黏度；u_c 为离散参数，根据 Bagnold 的定义，$u_c = a_1 \rho_s (\lambda d)^2$；紊动参数 $u_t = \rho_m l^2$。

在一般情况下，u_t 远小于 u_c，且上式右边第三项因远小于第二项而可以忽略不计，则这一模型等同于简单的宾汉塑性模型；反之，若上式右边第三项远大于第二项，可忽略第

二项，此时该模型就与颗粒相互碰撞模型相一致。

3.3.3 泥石流的运动流速

按照 3.1.4 节所述，泥石流按物质组成分为泥石型、水石型、泥流型。本节及后面两节分别讨论其不同物质类型的运动流速。

在上节中所讨论的泥石流运动模型以分析两相流体内部阻力特点为依据，最终求解泥石流运动流速，具有较强的理论基础。但由于各种模型应用时本身具有一定局限性及某些不足（如假定固体颗粒均匀分布、模型中很多参数的确定等问题），现阶段通过各种理论模型求解泥石流运动速度的方法，在相当长时期内还难以达到实用要求。在这种情况下，采用积累实际观测资料求得地区性经验参数或经验公式，能在一定程度上解决工程实践问题，仍具有重要的现实意义。现今泥石流运动速度经验公式很多，本节主要对典型的成果进行讨论。

3.3.3.1 稀性泥石流流速计算公式

20 世纪 50～60 年代，苏联学者斯里勃内依提出了如下公式

$$V_n = \left(\frac{m_0}{a}\right) H_c^{2/3} J_c^{1/4} \tag{3-13}$$

$$a = \left[1 + \frac{(\gamma_c - 1)\gamma_s}{\gamma_s - \gamma_c}\right]^{\frac{1}{2}} \tag{3-14}$$

式中，m_0 为山区河道糙率系数，一般选 $m_0 = 6.5$；a 为与泥石流内摩擦力有关的系数；H_c 为平均泥深；γ_s 为泥石流中固体物质密实重度；γ_c 为泥石流重度。

而我国现在计算稀性泥石流流速依照规范，建议用式（3-15）计算，水力半径大于 1.0m 时，用其修正公式（3-16）计算，有条件时用理论公式（3-17）验证。

$$V_c = \frac{1}{\sqrt{\gamma_h \phi_c + 1}} \cdot \frac{1}{n} R_c^{2/3} I^{1/2} \tag{3-15}$$

式中，V_c 为泥石流断面平均流速；γ_h 为泥石流固体物质重度；ϕ_c 为泥石流泥沙修正系数，$\phi_c = (\gamma_c - \gamma_w) / (\gamma_H - \gamma_c)$；$1/n$ 为巴克诺夫斯基糙率系数，也可用 M_c 表示；R_c 为泥石流水力半径；I 为泥石流水力坡度。

修正公式

$$V_c = \frac{1}{\sqrt{\gamma_H \phi_c + 1}} \frac{1}{n} R_c^{0.5} I^{1/2} \tag{3-16}$$

理论公式

$$V_c = \left(0.5 + \frac{2H_c}{3}\right) \sqrt{g \frac{\sin\theta - \cos\theta\tan\phi_m}{a}} \cdot \sqrt{H_c} \tag{3-17}$$

具体系数同上。

其余我国一些常见的稀性泥石流流速计算公式有铁道第三勘察设计院集团有限公司提出的经验公式

$$V_n = \left(\frac{15.5}{a}\right) H_c^{2/3} J_c^{1/2} \tag{3-18}$$

还有中铁西南科学研究院有限公司推荐的适用于西南地区的公式

$$V_n = \left(\frac{n_c}{a}\right) H_c^{2/3} J_c^{1/2} \tag{3-19}$$

式中，n_c 为泥石流糙率系数；J_c 为泥石流的水力坡度；H_c 为平均泥深，根据泥石流沟槽特征确定。

3.3.3.2　黏性泥石流流速计算公式

一般来说，应用曼宁公式来表达泥石流流速，其中的阻力因子 n_c 实际上是包含泥石流内部及外部的阻力综合因子。泥石流内部阻力由颗粒间相互作用及液体黏性引起，与由边壁糙度引起的外部阻力完全不同。对于黏性泥石流的外部糙度，我国泥石流界估算其平均值 $1/n \approx 30$，即曼宁糙率 $n = 0.033$ 左右。对于泥石流内部阻力综合参数，可以通过引入修正系数 a 对曼宁公式进行修正，于是得到泥石流流速公式

$$U_c = h^{\frac{2}{3}} J^{\frac{1}{2}} \cdot \frac{1}{a} \cdot \frac{1}{n} \tag{3-20}$$

根据对大量的实测资料分析结果，泥石流内部阻力综合参数 $1/n_c$ 与泥石流固体浓度、颗粒组成以及泥深与坡降等因素有关。

根据《强震区泥石流防治工程设计规范》T/CI 054—2023，我国目前对天然沟道按推荐式（3-21）计算，理论式（3-17）印证，对于中高黏性泥石流还可以用通用式（3-22）印证。对于排导槽建议通用式（3-22），式中泥深改为水力半径，$1/n_c$ 按式（3-23）计算值的 1.5 倍计。

推荐公式

$$V_c = K H_c^{2/3} J_c^{1/5} \tag{3-21}$$

通用公式

$$V_c = \frac{1}{n_c} H^{2/3} J^{1/2} \tag{3-22}$$

$$\frac{1}{n_c} = 14.615 \cdot H_c^{-0.3654} \tag{3-23}$$

式中，K 为黏性泥石流流速系数，其他系数同上。

3.3.4　水石流的颗粒速度及其计算方法

自然界水石流以粗颗粒为主体，仍有一部分作悬移运动的细颗粒存在，速度明显低于水流速度。基于上一节中，泥石流速度经验公式，所求的是水流运动速度，而不是固体颗粒速度。在水石流中固体颗粒速度应由另外途径推求。

3.3.4.1　饱和水石流的颗粒速度

对于没有细颗粒存在的水石流，Bagnold 曾提出基于颗粒间的惯性碰撞传递动量及固

体颗粒浓度在垂向呈均匀分布的假定，并经过试验得出颗粒的离散剪应力可用式（3-5）表达。对于二维均匀稳定流，离散剪应力与水流剪应力相等，由此求得高桥保推出的水石流颗粒流速垂向分布公式，即

$$u = \frac{2}{3\lambda d}\sqrt{\frac{\rho_{\mathrm{m}} g \sin\theta}{k_1 \rho_{\mathrm{s}}}}\left[h^{1.5} - (h-y)^{1.5}\right] \tag{3-24}$$

$y = h$ 处，$u = u_{\max}$（表面流速），因此由上式可得

$$\frac{u_{\max} - u}{u_{\max}} = \left(1 - \frac{h}{y}\right)^{3/2} \tag{3-25}$$

在式（3-25）中，假定颗粒浓度在垂向均匀分布，而实际上水石流由于颗粒的重力作用，垂向浓度分布是不均匀的，从而影响到垂线上颗粒间的作用力。换句话说，在表层颗粒浓度低，颗粒间作用力以惯性碰撞作用为主，而在中、底层则以相互滑动摩擦、相互挤压为主。通过对式（3-24）积分，求得只在饱和水石流垂线的平均速度为

$$U = \frac{2h}{5\lambda d}\sqrt{\frac{g h J}{k_1}}\left[S_{\mathrm{v}} + \frac{\gamma}{\gamma_{\mathrm{s}}}(1 - S_{\mathrm{v}})\right]^{1/2} \tag{3-26}$$

式中，λ 为颗粒浓度；$\sin\theta$ 为颗粒碰撞的动摩擦系数；d 为颗粒直径；S_{v} 为水石流浓度；$k_1 = 0.042$。

3.3.4.2　非饱和水石流颗粒速度

对于非饱和水石流，若忽略液相变形产生的剪应力，则会得出剪应力平衡方程

$$S_{\mathrm{vb}}(\gamma_{\mathrm{s}} - \gamma)(h' - y)\sin\theta + \gamma(h-y)\sin\theta = k_1 \rho_{\mathrm{s}}(\lambda d)^2\left(\frac{\mathrm{d}u}{\mathrm{d}y}\right)^2 \tag{3-27}$$

式中，线性浓度

$$\lambda = \left[\left(\frac{S_{\mathrm{vm}}}{S_{\mathrm{vb}}}\right)^{1/3} - 1\right]^{-1} \tag{3-28}$$

式中，S_{vb} 为层移层平均浓度；S_{vm} 为极限浓度；h' 为层移层厚度。

将式（3-27）沿水深方向积分得到非饱和水石流颗粒平均速度为

$$U_{\mathrm{s}} = \frac{2h}{5d\lambda}\sqrt{\frac{ghJ}{k_1}S_{\mathrm{vb}}\frac{\gamma}{\gamma_{\mathrm{s}}}}\left(\frac{\gamma_{\mathrm{s}} - \gamma}{\gamma} + \frac{1}{S_{\mathrm{vb}}}\right)^{-1} \times \left[\left(\frac{\gamma_{\mathrm{s}} - \gamma}{\gamma} + \frac{1}{S_{\mathrm{v}}}\right)^{3/2} - \left(\frac{1}{S_{\mathrm{v}}} - \frac{1}{S_{\mathrm{vb}}}\right)^{3/2}\right]\left(\frac{h'}{h}\right)^{3/2} \tag{3-29}$$

式（3-29）中有两个系数 k_1 及 β 的定量问题尚待研究。这里 k_1 仍采用 Bagnold 试验结果，为 0.013；β 值在不同运动强度下可能取值不同，对天然沙，沈寿长等人暂用 $\beta = 0.2 \sim 0.3$，对此值得讨论。

3.3.4.3　水石流颗粒速度的计算方法

日本高桥堡根据水石流运动的特点，认为水石流运动时颗粒之间接触所产生的剪切力远大于流体部分所承受到的剪应力。所以他建议采用 R. A. 拜格诺（英国）的颗粒流在强烈惯性范围内的膨胀体的运动方程，所得到的流速计算公式为

$$V_{\mathrm{cp}} = \frac{2}{5d}\left\{\frac{g}{K}\left[C_{\mathrm{d}} + \frac{\rho}{\rho_{\mathrm{s}}}(1 - C_{\mathrm{d}})\right]\right\}^{1/2}\left[\left(\frac{C_{\mathrm{dm}}}{C_{\mathrm{d}}}\right)^{1/3} - 1\right]^{-1}\left(\frac{\sin\theta}{\sin\alpha}\right)^{1/2} H^{3/2} \tag{3-30}$$

式中，K 为常数，一般取 $0.013 \sim 0.042$；ρ_s 为沙石体密度；d 为沙石平均粒径；ρ 为水的密度；H 为流体深；θ 为沟床纵坡角；C_d 为水石流体积比浓度；C_{dm} 为水石流体的极限体积比浓度；α 为动摩擦角。

此公式在使用时，有几个参数目前尚无法确定。如 K（常数），根据 R. A. 拜格诺的研究，当 $\left[\left(\dfrac{C_{dm}}{C_d}\right)^{1/3} - 1\right] > 0.71$ 时，K 为 0.042 定值，对于比此大的 C_d 的值来说，K 值随 C_d 的增大而急剧增大，在无法确定时，K 值可在 $0.013 \sim 0.042$ 之间取值。

C_{dm}（极限体积比浓度）的确定，在均匀颗粒的情况下，可按照一定的排列取值，一般可取 $0.52 \sim 0.70$，但对于非均匀颗粒的泥石流体来说，不同的级配组成就有不同的 C_{dm} 值。所以在已知 C_d 的情况下，并不能得到 C_{dm} 值，而 C_{dm} 值却与颗粒组成的组合有关，要得到这样的关系需要做野外各种浓度条件下的实体实验。

α（动摩擦角）是颗粒碰时综合作用下的剪切角，此值随颗粒组成状况和浓度在变化。总的来说，它随浓度的增大而增大，当浓度很稀时，$\alpha \rightarrow 0$，当 $C_d \rightarrow C_{dm}$ 时，$\alpha \rightarrow \varphi$（堆积体的内摩擦角），成为土石堆积体的滑动过程。

要使它在泥石流研究和防治工作中发挥作用，必须合理而科学地解决上述参数的确定方法。

3.3.5　泥流的运动速度与阻力

泥流运动速度，实际上是指细颗粒与水体组成的悬液运动速度。泥流由于颗粒组成细，在高浓度输移时黏度高，容易进入层流流态，这与天然河流挟沙水流运动十分类似。但在浓度不是很高而流量较大的沟道中，则往往呈现紊流流态。对于层流流态，只要克服阻力就能运动；对于紊流流态，则必须要有一定的流速来支持颗粒的悬移运动，因而其阻力与运动速度有关，这与层流的阻力特性明显不同。

3.3.5.1　层流状态下泥流运动平均速度及阻力

（1）平均流速

对于完全由细颗粒组成的浆体，即使处在静止状态，其垂向的浓度分布也十分均匀。流变试验表明，这种浆体在一定浓度下属于宾汉体，浆体在二维流动中离床面任一高程 y 处的剪应力为

$$\tau = \tau_0\left(1 - \frac{y}{h}\right) = \gamma_m h J\left(1 - \frac{y}{h}\right) \tag{3-31}$$

式中，J 为层流阻力坡降；h 为全水深。

剪应力 τ 及流速 u 的分布具有如图 3-4 所示的形式。

在层流流态时，流速分布存在流核区，如图 3-4 所示。当 $\tau \leqslant \tau_B$ 时，由于水流剪应力小于泥流的宾汉剪应力，因而流层间无相对运动，所以在 $y \geqslant y_B$ 处各层流速相等，即所谓流核区。在 $\tau = \tau_B$ 处，$y = y_B$，由式（3-31）有

$$\tau_{B} = \gamma_{m} h J \left(1 - \frac{y_{B}}{h} \right) \tag{3-32}$$

由上式得非流核区的厚度 y_{B} 为

$$y_{B} = h - \frac{\tau_{B}}{J \gamma_{m}} \tag{3-33}$$

即

$$\frac{h - y_{B}}{h} = \frac{\tau_{B}}{h J \gamma_{m}} = a \tag{3-34}$$

式中，a 为流核区的相对厚度。

在非流核区，由于 $\tau > \tau_{B}$、$y < y_{B}$，存在流梯速度，由宾汉模型及式（3-33）可得

$$\tau_{B} + \eta \frac{du}{dy} = \gamma_{m} J (h - y)$$

或

$$\frac{du}{dy} = \frac{\gamma_{m} J (h - y)}{\eta} - \frac{\tau_{B}}{\eta} \tag{3-35}$$

式中，η 为流变参数，其余参数同上。

对式（3-35）积分，便得非流核区的流速分布公式

图 3-4　二维均质流的剪应力及
流速分布示意图

$$u = \frac{y}{2\eta} (2\gamma_{m} h J - \gamma_{m} y J - 2\tau_{B}) \tag{3-36}$$

将式（3-33）代入上式，便得 $y \geqslant y_{B}$ 流核区的流速 u_{p} 为

$$u_{p} = \frac{\gamma_{m} h^{2} J}{2\eta} \left(1 - \frac{\tau_{B}}{\gamma_{m} h J} \right)^{2} \tag{3-37}$$

垂向平均流速 U 可以通过式（3-36）积分及式（3-37）来推求。设 q_{1}、q_{2} 分别表示非流核区及流核区单宽流量，h 为全水深，则按流量连续原理有

$$q_{1} + q_{2} = h U$$

$$h U = \int_{0}^{y_{B}} u \, dy + u_{p} (h - y_{B}) \tag{3-38}$$

将式（3-38）积分整理后便得

$$U = \frac{\gamma_{m} h^{2} J}{3\eta} \left[1 - \frac{3}{2} \left(\frac{\tau_{B}}{\gamma_{m} h J} \right) + \frac{1}{2} \left(\frac{\tau_{B}}{\gamma_{m} h J} \right)^{3} \right] \tag{3-39}$$

式（3-39）即为层流状态下泥流的平均流速公式，且各式参数同上。

（2）流动的非稳定性

由式（3-39）可见，泥流的平均流速与 $\tau_{B}/(\gamma_{m} h J)$ 值有关。在其他条件不变时，平均流速 U 应随 $\tau_{B}/(\gamma_{m} h J)$ 值的增大而减小。当 $\tau_{B}/(\gamma_{m} h J) = 1$ 时，$U = 0$，即流动停止，表明水流剪应力 $\gamma_{m} h J$ 不足以克服宾汉应力 τ_{B}。但一旦某断面出现 $U = 0$ 的情况，流动立即停止，而该断面以上的泥流继续流动，使得断面水深 h 增大，也即 $\gamma_{m} h J$ 增大，又大于 τ_{B}，即 $\tau_{B}/(\gamma_{m} h J) < 1$，表明水流剪应力增大，足以克服阻力，流动又开始了，流动一旦开始，水位下降，

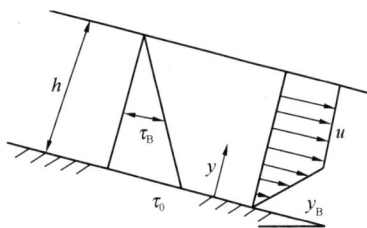

h 值减少又导致 $\gamma_{\mathrm{m}} h J < \tau_{\mathrm{B}}$，使得流动停滞下来。如此循环，流动呈间歇停滞状态，便形成不稳定流动。停流与流动的间歇时间随来流量的大小在几秒钟（来流量大）到几十分钟（来流量很小）之间变化，泥流运动的这种不稳定流动状态，主要是由于 τ_{B} 的存在而引起的。自然界中的小支流或沟道常常发生不稳定的、重度很大的泥流流动现象。

（3）阻力坡降的计算

对于泥流的层流阻力，也可采用式（3-39）来进行计算，但在已知平均流速 U 的情况下，按式（3-41）计算阻力坡降 J 不是很方便，为此需将式（3-39）进行一些变换。引入参数

$$N_{\mathrm{p}} = 4 \frac{h \tau_{\mathrm{B}}}{\eta U} \tag{3-40}$$

将式（3-40）改为

$$\frac{12a}{N_{\mathrm{p}}} = 1 - \frac{3}{2} a + \frac{1}{2} a^3 \tag{3-41}$$

由于

$$\frac{12a}{N_{\mathrm{p}}} = \frac{3\eta U}{\gamma_{\mathrm{m}} h^2 J}$$

于是层流阻力坡降可表达为

$$J = \frac{3\eta U}{\gamma_{\mathrm{m}} h^2} \times \frac{N_{\mathrm{p}}}{12a} = \frac{\tau_{\mathrm{B}}}{\gamma_{\mathrm{m}} a h} \tag{3-42}$$

在一般情况下，流体的相对厚度较小，式（3-41）可以改写为

$$U = \frac{\gamma_{\mathrm{m}} h^2 J}{3\eta} - \frac{\tau_{\mathrm{B}} h}{2\eta}$$

$$J' = \frac{3U\eta}{\gamma_{\mathrm{m}} h^2} + \frac{3\tau_{\mathrm{B}}}{2\gamma_{\mathrm{m}} h} \tag{3-43}$$

这便是泥流层流阻力坡降的近似解，用 J' 表示，以区别于真实阻力坡降 J，其余系数表示同上。

由式（3-43）计算的阻力坡降比式（3-42）的真实值偏大，其偏大程度与流核相对厚度 a 值有关。通过式（3-42）与式（3-43）对比可得

$$\frac{J'}{J} = \frac{\dfrac{3U\eta}{\gamma_{\mathrm{m}} h^2} + \dfrac{3\tau_{\mathrm{B}}}{2\gamma_{\mathrm{m}} h}}{\dfrac{\tau_{\mathrm{B}}}{\gamma_{\mathrm{m}} h}} = a \left(\frac{12}{N_{\mathrm{p}}} + \frac{3}{2} \right) \tag{3-44}$$

将式（3-41）代入，式（3-44）可简化为

$$\frac{J'}{J} = 1 + \frac{1}{2} a^3 \tag{3-45}$$

以上各式所有系数表示同上。

（4）宾汉体模型的局限性

采用黏塑性模型（宾汉体模型）计算泥流流速及阻力的局限性在于只适用于层流流

态。式（3-41）的流速公式是按层流流态导出的，试验及野外实测资料均表明，在紊流流态下，宾汉剪应力 τ_B 往往明显减少，甚至完全消失。这是因为在完全由细颗粒组成的泥流中宾汉切应力主要由细颗粒絮凝结构所形成，而这种结构是很脆弱的，在水流扰动较大的情况下结构容易遭到破坏，τ_B 值锐减或消失，完全不同于流变试验所求得的 τ_B 值。例如，相同的固体浓度与颗粒组成的浆体在室内水槽试验中，由于紊动尺度小，可以观测到流速分布中有流核存在；而在天然河道中，由于水流尺度大，扰动加剧，往往观测不到流核的存在。所以式（3-41）由层流流态求得的泥流平均流速不适用于自然界中的实际紊流流态。宾汉体模型应用于泥流的另一局限性表现在，宾汉体模型假定颗粒组成中全部为悬移运动，或均质浆体。而天然泥流中，虽然大部分为细颗粒，浆体浓度分布也很均匀，但其中仍有少数较粗颗粒需要有紊动来保持其悬移运动，甚至还有很少一部分粗颗粒作推移运动。忽略由于紊动悬移及推移运动所消耗的能量，按式（3-44）和式（3-45）来计算泥流的阻力坡降自然会引起误差，对此将在后文中加以分析。

3.3.5.2 泥流流态的判别

众所周知，流体的流态常以雷诺数来描述。对于牛顿体，其雷诺数可表示为

$$Re = \frac{4hU\gamma_m}{g\,\eta} \tag{3-46}$$

而阻力坡降为

$$J = \frac{f}{8} \cdot \frac{U^2}{g\,R} \tag{3-47}$$

式中，R 为水力半径；阻力系数 f 为雷诺数 Re 的函数。

对于牛顿体 $\tau_B = 0$，由式（3-39）可得流速为

$$U = \frac{\gamma_m h^2 J}{3\eta} \tag{3-48}$$

由式（3-47）和式（3-48）消去 J，求得阻力系数为

$$f = \frac{3\eta\,8g}{\gamma_m hU} = \frac{96}{Re} \tag{3-49}$$

宾汉体阻力系数 f 为

$$f = \frac{24\eta g\,N_p}{12\gamma_m ha} = \frac{96}{Re}$$

或

$$f = \frac{96}{\dfrac{4h\gamma_m U}{g\,\eta}\left(\dfrac{12a}{N_p}\right)} = \frac{96}{Re'} \tag{3-50}$$

这样宾汉体的雷诺数 Re' 应为

$$Re' = Re\left(\frac{12a}{N_p}\right) \tag{3-51}$$

为方便起见，仍用式（3-46）的雷诺数来表示宾汉体从层流到紊流的过渡流态。这时 $(Re)_c$ 将不再是常数 2100，而是大于 2100，并与流核的相对厚度 a 值有关。通过式（3-

51) 及式（3-41）关系可得

$$(Re)_c = Re'\left(\frac{N_p}{12a}\right) = \frac{2100}{1 - 1.2a + 0.5a^3} \tag{3-52}$$

临界雷诺数 $(Re)_c$ 与 a 的关系如表 3-2 所示。

$(Re)_c$-a 关系

表 3-2

a	0	0.1	0.2	0.3	0.4	0.5	0.6	0.7	0.8	0.9	1.0
$(Re)_c$	2100	2469	2983	3727	4861	6720	10096	17284	37500	144828	∞

此前，已有许多学者对宾汉型均质浆体由层流过渡到紊流时临界雷诺数 $(Re)_c$ 进行过研究，主要方法是引入另外一个无量纲参数，即

$$H_e = Re \times N_p \tag{3-53}$$

式中，H_e 称为赫氏数，是 20 世纪 50 年代 Hedstrom 在论述宾汉塑性体层流的理论时提出的。将 Re 及 N_p 有关变量代入赫氏数的定义式（3-53），消去流速因子可得

$$H_e = \frac{16h^2 \tau_B \gamma_m}{g \eta^2} \tag{3-54}$$

3.3.6 非均质两相流模型及其在泥石流中的应用

3.3.6.1 非均质固液两相流模型的提出

自 Bagnold 于 20 世纪 50 年代提出膨胀体模型及于 20 世纪 70 年代提出宾汉体模型以来，已有不少有关泥石流运动模型的研究成果问世，为计算确定泥石流运动阻力及流速提供了一定的理论基础。但是迄今为止几乎所有模型都是将泥石流视为是一种连续均质流体，即固体颗粒在流体中是均匀分布的，并以此为前提研究不同条件下泥石流内部阻力的变化规律。这样固然可以方便地应用一般流体的质量与动量守恒方程而使问题得到相应的简化，但是在自然界中的泥石流固体物质组成十分复杂，粗、细颗粒的组成范围很广，其运动及阻力完全有不同的特性。即使现今的两种模型分别对于以粗颗粒为主的及细颗粒为主的两类泥石流比较接近实际，但仍有很大的局限性。以膨胀体模型来说，把以粗颗粒为主的水石流及稀性泥石流中固体颗粒作为均匀分布的假定，就与实际情况有相当大的出入。

在运动中颗粒间的作用以相互惯性碰撞为主，离散剪应力在高切变率时与切变率平方成比例。当实际固体颗粒在水石流中呈非均匀分布时，由于固体的重力远大于清水，即使在流速很大的情况下，粗颗粒也不会远离床面运动。尤其对于非饱和水石流，表层接近为清水，固体颗粒主要集中在中、下层，而且下层浓度很高，接近最大浓度。在水槽试验中可以看到，层移层上部已很少有颗粒间的碰撞现象，而层移层下部的颗粒接触紧密，运动时相互挤压、摩擦，运动颗粒的动量传递主要通过摩擦作用进行，其能量损失远大于惯性碰撞。当时 Bagnold 为了维持固体颗粒在流体中均匀分布的假定，在试验中采用密度与流体相同的轻质颗粒，使得流动试验中固体颗粒保持中性悬浮状态。将这种固、液两相混合

物通过转筒试验（或其他流变试验设备）建立的剪应力与切变率关系应用到实际固体颗粒不均匀分布的水石流，所求得的颗粒垂线流速分布及平均流速，显然不符合实际情况。

在泥石流固体浓度很高的情况下，颗粒间的作用除了相互碰撞以外，还存在相互摩擦滑动。此时剪应力与切变率不呈线性关系，甚至还存在与切变率无关的静态相互支持作用。有的学者提出了以切变率的多项式来表达剪应力的其他模型。这样建立的模型就更加复杂，且多项式的各项系数与指数都需要通过试验来确定，不仅大大增加计算工作量，而且还无法克服由于将两相体中固体颗粒按均匀分布考虑而与实际情况不符的弊端。

对于以上存在的问题，如采用非均质两相流模型则能够得到较好的解决。首先根据在运动中不同的阻力特性及耗能特点分别计算泥石流中的粗、细颗粒的阻力；其次考虑细颗粒及粗颗粒实际存在的不均匀分布，研究其对阻力的影响，其最终目的是通过模型提出的有关方程，推求含有粗、细颗粒组成范围很广的泥石流的平均流速及综合阻力。已有一些科研工作者通过实践体会到，对于组成范围很广的泥石流，必须将其中细颗粒与水组成的浆体按液相考虑（不是清水才是液相），而将剩下的粗颗粒按固相处理，只是如何划分液相及固相界限粒径尚需要深入研究。这自然是非均质两相流模型要解决的核心问题之一。

3.3.6.2 非均质两相流的内部作用力及其相间关系

由非均质两相流模型推求泥石流阻力与流速需要解决三个关键性问题，即液相浆体上限粒径的确定、固相粗颗粒内部作用力以及固液两相间互相作用关系。

（1）浆体悬液的上限粒径

自然界中各类泥石流均包含粒径范围广泛的物质组成。所谓以粗颗粒为主的水石流中也有细颗粒存在，只不过所占的比例很少可以忽略不计。另一方面，以细颗粒为主的泥流中也有粗颗粒，只是所占比重很小。因此，一般情况下，各类泥石流都可概化成由细颗粒与水组成的浆体（液相）及余下的粗颗粒（固相）构成的两相流。两相颗粒的分界粒径并非为定数，即使同属黏性泥石流也是如此。例如，在浓度高、流速大的情况下，相对较粗的颗粒可由推移运动转入悬移运动，使液相悬液或浆体的上限粒径增大；而重度或浓度相对较低的黏性泥石流，其浆体的上限粒径也相对较小，这是因为浓度减小，使一定粒径的颗粒沉速加大，以致不能在某一流速条件下保持悬移。所以以颗粒悬移或推移运动形式确定的浆体悬液的上限粒径，或液相与固相的分界粒径，其大小将随固体总浓度、黏度及运动速度等因素而变化。

在我国曾有学者认为，浆体上限粒径是根据浆体屈服应力所能支撑的最大粒径来确定的。考虑悬液中直径为 d 的颗粒，促使其下沉的重力与阻止其下沉的阻力达到平衡时，有

$$\frac{\pi}{6}d^3(\gamma_s - \gamma_f) = k\pi d^2\tau_B \tag{3-55}$$

或

$$d = d_0 = k\frac{6\tau_B}{\gamma_s - \gamma_f} \tag{3-56}$$

式中，d_0 为中性悬浮的不沉粒径，即浆体的上限粒径；系数 k 与颗粒形状有关，为略大于 1 的系数；γ_f 为对颗粒浮力作出贡献的浆体重度，需要通过迭代试算确定。

由式（3-56）不难看出，d_0 值随着 γ_f 的增加而加大，而 d_0 的增加又导致浆体重度增大，这样一来 d_0 一直递增，直至达到泥石流的最粗颗粒。换句话说，浆体的上限粒径等同于泥石流的最大粒径，这显然是不可能成立的。钱宁、王兆印则认为，对 d_0 有浮力贡献的浆体重度 γ_f 由不超过 $d_0/50$ 的颗粒所组成，看来这也有争议。另外，式（3-56）中的浆体应力 τ_B 值在紊动条件下迅速减小，这已得到有关试验的证实。由于以上种种原因，用式（3-56）确定固、液两相的分界粒径实际上是难以应用的。

也有人确定某一粒径为浆体上限粒径，如确定为 $d=2mm$ 或 $1mm$，这主要是因为受到泥石流流变试验仪器设备的限制，无法对含有粗颗粒的水沙混合体进行流变试验，而将大于某一粒径的粗颗粒剔除，将剩下部分认为是浆体而进行流变试验。这种人为确定某一粒径为固、液两相分界粒径的做法自然缺乏理论依据。

对于非均质两相模型，确定浆体上限粒径或固、液两相分界粒径的问题是无法回避的，因为唯有确定这一分界粒径才可能分别计算液相与固相的浓度以及内部的阻力作用，进而才能求解泥石流的阻力及流速。

（2）固相颗粒间的作用力

在非均质两相模型中，固相由推移或层移形式运动的粗颗粒构成。因此运动中的颗粒间接触较为紧密，并主要以相互摩擦作用来传递能量。所谓颗粒间以惯性碰撞形式来传递能量只是发生在层移运动的表层，占总固体颗粒数的比例很小，所以固相颗粒间的作用力可用宏观的摩擦系数 $\tan\alpha$ 来反映。根据 Bagnold 试验，$\tan\alpha$ 为离散压力与离散剪应力之比。对于均匀分布的颗粒，在低浓度时 $\tan\alpha=0.32$，而在高浓度时 $\tan\alpha=0.75$，在高低浓度过渡区 $\tan\alpha=0.32\sim0.75$。可以想象，在颗粒做层移运动时，颗粒相互接触，其摩擦系数更接近于 $\tan\alpha=0.75$。由于层移层的垂向浓度分布也有些不均匀，因而层移层各层的摩擦系数也有些差别。就层移层的平均浓度 S_{vb} 来说，也因挟带固体颗粒是否达到饱和而有所不同，这使得宏观的摩擦系数也有差别，但其差别将明显减小。通过水石流的水槽试验，得出 $\tan\alpha$ 与层移层浓度 S_{vb} 的经验关系。

$$\tan\alpha = 0.62\left[1+\left(\frac{S_{vb}}{S_{vm}}\right)^{0.8}\right]^{1/3} \tag{3-57}$$

对于含有细颗粒的泥石流来说，其中固相粗颗粒也以层移形式运动，但总有一些细颗粒黏附在粗颗粒的周围，这就使得粗颗粒之间的摩擦作用有所减少。实际上这已被试验所证明，其原因可能是细颗粒在粗颗粒之间起到一定程度的润滑作用。鉴于目前尚无这方面的试验资料，这里只好根据野外实测资料分析结果，暂时建议在有细颗粒的情况下粗颗粒间的作用力摩擦系数修正为

$$\tan\alpha = 0.40\left[1+\left(\frac{S_{vb}}{S_{vm}}\right)^{0.8}\right]^{1/3} \tag{3-58}$$

（3）固液两相流之间的相互作用

将泥石流划分为液相浆体及固相粗颗粒后，仍需考虑液、固两相之间的相互作用。对于非均质两相流，液、固两相之间的关系主要表现在两个方面。一方面是液相浆体对固相粗颗粒的浮力作用，由于浆体重度因细颗粒存在而加大，即浆体重度 γ_f 大于清水重度 γ_0，这使得粗颗粒的有效重力因浮力增加而减少，从而变得更加容易被推动。此外液相中的细颗粒对粗颗粒运动起到一定的润滑作用，减少粗颗粒之间的作用力，前面已阐述，详见式（3-59）。

另一方面是固相颗粒对液相的影响，表现为固相存在及其浓度使液相浆体黏度加大。如根据前述沈寿长对浆体黏滞系数 μ 的研究，因固体颗粒浓度为 λ 而加大了 μ_r 倍。μ_r 又称相对浆体黏滞系数，即

$$\mu_r = 1 + \frac{\pi}{4} \cdot \frac{\lambda^3}{(1+\lambda)^2} \tag{3-59}$$

随着液相浆体黏性的加大，液相的流动阻力也随之增大，同时也使一定粒径的颗粒沉速减小。这样就使得原来作推移运动或层移运动的一部分粗颗粒转为液相浆体，加大了浆体的上限粒径，可见这种影响是比较复杂的。

3.3.6.3　非均质两相流模型的基本方程

以液相浆体上限粒径为界，将泥石流运动阻力分为液相与固相的泥石流运动阻力，即为两相运动阻力的叠加，两相各自的阻力公式自然需要考虑两相之间的相互作用。

（1）液相浆体的阻力坡降公式

由于液相中只有悬移运动的细颗粒，因而以能坡表示液相阻力，可应用 Darcy 公式来表达，修正液相重度后变为

$$J_s = \frac{f}{8} \cdot \frac{U^2}{gR} \cdot \frac{\gamma_f}{\gamma_m} \tag{3-60}$$

式中，γ_f 和 γ_m 分别为浆体重度及泥石流重度；f 为阻力系数；U 为保持浆体中细颗粒作悬移运动的不淤流速。本式将上限粒径 d_{90} 用分界粒径 d_0 代替，即

$$U = U_c = 27.8\sqrt{\frac{f}{8}} \omega_0 S_{vf}^{2/3} \left(\frac{4R}{d_0}\right)^{1/9} \tag{3-61}$$

这样将上式代入式（3-61），整理后得泥石流的液相阻力公式

$$J_s = \frac{1}{gR} \left[27.8 \omega_0 S_{vf}^{2/3} \left(\frac{4R}{d_0}\right)^{1/9}\right]^2 \cdot \frac{\gamma_f}{\gamma_m} \tag{3-62}$$

式中，d_0 为浆体上限粒径；ω_0 为 d_0 对应的颗粒沉降速度。假定在 Stokes 定律范围内，d_0 的沉速为

$$\omega_0 = \frac{\gamma_s - \gamma_m}{18\mu} d_0^2 \tag{3-63}$$

式中，γ_m 为泥石流重度；μ 为泥石流体黏度。

由式（3-63）可见，液相浆体的阻力坡降与其上限粒径 d_0 关系密切，下面通过算例

说明。根据云南东川蒋家沟的一次冲淤基本平衡的泥石流野外观测资料，泥石流重度 $\gamma_m = 2.19 \text{t/m}^3$，固体重度 $\gamma_s = 2.7 \text{t/m}^3$，其颗粒组成如表 3-3 所示。

东川蒋家沟一次黏性泥石流的颗粒组成　　　　　　　　　　表 3-3

d (mm)	40	20	10	5	2	1	0.5	0.25	0.10	0.05	0.02
P (%)	84.4	77.9	56.8	40.8	29.0	26.7	22.9	21.0	19.0	16.8	11.6

依据浆体流变试验及考虑粗颗粒存在的影响求得泥石流体的相对黏滞系数 $\mu_r = 1500$。现计算不同水力半径下浆体上限粒径 d_0 与液相阻力 J_s 的关系，计算结果如表 3-4 所示，表中 d_0 与 X 的对应关系由图 3-5 查出。

J_s-d_0 关系计算结果　　　　　　　　　　　　　　表 3-4

d_0 (mm)	X	S_{vf}	$\gamma_f (\text{t} \cdot \text{m}^{-3})$	$\omega_0 (\text{cm} \cdot \text{s}^{-1})$	J_s			
					$R=2\text{m}$	$R=1.5\text{m}$	$R=1.0\text{m}$	$R=0.5\text{m}$
12	0.37	0.595	2.012	2.72	0.057	0.071	0.097	0.167
10	0.42	0.575	1.978	1.89	0.027	0.034	0.046	0.079
8	0.48	0.548	1.932	1.21	0.011	0.013	0.018	0.031
6	0.55	0.512	1.870	0.68	0.003	0.004	0.0063	0.009
4	0.63	0.460	1.788	0.30	0.0006	0.0007	0.0013	0.0016

说明：$S_v = 0.7$，$\gamma_s = 2.7 \text{t/m}^3$。

根据表 3-4 的计算结果，绘出 d_0-J_s 关系，如图 3-6 所示。可以看出，分界粒径 d_0 对液相坡降 J_s 的影响十分敏感。而且在 d_0 大于 6mm 以后，这一影响变得更为明显，因为不淤流速随 d_0 增加迅速提高。此外，对于具有相同 d_0 的泥石流，水力半径越小，相应的阻力坡降越大。

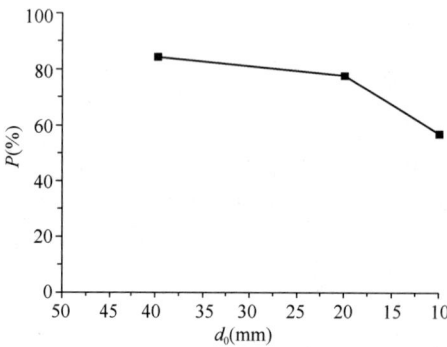

图 3-5　泥石流颗粒级配曲线

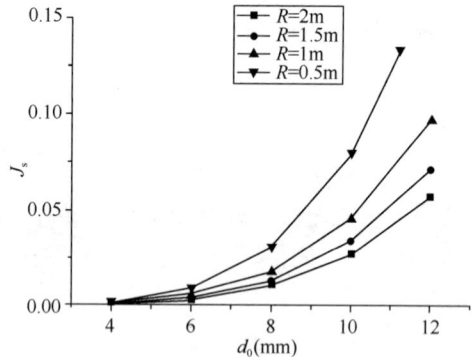

图 3-6　d_0-J_s 关系

（2）固相运动的阻力坡降公式

固相颗粒运动克服内部阻力所消耗的能坡与粗颗粒浓度 S_{vc} 及颗粒相作用的宏观摩擦系数 $\tan\alpha$ 有关，并受浆体重度 γ_f 的影响。在考虑浆体重度 γ_f 对粗颗粒的浮力后，固相运动阻力以能坡形式可表示为

$$J_b = S_{vc} \left(\frac{\gamma_s - \gamma_f}{\gamma_m} \right) \tan\alpha \tag{3-64}$$

式中，S_{vc} 为固相体积浓度；γ_f 为液相浆体重度；$\tan\alpha$ 为粗颗粒运动颗粒间宏观摩擦系数。

由式（3-64）可知，J_b 与固相浓度 S_{vc} 成比例，自然也与液、固两相分界粒径 d_0 有直接关系。进一步由图 3-5 可看出，随着分界粒径 d_0 的减少，粗颗粒所占质量比 X 及相应的粗颗粒浓度 S_{vc} 增大，使 J_b 相应增加。因而 J_b-d_0 的关系与 J_s-d_0 的关系正好相反，J_b 随着分界粒径 d_0 的增大而减少，且与水力半径 R 无关，而 J_s 随着分界粒径 d_0 的增大而增加，并与水力半径 R 有关，如图 3-6 所示。采用前述算例数据，J_b-d_0 关系的计算结果如表 3-5 所示。

（3）最小能耗原理

根据冲积河流河床自动调整理论，当来水来沙条件改变时，河流将作出反映，调整其形态，以适应新的来水来沙变化。这种调整除了"倾向于冲淤平衡"外，还有能量倾向性调整，即各个因素（如床沙、断面及纵坡）倾向于向水流总体能量消耗最小的方向调整，这种能耗最小原理目前在河流动力学中已被广泛接受和运用。

J_b-d_0关系计算结果   表 3-5

d_0（mm）	X	S_{vc}	λ_f	S_{vb}	$\tan\alpha$	J_b
12	0.37	0.259	2.012	0.562	0.482	0.039
10	0.42	0.294	1.978	0.580	0.484	0.047
8	0.48	0.336	1.932	0.600	0.486	0.057
6	0.55	0.385	1.870	0.623	0.488	0.071
4	0.63	0.441	1.788	0.648	0.491	0.090

说明：$S_v = 0.70$，$S_{vm} = 0.80$。

泥石流中的悬移部分颗粒和层移部分颗粒在一定条件下也可相互转换调整。其调整的趋向，也与冲积河流自动调整机理一样，趋向于悬移运动与层移运动总能耗达到最小，以能量形式可表达为

$$J_s + J_b = J_{min} \tag{3-65}$$

在前面列举的 J_s 与 J_b 的算例中，可以发现在一定水力半径（或水深）下确实存在一个最小总能耗 J_{min} 及其相对应的分界粒径 d_0 值。

3.4 泥石流灾害参数计算与工程防治

3.4.1 泥石流运动特征

3.4.1.1 基本特征

泥石流是一种在陡坡上形成，由水和岩石混合物组成的自然灾害，其基本特征包括以下几点：

（1）先自发性。泥石流发生时，往往是由于降雨、融雪、地震等自然因素引发的。

（2）高速流动性。泥石流在流动过程中具有很高的流速，通常能够达到每小时几十到上百公里的速度。

（3）挟带性。泥石流在流动过程中能够挟带大量的泥石、树木、大石头等物质，对人类、设施、建筑物等都造成很大的破坏。

（4）暴发性。泥石流往往在短时间内就能够发生，且很难预测和防范。

（5）不可控性。泥石流的范围和流向都很难被控制，给后续救援和恢复工作带来很大的困难。

3.4.1.2　按物质状态分类的泥石流运动特征

（1）稀性泥石流

又称紊流型泥石流，固体物质含量较低（体积分数 10%～40%），重度为 13～18kN/m³，黏度小于 0.3Pa·S 的泥石流。

稀性泥石流流态为紊流或半紊流，以水为主要成分，黏性土含量少，固体物质占 10%～40%，有很大分散性。水为搬运介质，石块以滚动或跃移方式前进，具有强烈的下切作用。其堆积物在堆积区呈扇状散流，停积后似"石海"。固液两相作不等速运动，有垂直交换，石块在其中作翻滚或跃移前进的低重度泥浆体。浆体混浊，阵性不明显，与含沙水流性质近似，有股流及散流现象。水与浆体沿程易渗漏、散失。沉积后呈垄岗状或扇状，洪水后即可干涸通行，沉积物呈松散状，有分选性。

（2）黏性泥石流

又称结构性泥石流，固体物质含量高，其体积分数大于 40%，重度为 18～24kN/m³，黏度大于或等于 0.3Pa·S，具明显阵流性的泥石流。

黏性泥石流含大量黏性土，黏性大，固体物质占 40%～60%，最高达 80%。其中的水不是搬运介质，而是组成物质，稠度大，石块呈悬浮状态，暴发突然，持续时间亦短，破坏力大。

3.4.2　泥石流动力学参数计算

3.4.2.1　泥石流重度计算

泥石流重度一般介于 13～24kN/m³ 之间，治理工程实施后，泥石流重度应根据治理后泥石流流体特征、固体物质组成以及防治工程的类型、特征等条件综合确定。对于以排导工程或防护工程为主，产砂区无拦挡固体物质等工程措施的沟谷，泥石流重度仍按天然重度计取。

（1）根据泥石流沉积物中粗颗粒含量的重度计算公式

$$\gamma_c = (0.175 + 0.743P_x)(\gamma_s - 10) + 10 \tag{3-66}$$

式中，γ_c 为泥石流重度；P_x 为泥石流堆积物中粒径大于 2mm 粗颗粒的百分含量（用小数表示）；γ_s 为粗颗粒的重度，一般取 27kN/m³。该式主要适用于西南地区。

（2）根据泥石流沉积物中黏粒含量的重度计算公式

$$\gamma_c = -0.132 \times 10^3 x^7 - 5.13 \times 10^2 x^6 + 8.91 \times 10^2 x^5 - 55x^4 \tag{3-67}$$

式中，γ_c 为泥石流重度；x 为泥石流沉积物中的黏粒（粒径小于 0.005mm）含量（用小数表示）。

此外，对黏粒含量为 $3\% \sim 18\%$、重度大于 $1.8t/m^3$ 的黏性泥石流，可采用基于对数关系的计算模拟，用下式计算

$$\gamma_c = \log\left(\frac{10x + 0.23}{|x - 0.89| + 0.1}\right) + e^{-20x - 1} + 1.1 \tag{3-68}$$

该式主要适用于西南地区沟域物源组成以细颗粒物质为主的泥石流重度的计算。

（3）根据泥石流沉积物中粗细颗粒含量的重度计算式

$$\gamma_c = P_{05}^{0.35} P_2 \gamma_v + \gamma_0 \tag{3-69}$$

式中，P_{05} 为小于 0.05mm 的细颗粒的百分含量（小数表示）；P_2 为大于 2mm 的粗颗粒的百分含量（小数表示）；γ_v 为黏性泥石流的最小重度，取 $20kN/m^3$；γ_0 为泥石流的最小重度，黏性泥石流取 $15kN/m^3$，稀性泥石流取 $14kN/m^3$。

在计算泥石流重度前，首先判断泥石流的性质与重度范围。稀性泥石流重度在 $18kN/m^3$ 以下。黏性泥石流：①有弱分选，无反粒径分布，重度在 $18 \sim 20kN/m^3$ 之间；②如有反粒径分布（粗颗粒在上），重度在 $20kN/m^3$ 以上，石块越大，重度越大。计算结果如果不在此范围内，则需修正到此范围内。

对于高重度黏性泥石流（$20kN/m^3$ 以上），沉积物中最大粒径为 100mm；大于 100mm 以上部分不考虑在粒径分布的计算中。对于低重度黏性泥石流（$18 \sim 20kN/m^3$ 之间），沉积物中最大粒径为 20mm；大于 20mm 以上部分不考虑在粒径分布的计算中。

对于稀性泥石流（重度在 $18kN/m^3$ 以下），沉积物中最大粒径为 5mm，$\gamma_0 = 14kN/m^3$。大于 5mm 以上部分不考虑在粒径分布的计算中。

3.4.2.2 泥石流流速计算

3.3.3 节提到泥石流流速计算公式，除此以外泥石流流速公式除结合泥石流发生地区实测资料建立的回归公式外，多以表达水流恒定均匀运动的谢才公式为基础，根据泥石流运动实测资料调整泥石流糙率、水深、比降与泥石流流速的关系，其适用范围只限于某一地区或某一类型的泥石流，缺乏理论基础且不考虑量纲和谐原理，难以适用于泥石流运动模拟研究。

3.4.2.3 泥石流流量计算

泥石流流量包括泥石流峰值流量和一次泥石流输沙量，是泥石流防治的基本参数

（1）泥石流峰值流量计算

① 形态调查法

在泥石流沟道中选择 $2 \sim 3$ 个测流断面。断面选在沟道顺直、断面变化不大、无阻塞、无回流、上下沟槽无冲淤变化、具有清晰泥痕的沟段。仔细查找泥石流过境后留下的痕迹，然后确定泥位。最后测量这些断面上的泥石流流面比降（若不能由痕迹确定，则用沟

床比降代替)、泥位高度 H_c(或水力半径)和泥石流过流断面面积等参数。用相应的泥石流流速计算公式,求出断面平均流速 V_c 后,即可用下式求泥石流断面峰值流量 Q_c。

$$Q_c = W_c \cdot V_c \tag{3-70}$$

式中,W_c 为泥石流过流断面面积;V_c 为泥石流断面平均流速。

② 雨洪法

是在泥石流与暴雨同频率且同步发生,计算断面的暴雨洪水设计流量全部转变成泥石流流量的假设下建立的计算方法。其计算步骤是先按水文方法计算出断面不同频率下的小流域暴雨洪峰流量(计算方法查阅水文手册),然后选用堵塞系数,按下式计算泥石流流量。

$$Q_c = (1 + \varphi)Q_p \cdot D_c \tag{3-71}$$

式中,Q_c 为频率为 P 的泥石流洪峰值流量;Q_p 为频率为 P 的暴雨洪水设计流量;D_c 为泥石流堵塞系数;$(1+\varphi)$ 可参照表 3-6 确定,φ 为泥石流泥沙修正系数。

数量化评分 (N) 与重度、$(1+\varphi)$ 关系对照表　　　　　　　　　　表 3-6

评分	重度 γ_c (kN/m³)	$1+\varphi$ ($\gamma_h=2.65$)	评分	重度 γ_c (kN/m³)	$1+\varphi$ ($\gamma_h=2.65$)	评分	重度 γ_c (kN/m³)	$1+\varphi$ ($\gamma_h=2.65$)
44	1.300	1.223	73	1.502	1.459	102	1.703	1.765
45	1.307	1.231	74	1.509	1.467	103	1.710	1.778
46	1.314	1.239	75	1.516	1.475	104	1.717	1.791
47	1.321	1.247	76	1.523	1.483	105	1.724	1.804
48	1.328	1.256	77	1.530	1.492	106	1.731	1.817
49	1.335	1.264	78	1.537	1.500	107	1.738	1.830
50	1.342	1.272	79	1.544	1.508	108	1.745	1.842
51	1.349	1.280	80	1.551	1.516	109	1.752	1.855
52	1.356	1.288	81	1.558	1.524	110	1.759	1.868
53	1.363	1.296	82	1.565	1.532	111	1.766	1.881
54	1.370	1.304	83	1.572	1.540	112	1.772	1.894
55	1.377	1.313	84	1.579	1.549	113	1.779	1.907
56	1.384	1.321	85	1.586	1.557	114	1.786	1.919
57	1.391	1.329	86	1.593	1.565	115	1.793	1.932
58	1.398	1.337	87	1.600	1.577	116	1.800	1.945
59	1.405	1.345	88	1.607	1.586	117	1.843	2.208
60	1.412	1.353	89	1.614	1.599	118	1.886	2.471
61	1.419	1.361	90	1.621	1.611	119	1.929	2.735
62	1.426	1.370	91	1.628	1.624	120	1.971	2.998
63	1.433	1.378	92	1.634	1.637	121	2.014	3.216
64	1.440	1.386	93	1.641	1.650	122	2.057	3.524
65	1.447	1.394	94	1.648	1.663	123	2.100	3.788
66	1.453	1.402	95	1.655	1.676	124	2.143	4.051
67	1.460	1.410	96	1.662	1.688	125	2.186	4.314
68	1.467	1.418	97	1.669	1.701	126	2.229	4.577
69	1.474	1.426	98	1.676	1.714	127	2.271	4.840
70	1.481	1.435	99	1.683	1.727	128	2.314	5.104
71	1.488	1.443	100	1.690	1.740	129	2.357	5.367
72	1.495	1.451	101	1.697	1.753	130	2.400	5.630

$$\varphi = (\gamma_c - \gamma_w)/(\gamma_H - \gamma_c) \tag{3-72}$$

式中，γ_c 为泥石流重度；γ_w 为清水的重度；γ_H 为泥石流中固体物质相对密度；D_c 为泥石流堵塞系数，有实测资料时，可按下式估算，无实测数据可查表 3-7 确定。

$$D_c = 0.87t^{0.24} \tag{3-73}$$

$$D_c = 58/Q_c^{0.21} \tag{3-74}$$

式中，t 为堵塞时间。

泥石流堵塞系数 D_c 值　　　　　　　　　　　　表 3-7

堵塞程度	特征	堵塞系数 D_c
严重	河槽弯曲，河段宽窄不均，卡口、陡坎多。大部分支沟交汇角度大，形成区集中。物质组成黏性大，稠度高，沟槽堵塞严重，阵流间隔时间长	>2.5
中等	沟槽较顺直，沟段宽窄较均匀，陡坎、卡口不多。主支沟交角多小于 60°，形成区不太集中。河床堵塞情况一般，流体多呈稠浆—稀粥状	$1.5\sim2.5$
轻微	沟槽顺直均匀，主支沟交汇角小，基本无卡口、陡坎，形成区分散。物质组成黏度小，阵流的间隔时间短而少	<1.5

（2）一次泥石流过程总量计算

一次泥石流总量 Q 可通过计算法和实测法确定。实测法精度高，但往往因不具备测量条件，只是一个粗略的概算。计算法根据泥石流历时 T 和最大流量 Q_c，按泥石流暴涨暴落的特点，将其过程线概化成五角形，按下式计算 Q。

$$Q = KTQ_c \tag{3-75}$$

式中，K 为泥石流流域面积系数，当流域面积 $F<5\text{km}^2$，$K=0.202$；$F=5\sim10\text{km}^2$，$K=0.113$；$F=10\sim100\text{km}^2$，$K=0.0378$；$F>100\text{km}^2$，$K<0.0252$。

一次泥石流冲出的固体物质总量 Q_H

$$Q_H = Q(\gamma_c - \gamma_w)/(\gamma_H - \gamma_w) \tag{3-76}$$

3.4.2.4　泥石流冲击力计算

泥石流冲击力是泥石流防治工程设计的重要参数。分为流体整体冲压力和个别石块的冲击力两种。

（1）泥石流体整体冲压力计算公式

① 铁二院（中铁二院工程集团有限责任公司）（成昆、东川铁路）公式

$$\delta = \lambda \frac{\gamma_c}{g} V_c^2 \sin\alpha \tag{3-77}$$

式中，δ 为泥石流体整体冲压力；g 为重力加速度，取 $g=9.8\text{m/s}^2$；α 为建筑物受力面与泥石流冲压力方向的夹角；λ 为建筑物形状系数，圆形建筑物 $\lambda=1.0$，矩形建筑物 $\lambda=1.33$，方形建筑物 $\lambda=1.47$。

② 日本公式

$$\delta = \gamma_c \cdot H_c \cdot V_c^2 \tag{3-78}$$

③ 砂砾泥石流冲压力公式

$$\delta = 4.72 \times 10^5 V_c^2 d \tag{3-79}$$

式中，δ 为泥石流体整体冲击压力；V_c 为泥石流流速；d 为石块粒径。

（2）泥石流体中大石块的冲击力 F

① 对梁的冲击力

$$F = \sqrt{\frac{3EJv^2}{gL^3}} \sin\alpha \quad \text{（概化为悬臂梁的形式）} \tag{3-80}$$

$$F = \sqrt{\frac{48EJv^2W}{gL^3}} \sin\alpha \quad \text{（概化为简支梁的形式）} \tag{3-81}$$

式中，E 为构件弹性模量；J 为构件截面中心铀的惯性矩；L 为构件长度；v 为石块运动速度；W 为石块重量。

② 对墩的冲击力

$$F = \gamma V_c \sin\alpha [W/(C_1 + C_2)] \tag{3-82}$$

式中，γ 为动能折减系数，对圆形端 $\gamma = 0.3$；C_1、C_2 分别为巨石、桥墩的弹性变形系数，$C_1 + C_2 = 0.005$。

3.4.2.5　泥石流冲起高度及爬高计算

① 泥石流最大冲起高度 ΔH

$$\Delta H = \frac{V_c^2}{2g} \tag{3-83}$$

② 泥石流在爬高过程中由于受到沟床阻力的影响，其爬高 ΔH

$$\Delta H = \frac{bV_c^2}{2g} \approx 0.8 \frac{V_c^2}{g} \tag{3-84}$$

式中，ΔH 为泥石流最大冲起高度；V_c 为泥石流流速；g 为重力加速度，取 $g = 9.8 \text{m/s}^2$。

③ 泥石流爬高

$$\Delta H_c = \frac{bV_c^2}{2g} \tag{3-85}$$

式中，ΔH 为泥石流爬高；V_c 为泥石流流速；g 为重力加速度，取 $g = 9.8 \text{m/s}^2$；b 为迎面坡度的函数。

由于计算时将泥石流龙头的整体运动速度作为计算参数，而实际泥石流龙头中部（流核）流速远远大于整体流速，因而上式计算结果往往偏小，所以按式（3-85）计算结果需乘 1.6 的修正系数。

$$\Delta H_c = 1.6 \times \frac{V_c^2}{2g} \tag{3-86}$$

3.4.2.6　泥石流的弯道超高计算

由于泥石流流速快，惯性大，故在弯道凹岸处有比水流更加显著的弯道超高现象。

（1）根据弯道泥面横比降动力平衡条件，推导出计算弯道超高的公式

$$\Delta h = 2.3 \frac{V_c^2}{g} \lg \frac{R_2}{R_1} \tag{3-87}$$

式中，Δh 为弯道超高；R_2 为凹岸曲率半径；R_1 为凸岸曲率半径；V_c 为泥石流流速。

（2）日本（高桥保）公式

$$\Delta h = 2B_c^2/(R_c g) \tag{3-88}$$

式中，R_c 为沟道中心曲率半径；g 为重力加速度，取 9.8m/s^2；B_c 为泥石流表面宽度。

（3）弯道超高公式

$$\Delta H = \frac{V_c^2 B_c}{2g R_c} \tag{3-89}$$

式中，R_c 为沟道中心曲率半径；g 为重力加速度，取 9.8m/s^2；B_c 为泥石流表面宽度；ΔH 为弯道超高高度；V_c 为泥石流流速。

3.4.3 流域地形地质勘查

3.4.3.1 泥石流勘查任务目的

由于强烈地震作用在山体分水岭附近因震动裂开的松弛岩土体（潜在不稳定坡体），以岩体为主，震后常因地震震动或降雨作用失稳作为泥石流补给物源，属于强震区特殊类型物源。查明强震区受地震影响，沟域地质环境和泥石流形成条件的变化，震前和震后泥石流的基本特征和危害，针对震后物源量激增、泥石流活动加剧、成灾规模和链式灾害造成治理难度增大等特殊条件，特别是针对窄陡型、宽缓型泥石流沟的形成条件及成灾机理的不同，制定泥石流防治方案，为防治工程设计提供基础资料。

3.4.3.2 泥石流工程地质勘查内容

震后泥石流勘查按一次性全面勘查进行，治理工程实施过程中因条件局部变化或设计方案调整，可针对性开展局部补充勘查。

（1）全面勘查

查明震后泥石流的形成条件，重点是地震诱发物源类型和数量的变化，泥石流活动演化特点，灾害链等危害方式的变化。充分考虑窄陡型和宽缓型泥石流沟治理条件的差异，提出两个或两个以上防治工程方案，并针对所提方案拟建工程区的工程地质条件、施工条件等进行详细勘查，精度应满足可行性研究方案比较、治理工程初步设计、施工图设计工作需要。

（2）补充勘查

施工开挖后揭露的地质条件发生重大变化，且不能满足设计要求时，应开展补充勘查，精度应满足施工图设计变更需要。

因震后泥石流暴发、极端暴雨洪水冲刷等特殊情况，造成沟道地形、物源等条件发生重大变化，待实施的治理方案需要重大调整时，应开展补充勘查，勘查工作量可参照全面

勘查工作要求执行。

3.4.3.3　泥石流工程地质勘查相关技术

泥石流工程地质勘查是在收集已有的区域自然与社会经济、土壤植被、地质构造、气象水文等资料的基础上，采用遥感解译、测绘、勘探（钻探、物探）、试（实）验等手段，在泥石流流域内对有关泥石流形成、活动、堆积特征、发展趋势与危害等方面内容进行实地调查、综合分析与评判，确定防治工程方案的工作过程。要想对岩土层的相关技术参数、数据和指标作出准确的评估，一定要遵循高实用性的基本准则。尤其在复杂地形地质条件下，常用的勘察技术手段主要以工程地质钻探、取样、地质测绘、波速测试、室内试验和静探为主。

（1）遥感解译

利用卫星影像和无人机航空相片解译震后泥石流沟域物源类型及分布、泥石流活动特征、危害范围和灾害链等；有条件可用地震前、后不同时相的影像图解译，对比泥石流发展过程、演化趋势；编制遥感图像解译图，比例尺宜为 1：50000～1：10000；对可能形成堵点的滑坡、崩塌堆积体、震裂山体（危岩体）等重要物源，需采用无人机航空摄像进行遥感解译的，无人机航空摄像比例尺宜为 1：10000～1：2000。可利用无人机多期摄影三维建模叠加比较的方法，精细化测量沟域泥石流暴发前、后物源起动量及其沟内堆积量的空间分布和数量匹配关系。

（2）工程地质测绘

地质测绘的主要意图是针对当地的地形做出科学细致的分析。这就要求勘察人员了解的地区的地层、地貌特点，地质结构和存在影响勘察的因素，可以更加科学、合理地对岩土的形成时间、原因、性质和岩土的布局等进行划分，对这些基本要素进行深刻地分析，对岩土层的风化程度做好鉴定工作。

（3）地形测量

全沟域调查宜收集利用已有地形图制作调查底图，对震后地形变化的区域应进行修测。针对拟建工程区和重点物源区，据评价和设计需要可布置大比例尺测图。地形图平面控制网可采用卫星定位测量、导线测量、三角形网测量、水准测量等方法建立。坐标网宜采用国家坐标网和高程系，当泥石流治理与城镇、重大工程建设有关时，应采用相同坐标系统和高程系。无特殊要求的，可采用独立坐标系统和假设高程系。泥石流沟全域调查区、重点调查区和拟建工程调查区的地形测量具体比例尺选取以能够满足泥石流灾害分析评价、治理工程设计用图要求为原则。

（4）钻探

在进行岩层钻探的时候，可以采用 30 型台式钻机进行具体的钻探工作。钻探作业时，可以采用泥浆护壁、回转钻进的方式。要注意黏性土岩芯采取率一定要大于 90%，仔细观察分析各个土层的宏观特点，对土层的方向改变做出详细的记录，只有这样才能对地层结构分布特点进行研究，以确定复杂地质条件下岩土工程勘测的重要指标。

（5）探井、探槽、平硐

探井、探槽位置确定后，应编制探井、探槽典型设计图以指导施工，内容包括：目的、类型、深度、结构、支护方式、施工流程、地质要求、封井要求。探井宜采用小圆井，也可采用矩形井，深度不宜大于 5m，不宜超过地下水位，对土层松散、有地下水渗水的情况应采取护壁措施，渗水较多时，应有排水措施。探槽应沿充分揭露地质现象方向布置，深度宜小于 2m，长度宜小于 5m。拟建大型拦沙坝工程的坝肩地质情况复杂时，可布置平硐揭露地质条件，兼顾利用洞室进行采样、大剪、变形、渗透等试验。

（6）工程物探

主要布置于难以采用钻探的泥石流物源区和堆积区，宜采用高密度电法、地质雷达法、浅层地震法、半航空瞬变电磁法、瑞雷利面波法等方法，主要查明堆积体的分层结构、厚度、基覆界面情况，应提交工程物探专项报告。

（7）原位测试试验和室内试验

进行原位测试试验。在静力触探试验的过程当中，使用的探头必须是原装液压静力触探探头，采集到的具体数据需要通过电脑进行整理分析。在进行标准贯入试验时，应当使用标准落锤，试验之前一定要清孔，速率控制在 20 次/min。在对地基的勘察过程中，动力触探是进行原位测试基本方法之一。借助于这一试验，可以有效确定物理力学的性质标准。

室内试验在岩土勘察中也起到重要作用。按照勘察环境中的出现的问题，实施针对性较强的室内试验，借助室内试验，可以科学地确定岩土物理学指标。普遍采用的物理性指标试验主要用于对土层的性质测定、对土层的压缩性进行准确的判断、对于土层进行颗粒分析，从而对砂土准确定名和对地下水类型做出科学的判定。

3.4.4　泥石流工程防治原则

泥石流的发生和发展与所在工程区特定的地质、地貌、水文气象条件相关，受自然条件和人类活动的影响，往往同一区域内有稀性、黏性不同类型的泥石流，其危害程度更取决于人类在其影响范围的活动程度，包括可能导致工程失事产生次生灾害的影响大小，因此危害程度差异性较大，每个泥石流的灾害治理范围、采取的方案和措施是互不相同的，在以往的工程实践中基本上是非标准设计。为了对泥石流归口管理，控制泥石流的发生和发展，减轻或消除其对人民生命财产的损失，使被治理流域恢复或建立新的良性生态平衡，改善环境，特制定本标准。泥石流防治应遵循以下原则：

①以防为主、防治结合，避强治弱、重点治理；形成区、流通区、堆积区全面规划，综合治理；工程方案以小为主，中小结合，因地制宜，就地取材。

②与当地国土整治、资源开发、城乡建设、环境保护等紧密结合，统一协调。

③应充分体现当地社会、经济及生态环境的效益，避免从一种灾害转换为另一种灾害。

④ 力求做到技术可靠，经济合理，适用美观。

泥石流防治工程在形成区应以抑制泥石流起动、发生为主，流通区应以拦挡、输导为主，堆积区应以排导为主，汇入主河段应加大排沙能力。在一般条件下，防治工程应控制泥石流体，使其不造成破坏；在特殊情况下，不会对生命、财产造成重大灾害。防治工程后期运营维护和维修工作由其主管部门负责，防治工程应根据其使用情况进行维护和维修，对损毁的治理工程主体结构进行修复，并根据泥石流的发展情况进行必要的清淤（库）工作。

泥石流生物防治工程设计应参考《地质灾害生物治理工程设计规范》T/CAGHP 050—2018 相关条款。在执行本标准时，尚应参照执行国家、行业和地方现行的有关规范、规程和标准的要求。

3.4.5　泥石流工程防治措施

泥石流防治是指根据防护对象的要求和泥石流的发生条件、性质、发展趋势采取岩土工程、生物工程等工程治理措施和避让、监测、预警预报、行政管理等非工程措施对泥石流进行治理。

3.4.5.1　防治理念

针对泥石流的突发性特征，应进行快速应急处置，防止首次暴发的泥石流造成灾害，针对其雨季多次暴发、暴发间隔时间短的特点，应修建半永久或永久工程，保护沟口建筑道路等设施，在设置工程设施时，考虑泥石流具有明显的堵塞溃决和下切揭底特征，针对堵溃效应，关键在于疏浚沟道，消除堵溃，控规消能；针对其下切揭底特点，关键在于降低泥石流侵蚀力，拦挡回淤，护坡固源，防止下蚀。此外，在设置工程时也应致力于长期生态恢复及森林防火，从源头减小泥石流发生的可能性。

3.4.5.2　防治体系

泥石流防治一般有三种体系：（1）防止泥石流发生体系，具体措施包括治坡、治沟、行政管理和法令措施等，对泥石流流域进行综合治理，控制水土流失，改善环境，防止泥石流发生；（2）控制泥石流活动体系，具体措施包括建设拦挡、调节和排导等工程，使泥石流能顺利通过或堆积到预定的区域，根除灾害；（3）预防泥石流危害的体系，具体措施包括在泥石流发生前采取预防措施，发生过程中采取警报措施，降低泥石流在活动过程中的危害；（4）避让泥石流体系，具体措施包括搬迁或采用渡槽、隧洞和绕道躲避等。

3.4.5.3　防治措施

泥石流防治措施主要包括工程措施和生物措施，泥石流拦挡结构包括拦挡坝、停淤场等，常用泥石流拦挡坝坝型有实体重力坝、格栅坝、缝隙坝等；排导结构包括排导槽、渡槽等结构形式；固源护坡结构包括桩板护坡固床排导槽、钢筋石笼、小口径组合桩群等结构类型；生物措施可采用阶梯式停淤挡墙、生态过滤带、生态工程固土护坡工程、装配式绿色生态挡墙等措施。

（1）设置拦挡坝

拦挡坝是一种最常用的泥石流防治措施，它可直接降低泥石流的运移速度，消减泥石流的有效方量，从而降低泥石流峰值流量。拦挡坝库区内的沉积物逐渐淤积，一方面，降低上游沟谷的纵坡率，增加了沟谷的稳定性；另一方面，沟谷基床的抬升，降低沟谷两岸的横向坡度，减小两岸坡积物的起动方量。如图 3-7、图 3-8 所示，拦挡坝和格栅坝实现逐级降低泥石流峰值流量的效果。拦挡坝的顶部存在一定间隔的开口，便于泥浆的溢出，其尺寸从上游向下游依次减小。拦挡坝通过消减泥石流的有效方量减少泥石流的外溢或绕行，拦挡坝平面布置宜选在沟段狭窄颈口处上游侧，中心纵轴顺流向，以利于溢流段出流并稳定沟床。拦挡坝溢流段应根据沟内实际水流位置设置，一般在顺横轴中部，两侧为非溢流段，溢流段长取下游沟床宽度或比下游沟床稍窄。

图 3-7　舟曲县拦挡坝

图 3-8　舟曲县格栅坝

（2）设置排导槽

排导槽是非常重要的泥石流防治结构，能够修建在任何泥石流形成和堆积的区域。一般由进口段、急流段和出口段三部分组成，其轴线布置应力求与沟道中心线一致，并尽可能利用天然沟道随弯就势，避开地形地物障碍，其结构包括护岸边坡和沟底两部分（图3-9、图3-10），排导槽应选择在泥石流沟道流通段或堆积区，将泥石流在控制条件下排导到指定的区域。

图 3-9　都江堰耿达幸福沟排导槽

图 3-10　汶川银杏坪沟排导槽

　　排导槽的纵坡率设计至关重要，当纵坡率偏小时，泥石流将在沟道中淤积；当纵坡率较大时，泥石流的运移速度较大，会对下游造成危害，且给沟道造成磨蚀损害。将导流渠破坏模式归为 4 类：含沙水流侵蚀、沟槽地基侵蚀、沟槽出口破坏和泥石流侵蚀。然而，对于这种纵坡率较大的沟谷，消能结构因泥石流运移易产生严重破坏，研发新型导流渠迫在眉睫，另外导流渠的修建成本较高。

　　（3）设置停淤场

　　停淤场作为泥石流泥沙调节的工程，需要进行运行维护管理（类似尾矿库管理）。停淤场布局如何引导泥石流入场停淤，分离水流如何汇集安全排放，如何合理布置和系统设计停淤场围堤结构（保证设计库容）、排水口及排洪渠衔接、清淤道路等辅助设施尚需要深入研究（图 3-11）。泥石流停淤场应选在沟口堆积扇两侧凹地或沟道中、下游宽谷中的滩地。必须满足设计停淤量的要求，保证足够的场地面积和堆积高度，具有合适的流向纵坡，按自流停淤方式作工程布置。

　　（4）绿色环保措施

　　位于景区、公路沿线、城市周边等环境要求较高的地区实施的泥石流拦挡坝、排导槽等工程体，其外观需要进行绿色生态美化，研究适宜的美化设计方法，拦挡坝、排导槽工程立面需进行绿色生态设计、清库沙石需资源化利用设计（图 3-12）。

图 3-11　停淤场集成设计效果图　　　　　　图 3-12　结合地质公园建设科普教育基地

3.4.6　泥石流发展趋势分析

　　泥石流的发展趋势是泥石流勘查的重要内容，决定了今后的防灾减灾策略。泥石流的发展受多种因素的影响，主要有地质地貌、物源、水源和人类的经济活动。泥石流发展趋势的判定需要从泥石流活动历史、泥石流流域现有物源条件、泥石流所在区域的降雨特征和流域地形地貌条件等方面进行分析。下文以四川甘孜州甘孜县斯俄乡一村为例说明泥石流发展趋势分析方法。

3.4.6.1　泥石流活动历史

从沟口堆积扇形态分析,斯俄沟为泥石流沟。依据对斯俄乡一村的访问调查得知,该沟于 2007 年发生过规模较大的泥石流,5·12 汶川地震、4·20 芦山地震后基本每年均有不同规模的泥石流暴发,最近两次为 2015 年 7 月 3 日和 2015 年 9 月 11 日,其中规模以前者较大。目前斯俄乡流域物源区内共发育 72 处主要地质灾害点,固体松散物源丰富,松散物总贮存量 13810200m³,可能参加泥石流活动的动储量约 2550915m³,10 年一遇泥石流洪峰值流量为 149.074m³/s,20 年一遇泥石流洪峰值流量为 189.421m³/s,50 年一遇泥石流洪峰值流量为 275.820m³/s,100 年一遇泥石流洪峰值流量为 351.760m³/s,具备发生泥石流的物源基础,一旦发生暴雨,将有再次暴发泥石流的可能。

3.4.6.2　地貌条件

斯俄流域上游山体地形陡峭,区域内最高点位于流域东北侧,海拔 4882m;最高点位于沟道沟口国道 G137 相交处,海拔约 3320m,相对高差 1562m。整体为东北高西南低,流域面积 60.36km²,主沟长 15.4km,总体平均沟床纵比降为 101.63‰。

3.4.6.3　地质条件

四川省甘孜县基本地震烈度为Ⅶ度,抗震设防烈度为Ⅷ度,工作区内零星分布于河流沟谷沿岸及山间坝子的宽谷中及斜坡中下部、斜坡凹部等部位,岩性主要为粉质黏土、砂砾石、碎块石土,厚度一般为几米至几十米。该岩组承载力变化大,一般 100~1000kPa,在陡峭地段,当局部松散堆积体较厚时,易出现滑坡。拟建坝址区沟床右侧主要为泥石流堆积层,厚度 1~8m,主要为碎块石土、块石土,工程地质条件较差。

3.4.6.4　物源条件

第一种是崩滑堆积体,崩滑物源主要分布在主沟及各支沟沟谷两岸岸坡地段,分布高程在 3600~4300m,总物源量约 119.44m³,占物源总量的 8.65%,其中动储量 328500m³。第二种是沟道堆积体,斯俄沟流域内沟道堆积物源共计堆积长度 16657m,堆积面积 77400m²,总物源量约 2675600m³,占总物源量的 19.37%,其中可能参与泥石流活动的动储量为 579800m³。第三种是坡面侵蚀物源,主要分布于斯俄主沟及各支沟形成流通区两侧斜坡地段。斯俄乡泥石流沟流域面积达 6063km²,而可提供地面物源面积达 49.51km²,其静储量约为 9940100m³,综合考虑动储量约为静态总储量的 15%,约为 1491000m³。

从目前现状看,一日连降特大或大暴雨,使上部沟道沟槽下切,引起沟槽两侧高陡堆积体失稳破坏。其次,由于主沟沟道较顺直,在暴雨季节,易于带动大量物源参与泥石流活动,为泥石流发育提供了丰富的物源条件。

3.4.6.5　水源条件

斯俄沟水源主要为大气降水以及冰雪融水。由于泥石流均发生于雨季,春季冰雪融水一般不会成为引发泥石流的水源,此外沟域内地下水不丰富,不构成引发泥石流的主要水源,沟域内没有水库、湖泊等集中的地表水体,因此暴雨形成的地表径流是引发泥石流的主要水源，暴雨是泥石流的主要激发因素。

斯俄沟流域所在甘孜县斯俄乡多年平均降水量 666.81mm，最大年降雨量 794.1mm（1998 年），其中 10 分钟最大降雨量 13.2mm（2001 年），一日最大降雨量 40.9mm（1995 年）。本区降雨主要特点是年际变化小，月季变化不均匀，5～10 月降雨量占年降雨量 89％左右，11 月至次年 4 月降雨量约占年降雨量的 11％。月降水平均最多的 6 月降水量为 143.20mm，最少的 12 月为 1.93mm。6～8 月是降水高峰期，每年雨季开始和临近结束有两次大的降水过程。降雨量在空间分布上的差异也较明显，一般随着海拔高度的递升降雨量逐渐增大，分水岭或丘状高原降雨量较大，河谷地带较少。

3.4.6.6　发展趋势结论

从泥石流灾害史和其现阶段活动强度分析，其发生频率与自然状态下松散物源的累计情况有关，据泥石流灾害史，斯俄沟在 2007 年发生过中等规模泥石流。受 5·12 汶川地震、4·20 芦山地震的影响，近年来均发生不同规模泥石流，在 2015 年 7 月、9 月发生过两次中等规模泥石流。根据以上情况分析，该沟泥石流的发生频率跟地震关系密切，由于地震的作用，斯俄沟内滑坡等地质灾害发育，为泥石流的发生提供了物源。综合分析认为，该沟现在处于形成（青年期）至发展期，未来若干年内发生泥石流的可能性较大。

斯俄沟属暴雨沟谷型泥石流，泥石流规模主要与沟域内松散固体物源的累计和动态变化情况及与引发泥石流的暴雨情况相关，当沟域内松散固体物源累计较多，且遇到集中暴雨时，往往就会发生较大规模的泥石流灾害。5·12 汶川地震、4·20 芦山地震后，斯俄沟沟域内滑坡等不良地质现象增多，局部水土流失加剧，可参与泥石流活动的松散固体物源量也大大增加，一旦遭到大暴雨的作用，势必引发较大规模的泥石流灾害。

思 考 与 习 题

3-1　简述我国泥石流的分布区域及类型。

3-2　论述泥石流的分区特征。

3-3　论述泥石流的分类及诱发因素。

3-4　泥石流灾害的形成条件有哪些？

3-5　根据泥石流的流体特征，泥石流可分为哪两类？分别论述其特征参数。

3-6　论述泥石流的运动理论模型。

3-7　进行泥石流工程防治设计时的计算参数有哪些？

3-8　泥石流勘查包括哪些内容？

3-9　泥石流工程有哪些工程防治措施？

第4章 崩 塌 灾 害

本章介绍崩塌物质组成、运动形式与速度、形成条件、外界因素诱发、堆积地貌的特征和分类方法，从形成条件的地形地貌、岩土条件、诱发因素以及发生规律性方面阐述崩塌灾害机制；从崩塌源危岩破坏力学机理和崩塌落石运动冲击两方面，介绍崩塌演化理论；以地貌学、损伤力学、断裂力学、运动学、动力学理论、现场试验和室内模型试验，分析崩塌地貌演绎过程，从危岩结构面抗剪强度、损伤及断裂模型等方面介绍危岩破坏机制、危岩崩塌链式演化规律的力学机制，分析崩塌落石运动路径及冲击力计算方法以及崩塌灾害冲击与工程防治理论方法。

4.1 崩塌灾害特征与分类

4.1.1 崩塌灾害概述

崩塌是陡坡上的岩体或土体在重力作用下开裂并向临空面方向倾倒，产生断裂向下坠落、翻滚的现象（图4-1）。崩塌的岩体（或土体）顺坡猛烈地跳跃、滚动、相互撞击，最后堆积于坡脚。在自然界中，斜坡上已经出现变形、开裂，但尚未崩落的岩土体，对人们的生产、生活构成了威胁，常被称为危崖。因方言的差异，"危崖"又常误称为"危岩"。

图4-1 毕节山体崩塌（2022.05）

4.1.2 崩塌的形态要素

崩塌的形态要素较简单，主要由崩裂面（壁）、底面、侧面和锥形堆积体组成（图 4-2）。这些结构面通常都是在软弱的地质结构面（层面、节理面等）的基础上发展起来的。

崩裂面（壁）——位于崩塌体后缘。地应力释放、坡体松弛、地下水的静水压力、冰胀作用、根劈作用等许多因素都能使坡体中的原生裂隙发育、扩张而形成崩裂面。崩裂面的发展使坡体上的岩土块体逐渐弯曲或倾斜，最终脱离母体而发生倾倒、断裂、崩落。

底面：崩塌块体的底面可以是原生的地质结构面，或是随着崩塌体弯曲、折断而发展起来的"凹凸"不平的极粗糙面，与滑坡的滑动面有质的区别。

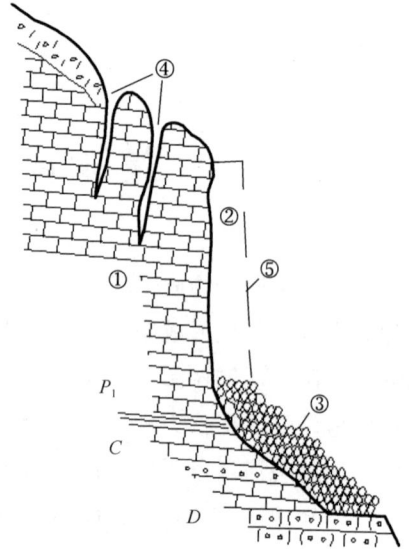

图 4-2 崩塌基本要素示意图
①—母体；②—崩裂壁；③—锥形堆积体；
④—拉裂缝；⑤—原地形

侧面：崩塌块体的侧面多为原生的地质结构面。

锥形堆积体：崩落的岩、土体在前方缓坡或坡脚堆积的碎裂岩、土堆，常呈上小、下大的锥形，紧贴岩土陡壁，锥尖上指崩裂壁中央，多个崩塌锥形堆积体在坡脚左右相连成群堆积，称为崩塌堆积群。

4.1.3 崩塌分类

崩塌可按破坏方式、体积、组成物质、发生机理、运动方式等进行分类，也可根据崩塌的规模、物质组成、结构构造、活动方式、运动途径、堆积情况、破坏能力等因素进行综合分类（表 4-1）。

崩塌的综合分类 表 4-1

类型	主要特征						
	岩性	结构面	地貌	形状	受力状态	失稳方式	失稳因素
拉裂-倾倒式崩塌	黄土，石灰岩及其他直立岩层	多为垂直节理，柱状节理，直立岩层面	峡谷、直立岸坡、悬崖等	板状、长柱状	主要受倾覆力矩作用	倾倒	静水压力，动水压力，地震力，重力
滑移-拉裂式崩塌	多为软硬相间的岩层，如石灰岩夹薄层页岩	有倾向临空方向的结构面（可能是平面、楔形或弧形）	陡坡通常大于 45°	可能组合成各种形状，如板状、楔形、圆柱状等	滑移面主要受剪切力	滑移	重力，静水压力，动水压力

类型	主要特征						
	岩性	结构面	地貌	形状	受力状态	失稳方式	失稳因素
鼓胀-溃决式崩塌	直立的黄土、黏土或坚硬岩石下有较厚软岩层	上部垂直节理、柱状节理，下部为近水平的结构面	陡坡	高大岩体	下部软岩受垂直挤压	鼓胀，伴有下沉、滑移、倾斜	重力，水的软化作用
拉裂-断裂式崩塌	多见于软硬相间的岩层	多为风化裂隙和重力拉张裂隙	上部突出的悬崖	上部硬岩层以悬臂梁形式突出来	拉张	拉裂	重力
剪裂-错断式崩塌	坚硬岩石、黄土	垂直裂隙发育，通常无倾向临空面的结构	大于 45°的陡坡	多为板状、长柱状	自重引起的剪切力	错断	重力

4.1.3.1 拉裂-倾倒式崩塌

在河流的峡谷区、岩溶区、冲沟地段及其他陡坡上，常见到在巨大而直立的岩体内，垂直节理或裂缝将岩体分割开来。这类岩块高而窄，横向稳定性差，失稳时岩体以坡脚的某一点为转点，发生转动性倾倒。这种崩塌模式有：

长期冲刷淘蚀直立岩体的坡脚，由于偏压，使直立岩体产生倾倒蠕变，最后导致倾倒式崩塌（图 4-3a）；当附加特殊水平力（地震力、静水压力、动水压力、冻胀力和根劈力等）时，块体可倾倒破坏（图 4-3b）；当坡脚由软岩组成时，雨水软化坡脚，产生偏压，引起这类崩塌（图 4-3c）；直立岩体在长期重力作用下，产生弯折也能导致这种崩塌。

(a) 倾倒式崩塌　　　　　(b) 倾倒破坏　　　　　(c) 偏压引起崩塌

图 4-3　拉裂-倾倒式崩塌

4.1.3.2 滑移-拉裂式崩塌

在某些陡坡上，在不稳定岩体下部有向坡下倾斜的光滑结构面或软弱面。在开始时块体滑移，块体重心一经滑出陡坡，突然崩塌就会产生（图 4-4）。除重力之外，连续大雨渗入岩体裂缝，产生静水压力和动水压力以及雨水软化软弱面，都是岩体滑移的主要诱因；在某些条件下，地震也可能引起这类崩塌。这类崩塌实际上是滑坡向崩塌转化的一种

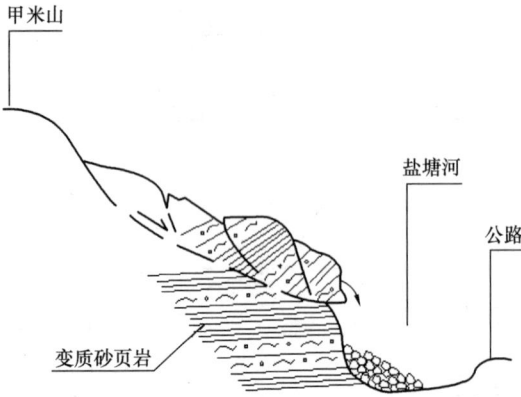

图 4-4　四川省盐源县甲米滑坡-崩塌示意图

4.1.3.3　鼓胀-溃决式崩塌

当陡坡上不稳定岩体之下有较厚的软弱岩层，或不稳定岩体本身就是松软岩层，而且有长大节理把坡体分割开。在连续大雨或地下水补给的情况下，下伏的较厚软弱层或松软岩层被软化。上部块体在重力作用下，当压应力超过软岩天然状态下的无侧限抗压强度时，软岩将被挤出，向外鼓胀。随着鼓胀不断发展，不稳定块体将不断地下沉和外移，

同时，发生倾斜。一旦重心移出坡外，崩塌即会产生（图 4-5）。因此，下部较厚的软弱岩层能否向外鼓胀，是这类崩塌产生的关键。

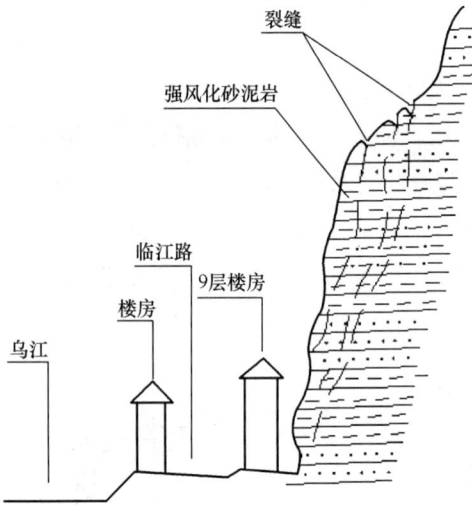

(a) 崩塌陡前崖

(b) 崩塌后岩体

图 4-5　重庆武隆城西临江路崩塌示意图

4.1.3.4　拉裂-断裂式崩塌

当陡坡由软硬相间的岩层组成时，由于风化、河流冲刷淘蚀和人为开挖等作用，使上部坚硬岩层常以悬臂梁形式突出来。在长期重力作用下，应力更进一步集中在尚未产生节理裂隙的部位。一旦拉应力大于这部分块体的抗拉强度时，拉裂缝就会迅速向下发展，突出的岩体就会突然地向下崩落（图 4-6）。除上述作用外，振动、根劈和寒冷地区的冰劈作用等，都会促进这类崩塌的形成。

4.1.3.5　剪裂-错断式崩塌

陡坡上的长柱状和板状的不稳定岩体，在某些因素作用下，因不稳定块体的重量增加或因其下部断面减小，都可能使长柱状或板状不稳定岩体的下部被剪断，从而发生错断式崩塌。一旦岩体下部因自重所产生的剪应力超过了岩石的抗剪强度，崩塌将迅速产生（图4-7）。

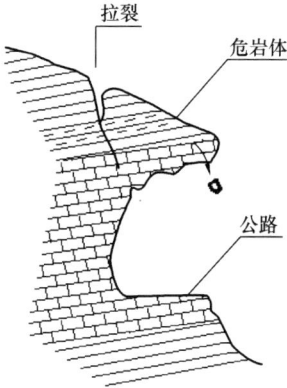

图 4-6　国道 319 线（G319）武隆段某危岩示意图　　　图 4-7　剪裂-错断式崩塌示意图

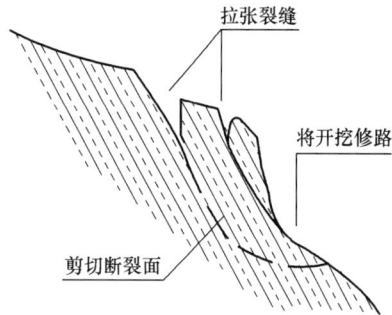

剪裂-错断式崩塌通常有以下几种途径：

（1）由于地壳上升，河流下切作用加强，使垂直节理裂隙不断加深，因此，长柱状和板状岩体的自重不断增加；

（2）在冲刷和其他风化剥蚀营力的作用下，岩体下部的断面不断减小，从而导致岩体被剪断；

（3）由于人工开挖边坡过高、过陡，使下面岩体被剪断，产生崩塌。

4.2　崩塌灾害形成条件及诱发因素

4.2.1　崩塌滚石灾害形成条件

4.2.1.1　地形地貌特征

崩塌滚石灾害多发生在 45°以上的急陡坡和陡崖上。据大面积的调查统计，崩塌滚石发生的最佳地形坡度是 55°～70°；70°以上的陡崖则是落石（坠落）发生的最佳坡形。陡坡上突出的陡崖和山脊上"凸"出的山嘴（又称探头崖）是崩塌和滚石发生的最佳微地貌形态。

滚石则是坡面的单块近球状形态的块石沿坡面向下的滚动现象。发生的地形坡度在 40°以上。当陡坡面上的孤立近球状岩块在地震和长期降雨作用下，岩块的自重下滑分力大于岩块与坡面岩土的摩擦力时，岩块便立即滑移起动后滚动。滚石可由崩塌石中的近球状岩块运动转换形成。

4.2.1.2　地层岩性特征

软岩类岩、土（黏性土）是滑坡形成的主要物质，而较坚硬的脆性岩石则是崩塌形成的主要物质，如砂岩、石灰岩、花岗岩、玄武岩、白云岩、白云质灰岩、板岩等，这些岩体岩性较坚硬，抗风化能力较强，易形成陡崖、山嘴，但性脆。在重力和振动作用下，陡崖边、山嘴上，易发生沿节理裂隙的张裂和岩体卸荷碎裂。这为崩塌滚石灾害的发生提供了条件。

4.2.1.3　结构面条件

控制滑坡形成边界（滑动面）的结构面（优势结构面）一般有 2~3 组，滑坡启动滑移后在结构面上留下擦痕。而崩塌的形成不具备这个特征，崩塌滚石灾害的形成只需两组陡倾节理，构成"X"形，再加上一组近水平的缓倾节理，即可使崩塌岩体与母岩脱离。

崩塌体边界结构面上没有滑移摩擦，所以没有滑移擦痕留下，结构面上呈"凸、凹"不平的锯齿状。

4.2.1.4　地震作用

地震对崩塌滚石的形成作用与对滑坡的形成作用有所不同。地震对滑坡的形成作用体现在增大滑坡的下滑力和减小滑坡的抗滑力上；而地震对崩塌滚石的形成作用表现在地震上、下振动时，将可能发生崩塌的岩体振松；左右剧烈晃动时，将可能崩塌岩体折断，并向临空方向推举、抛出。

4.2.1.5　水的作用

水对崩塌滚石灾害的形成作用比水对滑坡的形成作用简单，水对崩塌滚石灾害的形成作用主要体现在地表水、河水对坡脚的冲刷作用，使坡脚悬空产生崩塌；水渗入可能崩塌体的裂缝中，有较大的水劈和冰劈作用（冬天裂缝中的水产生冻结，体积增大，使岩体裂缝增大加深）。

4.2.1.6　人类活动

人类工程活动也是崩塌滚石灾害形成的主要诱发因素，如工程施工扰动下，岩体中原有的平衡状态被打破。引起岩体内的应力重分布，促使岩体内裂隙不断累积和发展，进而产生宏观断裂，导致岩体发生破坏失稳。

4.2.2　降雨崩塌灾害起动机理

在暴雨作用下，岩质坡体坡面特别是后缘节理、裂缝等微结构开始扩展贯通，裂缝水也就随之渗入到软弱夹层，继而影响到坡体稳定性（图 4-8）。本节以水力学公式为基础，结合岩石断裂力学理论，利用极限分析的上限定理法，从能量角度分析暴雨作用下岩质滑坡的起动过

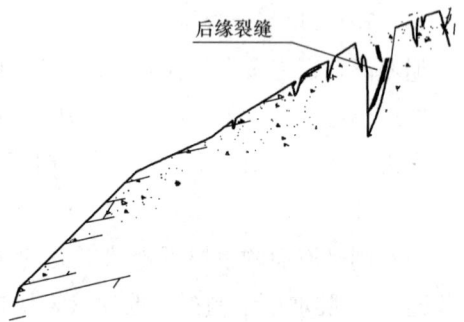

图 4-8　岩质边坡的裂缝与滑面

程和条件，为相关防治技术研究提供理论基础。

4.2.2.1　降雨作用下裂缝的扩展贯通机理

暴雨中，坡体裂缝会聚积大量裂缝水，若不能及
时排出，不但会因静水压力作用而影响坡体稳定性，
还会诱发裂缝的扩展贯通和裂缝水的入渗，造成坡体
失稳。图 4-9 中，若以裂缝口为端点，以裂缝延伸方
向为 x 轴，则充满水的岩体裂缝在静水压力作用下的
扩展模型可以概化为半无限平面问题。

根据断裂力学的基本原理，当裂纹面上作用有任
意分布的"当地应力" $\sigma(x)$ 时，对应裂缝尖端的应力
强度因子为

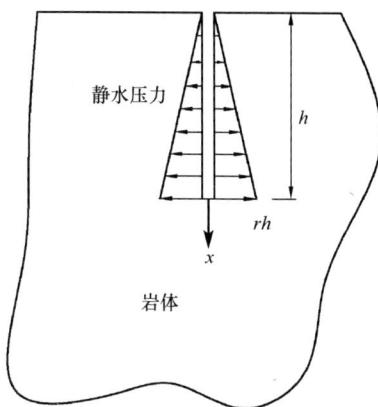

图 4-9　静水压力作用下裂缝扩展模型

$$K_{\mathrm{I}} = \zeta \sigma \sqrt{\pi h} \qquad (4\text{-}1)$$

式中，ζ 为形状因子；K_{I} 为岩体裂缝尖端的应力强度因子；h 为充满水的裂缝深度；σ 为作
用在裂纹面上的最大应力，可用"当地应力" $\sigma(x)$ 的多项式表达为

$$\sigma = \sigma(x) \sum_{n=0}^{\infty} \left(\frac{x}{h} \right)^n \qquad (4\text{-}2)$$

作用在裂纹面上最大 σ 为

$$\sigma = \gamma_{\mathrm{w}} h \qquad (4\text{-}3)$$

式中，γ_{w} 为水的重度。

其相应的应力强度因子为

$$K_{\mathrm{I}} = \zeta \gamma_{\mathrm{w}} h^{\frac{3}{2}} \pi^{\frac{1}{2}} \qquad (4\text{-}4)$$

式中，$\zeta = \sqrt{2} \times 0.4829 \times 1 = 0.6828$。

显然，对于充满水的裂缝而言，其尖端应力强度因子直接决定于裂缝深度。若裂缝足
够深并满足式（4-5）条件，则裂缝开始扩展。

$$K_{\mathrm{I}} \geqslant K_{\mathrm{Ic}} \qquad (4\text{-}5)$$

综上，充满水的裂缝可自动扩展的极限深度

$$h_{\min} = 0.75 \left(\frac{K_{\mathrm{Ic}}}{\gamma_{\mathrm{w}}} \right)^{\frac{2}{3}} \qquad (4\text{-}6)$$

即对充满水的裂缝而言，其失稳扩展的判据

$$h \geqslant h_{\min} \qquad (4\text{-}7)$$

可见，对于震后岩质边坡，并非所有后缘裂缝都会在裂缝水压作用下扩展。只有深度
具备的裂缝在充足的降水作用下才会扩展贯通，并最终对边坡稳定造成影响。

4.2.2.2　基于上限定理的暴雨型岩质滑坡稳定性分析

震后暴雨中，岩质坡体裂缝因裂缝水压作用而不断扩展，最终在遇到下伏的软弱夹
层、岩层或其他结构面后得以贯通。

如图 4-10 所示，贯通后滑坡为平移机构，下伏软弱夹层即为滑坡体的潜在滑面。充沛的裂缝水对软弱夹层不断侵入，软化夹层力学性质，滑面渐进形成，滑坡体开始失稳。

此时被裂缝贯通的下覆软弱结构面构成坡体的新滑动面，随着降雨的进行，裂缝水开始沿着滑面向下渗流。滑面上裂缝渗流水的出现不但改变了原有软弱面的力学性质，同时入渗水流的静压作用也改变了原有界面应力平衡环境，进而影响整个边坡的稳定性。

（1）极限分析上限定理

极限分析法在 20 世纪 50 年代初由 Drucker 等运用于土力学中，现已广泛应用于地基、边坡等土工稳定性问题，它通过采用塑性理论中的上、下限定理来确定稳定性问题的真实解的范围。其中极限分析的上限定理假定以刚体形式运动的岩土体在满足理想塑性材料、屈服方程在应力空间内外凸和服从相关联流动法则等条件的情况下，给出了其不发生失稳破坏的准则：对于任意机动容许的破坏机制，内能损耗率不小于外力功率，即

$$\int_V \sigma_{ij}\varepsilon_{ij}^g \, \mathrm{d}V \geqslant \int_S T_i v_i \, \mathrm{d}S + \int_V X_i v_i \, \mathrm{d}V \quad (i,j=1,2,3) \tag{4-8}$$

式中，X_i 为体积力；T_i 为表面力；v_i 为机动容许的速度场；ε_{ij}^g 为与 v_i 相容的应变率场；σ_{ij} 为与 X_i 和 T_i 关联的应力场；S 和 V 分别为表面力作用面积和破坏的岩土体体积。

（2）岩质滑坡体起动过程中的内外力功率分析

考察如图 4-11 所示岩质滑坡体起动计算模型，滑坡体后缘裂缝深 h，被贯通的软弱夹层与水平面呈 θ 夹角，潜在滑面 OA 长为 b，其中被裂缝水浸润段 ON 长 a。因裂缝水入渗，滑面力学性质下降，加上后缘裂缝静水压力作用，坡体失稳。

此时采用上限定理对震后暴雨型岩质滑坡的稳定性进行分析，则外力功为发生破坏部分岩土体的重力做功和后缘裂缝水做功两部分；而内能耗散则仅发生在沿滑动面的速度间断面上。通过分别计算外力功和滑面内部能量耗散则可定义并确定整个机构稳定性。

① 滑体自重所做的外力功率

如图 4-11 所示，将坡体沿着潜在滑面 OA 方向微分，则在 x 处有单位宽度微元体 i 重力

$$G_i = \cos\theta \frac{b-x}{b} h\gamma \mathrm{d}x \tag{4-9}$$

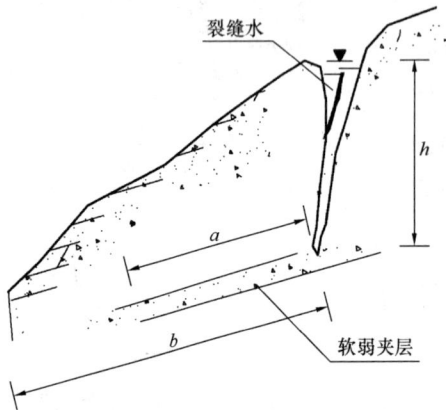

图 4-10　坡体滑动的分析模型

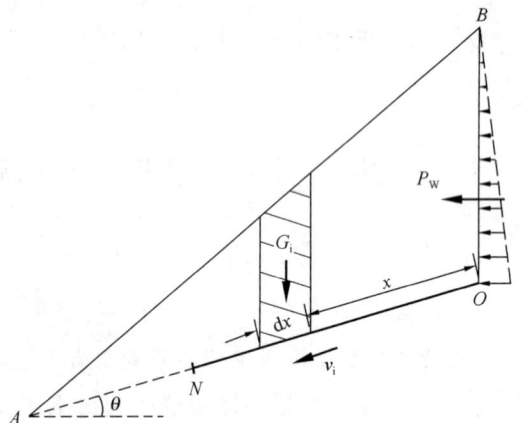

图 4-11　岩质滑坡体起动计算模型

对应微元体在重力作用下的功率为

$$W_i = \gamma h v_i \cos \theta \frac{b-x}{b} \sin \theta \mathrm{d}x \tag{4-10}$$

式中，γ 为组成坡体物质重度；G_i 为微元体重力；W_i 为微元体重力在机动容许速度场中的功率。

则经积分有平移机构的岩质坡体重力功率为

$$W_G = \int_0^b W_i = \frac{1}{4} \gamma h v_i b \sin(2\theta) \tag{4-11}$$

式中，W_G 为滑体自重外力功。

② 后缘裂缝水的外力功率

由水力学公式可知，深为 h 的后缘裂缝水作用在坡体上的等效集中荷载为

$$P_w = \frac{1}{2} \gamma_w h_w^2 \tag{4-12}$$

式中，γ_w 为水体重度；h_w 为裂缝水深。

则后缘裂缝静水压力在岩质滑坡起动过程中所做的功率为

$$W_w = \frac{1}{2} \gamma_w v_i h_w^2 \cos \theta \tag{4-13}$$

③ 滑动面上的内部能量耗散

在极限状态下，滑体沿滑面 AO 能量耗散率应等于平移机构滑面长度、切向速度均值 v_i 及黏聚力 c 三者的乘积，即得总能量耗散

$$W = c_w a v_i + c(b-a) v_i \tag{4-14}$$

式中，W 为速度间断面上的能量耗散；c 为未浸水滑面土体的黏聚力；c_w 为受后缘裂缝水影响的滑面土体的黏聚力。

（3）基于上限定理的岩质坡体稳定性分析

根据极限分析的上限定理，可知坡体的稳定程度取决于外力功与内能耗散的相对关系，故可定义坡体稳定性系数为

$$k = \frac{W}{W_G + W_w} = \frac{4c_w a + 4c(b-a)}{\gamma hb \sin(2\theta) + 2\gamma_w h_w^2 \cos\theta} \tag{4-15}$$

4.2.3　地震崩塌灾害起动机理

本节基于天然危岩体的宏观结构特征，从岩石断裂力学的角度入手，在对比分析了不同模式震波作用下裂缝失稳扩展条件的基础上确立了拉剪破坏的危岩失稳机制。继而以能量法为手段，研究了震波能量在危岩体中的输入和耗散机制，解析拉剪条件下裂缝的扩展方向和危岩失稳机理，给出裂缝扩展的临界加速度值和扩展量的计算方法。

4.2.3.1　地震波特征及作用模式

地震波是一种因震源剧烈破裂运动而形成的传播于岩土体介质中的弹性（机械）波，

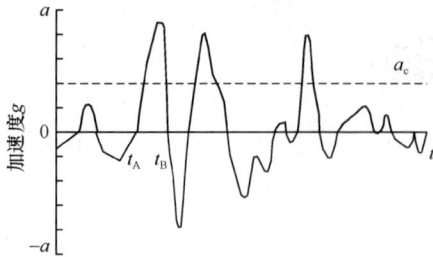

图 4-12　地震波波形图

研究表明，震波作用是导致震时危岩体破坏失稳的根本动力。如图 4-12 所示，地震波是时间的函数，其大小随时间在不断地增强或减弱，方向也在周期性地改变。假设地震中作用在滑坡体上的水平震波加速度 a 符合如下规律

$$a(0) = a(t) \tag{4-16}$$

式中，$a(0)$ 为水平加速度的时间函数；t 为地震波作用时间。

则在地震发生的全时域 $[0, t]$ 内，作用在危岩体上的水平加速度 a 并非总是不利于岩体稳定的。实际上，只有加速度正向且足够大时裂缝才会扩展、危岩体才会失稳。定义可导致裂缝扩展、岩体崩塌的最小地震加速度为临界加速度 a_c，如图 4-12 所示，当 $a(t) > a_c$ 时，危岩体失稳。

4.2.3.2　地震波作用下后缘裂缝的拉剪破坏

作为地质体的坡面岩体，在其亿万年的形成过程中，因地质作用、人为作用在坡体后缘形成了大量节理、裂缝等微结构。通常这些结构发展缓慢，相对稳定。但在特定外力如地震荷载的作用下，特定裂缝便开始扩展贯通，最终导致崩滑的发生。

如图 4-13 所示，震波在母岩中以波动形式向外围扩散的过程中，因受倾角为 $(90° - \theta)$ 的裂缝阻隔作用而不能传播到危岩体内，使得危岩体与母岩的响应不同步，继而在危岩上表现出惯性地震力作用。作用在危岩体上的地震力 D 的方向角 ω （逆时针与垂直方向的夹角）因为坡体相对震源的位置不同及震波入射方位的差异而不同，可在 $[0°, 360°]$ 区间内任意取值，这使得不同位置处的坡体裂缝所受到的地震破坏类型是不同的。如图 4-14 所示，当地震力方向与裂缝夹角 $\beta = (\omega - \theta) \in [0, \pi]$ 时，岩体

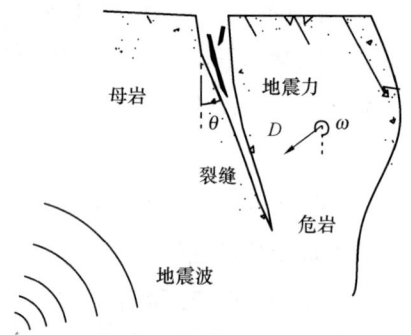

图 4-13　地震荷载作用的危岩体

裂缝处于拉剪破坏状态；而当 $\beta = (\omega - \theta) \in [\pi, 2\pi]$ 时，岩体裂缝处于压剪状态。特别地，与裂缝垂直或平行的震波对裂缝产生纯粹的张拉和剪切作用。

假定某时刻裂缝受到等效集中力为 D 的地震荷载拉剪作用，如图 4-14 （a），则借助断裂力学中最大应变能释放理论、最小应变能密度因子理论可得出裂缝尖端的应力强度因子为

$$\begin{cases} K_{\mathrm{I}} = \xi D \sin\beta \\ K_{\mathrm{II}} = \xi D \cos\beta \end{cases} \tag{4-17}$$

其中

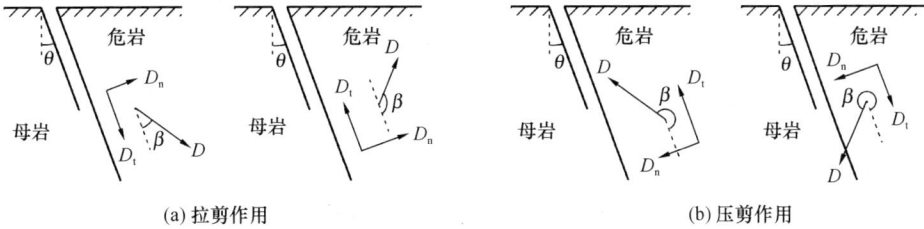

(a) 拉剪作用　　　　　　　　　　　　　　　(b) 压剪作用

图 4-14　地震力对危岩体的两种作用模式

$$\begin{cases} \xi = \dfrac{1 + f\left(\dfrac{b}{L}\right)}{\pi\sqrt{L^2 - b^2}}\sqrt{\pi L} \\ f\left(\dfrac{b}{L}\right) = \left(1 - \dfrac{b}{L}\right)\left[0.2945 - 0.3912\left(\dfrac{b}{L}\right)^2 + 0.7685\left(\dfrac{b}{L}\right)^4 - 0.9942\left(\dfrac{b}{L}\right)^6 + 0.5094\left(\dfrac{b}{L}\right)^8\right] \end{cases}$$

$$(4\text{-}18)$$

式中，L 为裂缝有效长度，对平直裂缝而言，$L = l$，对弯曲裂缝而言，L 为裂缝口和裂缝尖端间的直线距离；b 为震波集中力在裂缝壁上的作用点距裂缝端口的长度。

结合最大周向应力理论，可知裂缝扩展时的断裂角满足方程

$$K_{\text{I}}\sin\varphi + K_{\text{II}}(3\cos\varphi - 1) = 0 \tag{4-19}$$

式中，φ 为断裂角，它是裂缝扩展方向与裂缝原方向的夹角，$\varphi > 0$ 为逆时针扩展，$\varphi < 0$ 为顺时针扩展。

此时，导致裂缝失稳扩展的临界地震荷载 D_0 取决于方程

$$\cos\frac{\varphi}{2}\left(K_{\text{I}}\cos^2\frac{\varphi}{2} - \frac{3}{2}K_{\text{II}}\sin\varphi\right) = K_{\text{Ic}} \tag{4-20}$$

综合式（4-19）和式（4-20）即可确定在地震力作用下，特定长度和倾角的岩体裂缝发生拉剪破坏时的断裂角度 φ 和临界地震荷载 D_0。

对于图 4-14（b）所示的压剪破坏，由于裂缝闭合，物理意义为张开型的应力强度因子 K_{I} 便失去意义，对应压剪问题也可看作具有正压力作用的纯剪破坏。此时裂缝的抗剪能力因裂缝壁的挤压作用而大大增加，使得震时因裂缝压剪破坏的概率远小于拉剪复合型破坏。大量勘察实践也表明，拉剪复合型破坏是震时岩体裂缝扩展的主要形式，并可作为危岩体临界失稳的判据。

4.2.3.3　危岩裂缝扩展的临界加速度

一般认为震时坡体的失稳是其天然裂缝被拉剪破坏的结果，而地震力便是导致坡体失稳并形成崩塌的根本动力。在进行具体分析之前，作出如下假设：

（1）地震波的拉剪作用是坡体失稳的根本动力；

（2）危岩体裂缝为 Ⅰ 型和 Ⅱ 型裂缝的复合；

（3）地震惯性力作用下产生的应力强度因子大于岩体的断裂韧性时，裂缝才会扩展。

考察如图 4-15 所示的典型危岩体，裂缝 AB 长 l_{AB}，倾角为（$90° - \theta$），受到方向角为

ω 的震波拉剪作用，则此时作用在裂缝段危岩体上的等效集中惯性荷载（地震力）为

$$D_{AB} = m_{AB}a(t) \tag{4-21}$$

式中，m_{AB} 为对应裂缝段的危岩体质量；$a(t)$ 为某时刻的地震加速度。

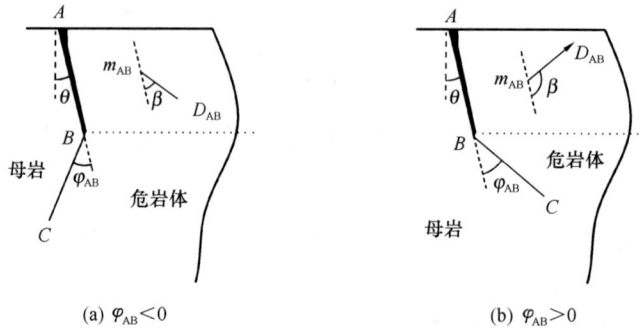

(a) $\varphi_{AB} < 0$ 　　　　　　　　 (b) $\varphi_{AB} > 0$

图 4-15　裂缝扩展方向示意

联立式（4-17）～式（4-19），有裂缝 AB 在地震荷载作用 $a(t)$ 下发生失稳扩散时对应的断裂角 φ_{AB}

$$\sin\beta\sin\varphi_{AB} + 3\cos\beta\cos\varphi_{AB} - \cos\beta = 0 \tag{4-22}$$

求解式（4-22）有

$$\varphi_{AB} = \begin{cases} -\arccos\dfrac{3\cos^2\beta + \sqrt{8\cos^2\beta\sin^2\beta + \sin^4\beta}}{9\cos^2\beta + \sin^2\beta} & 0 \leqslant \beta \leqslant \dfrac{\pi}{2} \\[4mm] +\arccos\dfrac{3\cos^2\beta + \sqrt{8\cos^2\beta\sin^2\beta + \sin^4\beta}}{9\cos^2\beta + \sin^2\beta} & \dfrac{\pi}{2} < \beta \leqslant \pi \end{cases} \tag{4-23}$$

可见在拉剪条件下，当地震力与裂缝的夹角小于 90°时，如图 4-15（a）所示，裂缝沿着顺时针方式向坡体内部扩展，一般相对稳定，不会导致崩塌的形成。而当地震力与裂缝夹角断裂角大于 90°时，裂缝按图 4-15（b）所示的逆时针方式向坡体外侧扩展，则最终会导致坡体的破坏。

这也是导致沟谷两侧山坡震害程度不同的重要原因之一。首先，图 4-16 中，虽然理论上震区的任何边坡都随时程的变化而不断处于拉剪和压剪破坏之中，但总体破坏门槛较低的拉剪破坏仍是各类边坡失稳的主因之一。其次，不同位置边坡在拉剪破坏中裂缝的扩展方向不同，迎波面的拉剪裂缝一般易向内部扩展，不易形成崩滑，而背波面则向外扩展，很容易形成众多小型浅层崩滑。

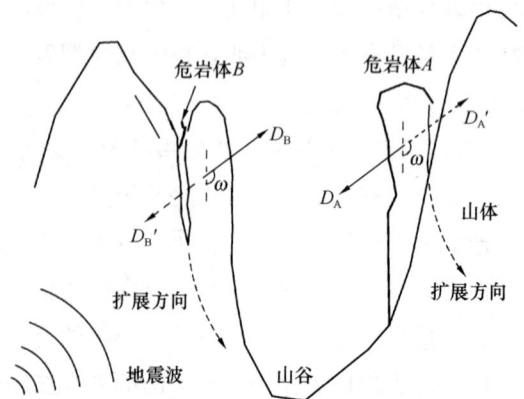

图 4-16　震时不同坡向危岩体稳定性分析

需要特别说明的是，地震中作为地质体的岩体失稳，是各种因素，如地质、地貌、地震烈度等综合作用的产物，裂缝特别是背波面的裂缝拉剪破坏只是导致坡体破碎失稳的最重要因素之一。

结合式（4-17）、式（4-20）和式（4-21），可得到任意地震加速度作用下，危岩体裂缝尖端的应力强度因子

$$K_{AB} = m_{AB}a(t)\xi\cos\frac{\varphi}{2}\left[\sin\beta\cos^2\frac{\varphi}{2} - \frac{3}{2}\cos\beta\sin\varphi\right] \tag{4-24}$$

根据断裂力学的基本知识，当应力强度因子达到或大于岩体断裂韧性指标时，岩体裂缝开始扩展。

$$K_{AB} \geqslant K_{Ic} \tag{4-25}$$

式中，K_{Ic} 为岩体断裂韧性指标。

危岩体裂缝尖端的应力强度因子在地震过程中是随时间不断变化的。一旦应力强度因子达到岩体断裂韧性指标 K_{Ic}，岩体裂缝就开始扩展。结合式（4-24）和式（4-25），可以计算导致裂缝 AB 开始扩展的初始临界水平加速度 a_{AB}

$$a_{AB} = \frac{K_{Ic}}{\xi m_{AB}\cos\frac{\varphi}{2}\left(\sin\beta\cos^2\frac{\varphi}{2} - \frac{3}{2}\cos\beta\sin\varphi\right)} \tag{4-26}$$

反之，对于给定峰值加速度（PGA）为 a_{max} 的地震，可推导出一个可扩展的临界最小深度。由此便可对震波作用下的危岩体作出判断，为地震区危岩边坡危险性判别及其超前判识提供了理论依据。

4.2.3.4 裂缝岩体的扩展量计算

在地震反应谱中，虽然任意正向水平加速度都有扩展裂缝的趋势，但只有地震水平加速度数值大于临界加速度 $a_c(l_{AB})$ 时，才能导致裂缝 AB 的扩展，即岩体裂缝扩展的判别条件为

$$a = a(t) \geqslant a_{AB} \tag{4-27}$$

显然，由式（4-26）结合图 4-18 所示的地震波谱可解得震时裂缝 AB 扩展的第一个时域 $[t_B, t'_B]$。在这段时间内，地震输入裂缝段危岩块体的能量可以表达为

$$E_{AB} = \frac{1}{2}m_{AB}\left[\int_{t_B}^{t'_B}a(t)\mathrm{d}t\right]^2 \tag{4-28}$$

需要说明的是，当 $a(t)$ 小于 $a_c(l_{AB})$ 时，作用在裂缝段危岩上的惯性力并不能导致裂缝扩张，对应的震波能量可被完整传递给基岩整体吸收或转化为岩体的弹性能。而当 $a(t)$ 大于等于 $a_c(l_{AB})$ 时，岩体裂缝才开始扩展，假设超过临界加速度部分的地震输入能量被裂缝岩体吸收，用于克服岩体表面能而发生新的破裂面，故用于产生新的裂缝面的地震输入能量可以表达为

$$\Delta E_{AB} = \frac{1}{2} m_{AB} \left\{ \int_{t_B}^{t'_B} \left[a(t) - a_c(l_{AB}) \right] \mathrm{d}t \right\}^2 \tag{4-29}$$

假定多余震波能 ΔE_{AB} 使裂缝 AB 沿断裂角 φ_{AB} 扩展长度为 l_{BC}，则根据 Griffith 有裂缝扩展的能量理论可有

$$\Delta E_{AB} = l_{BC} \cdot G \tag{4-30}$$

式中，G 为岩体裂缝面扩展单位长度所需要的能量。

结合式（4-29）和式（4-30），可以计算出一次有效加载过程诱发的裂缝长度

$$l_{BC} = \frac{m_{AB}}{2G} \left\{ \int_{t_B}^{t'_B} \left[a(t) - a_{AB} \right] \mathrm{d}t \right\}^2 \tag{4-31}$$

若裂缝沿断裂角扩展后未达到危岩体外侧临空面，则岩体经过一次有效加载后仍然于稳定状态；反之，则迅速失稳，形成崩塌。

4.2.3.5　岩体裂缝扩展的累积及其失稳破坏

若在经历 $[t_B, t'_B]$ 时段的首次扩展后，坡体仍然是稳定的，则裂缝段危岩体质量扩大为 m_{AC}，如图 4-17 所示，对应用于计算裂缝再次扩展的等效裂缝 AC 的有效长度 L_{AC} 也变为

$$L_{AC} = \sqrt{(l_{AB} + l_{BC}\cos\varphi_{BC})^2 + (l_{BC}\sin\varphi_{BC})^2} \tag{4-32}$$

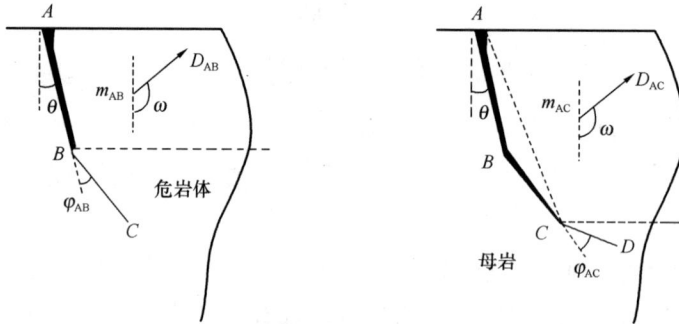

图 4-17　裂缝扩展过程展示

相应地，裂缝段岩体地震惯性力作用点距离裂缝尖端的距离变为 b_{AC}，可以计算出诱发裂缝岩体扩展的临界加速度 a_{AC}。显然，扩展后的岩体裂缝再扩展所需的临界加速度变小了。

若在结束 $[t_B, t'_B]$ 时段的扩展后，下一震波波峰加速度能满足再次扩展所需的临界加速度，则岩体裂缝将会继续扩展下去。如图 4-18 所示，根据地震加速段时程曲线，可以得出裂缝第二次扩展的时域 $[t_C, t'_C]$，同样，利用式（4-23）和式（4-31）便可求出第二次裂缝岩体的扩展长度的角度和大

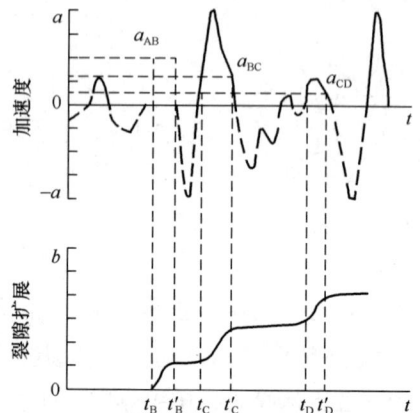

图 4-18　震波加速度与裂缝扩展长度

小 l_{CD}。

重复上述过程，若地震结束前裂缝经过有限次扩展可贯通坡体外侧临空面，则危岩体完全脱离母岩，发生倾倒破坏，并最终形成崩塌灾害。特别要说明的是，当裂缝扩展到与地震力垂直的方向时，裂缝将结束拉剪破坏模式，以Ⅰ型裂缝的方式扩展直至破坏。

4.3　崩塌灾害运动理论

在山区滚石灾害防护工程中，滚石拦截系统恰当位置的选择及其拦截高度的确定非常关键，它直接关系到拦截系统的成败。而影响拦截系统设计的因素很多，其中滚石在坡面上的运动轨迹是关键。为此，以弹塑性接触理论为基础，研究滚石法向、切向回弹系数的计算方法，运用运动学的基本方程研究滚石在坡面上的运动特征，推导相关的公式。

4.3.1　滚石的坡面运动

4.3.1.1　滚石的坡面运动假设

（1）边坡的坡面形状是若干段折线组成的坡面。

（2）滚石简化为球形，质量均匀分布。

（3）滚石、坡面均为各向同性弹塑性体。

（4）坡面岩土体满足莫尔-库仑准则。

（5）滚石在坡面运动过程中既做平动也做转动，做平动时，将滚石简化为一质点；做滚动时，将其视为球体。

4.3.1.2　滚石与坡面初次冲击回弹

假设滚石从某高度处脱离母岩由静止转向自由下落运动，并冲击坡面，假设坡面与水平面呈 θ 夹角（图4-19）。

滚石脱离母岩后，做自由落体运动，与坡面做初始冲击时的冲击速度为

$$v_1 = \sqrt{2gh} \qquad (4-33)$$

式中，v_1 为滚石对坡面的初始冲击速度；g 为重力加速度。

滚石做初始冲击时，与坡面的冲击角度为 $\alpha = 90° - \theta$，初始角速度为0，即不发生滚动。将初始冲击速度沿坡面法向、切向方向分解得

$$(v_1)_n = \sqrt{2gh}\cos\theta \qquad (4-34)$$

$$(v_1)_t = \sqrt{2gh}\sin\theta \qquad (4-35)$$

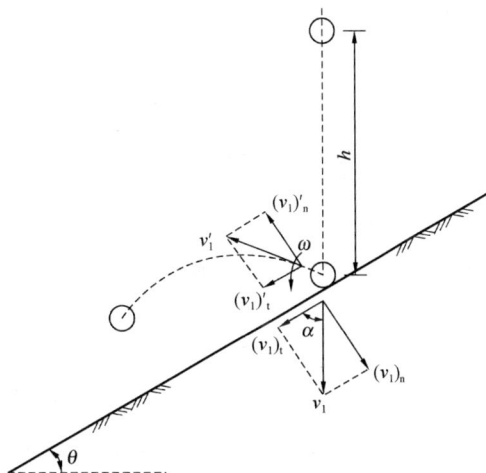

图 4-19　滚石在自由落体状态时的初始撞击模型

因有回弹系数的定义

$$e_n = \frac{v'_n}{v_n} \tag{4-36}$$

式中，e_n 为法向回弹系数；v_n 为滚石入射法向速度；v'_n 为滚石法向回弹速度。

$$e_t = \frac{v'_t}{v_t} \tag{4-37}$$

式中，e_t 为切向回弹系数；v_t 为滚石切向入射速度；v'_t 为滚石切向回弹速度。

多研究结果表明，回弹系数不仅与坡面、滚石的形状、物理力学特性有关，还与滚石冲击速度、冲击角度有关。因此，在滚石沿坡面运动过程中，即使对于给定的滚石和坡面，由于每次冲击的速度和冲击角度不同，对应的回弹系数也是变化的。

故根据回弹系数的定义，可以给出滚石初始回弹速度

$$(v_1)'_n = (e_1)_n \cos\theta \sqrt{2gh} \tag{4-38}$$

式中，$(v_1)'_n$ 为初始回弹法向速度；$(e_1)_n$ 为初始法向回弹系数。

$$(v_1)'_t = (e_1)_t \sin\theta \sqrt{2gh} \tag{4-39}$$

式中，$(v_1)'_t$ 为初始回弹切向速度；$(e_1)_t$ 为初始切向回弹系数。

滚石在与坡面冲击接触过程中，摩擦力的作用导致滚石产生旋转，其角速度为

$$\omega_1 = \frac{5\sin\theta \sqrt{2gh}}{2R} \left[1 - (e_1)_t\right] \tag{4-40}$$

式中，ω_1 为初始回弹角速度；R 为滚石半径。

滚石回弹后做抛物运动，于是可计算出滚石空中飞行时间

$$t_1 = \frac{2(e_1)_n \cos\theta \sqrt{2gh}}{g\cos\theta} \tag{4-41}$$

式中，t_1 为滚石碰撞后经坡面回弹后在空中飞行的时间。

滚石沿坡面飞行距离

$$l_1 = 4h\sin\theta (e_1)_n \left[(e_1)_n + (e_1)_t\right] \tag{4-42}$$

式中，l 为滚石回弹后沿坡面飞行长度

滚石落点速度即第二次冲击速度

$$(v_2)_n = (e_1)_n \cos\theta \sqrt{2gh} \tag{4-43}$$

式中，$(v_2)_n$ 为滚石第二次冲击入射法向速度，且

$$(v_2)_t = \frac{\sqrt{2gh}\cos\theta \cdot \sin\theta\left[(e_1)_t + 2(e_1)_n\right]}{\cos\theta} = \sin\theta \sqrt{2gh}\left[(e_1)_t + 2(e_1)_n\right] \tag{4-44}$$

式中，$(v_2)_t$ 为滚石第二次冲击入射切向速度。

4.3.1.3　滚石与坡面任意次冲击回弹分析

如图 4-20 所示，假设滚石第 i 次冲击入射速度为 v_i，与坡面冲击夹角为 α_i 滚石的角速度为 ω_{i-1}，坡面坡度为 θ，则法向入射速度、切向入射速度分别为

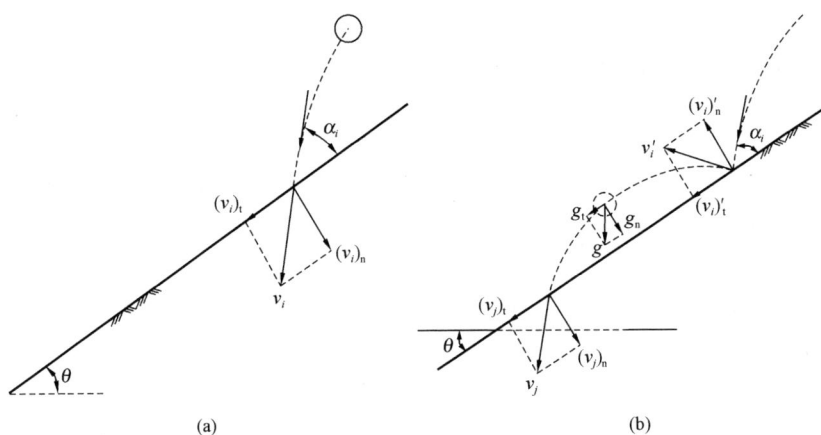

图 4-20 任意角度下的滚石冲击模型

$$(v_i)_n = v_i \sin \alpha_i \tag{4-45}$$

$$(v_i)_t = v_i \cos \alpha_i \tag{4-46}$$

假设对应于本次冲击的法向回弹系数和切向回弹系数分别为 $(e_i)_n$ 和 $(e_i)_t$，则本次滚石回弹速度分别为

$$(v_i)'_n = (v_i)_n (e_i)_n \tag{4-47}$$

$$(v_i)'_t = (v_i)_t (e_i)_t \tag{4-48}$$

根据牛顿第二定律，滚石在冲击过程中，沿坡面的冲击力 $F_{ti} = m[(v_i)_1 - (v_i)'_1]$ 将导致滚石自转角速度增加，其大小可按下式计算

$$\Delta \omega_i = \frac{F_{ti}R}{mk^2} = \frac{5(v_i)_t}{2R}[1 - (e_i)_t] \tag{4-49}$$

故滚石回弹后其角速度应为

$$\omega_i = \omega_{i-1} + \frac{5(v_i)_1}{2R}[1 - (e_i)_1] \tag{4-50}$$

于是滚石在空中弹跃的时间

$$t_i = 2\left[\frac{(v_i)'_n}{g_n}\right] = \frac{2(v_i)_n (e_i)_n}{g\cos\theta} \tag{4-51}$$

滚石经本次冲击后沿坡面运动距离

$$l_i = (v_i)'_t t_i + \frac{1}{2} g_t t_i^2 = \frac{2(v_i)_n (e_i)_n [(v_i)_t (e_i)_t \cos\theta + (v_i)_n (e_i)_n \sin\theta]}{g\cos^2\theta} \tag{4-52}$$

根据滚石抛物运动方程，可以求出滚石落点速度即第 $(i+1)$ 次的冲击速度为

$$(v_j)_n = (v_i)'_n = (v_i)_n (e_i)_n$$

$$(v_j)_t = (v_i)'_t + g_t t_i = \frac{(v_i)_t (e_i)_t \cos\theta + 2(v_i)_n (e_i)_n \sin\theta}{\cos\theta} \tag{4-53}$$

循环上述过程，最终计算确定滚石从脱离母岩后沿坡面的运动全过程。

4.3.2 滚石碰撞恢复系数

4.3.2.1 滚石法向碰撞恢复系数

Thornton 以 Hertz 接触理论为基础，在假设材料满足理想弹塑性特性的基础上，推导了球体法向碰撞恢复系数的计算公式

$$e_n = \left\{ \frac{6\sqrt{3}}{5} \left[1 - \frac{1}{6} \left(\frac{v_y}{v_n} \right)^2 \right] \right\}^{\frac{1}{2}} \cdot \left\{ \frac{v_y}{v_n} \left[\frac{v_y}{v_n} + 2\sqrt{1.2 - 0.2 \left(\frac{v_y}{v_n} \right)^2} \right]^{-1} \right\}^{\frac{1}{4}} \quad (4-54)$$

式中，e_n 为滚石法向碰撞恢复系数；v_n 为滚石法向的冲击速度。

作者在假设坡面覆盖层满足莫尔-库仑准则的基础上，推导了坡面土体初始屈服法向冲击速度计算公式

$$v_y = 18 - 1 \frac{R^{\frac{3}{2}}}{E^2 m^{\frac{1}{2}}} \left[\frac{2c\cos\varphi}{C_{v1} - C_{v2}\sin\varphi} \right]^{\frac{5}{2}} \quad (4-55)$$

其中

$$\begin{cases} C_{v1} = \frac{3}{2} (1 + \xi_0^2)^{-1} - (1 + v_1)(1 - \xi_0 \tan^{-1}\xi_0) \\ C_{v2} = \frac{1}{2} (1 + \xi_0^2)^{-1} + (1 + v_1)(1 - \xi_0 \tan^{-1}\xi_0) \\ \xi_0 = 0.0475 + (1 + v_1) \frac{1 - \sin\varphi}{3 + \sin\varphi} \end{cases} \quad (4-56)$$

4.3.2.2 滚石切向碰撞恢复系数

图 4-21 为滚石切向碰撞恢复系数模型。在已知 v_n、v_t 的滚石冲击中，设回弹系数为 e_n、e_t，则滚石与坡面垂直和平行方向的冲击力可表示为

$$F_n = m(v_n + v'_n) = mv_n(1 + e_n) \quad (4-57)$$

$$F_t = m(v_t - v'_t) = mV_t(1 - e_t) \quad (4-58)$$

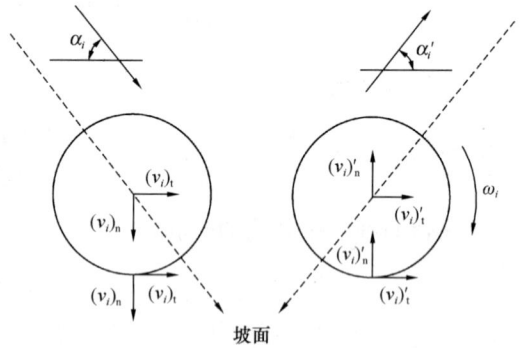

图 4-21　滚石切向碰撞恢复系数模型

由于 $F_t = \mu F_n$，且 $\frac{v_n}{v_t} = \tan\alpha$，故由式（4-57）和式（4-58）可有

$$e_t = 1 - \mu(1 + e_n)\tan\alpha \quad (4-59)$$

从式（4-59）可以看出，切向恢复系数可以根据法向恢复系数计算确定。

4.4 崩塌灾害冲击与工程防治

4.4.1 崩塌滚石灾害防治技术概述

崩塌滚石是山区常见的地质灾害之一。为了防治滚石灾害，通过长期的工程实践，建立了以看（预警报装置，设点看守）、清（清除危石）、支（支挡加固，护坡护墙）、接（墙接同拦）、固（锚固，喷锚封闭）为主的主动防护措施以及遮拦（明洞、棚洞）、防护（SNS 网防护）、绕避（改线绕行）为主的被动工程防治措施。滚石灾害防治方法可分为主动防护和被动防护（图 4-22），下面将对其具体防治方法进行论述。

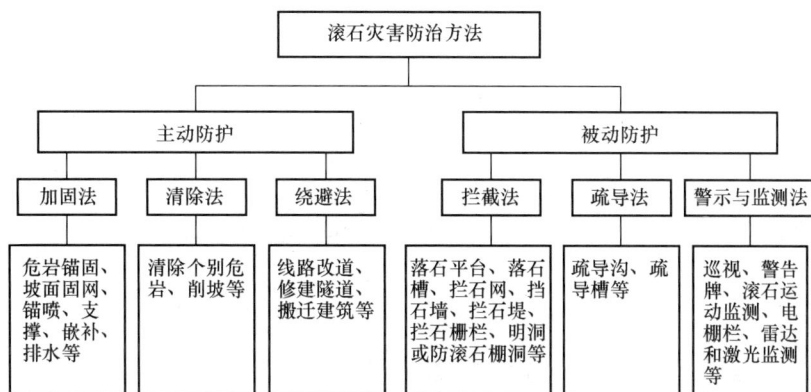

图 4-22 滚石灾害防治方法分类

4.4.1.1 主动防护

（1）加固法

利用一种或多种手段将危岩体或个别危石变得稳定，从而避免滚石的发生。加固法的具体措施主要包括危岩锚固、坡面固网、锚喷、嵌补、危岩拴系等。排水可以增加坡体的稳定性，减少裂隙的生成，从而减缓滚石的孕育。

① 危岩锚固

在高陡斜坡上，容易产生拉裂、松动变形，随时可能发生破坏并向坡下运动的岩体，称为危岩（图 4-23）。危岩一般可采用一定方法防治，其中最为常见的就是危岩锚固。在陡坡危岩之下，如有较完整的岩体，可用锚杆把危岩和完整岩体串联起来，以加固危岩，防止滚石的发生。当危岩受倾向线路的节理裂缝控制时，如果危岩失稳，将发生滑移式崩塌。在这种情况下，设计锚杆的长度、根数、间距以及截面尺寸等，应根据危岩的大小及下滑力通过计算确定。一般情况下，可考虑锚杆承受危岩所给予的剪力。当高陡的岩质边坡

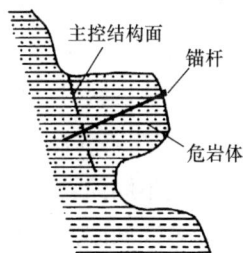

图 4-23 典型公路边坡危岩灾害和锚固

上有巨大的危岩和裂缝时，为了防止滚石发生，也可采用锚索进行加固。

② 坡面固网

坡面固网就是将护网铺设在需要防护的坡面上，并通过锚杆和支撑绳加以固定。它利用坡面与护网之间的摩擦力以及锚杆提供的锚固力对坡面上的潜在滚石进行加固，从而达到滚石防护的目的（图 4-24）。对于坡面破碎、潜在滚石尺寸较小且物源较为集中的边坡来说，坡面固网是一种比较有效的滚石防护方法。该方法以钢丝绳网为主，将各类柔性网覆盖包裹在所需防护斜坡或岩石上，以限制坡面岩石土体的风化剥落或破坏以及围岩崩塌（加固作用），或将滚石控制于一定范围内运动（围护作用）。坡面固网防护系统具有开放性的特点，地下水可以自由排泄，避免了由于地下水压力的升高而引起的崩塌现象；此外，还能抑制边坡遭受进一步的风化剥蚀，不破坏和改变坡面原有地貌形态和植被生长条件，植物根系的固土作用与坡面防护系统结为一体，从而抑制坡面破坏和水土流失。尽管近几年该方法出现了较多的实际应用，但也不乏失败的例子，原因主要是对滚石发生机理及滚石的破坏力认识不足。

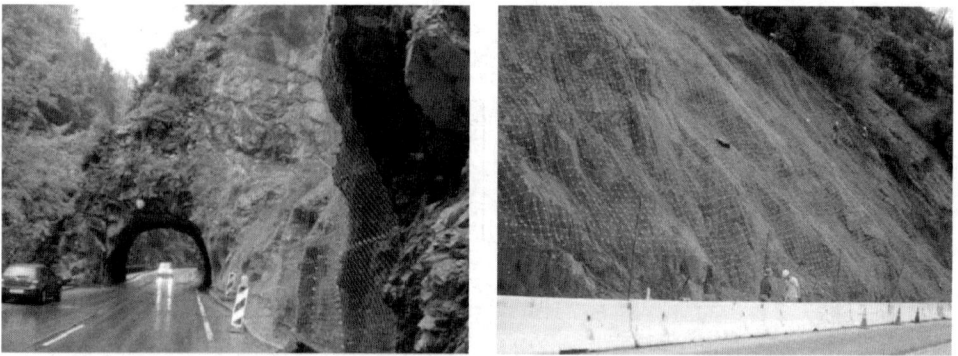

图 4-24　公路边坡滚石灾害坡面固网防护结构

③ 锚喷

当坡体在多组结构面和临空面的切割下形成块体时，具有运动可能性的块体也许会因降雨、风化、振动等触发因素的作用而失稳。此时，对具有潜在滚石灾害的边坡可以采用锚喷方法进行加固。所谓锚喷，是指喷射混凝土、锚杆或锚索、钢筋网以及它们之间联合使用的统称。喷、锚、网与岩土体共同作用形成主动防护体系，可以最大限度地利用边坡岩土体的自支能力（图 4-25）。锚喷方法不仅技术上成熟、效果好，而且还具有适应性强、施工速度快等优点。

④ 支撑或嵌补

岩性不同的岩体抗风化能力和抗侵蚀能力不同，致使软硬岩层相间的岩石边坡往往形成深浅不同的凹进。在一定条件下，凹进上方悬出的较硬岩体可能会因抗拉强度、抗剪强度的不足而失稳。如果危岩的悬空面积较大，可以在危岩下面设置支撑柱或支撑墙，必要时用锚杆或锚索将支撑物与稳定岩体连接起来。若凹进程度或危岩的悬空面积较小，则可

图 4-25 公路边坡滚石灾害锚喷防护结构

以采用浆砌片石或用混凝土对凹进的空间进行嵌补（图 4-26）。

路堑边坡上的成层岩体因岩性不同，抵抗风化的能力也不同，往往在边坡上形成深浅不同的凹陷。随着时间的推移，凹陷较深处的岩体就形成上部突出的危岩。此类情况可采用浆砌片石或混凝土嵌补，以便对危岩进行加固处理。

⑤ 排水

大量的调查和研究都已表明滚石事件多发生在 5～9 月的雨季。对于滚石的孕育和发生来说，水是重要的影响因素。主要表现

图 4-26 公路边坡危岩支撑与嵌补防护

在以下几个方面：地下水不仅会对潜在滚石产生动、静水压力，还会产生不利于岩体稳定的浮托力并能削弱岩体强度，有利于滚石的发生；当气温降到冰点以下后，岩石孔隙或裂隙中的水在冻结成冰时以冻胀压力作用于危岩；降水冲刷坡面可能改变坡面的几何形态，利于块石失稳。因此，为抑制滚石的发生，设置有效的排水系统（包括修筑排水沟、设置排水孔等）是必要的。

（2）清除法

清除法是指通过清除滚石源以避免滚石发生的方法，其具体措施主要包括清除个别危岩和削坡（图 4-27）。清除个别危岩就是采用钻孔、剥离、小型爆破等方法清除可能产生滚石的危岩体。当岩石风化严重时，可以在清除危岩后喷射混凝土。清理危岩时要仔细检查，确定是危岩时才能清理，以免越治越多。当滚石物源区的坡体表层不够稳定时，可以考虑采用削坡的方式。削坡就是对边坡进行修整和刷帮，改善其几何形状，提高其稳定性，从而避免滚石的发生。削坡的治理效果与削坡部位及地质环境密切相关，选用之前最好进行充分地质论证。

若岩体松动带为强风化岩层，岩体破碎，没有较大滚石，可采用人工削方。从上向下

图 4-27　典型公路边坡清除危石

清除，清完后的斜坡面最好呈台阶状，以利稳定。若危岩、滚石前无房屋和其他地面易损建筑，岩体坚硬，块体大，可采用爆破碎裂清除。若危岩、滚石前有房屋和其他地面易损建筑，可采用膨胀碎裂清除。在一定条件下，危石清除方法是最为经济的措施，但应注意普通爆破可能使危石周围原来并不危险的块体形成新的危石。并且随着风化或侵蚀过程的继续，必然产生新的危石。清除作业风险程度高，除了必须确保作业人员的人身安全外，还必须保证坡脚建筑物避免遭受破坏。为此，设置临时的滚石防护设施是必要的，如设置滚石缓冲地带或设置拦石网、拦石栅栏等防护设施。此外，在公路沿线清除还会导致交通暂时中断。

（3）绕避法

对于滚石发生频繁的恶劣地段，采取绕避的方式也许是必要的。在非常危险的情况下，也可以隧道的形式将工程移进山里。对于线路工程而言，绕避即指改线。对于其他工程而言，绕避则指搬迁建筑物，使其移至滚石影响范围之外。对于未建工程，为避免滚石灾害，绕避法不失为一种经济合理的方法，但在工程应用中也有限制。例如，随着高等级公路的大力发展，对线路平直度的高要求有时限制绕避法的应用。对于在建或正在运营的工程，如果为避免滚石灾害而采取绕避法，则不可避免地造成浪费。所以在工程选址或选线时，一定要进行系统分析并具有长远眼光。对河谷线来说，绕避有两种情况：绕到对岸，远离滚石灾害区；将线路向山侧移，移至稳定的山体内，以隧道通过。在采用隧道方案绕避时，要注意使隧道有足够的长度，使隧道进出口避免受滚石危害，以免隧道运营以后，由于长度不够，受滚石灾害的威胁，因而在洞口又接长明洞，造成浪费和增大投资。

4.4.1.2　被动防护

（1）拦截法

如果滚石的物源区范围较大，潜在滚石数量较多或者斜坡条件复杂甚至无法接近时，在中途对滚石进行拦截也许是一种有效的防护措施。但前提是要对滚石的运动路径、弹跳高度、运移距离、速度、散落范围等运动特征有足够的认识，因为这些参数及数据是滚石防护设施选址和结构设计的依据。滚石的拦截措施主要包括截石沟、拦石网、挡石墙、拦石栅栏、明洞或防滚石棚洞等。

① 拦石网

拦石网能够通过自身的位移、变形、振动等方式有效地消散滚石冲击该系统时所携带的能量。目前应用较为广泛的拦石网主要由金属网片、支撑网片用的钢绳和钢柱、将钢柱和坡体连接在一起的铰支、连接钢柱上端和上方坡体的拉锚绳、必要时在拉锚绳上设置的缓冲器件等组成，根据支撑方式的不同，可将拦石网分为立柱式拦网和支杆式拦网（图4-28）。对于坡角不大的边坡，可以将拦石网设置为立柱式。当陡坡近乎直立且防护区域较狭窄时（比如呈线状延伸的道路），可以采用支杆式方式在陡崖上设置拦石网。对于滚石运动路径较为明确的沟谷地段，可以将拦石网的钢丝网片悬挂于水平钢绳上，同时将钢绳两端锚固在沟谷两侧的稳定基岩上以拦截滚石。优点：整体柔性，良好的地形适应性，美观与环保，施工快速方便，施工干扰小，维护便利。

(a) 支杆式栏网　　　　　　　　　　　　(b) 立柱式栏网

图4-28　公路滚石灾害拦石网防护结构

② 挡石墙（堤）

挡石墙具有拦截滚石和堆存滚石的作用（图4-29）。挡石墙可以截获直径达 $1.5 \sim 2m$ 以滑动或滚动方式运动的滚石，同时还可以存储一定数量的滚石，减少其清理次数。为了最大限度地发挥挡石墙拦截滚石的作用以及便于施工和运输，挡石墙一般修建于坡脚靠近防护区域处。可用于拦截滚石的挡石墙有多种，如钢筋混凝土挡墙、石笼挡墙、浆砌石挡墙等。石笼挡墙价格便宜且具有一定的柔性，在山区的困难地带有较广泛的应用。挡石墙防护结构的缺陷是以刚性结构去抵抗动力冲击，从原理上就存在事倍功半的弊端，其结果是必须在有滚石发生的陡峻山坡上建造庞大的拦石结构。结构庞大且自重较大，故需要稳定而庞大的基础，通常需要进行较大的开挖，一方面带来基坑的稳定性问题，另一方面对

 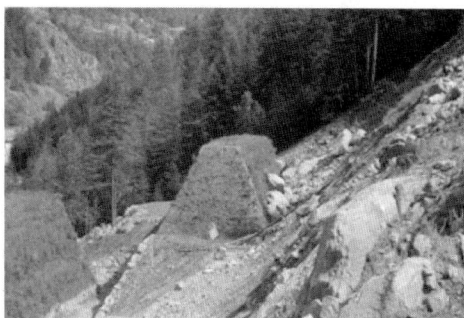

图4-29　典型边坡滚石灾害拦石墙（堤）防护结构

场地条件要求较高，特别在坡陡时难以实现。施工速度慢，工期长，且一旦发生破坏将导致灾难性后果。

当陡峻山坡下部有小于30°的缓坡地带，而且有较厚的松散堆积层，滚石高程不超过60~70m时，在高出路基不超过20~30m处，修筑带有滚石槽的拦石堤是适宜的。拦石堤通常使用当地土筑成，一般采用梯形断面，顶宽2~3m，外侧可根据土的性质，采用不加固的较缓的稳定边坡，也可以采用较陡的边坡，而给予加固。其内侧迎石坡可用1：0.75的坡度，并进行加固。若山坡坡度大于30°，滚石高度超过60~70m时，则以修筑带滚石槽的拦石墙为宜。拦石墙墙身多为浆砌片石，墙的截面尺寸及其背面缓冲填土层的厚度，应根据其强度和稳定性计算来决定。在坡度较缓的路堑边坡地段，如有崩塌滚石现象，在条件允许时，在坡脚修建拦石墙，也会取得良好效果。

③ 拦石栅栏

拦石栅栏因具有设计简单、施工方便等优点而成为防护滚石的主要手段之一。拦石栅栏一般以浆砌片石或混凝土作基础，用木材或钢材（如废旧钢轨、型钢等）作立柱和横杆（图4-30）。按其材料不同，拦石栅栏可分为金属栅栏（如钢轨栅栏）和木栅栏。钢轨栅栏克服了挡石墙圬工量大、工程费用高的缺点。但钢轨栅栏是一种刚性结构，冲击能量较大的滚石有时能将栅栏击穿。由于取材方便等原因，原木栅栏在山区应用较多。

图 4-30　典型边坡滚石灾害拦石栅栏防护结构

④ 棚洞

在滚石经常出现的地段，有效的遮挡建筑物的措施之一就是棚洞。按照结构形式的不同，棚洞可分为拱形明洞、板式棚洞和悬壁式棚洞三种常见形式。三种形式的棚洞都利用了坡体或山体作为靠山墙或以之为支撑。拱形明洞的两边墙共同承受分别由拱顶和坡体方向传来的垂直压力和水平推力，而板式棚洞主要由内边墙承受上述荷载，悬壁式棚洞由于场地的限制而只有内侧边墙。当无法借助于坡体作为承重墙时，可以构筑独立于坡体的防滚石棚洞，这也是防滚石棚洞区别于明洞的原因之一。在很多困难的山区地段，经常会见到一些利用原木搭建而成的防滚石棚洞，但大量使用原木与环保法规不符。传统滚石棚洞主要是通过结构顶部的沙砾石垫层来耗能抗冲击的，然而实践表明，沙砾石垫层材料不仅缓冲吸能效果有限，且自重荷载较大，建设成本偏高，不利于大面积推广。

在一些发达国家，如美国、日本、加拿大等，棚洞在工程中运用较广泛。这些国家对棚洞技术的研究开展较早，所以棚洞应用比较成熟。修建这些棚洞，不仅可以抵御滚石、泥石流，还可以在某些气候寒冷的地方防范雪崩的危害。发达国家交通建设中很注重工程与自然环境的和谐统一，它们在一些铁路、高速公路的建设中必须要通过关于自然生态环境保护的可行性分析。由于他们的隧道建设开展较早，所以积累了较多经验，在工程建设中也采用了较为先进的分析手段。从整个建设效果来看，发达国家的棚洞使用效果要明显胜过国内。国外很多工程使得结构与自然协同共存，融为一体，不但避免了高边、仰坡对自然环境的破坏，同时也保证了边、仰坡的稳定性。在工程建设过程中出现的一些避免不了的破坏，采取人工修复的措施，最大可能地还原原有的自然环境，将工程建设对生态环境的影响程度降到最小。还有欧洲的一些发达国家，如英国、瑞士等，棚洞建设水平也都达到了很高的层次，尤其是在工程建设中对自然环境的珍惜和保护值得我们国内的学者学习借鉴。在此列举一些优秀的棚洞实例（图4-31～图4-34）。

图4-31 钢管混凝土棚洞

图4-32 耗能减震棚洞

图4-33 棚洞

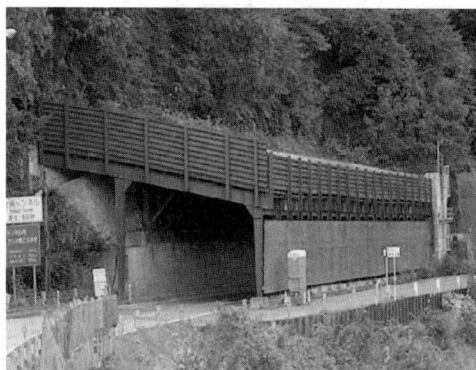

图4-34 耗能垫层棚洞

近几年，我国经济取得了快速的发展，交通建设规模也日渐增长，公路、铁路建设进入了一个飞速发展的新时期，所采取的棚洞形式也逐步增多。但是，不能忽视的一点是，国内对棚洞的研究建设开展较慢,重视程度也不够,导致在棚洞的结构形式和使用上过于单一,而且已经取得的应用效果也不是很理想(图 4-35~图 4-38)。随着道路等级标准的逐渐提高和设计理论及施工技术的不断改进,铁路、公路正朝着更长、更大、更深的方向快速发展。随之而来的是,棚洞的跨度也会越来越大,形式也会从单跨发展到双跨,遇到的问题会越来越多,难度也越来越大。因此,在工程建设中,我们应确保边坡工程建设安全,同时应该针对棚洞结构的设计做大量深入的研究,以此来提升我国在铁路、公路隧道的设计与施工技术水平,从而响应国家提出的"资源节约型、环境友好型"的交通建设要求。

图 4-35　宝成铁路 K154 棚洞

图 4-36　老山隧道棚洞

图 4-37　阿坝公路上的棚洞

图 4-38　然乌棚洞

目前我国滚石棚洞研究基础还比较薄弱,减灾防灾能力还难以满足国家经济建设和公共安全的需要。

(2)疏导法

对于滚石物源集中且滚石发生频率较高的边坡,在适当条件下可以采用疏导法。疏导法主要采取特定的工程措施(如疏导槽、疏导沟等)来限制滚石的运动范围或运行轨迹,将滚石疏导至安全区域。其中,滚石渡槽一般在山坡有自然沟槽、山势陡峻、两侧山坡上危岩和孤石较多时，可顺着自然沟槽修建混凝土渡槽（图 4-39），由于渡槽表面光滑，滚石不能在渡槽中停留，排滚石效果良好。

（3）警示与监测法

对于边坡岩体比较破碎、地形地貌条件复杂以及气候条件比较恶劣的线路工程来说，必要时可以利用警示与监测法防治滚石灾害。所谓警示法，是指当滚石到达线路附近时利用警示或声音信号的方式警告车辆和有关人员，以避免滚石灾害的发生。滚石防护的警示法主要包括巡视、警告牌警示、电栅栏、滚石运动监测计、TV 监视、雷达和激光监测系统等。对于体积较大且难以清除

图 4-39　边坡滚石灾害明洞渡槽防护结构

或加固的危岩体，还可以使用一些经济简便的仪器进行位移或应力量测。利用各个阶段的监测结果对危岩体失稳或破坏的可能性进行判断，并给管理部门足够的时间采取措施。在很多情况下，很难将警示与监测完全分开，这也是本章将相应的滚石防护对策称为警示与监测法的主要原因。根据监测工作的能动性，可将滚石监测方法主要分为滚石发生后的被动式监测及对潜在滚石进行的主动式监测。被动式滚石监测有报警监测和记录监测，而主动式滚石监测主要包括变形监测和应力监测。由于潜在滚石区的气候、水文、地震活动、人类活动等对滚石事件的规模、强度、发生频率等都有一定的影响，所以可将对滚石事件成灾环境的监测作为滚石监测的辅助方式。

4.4.2　崩塌滚石对防护结构的冲击压力

4.4.2.1　滚石法向冲击接触理论

（1）基本假设

进行滚石对防护结构冲击力计算之前，先作如下假设：

① 滚石简化为球形，质量均匀分布；

② 垫层土体为理想弹塑性体；

③ 滚石的刚度比垫层土体刚度大得多，可以近似假设滚石为刚体；

④ 垫层土体满足莫尔-库仑破坏准则。

（2）球形压模压入半空间问题

在完全弹性状态下，滚石在法向荷载作用下压入垫层土体可以简化成刚性球体压模在法向压力作用下压入一个弹性半空间的力学问题。假设球体半径为 R，与半空间上一个半径为 a 的圆形相接触。根据弹性力学理论，可以给出本问题弹性接触的完备解。

接触压应力分布为

$$p(r) = \frac{3P}{2\pi a^2} \left[1 - \left(\frac{r}{a}\right)^2 \right]^{1/2} \quad (r \leqslant a) \tag{4-60}$$

式中，$p(r)$ 为接触压应力；P 为接触压力；a 为接触半径。

最大接触压应力位于 $r=0$ 处

$$p_{max} = \frac{3P}{2\pi a^2} \tag{4-61}$$

接触圆的半径为

$$a = \left(\frac{3}{4E}RP\right)^{\frac{1}{3}} \tag{4-62}$$

式中，R 为滚石半径；$E = \frac{E_1}{1 - \nu_1^2}$，$E_1$、$\nu_1$ 为垫层材料弹性模量和泊松比。

滚石弹性压入量为

$$\delta = \frac{9P}{16Ea} \tag{4-63}$$

结合式（4-62）、式（4-63），给出完全弹性条件下，刚性滚石法向压力与压入量的关系

$$P_e = \frac{32\sqrt{3}}{27}E\sqrt{R}\delta^{\frac{3}{2}} \tag{4-64}$$

根据变形几何关系，滚石压入量与接触半径之间满足如下关系：

当 $\delta < R$ 时

$$a^2 = (2R - \delta)\delta \tag{4-65}$$

当 $\delta \ll R$ 时，式（4-65）可简化为

$$a^2 = 2R\delta$$

当 $\delta \geqslant R$ 时

$$a = R \tag{4-66}$$

（3）考虑垫层材料弹塑性效应的接触力学修正

但实际滚石对垫层的冲击是个弹塑性过程，其中完全弹性冲击过程很小，故需要对上述理论进行修正。

当最大接触应力超过垫层材料的屈服强度时，就会在接触处产生塑性变形区，根据式（4-61）和式（4-62），可以求出屈服压应力与初始屈服对应的接触半径之间的关系

$$P_y = \frac{2Ea_y}{\pi R} \tag{4-67}$$

式中，P_y 为初始屈服接触压应力；a_y 为初始屈服对应的接触面半径。

垫层材料初始屈服压力可按下式计算

$$P_y = Kq \tag{4-68}$$

式中，q 为垫层材料极限承载力；$K=3 \sim 5$，在本书中取 5。

采用 Thornton 假设，假设垫层材料为理想弹塑性材料，屈服后，塑性区内的接触压

应力始终保持为 P_y（图 4-40）。

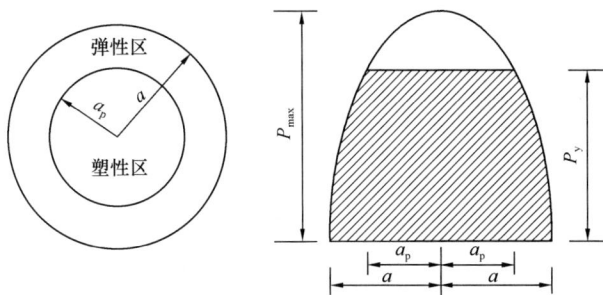

图 4-40　理想弹塑性体接触压力分布

假设在某荷载作用下，半径为 a_p 范围内的接触面产生屈服，而超过这一范围内的接触面仍然满足式（4-60）的应力分布。

$$P_y = \frac{3P}{2\pi a^2} \left[1 - \left(\frac{a_p}{a} \right)^2 \right]^{\frac{1}{2}} \tag{4-69}$$

结合式（4-62）、式（4-65）、式（4-67）、式（4-69），可以求出如下关系

$$a^2 = a_y^2 + a_p^2 \tag{4-70}$$

根据力的平衡关系有

$$P = P_e - 2\pi \int_0^{a_p} \left[P(r) - P_y \right] r \mathrm{d}r \tag{4-71}$$

整理式（4-71），并结合式（4-62）、式（4-69）、式（4-70），建立弹塑性压入条件下，法向压力与接触圆半径的关系

$$P = P_y + \pi P_y (a^2 - a_y^2) \tag{4-72}$$

特别地，

当 $\delta \ll R$ 时，式（4-72）可简化为

$$P = P_y + 2R\pi P_y (\delta - \delta_y) \tag{4-73}$$

当 $\delta \gg R$ 时，

$$P = P_y + \pi P_y (R^2 - a_y^2) \tag{4-74}$$

4.4.2.2　滚石荷载下垫层材料的冲击特性

（1）完全弹性条件下的冲击特性

假设质量为 m 的滚石在冲击速度 v 下，垫层材料处于完全弹性状态，根据能量守恒，则

$$\frac{1}{2}mv^2 = \int_0^{\delta} P_e(\delta) \mathrm{d}\delta \tag{4-75}$$

将式（4-64）代入式（4-75）积分，并经过整理得

$$\delta = \left(\frac{45\sqrt{3}mv^2}{128R^{\frac{1}{2}}E} \right)^{\frac{2}{5}} \tag{4-76}$$

对应的滚石冲击压力

$$P_e = \frac{32\sqrt{3}}{27}ER^{\frac{1}{2}}\left[\frac{45\sqrt{3}mv^2}{128R^{\frac{1}{2}}E}\right]^{\frac{3}{5}} \tag{4-77}$$

而冲击过程中的最大接触压应力为

$$P_{\max} = 0.443\left(\frac{E^4}{R^3}mv^2\right)^{\frac{1}{5}} \tag{4-78}$$

当最大冲击法向压应力超垫层材料的屈服强度时，就会在垫层材料中产生初始屈服，于是可以根据下式计算产生塑性变形的最小冲击速度 v_y。

$$P_y = \frac{\sqrt{2}}{\pi}\left(\frac{E}{R^{\frac{3}{4}}}\right)^{\frac{4}{5}}\left(\frac{5}{8}mv_y^2\right)^{\frac{1}{5}} \tag{4-79}$$

经变化得

$$v_y = 7.62\frac{P_y^{\frac{5}{2}}R^{\frac{3}{2}}}{E^2 m^{\frac{1}{2}}} \tag{4-80}$$

（2）弹塑性条件下的冲击特性

当 $v > v_y$，滚石冲击力会导致垫层材料产生塑性变形，滚石的实际冲击压力应考虑塑性区的影响。

将能量守恒定律的公式进一步整理得

$$mgh = \frac{1}{2}mv^2 = \int_0^{\delta_y}P_e(\delta)\mathrm{d}\delta + \int_{\delta_y}^{\delta_{\max}}P_{ep}(\delta)\mathrm{d}\delta$$

$$mgh = \int_0^{\delta_y}P_e(\delta)\mathrm{d}\delta + P_y(\delta_{\max} - \delta_y) + \pi RP_y(\delta_{\max} - \delta_y)^2 \tag{4-81}$$

在式（4-81）中，只有 $\delta_{\max}$ 是未知数，因此可以求解。

获得了 $\delta_{\max}$ 后，就可以计算垫层材料的最大接触半径 $a_{\max}$ 及其对应的冲击压力 $P_{\max}$。

4.4.2.3　作用在滚石防护结构上的冲击压力

确定了滚石作用在垫层材料上的最大冲击压力、垫层材料最大压缩量、最大接触圆半径以及接触面上应力分布之后，就可以采用应力扩散的方法计算作用在防护结构上的压力分布特性。

考察如图 4-41 所示的典型滚石防护结构，假设在防护结构上堆积的垫层材料厚度为 h，垫层材料的应力扩散角为 θ，而作用在垫层材料上的冲击压力分布如图 4-41 所示，于是作用在防护结构上的冲击压力也具有相同的分布形式。

冲击压力扩散到防护结构后也呈圆形分布，对应圆的半径为

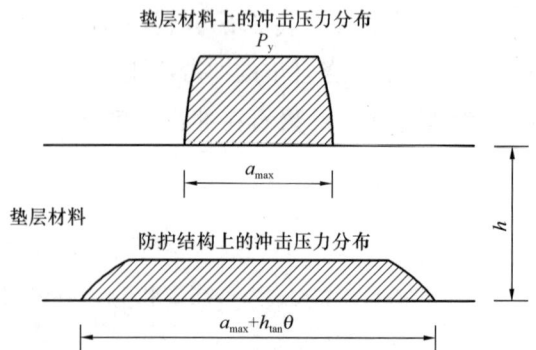

图 4-41　施加在防护结构上的冲击压力分布

$$a' = a_{\max} + h\tan\theta \tag{4-82}$$

式中，a' 为施加在防护结构上的冲击压力分布圆的半径；h 为垫层厚度；θ 为垫层材料的应力扩散角。

4.4.3 滚石冲击刚性拦挡结构动力响应理论

国内外对于滚石冲击棚洞动力响应研究较少，然而，近年来，众多学者针对正交各向异性板冲击问题的研究为解决滚石冲击钢筋混凝土棚洞板的问题提供了思路。钢筋混凝土板是一种特殊的复合板，由于其 X 方向与 Y 方向配筋不同，可以看作为正交各向异性板。

4.4.3.1　冲击荷载下钢筋混凝土板动力控制方程

近年来，众多学者提出了多种板受冲击后的力与压痕控制方程，其中应用最为广泛的是 Olsson（2010）基于 Kirchhoff 平板理论提出的正交各向异性复合板在无阻尼状态下的冲击控制方程，而钢筋混凝土棚洞板正是这样一种正交各向异性板，考虑质量为 m_i，半径为 R 的滚石以速度 v_0 冲击钢筋混凝土棚洞板，其中钢筋混凝土板厚度为 h，密度为 ρ，有效弯曲刚度为 D_n^*，有效剪切刚度为 S_n^*，四边固支，滚石冲击钢筋混凝土板模型如图 4-42 所示。

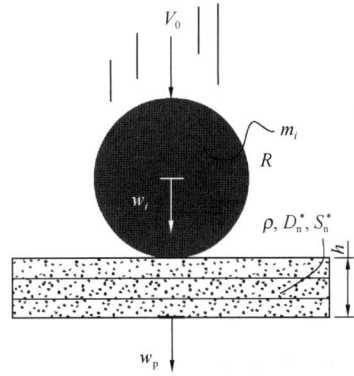

图 4-42　滚石冲击钢筋混凝土板模型

图 4-42 中，板中点处挠度控制方程描述为

$$
\left.
\begin{aligned}
& w_{\mathrm p}(0,0,t) = \frac{1}{8\sqrt{m_{\mathrm p} D^*}} \int_0^t F(\tau)\mathrm d\tau \\
& D^* = \sqrt{D_{11} D_{22}(A+1)/2} \\
& A = (D_{12} + 2 D_{66})/\sqrt{D_{11} D_{12}}
\end{aligned}
\right\}
\tag{4-83}
$$

式中，$w_{\mathrm p}$ 为板中心点处的挠度；$m_{\mathrm p}$ 为棚洞顶板的质量；t 为滚石冲击棚洞的时间变量；F 为滚石冲击力对于压痕的变量；D^* 为板的有效刚度；D_{ij} 为板不同方向的弯曲刚度，可通过板的强化理论求出；w_i 为滚石向下产生的位移，忽略滚石自身振动对板产生的影响，有

$$w_i(t) = V_0 t - \frac{1}{m}\int_0^t\int_0^\tau F(\xi)\mathrm d\xi\mathrm d\tau \tag{4-84}$$

滚石冲击钢筋混凝土板所产生的位移以及初始条件分别为 $w_i(0) = 0$，$\dot{w}_i(0) = v_0$。

结合式（4-83）中第 1 式，得到钢筋混凝土板产生的永久压痕定义为

$$\alpha = w_i - w_{\mathrm p} \tag{4-85}$$

式（4-85）对时间进行两次微分有

$$\frac{\mathrm{d}^2\alpha}{\mathrm{d}t^2} + \frac{1}{8\sqrt{m_\mathrm{p}D^*}}\frac{\mathrm{d}F}{\mathrm{d}t} + \frac{F}{m_i} = 0 \tag{4-86}$$

式（4-86）可得冲击压力与压痕的控制方程及初始条件为 $\alpha(0)=0$，$\alpha(0)=v_0$，为获得压痕与时间关系曲线，控制方程式（4-85）中，需进一步引入力与压痕之间的关系式。

传统求解力与压痕的方法大多基于 Hertz 接触理论，该理论认为：当接触面附近的物体表面轮廓近似为二次抛物面，且接触面尺寸远比物体尺寸和表面的相对曲率半径小时，采用 Hertz 接触理论求解接触问题可得到与实际相符的结果。同时，Hertz 接触理论也作出了相应的假设，比如，相接触的物体被看作是弹性半空间，不考虑塑性变形，接触面上只作用有分布的垂直压力等。

根据 Hertz 接触理论，接触力与压痕之间加载与卸载的关系式可以描述为

$$F(\alpha) = k_\mathrm{h}\alpha^{\frac{3}{2}} \tag{4-87}$$

$$k_\mathrm{h} = \frac{3}{4}E_\mathrm{p}\sqrt{R} \tag{4-88}$$

式中，k_h 为接触刚度；E_p 为钢筋混凝土板的刚度。

将式（4-87）代入式（4-86）中，得到基于 Hertz 接触理论下滚石冲击钢筋混凝土板的压痕与时间微分方程为

$$\left.\begin{array}{l}\dfrac{\mathrm{d}^2\alpha}{\mathrm{d}t^2} + \dfrac{3k_\mathrm{h}\alpha^{1/2}}{16\sqrt{m_\mathrm{p}D^*}}\dfrac{\mathrm{d}\alpha}{\mathrm{d}t} + \dfrac{k_\mathrm{h}}{m_i}\alpha^{\frac{3}{2}} = 0 \\[2mm] \alpha(0) = 0, \alpha(0) = v_0 \end{array}\right\} \tag{4-89}$$

式（4-89）为二阶非线性微分方程，可通过数值方法进行求解。

4.4.3.2　基于静力压痕试验的滚石-钢筋混凝土板接触特性研究

Hertz 接触理论仅考虑冲击过程中所发生的弹性变形，然而，滚石冲击钢筋混凝土板的过程较为复杂，接触后，混凝土极易进入塑性损伤，故仅使用 Hertz 接触理论无法真实描述滚石冲击钢筋混凝土棚洞板的过程。为此，本章方法结合静力压痕试验，拟合出接触力与压痕在加载与卸载时的真实关系曲线，通过回归分析，得到接触力与压痕的关系式，进一步代入到控制方程中，从而更为准确地求解钢筋混凝土板受到滚石冲击时的动力响应问题。基于本章的方法，不需要对冲击条件或冲击过程作出假设，使用范围广泛，且求解精度可靠。

（1）问题描述

下面以一球状滚石冲击钢筋混凝土棚洞板为例，对本章方法进行阐述及验证。如图 4-43 所示，拟定一半径为 R，质量为 m_i 的球状滚石，以速度 v_0 冲击钢筋混凝土棚洞板，钢筋混凝土板截面尺寸为 3m×3m，板厚 0.3m，四边固支，板内纵横等间距铺设两层钢筋，混凝土强度等级为 C30，考虑塑性损伤，钢筋采用 HPB345 级，钢筋直径为 12mm。下层钢筋距离板底部 5cm，上层钢筋距离板顶部 10cm，钢筋间距 0.2m，其余相关计算参数如表 4-2 所示。

滚石冲击钢筋混凝土板计算参数　　　　　表 4-2

材料	半径 R (m)	密度 ρ (g/cm³)	初速度 v_0 (m/s)	弹性模量 (GPa)	泊松比 ν	剪胀角 θ (°)	抗压强度 f_{cu} (MPa)	抗拉强度 f_t (MPa)
滚石	0.25	2.50	20					
钢筋		7.85		206	0.3			
混凝土		2.40		30	0.2	38	30	3.33

为便于简化计算，分析过程进行了如下假定：①假定滚石为刚性球体；②假定滚石冲击位置为钢筋混凝土板的中心点处。

考虑图 4-43 中钢筋混凝土板为正交各向异性板，由截面几何特性得到板的截面惯性矩 $I = 0.675\text{m}^4$。板的单位面积质量 $m_p = 720\text{kg/m}^2$。采用正交各向异性弹性理论，求得钢筋混凝土板的截面有效刚度为 $D^* = 420\text{MN/m}$。

（2）静力压痕数值试验

压痕试验是近些年来应用十分广泛的力学试验，通过对钢筋混凝土板静力压痕结果进行数据分析，进而拟合出接触过程中真实荷载-压痕深度关系曲线，为求解钢筋混凝土板的动力冲击问题提供理论指导。

试验采用数值方法进行，通过 ABAQUS 非线性有限元软件进行模拟，在进行试验前，基于如下考虑，对问题进行简化：①针对问题的几何对称性质，采用 1/4 对称模型进行简化；②混凝土采用 Drucker-Prager 本构模型；③为使压痕过程更加平稳地进行，加载方式采用位移控制，在压头顶部以一定的速率施加位移至一定深度。

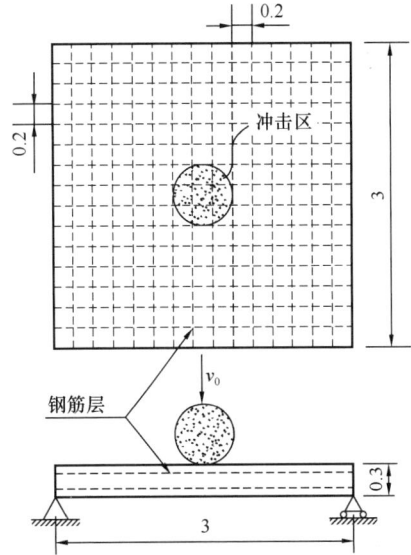

图 4-43　滚石冲击钢筋混凝土板模型

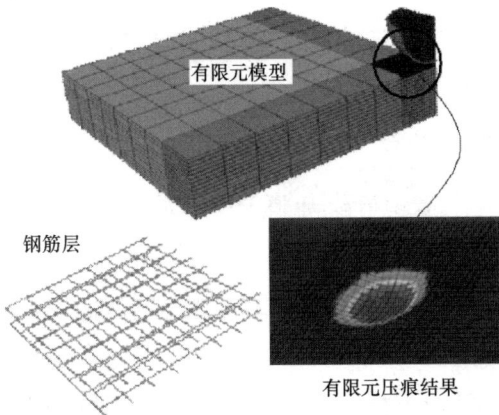

图 4-44　静力压痕试验有限元模型

综上，建立静力有限元压痕数值试验及钢筋配筋情况如图 4-44 所示。

对数值试验结果进行整理，得出的加载过程曲线如图 4-45 所示。

由图 4-45 可以看到，当压痕深度达到 15.4mm 时，接触力达到最大值 5400kN，混凝土发生明显的脆性破裂破坏，进入塑性损伤，对应图中为荷载的第一个突降点，在此点后，伴随裂纹的闭合，接触力小幅回升，压痕深度增长缓慢，达到一定接触力之后，接触力开始减小，压痕深度迅速增加。

对钢筋混凝土板进行加、卸载试验，得到钢筋混凝土板加载与卸载过程曲线，如图 4-46 所示。

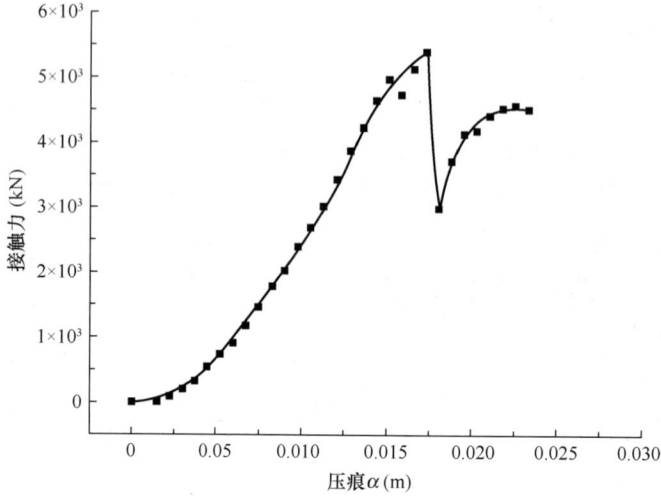

图 4-45　压痕深度与接触力关系曲线

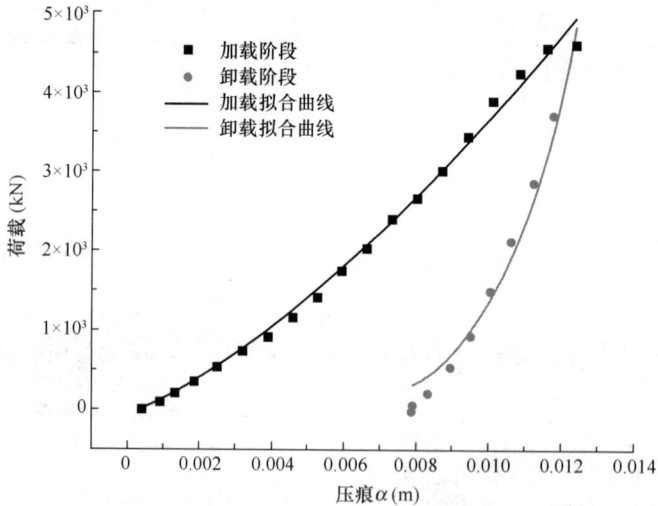

图 4-46　静力压痕加、卸载过程曲线

对数值结果进行非线性回归分析，得到加载过程中荷载-压痕关系式为

$$F = 8.3 \times 10^9 \, \alpha^{1.4} \tag{4-90}$$

继续通过有限元拟合出，滚石在回弹，即卸载过程中的荷载-压痕关系式为

$$F = 2.06 \times 10^{11} \, (\alpha - 0.0076)^{2.05} \tag{4-91}$$

式（4-90）和式（4-91）与 Hertz 接触理论压痕方程式参数取值不同，可见，滚石与钢筋混凝土板在接触过程中并非发生完全弹性变形。

（3）滚石冲击荷载下钢筋混凝土棚洞板的动力响应

将式（4-90）和式（4-91）及响应参数带入控制方程式（4-89）中，得到本例压痕与时间的微分方程为

加载阶段：

$$\left.\begin{array}{l} \dfrac{\mathrm{d}^2\alpha}{\mathrm{d}t^2} + 1.48 \times 10^4\, \alpha^{0.4}\, \dfrac{\mathrm{d}\alpha}{\mathrm{d}t} + 0.54 \times 10^7\, \alpha^{1.4} = 0 \\ \alpha(0) = 0,\ \alpha(0) = 20,\ 0 \leqslant \alpha \leqslant 0.015 \end{array}\right\} \tag{4-92}$$

卸载阶段：

$$\left.\begin{array}{l} \dfrac{\mathrm{d}^2\alpha}{\mathrm{d}t^2} + 3.74 \times 10^8\, (\alpha - 0.0076)^{1.05}\, \dfrac{\mathrm{d}\alpha}{\mathrm{d}t} + 1.26 \times 10^7\, (\alpha - 0.0076)^{2.05} = 0 \\ \alpha(t_0) = 0.015,\ \alpha\,t_0 = 0,\ 0.0076 \leqslant \alpha \leqslant 0.015 \end{array}\right\} \tag{4-93}$$

式（4-92）和式（4-93）为二阶非线性微分方程，采用数值计算方法，利用 Matlab 软件进行求解。

为验证本章方法计算结果的合理性，将本章计算成果与 Herzt 理论解及有限元解进行了比较，计算结果如表 4-3 及图 4-47 和图 4-48 所示。

三种方法动力冲击响应数值对比　　　　　　　　　　　　　　表 4-3

计算方法	最大冲击荷载 F（kN）	最大压痕值 α（mm）	对应冲击时间 t（ms）	冲击全过程 t（ms）
Herzt 理论解	8.35	8.1	0.64	1.30
有限元解	5.00	5.2	0.48	1.70
本章方法	5.50	5.8	0.46	1.65

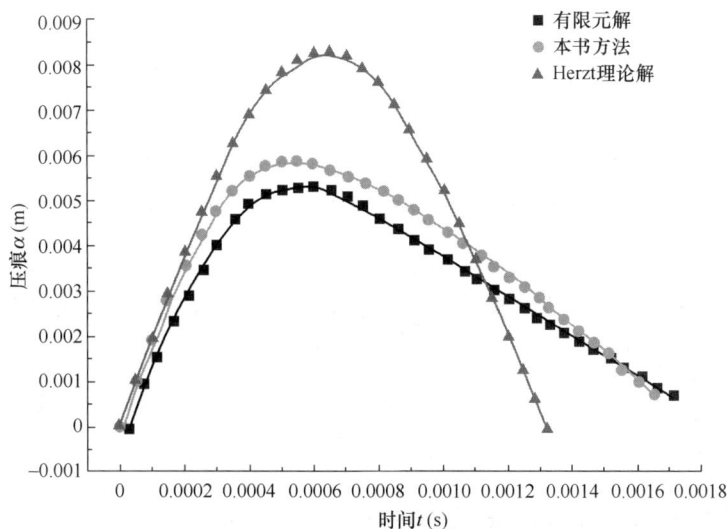

图 4-47　三种方法得到的压痕-时间关系曲线图

图 4-47 为三种不同方法得到的压痕-时间关系曲线图，从图中可以看出，使用三种方法得到的压痕深度随时间变化关系均表现为先增大后减小，Herzt 理论解因仅考虑弹性变

形，其接触刚度较大，故压痕深度较大。从结果分析，这表现在考虑塑性效应的有限元解与本章方法最大压痕值较 Herzt 理论解小，三者分别为 8.1mm、5.2mm、5.8mm，且冲击时间有所延迟，两者均呈现为非对称的抛物线形状，冲击结束后存在一定的永久压痕；而 Herzt 理论解则呈现较为对称的抛物线形状，且未发生永久压痕。

图 4-48 为三种不同方法得到的冲击荷载-时间关系曲线图，从图中可以看出，使用三种方法得到的荷载-时间变化关系曲线与压痕-时间关系曲线趋势较为相似，考虑塑性效应的有限元解与本章方法的最大冲击荷载较 Herzt 理论解小，三者分别为 8.35MN、5.50MN、5.00MN，且荷载作用时间有所延迟，两者均呈现为非对称的抛物线形状，而 Herzt 理论解因未考虑塑性变形则呈现较为对称的抛物线形状。

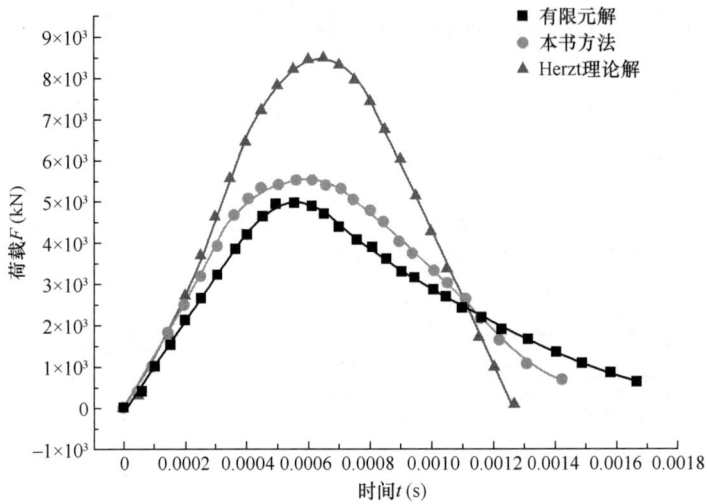

图 4-48 三种方法得到的荷载-时间关系曲线图

从以上的数据及图表可以看出，基于本章及动力有限元方法，钢筋混凝土板受到滚石冲击后，冲击荷载在较短的时间内达到最大值，由于钢筋混凝土板发生一定程度的塑性变形，使得冲击时间较 Herzt 理想弹性解的冲击时间延长，且发生部分永久压痕，冲击过程更加符合现场试验过程；而基于 Hertz 接触理论得到的压痕值及冲击荷载由于仅考虑弹性变形，接触刚度较大，其结果较本章理论方法偏大。利用本章方法得到的理论解与动力有限元解相近，由于有限元及相关材料本构发展较为成熟，且本章动力有限元结果为精准建模所得，其结果可认为与现场试验结果较为接近，故可认为本章理论方法较为合理，可用于快速求解滚石冲击钢筋混凝土棚洞板动力冲击响应问题。

4.4.4 滚石冲击柔性结构动力响应理论

滚石灾害具有随机性和突发性，难以对其进行准确预测，主动防治非常困难。在实际工程中，多采用被动防护措施对滚石灾害进行防护，其中棚洞结构是最为有效的防护工程之一。如图 4-49（a）所示，在棚洞结构上覆盖一定厚度的砂砾石垫层能有效吸收滚石冲击能量，起到吸能缓冲作用，减轻滚石冲击荷载对防护结构的冲击。Kawahara 和 Muro（2006）就曾以风化花岗岩土层为对象，通过一系列的室内试验，研究了垫层干密度、垫层厚度对滚石冲击的响应。研究结果表明：增加垫层的厚度可有效地降低作用在防护结构上的冲击力，并且垫层干密度越大，这种作用效果越好。

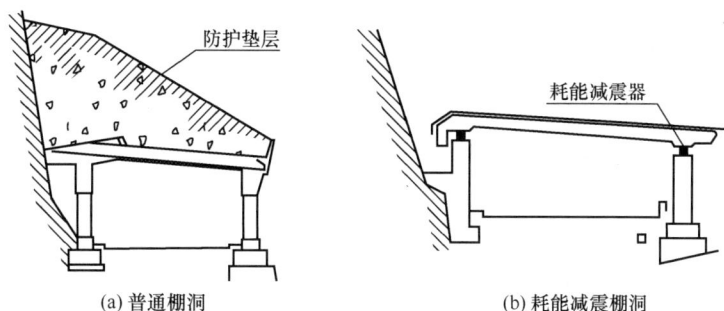

(a) 普通棚洞　　　　　　　　(b) 耗能减震棚洞

图 4-49　两种棚洞结构问题

众多学者也做了类似的研究，并得到了相似的结论。然而，此类研究虽然定性地描述了垫层的减震作用，但并未解决诸如作用在棚洞结构上的滚石冲击力大小、垫层厚度等关键问题，使得目前棚洞设计主要基于保守的经验公式，垫层过厚（常大于 1.5～2.5m），建设成本过高，制约其推广应用。

通过在棚洞支座处增设耗能减震器（SDR）替代砂石垫层吸收滚石的冲击能量，改变棚洞结构体系的刚度，以便最大限度地达到耗能减震、降低结构自重的目的（图 4-49b）。同时，构建非线性质量弹簧体系模型来模拟滚石冲击荷载下棚洞结构动力响应，利用能量法分析了新型耗能减震棚洞的防滚石抗冲击机制，为新型耗能减震滚石棚洞结构设计提供理论基础。

4.4.4.1　金属耗能减震器（SDR）的动塑性特性

常用的金属耗能减震器为圆柱形软钢材料，并通过压缩过程中的叠缩破坏来吸收外加冲击能量。Andrews 等发现不同直径壁厚比的耗能减震器的叠缩模式不同，在直径壁厚比较大时发生非轴对称破坏，反之则发生如图 4-50（a）所示的轴对称破坏，且后者耗能效果更好，破坏模式也相对稳定，这也是现有相关研究的重点。

如图 4-50（b）所示，金属耗能减震存在一个进入叠缩破坏状态的初始荷载 P_y，当外荷载小于 P_y 时，耗能减震器不发生叠缩，其承载力与压缩变形之间服从线弹性变化关系。反之荷载大于 P_y 时，耗能减震器便通过不断叠缩来强烈吸收冲击能量，达到减震效果。

（1）平均压垮荷载

耗能减震器在不断叠缩耗能的过程中，承载力出现周期变化特征，并存在一个相对稳定的平均值，称作平均压垮荷载。Alexander 和 Jeffrey（2007）在假设材料为理想弹塑性的条件下，最早给出了以图 4-51 的轴对称模式屈曲的圆柱管在大变形下的平均压垮荷载为

(a) 金属发生轴对称破坏　　　　(b) 金属叠缩位移与荷载关系

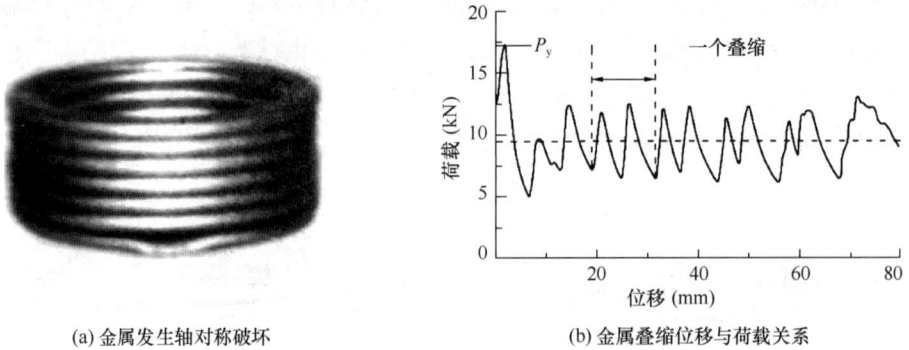

图 4-50　轴对称叠缩

$$P_{\mathrm{m}} = 6\sigma_{\mathrm{m}} t \sqrt{Dt} \tag{4-94}$$

式中，D 为管的直径；t 为管壁厚；σ_{m} 为材料的屈服应力。

（2）金属耗能减震器的简化本构模型

由上述分析可知，软钢圆柱管的压力变形模型如图 4-52 所示，可简化为

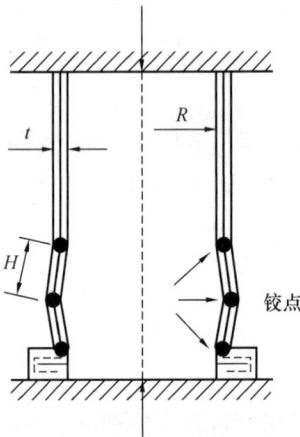

图 4-51　理想轴对称叠缩模型　　　　图 4-52　软钢管减震器能量耗散计算模型

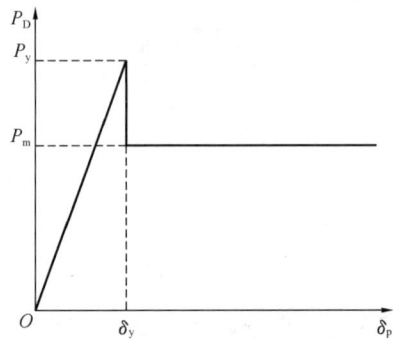

$$P_{\mathrm{D}} = \begin{cases} k\delta_{\mathrm{D}}, & \delta_D \leqslant \delta_{\mathrm{y}} \\ P_{\mathrm{m}}, & \delta_D > \delta_{\mathrm{y}} \end{cases} \tag{4-95}$$

其中

$$k = P_{\mathrm{y}}/\delta_{\mathrm{y}} \tag{4-96}$$

式中，P_{D} 为作用在耗能减震器上的外加荷载；P_{y}、δ_{y} 分别为壳体首次叠缩破坏时的极限承载力和临界变形量；k 为弹性系数。

显然若 $P_{\mathrm{D}} < P_{\mathrm{y}}$，则对冲击能量的耗散主要由褶曲形成前弹性变形完成，此时耗能为

$$W_{\mathrm{D}} = \int_0^{\delta_{\mathrm{D}}} P_{\mathrm{D}} \mathrm{d}\delta_{\mathrm{D}} = \frac{1}{2} k\delta_{\mathrm{D}}^2 \tag{4-97}$$

若 $P_D \geqslant P_y$，则对冲击能量的耗散主要由褶曲变形能完成，此时耗能为

$$W_D = \frac{1}{2}k\delta_y^2 + P_m(\delta_D - \delta_y) = \frac{1}{2}k\delta_y^2 + P_m\delta_m \tag{4-98}$$

4.4.4.2　滚石冲击特性与棚洞板弯曲变形

滚石对防护结构的冲击直接作用在棚洞顶部框架梁上，滚石与梁的冲击接触变形和梁自身弯曲变形都决定了传递到耗能减震器上冲击能量的大小，并最终影响系统的防护效果。

（1）基本假设

如图 4-53 所示，进行滚石对防护结构冲击力计算之前，先作如下假设：

① 将滚石简化为球形，质量均匀分布；

② 将混凝土棚洞板和滚石均视为刚度大、弹性模量高的弹性刚体。

（2）滚石对棚洞板的弹性冲击

若将棚洞视为半径无限大的刚性球体，则滚石对棚洞的冲击问题可转化为两弹性球体的接触问题，如图 4-54 所示。根据 Hertz 接触理论有法向接触变形 δ_e 与接触压力 P_e 的关系（Johnson，1985；Thornton，1997）为

$$P_e = \frac{4}{3}ER^{\frac{1}{2}}\delta_e^{\frac{3}{2}} \tag{4-99}$$

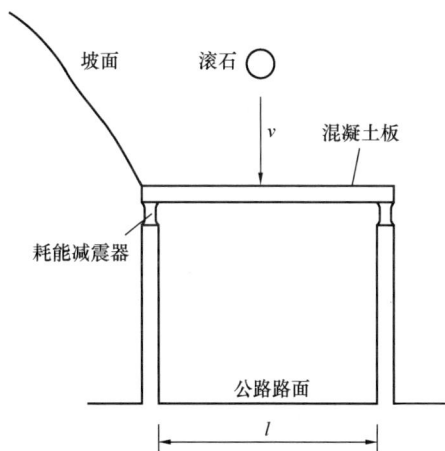

图 4-53　滚石冲击计算模型　　　　　　图 4-54　Hertz 接触问题

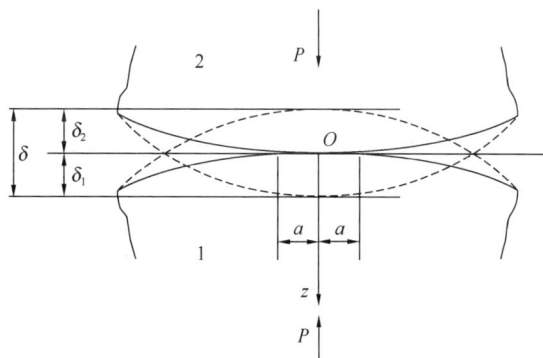

其中

$$\frac{1}{E} = \frac{1-\nu_1^2}{E_1} + \frac{1-\nu_2^2}{E_2} \tag{4-100}$$

式中，E 为等效弹性模量；E_1、ν_1、E_2、ν_2 分别为滚石和棚洞板的弹性模量和泊松比；R 为等效半径，这里假设其等于滚石半径。

在冲击过程中，滚石与棚洞板接触面产生的弹性变形而吸收的能量表达为

$$W_e = \int_0^{\delta_e} P_e \mathrm{d}\delta_e = \frac{8}{15}ER^{\frac{1}{2}}\delta_e^{\frac{5}{2}} \tag{4-101}$$

式中，W_e 为滚石与棚洞板弹性接触变形能。

（3）棚洞板弯曲弹性变形

将棚洞板简化成简支梁，假设滚石冲击点位于棚洞板的跨中，则在给定冲击荷载 P_f 作用下，棚洞板将发生弯曲变形，对应的挠度为

$$\delta_f = \frac{P_f l^3}{48EI} \tag{4-102}$$

式中，δ_f 为棚洞板跨中挠度；l 为棚洞板跨度；EI 为棚洞板抗弯刚度；P_f 为在作用在棚洞板跨中的集中荷载。

棚洞板弯曲变形对应的弹性应变能可表达为

$$W_f = \frac{P_f^2 l^3}{96EI} \tag{4-103}$$

式中，W_f 为棚洞板对应的弯曲变形能。

如图 4-55 所示，新型耗能减震滚石棚洞防护体系主要由棚洞板、耗能减震器和刚性支撑柱组成，滚石对棚洞的冲击能量主要转化为接触面上的弹性接触变形能、棚洞板的弯曲变形能和耗能减震器本身的压缩变形能。

由于滚石对防护结构的冲击本质上是一种低速冲击的问题，故对棚洞结构中组件的受力与变形问题的分析可用拟静法处理，即滚石对棚洞板的冲击接触压力与导致棚洞板弯曲和耗能减震器变形上的荷载是一致的：冲击速度较小时，耗能减震器未发生叠缩，作用在结构上的冲击力是滚石-棚洞板间的接触变形 δ_e 的函数；冲击速度较大时，软钢管减震器进入叠缩屈服工作状态，作用在结构上的冲击荷载在冲击结束前恒定为 P_m，如式（4-94）所示。

① 耗能减震器未发生褶皱屈服时的冲击耗能特性

为方便研究滚石冲击过程中的能量转换关系，揭示滚石冲击时新型棚洞结构的动力响应，本书特将棚洞结构简化为一个非线性质量弹簧体系（图 4-56）。

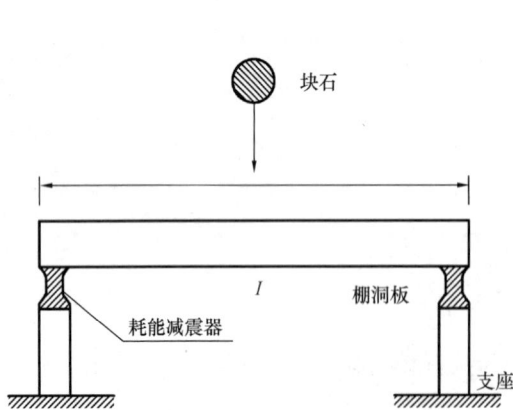

图 4-55　耗能减震滚石棚洞结构模型　　　　图 4-56　耗能减震滚石棚洞质量弹簧体系模型

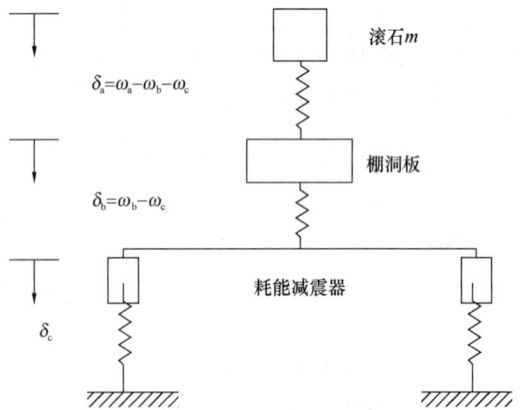

假设滚石以速度 v 对棚洞系统冲击时，耗能减震器没有进入叠缩屈服的工作状态，

则此时棚洞系统各部件所受的冲击力大小相等并满足式（4-99），结合式（4-95）和式（4-102）有棚洞板的弯曲变形 δ_f 和减震器的压缩变形 δ_d 分别为

$$\left. \begin{aligned} \delta_f &= \frac{R^{\frac{1}{2}} \delta_e^{\frac{3}{2}} l^3}{36I} \\ \delta_d &= \frac{4ER^{\frac{1}{2}} \delta_e^{\frac{3}{2}}}{3k} \end{aligned} \right\} \tag{4-104}$$

结合式（4-96）、式（4-101）和式（4-103）有此时棚洞系统通过耗能减震器的变形 W_D、滚石冲击接触变形 W_E 和棚洞板弯曲变形的耗能 W_f 分别为

$$\left. \begin{aligned} W_D &= \frac{8}{9} \frac{E^2 R \delta_e^3}{k} \\ W_e &= \frac{8}{15} ER^{\frac{1}{2}} \delta_e^{\frac{5}{2}} \\ W_f &= \frac{ER \delta_e^3 l^3}{54I} \end{aligned} \right\} \tag{4-105}$$

由于滚石的冲击能量被滚石棚洞与梁的接触变形、棚洞板的弯曲变形和减震器的压缩变形耗散了，故根据能量守恒有

$$\frac{1}{2}mv^2 = \frac{8}{15}ER^{\frac{1}{2}}\delta_e^{\frac{5}{2}} + \frac{ER\delta_e^3 l^3}{54I} + \frac{16}{9}\frac{E^2 R \delta_e^3}{k} \tag{4-106}$$

解式（4-106）便可得到耗能减震器未进入叠缩耗能工作状态前各系统的变形及耗能状况。

特别地，当 $\delta_b = \delta_y$ 时，即当 $\delta_e = \left(\frac{36\delta_y}{4ER^{\frac{1}{2}}} \right)^{\frac{2}{3}}$ 时，有圆柱减震器进入褶皱屈服工作状态的临界滚石冲击速度

$$v_y = \sqrt{\frac{2}{m} \left[\frac{8(3k\delta_y)^{\frac{5}{3}}}{15E^{\frac{2}{3}}R^{\frac{1}{3}}} + \frac{k^2 \delta_y^2 l^3}{96EI} + k\delta_y^2 \right]} \tag{4-107}$$

② 耗能减震器进入褶皱屈服后的冲击耗能特性

当滚石冲击速度 $v > v_y$ 后，圆柱壳发生褶皱屈服。此时，作用在系统各部件上的冲击荷载降低为平均压垮荷载 P_m，这使得滚石与棚洞板间的接触变形 δ_e 及棚洞板的弯曲变形 δ_f 相应减小为

$$\left. \begin{aligned} \delta_e &= \left(\frac{3P_m}{4ER^{\frac{1}{2}}} \right)^{\frac{2}{3}} \\ \delta_f &= \frac{P_m l^3}{48EI} \end{aligned} \right\} \tag{4-108}$$

对应滚石接触变形和棚洞板的弯曲变形耗能也降低为

$$\left. \begin{aligned} W_e &= \frac{(3P_m)^{\frac{5}{3}}}{15(2E^2 R)^{\frac{1}{3}}} \\ W_f &= \frac{P_m^2 l^3}{96EI} \end{aligned} \right\} \tag{4-109}$$

　　也就是说，在耗能减震器开始叠缩工作时，因系统柔度增加，棚洞板的弯曲及滚石冲击接触变形开始反弹，此时滚石多余冲击能量主要通过耗能减震器的褶皱屈服变形来完成，结合式（4-96）和能量守恒有

$$\frac{1}{2}mv^2 = 2\left(\frac{1}{2}k\delta_y^2 + P_m\delta_m\right) + \frac{(3P_m)^{\frac{5}{5}}}{15(2E^2R)^{\frac{1}{3}}} + \frac{P_m^2 l^3}{96EI} \tag{4-110}$$

思 考 与 习 题

4-1　崩塌灾害有哪些失稳类型？

4-2　崩塌灾害形成条件及诱发因素有哪些？

4-3　简述崩塌落石的坡面运动特征。

4-4　简述崩塌灾害的过程防治措施。

4-5　论述崩塌的运动冲击计算方法。

第 5 章 地 质 灾 害 链

本章运用地质灾害联系、发展和诱导机制，分析各种地质灾害之间的相互关系；阐述地质灾害链的定义、分类和分级，总结中国地质灾害链的分布规律，分析地质灾害链的研究现状、发展方向；介绍强震次生灾害链，崩塌和滑坡转化为泥石流灾害链，崩塌、滑坡、泥石流堵江-溃决-洪水灾害链，冰湖溃决-泥石流灾害链形成机理、成灾机制。

灾害链是指原生灾害及其引起的一种或多种次生灾害所形成的灾害系列。所谓原生灾害是指由动力活动或环境异常变化直接形成的自然灾害；次生灾害是由原生灾害引起"连带性"或"延续性"灾害。地质灾害链是指由成因上相似并呈线性分布的一系列地质灾害体组成的灾害链或者是由一系列在时间上有先后，在空间上彼此相依，在成因上相互关联、互为因果，呈连锁反应依次出现的几种地质灾害组成的灾害链。

5.1 地质灾害链的特征

5.1.1 地质灾害链诱发的动力条件

从诱发动力条件差异看，地质灾害链诱发的动力条件可分为内动力型地质灾害链和外动力型地质灾害链。内动力型地质灾害链的发生主要受控于地质构造活动引起的地震（图5-1）、断裂蠕变等导致地质灾害发生的过程。强震不仅可形成地震断层、地裂缝、地震破裂带，还可以诱发新的地震发生。同时，在高山峡谷地区或黄土地区，强烈的地面震动经常导致大规模的崩塌、滑坡发生进而形成堰塞湖-泥石流-滑坡、崩塌地质灾害链。如 2008年 5·12 汶川地震诱发的汶川县唐家山滑坡，形成地震-滑坡-堰塞湖-洪水灾害链，为典型内动力型地质灾害链。1933 年叠溪大地震-崩塌、滑坡-堰塞湖-堰塞湖溃决-泥石流-洪水灾害链，仅堰塞湖溃决就导致 2523 人丧生。

外动力型地质灾害链的受控因素相对较为复杂，除了受常规的降雨和人类工程活动影响外，还与高山峡谷区重力卸荷、高寒山区冻融等因素密切关联，如 2018 年金沙江白格滑坡-堰塞湖-洪水灾害链；2000 年易贡滑坡-碎屑流-堰塞湖-洪水灾害链等，为典型外动力型地质灾害链。

由内、外动力地质共同作用诱发的地质灾害链称为复合型地质灾害链，如 2010 年四川省绵竹市清平乡地震-暴雨-滑坡-泥石流-堰塞湖的地质灾害链就是典型的内、外动力耦合型地质灾害链。

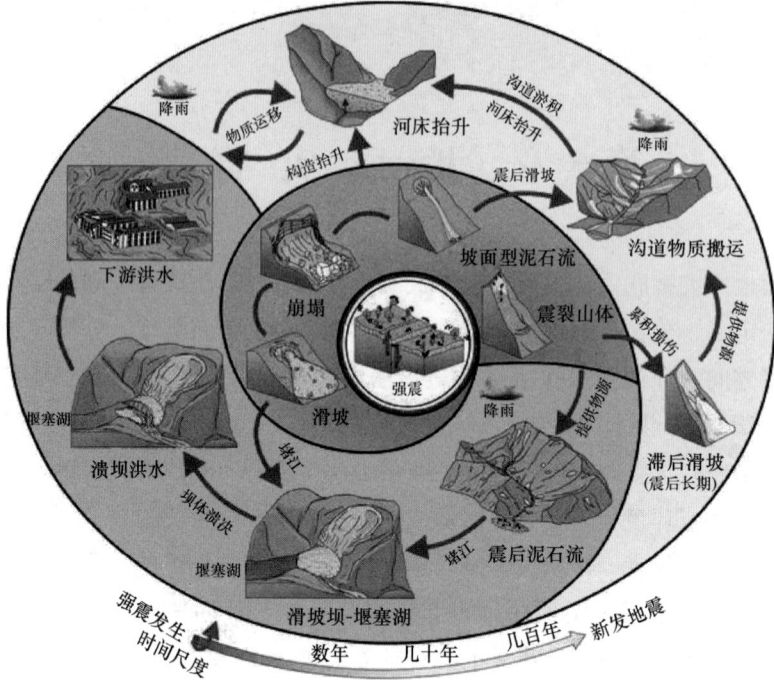

图 5-1　地震诱发地质灾害链

　　虽然西南山区重大历史地质灾害链诱发动力条件复杂，但根据 19 次历史灾害链事件统计表明，暴雨和地震诱发的地质灾害链约占总数的 79%，尤以暴雨控灾特征最为显著。地质灾害链多集中发生在 5～9 月，与汛期强降雨关系密切；地震诱发的链式地质灾害与震级大于 Ms7.5 级及以上强震有较强的对应关系。

5.1.2　地质灾害链的等级

　　依据地质灾害链的规模不同，依次可以分为四级：（1）一级地质灾害链，全球级别的地质灾害链，如环太平洋地质灾害链和阿尔卑斯-喜马拉雅地质灾害链。上述两个灾害链的共同特点是分布范围广、灾害类型多、灾害严重。（2）二级地质灾害链，区域地质灾害链，是指在一定的区域内控制地质灾害发生的各种因素相似，地质灾害的基本特征和形成机制类同。由这些灾害体构成的地质灾害链有四川盆地崩滑流区域性地质灾害链和黄土高原崩滑流地质灾害链。（3）三级地质灾害链，流域地质灾害链，是指沿大江大河展布的地质灾害链，如长江流域地质灾害链。（4）四级地质灾害链，单条冲沟地质灾害链，是指沿一条冲沟展布的地质灾害链。

　　受地理位置及地形条件的影响，许多大江大河流域的上游地区，巨大的地形高差导致灾害运动距离远，一旦形成链式灾害，其影响范围会波及下游数百甚至数千千米远，并造成灾害。如 2000 年易贡滑坡堵塞易贡藏布后形成堰塞湖，溃决洪水一直影响下游数千千米外的地区，具有典型的跨国界成灾特征，其影响范围极为罕见。2018 年发生在西藏自治区内的白格滑坡堵塞金沙江后，形成的溃决洪水在下游四川省、云南省境内造成灾害，其影响范围远达数百千米，具有典型的跨省界成灾特征。因此，一些地质灾害链具有影响区域跨国界、跨省界、跨县界等行政界线的显著特征。

5.2　地震-滑坡（崩塌）灾害链

强地震由于震级高、持续时间长、震区地形地质环境复杂，地面地震动响应强烈，触发崩塌滑坡灾害呈现出一系列与通常重力环境下地质灾害迥异的特征，如独特的震动破裂和溃滑失稳机制、超强的动力特性、大规模的高速抛射与远程运动、大量山体震裂松动与坡麓物质堆积、众多的崩滑堵江等。强震过程中坡体动力破坏的基本过程和特征包括震裂、溃滑、溃崩、抛射等。

5.2.1　震裂（溃裂）（Shattering）

强震过程中，由于地震波在坡体内部的传播，形成特定的震动破裂体系，以坡体后缘陡峻的拉裂面为典型代表，同时伴随有坡体的震动松弛和局部解体等。坡体震动溃裂产生陡峻的破裂面，从而形成滑坡的后缘边界（滑坡断壁）是本次地震触发地质灾害，尤其是大型滑坡灾害很显著的一个特征，这些"滑坡断壁"不仅陡立，而且裂面粗糙，呈典型的张性或张剪性特征。其形成机制可理解为地震波在坡体内传播，遇到不连续界面时，产生复杂的动力响应过程，形成界面的"拉应力效应"，从而导致坡体被拉裂。

根据有限元数值分析和振动模拟试验，在地震过程中，受地震波的作用，尤其是横波作用，斜坡岩土体尤其是表部岩土体出现方向正负交替的反复拉剪作用，导致斜坡处于极度危险状态，拉剪作用首先在斜坡危险区表面产生拉张裂缝，坡体内产生潜在的剪动变形，这是斜坡变形破裂的主要原因。如果深入分析并细致划分这种正负交替的反复拉剪作用造成的斜坡响应，可将斜坡震裂变形机制划分为 3 种破裂效应。

5.2.1.1　初动拉剪加速破裂效应

这种效应为地震波到达时的初动效应，是造成斜坡破裂的重要因素之一。具体而言就是指斜坡在接触到第一波地震初动时就产生的破裂现象。如图 5-2 所示，在地震向右初动时，处于静止状态的斜坡被瞬时施加了一个初始加速度，初动方向作用将造成斜坡具有整体左旋趋势，坡体与初动方向相同的一侧受拉，剪应力斜向坡上，造成坡体尤其是表部产生松动变形；相反的一侧受压，剪应力斜向坡下，且瞬时增大。当坡顶较窄时，与初动方向一致的坡面首先出现拉裂，坡度越大拉裂部位越靠下，且发育高程低于方向相反的一侧；坡顶较宽时与初动方向一致的一侧坡顶首先出现拉裂，随着坡顶继续加宽，裂缝逐渐向同侧坡肩偏移。这些裂缝均与坡面垂直，即与斜坡坡向相反（图 5-2）。当斜坡岩体风化卸荷严重，本身在自重应力状态下稳定性就较差时，可能会立刻出现崩塌或滑动破坏，否则主要以变形破裂为主。地表的变形破裂主要为拉张破坏，兼有下滑剪动趋势。

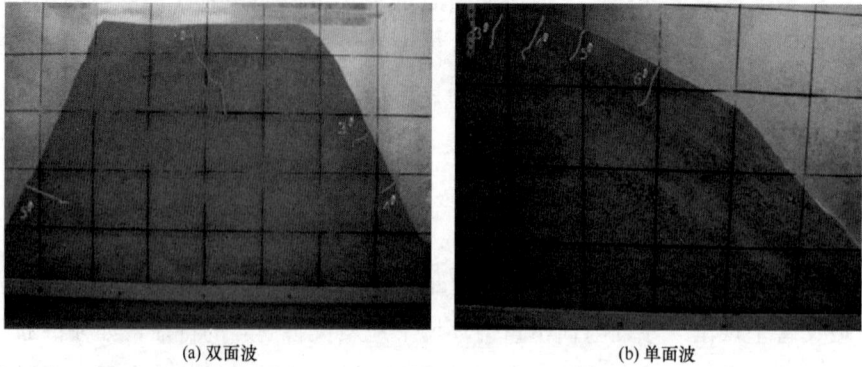

(a) 双面波   (b) 单面波

图 5-2 斜坡振动过程中产生的变形裂缝

注：初动方向向右。

5.2.1.2 重复拉剪破坏效应

地震波的作用尤其是 S 波将造成斜坡体左右晃动，其作用效果将使坡体应力方向随时发生改变，甚至相反，斜坡表部表现更为强烈。表部的拉应力和剪应力的正负交替变化及反复作用，将使坡体变得更为脆弱，一旦达到其破坏强度将迅速破坏。需要强调的是，当斜坡由初动方向改为相反方向振动时，初动方向相反一侧的坡面开始处于向上的受拉和斜向上剪应力作用，拉应力一定程度上会缓解坡面的受剪压程度，剪应力的作用也使坡体存在向上运动趋势，一定程度上缓解了初动造成的加速破坏趋势。而与初动方向一致的坡向，在初动时对坡体下滑有很大的缓解作用，当波动方向转向初动相反方向时，该侧坡体由于初动时已经获得了一个沿初动方向的初始速度，而相反方向的加速度作用效果使该侧坡体惯性力激增，变形破裂效应更为强烈。因而，倾向与地震初动方向一致的斜坡破坏往往比另一侧规模大、变形破坏强烈，其过程及现场实例如图 5-3 所示。因此，斜坡的复动

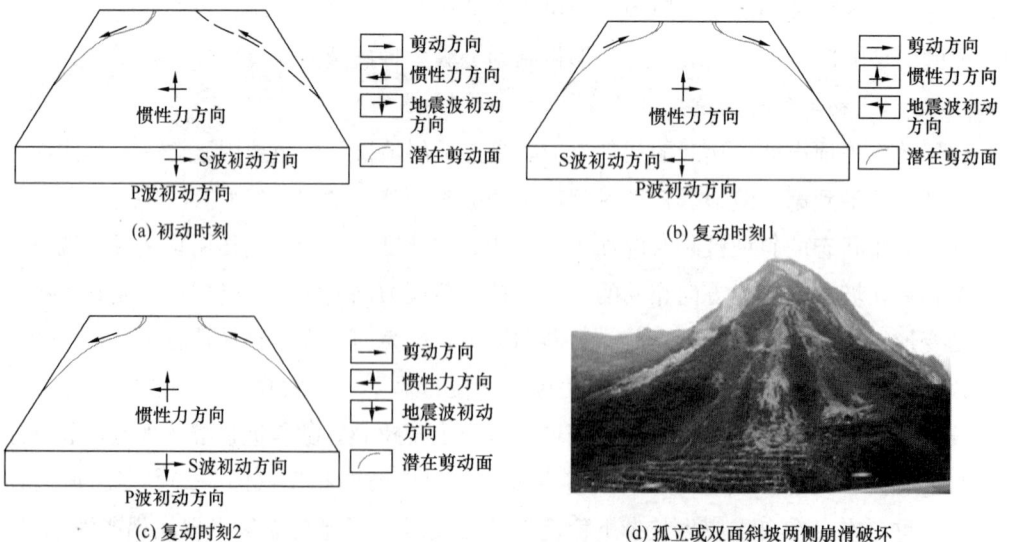

(a) 初动时刻   (b) 复动时刻1

(c) 复动时刻2   (d) 孤立或双面斜坡两侧崩滑破坏

图 5-3 重复拉剪破坏效应示意图及实例

或重复拉剪作用是造成斜坡变形破裂和破坏的主要因素。需要再次强调的是，当坡高高于临界坡高时，上部坡体振动方向将与地震波振动方向一致，上部坡体的变形破裂规律将可能与上述规律相反，但其作用效应是一致的。

5.2.1.3　双坡共剪破裂效应

与斜坡重复拉剪破裂效应相匹配，在该效应中还存在一类特殊的效应，即双坡共剪破裂效应。这种效应为孤立山体、条形山脊当顶部较窄时变形破坏为何更为强烈，破坏后的斜坡堆积物为何比较破碎提供了较好的解释。振动模拟试验结果显示，对于坡顶较窄的双面坡，裂缝的产生往往在两侧坡面上最为发育，且向坡内扩展时方向与坡向垂直（图 5-4）；随着坡顶面加宽，裂缝逐渐上移并开始出现在坡顶，同时沿坡顶逐渐向相对的两侧坡肩偏移，两侧裂缝均为对侧坡体拉剪破坏的潜在位置及延展方向，也就是说二者存在明显的交叉，交叉区域位于坡顶共同作用区，重心偏向地震初动方向，且范围大。数值模拟分析结果也显示出了坡顶共剪区域及剪动面的形态，越靠近坡内坡度越缓，靠近坡外坡度变陡。在共剪区域内，坡体受到方向相反的往复拉剪作用，且存在两个剪动面，即共剪作用面，与其他区域的往复单剪不同。共剪区内的岩体在共剪作用下将变得更加破碎，更有利于斜坡的变形破裂。

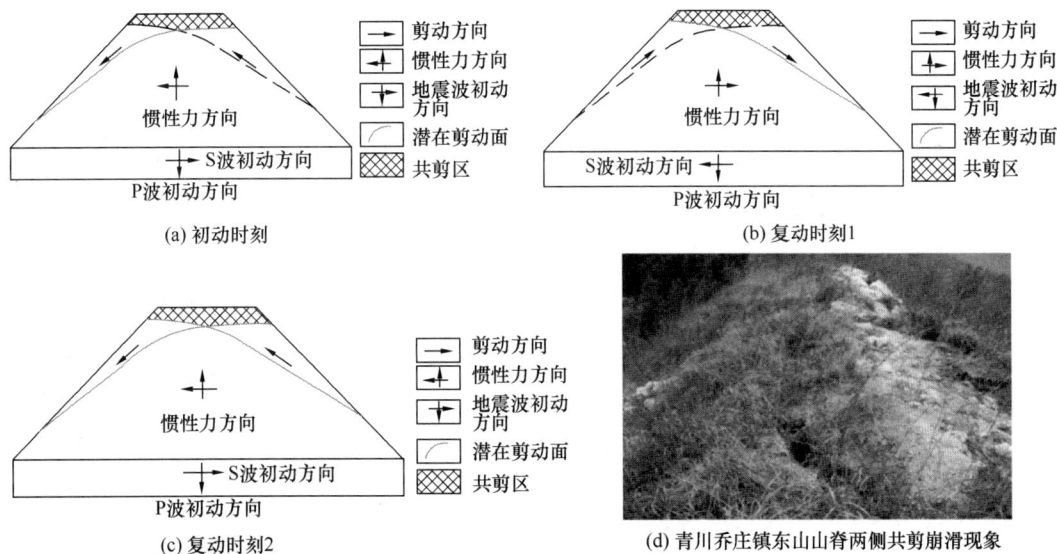

图 5-4　地震触发双坡共剪破裂效应

5.2.2　溃滑（Shattering-sliding）

震动溃裂坡体在强震持续作用下沿陡峻的"后缘拉裂面"产生的溃散型滑动，通常表现为如"散粒体"似的崩溃、快速扩展散开，如北川老县城王家岩滑坡，就呈现极为典型的溃散型滑动特征（"溃滑"）。

　　这类斜坡失稳机制的动力过程是：在强震作用下，地震波在坡体中，尤其是在不连续界面处产生复杂的传播行为，从而导致坡体内部产生溃裂破坏，形成特定的潜在"滑动面"，并伴随有坡体的松弛，甚至解体；随后，在强震持续作用下，坡体沿特定的"面"产生整体的溃散型下滑，形成滑坡。

　　这是汶川地震触发大型滑坡的主要模式。这种模式根据坡体的结构和对滑动面的控制意义可以分为拉裂-溃滑型（图 5-5a）、顺层-溃滑型（图 5-5b）、剪断-溃滑型（图 5-5c）和复合型。其中拉裂-溃滑型是最为典型的一种破坏形式。

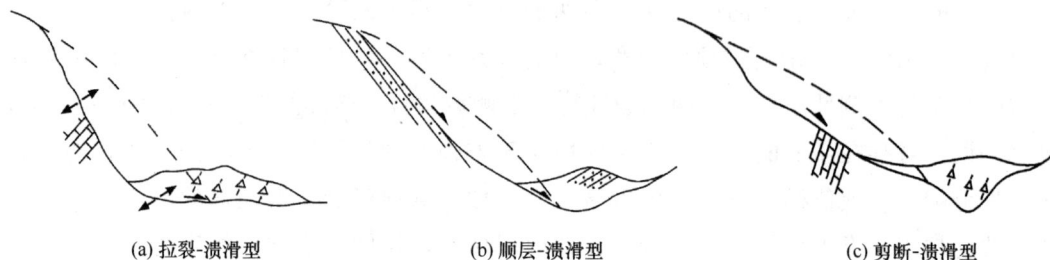

(a) 拉裂-溃滑型　　　　　　　(b) 顺层-溃滑型　　　　　　　(c) 剪断-溃滑型

图 5-5　溃滑型滑坡的几种基本类型

　　拉裂-溃滑型主要发生在反倾或横向结构的坡体中，较软的变质岩系和坚硬的碳酸盐系地层中均有出现，如大光包滑坡、王家岩滑坡、东河口滑坡、老鹰岩滑坡、肖家桥滑坡和小岗剑滑坡等。其动力过程是：强震持续作用下，随着坡体的振动溃裂，在坡体后部形成陡峻、贯通的后缘拉裂面（震裂面）；之后，坡体下部也因垂向和水平向的震动而产生张剪性破坏，从而形成统一滑面，溃裂的坡体随之似"散粒体"一样溃散、滑动下来，形成滑坡。这类滑坡通常具有陡峻粗糙的滑坡后缘断壁（拉裂面）和一跨到底的堆积特征。

　　根据上述的分析，可将拉裂-溃滑型滑坡的失稳机制及动力过程概括为如图 5-6 所示

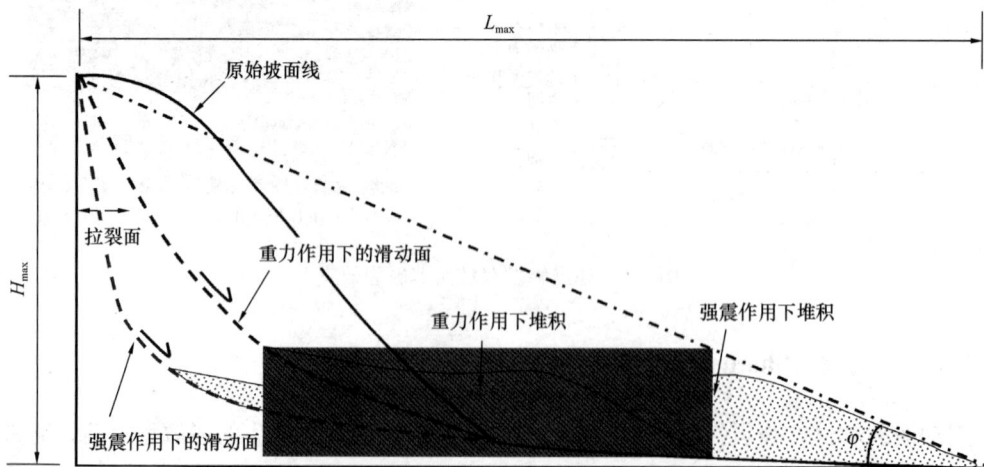

图 5-6　地震触发溃滑型滑坡的概念模型

的"概念模型"。可见，相对一般的重力条件下以"弧形"为主要特征的滑动面，在强震作用下，由于地震波在坡体内部产生的张拉作用，地震溃滑滑坡更表现为以陡峻"后缘拉裂面"为主的滑面构成特征。由于滑面的陡峻，加之地震的动力作用，震裂（松）的坡体在滑床上很难稳定，从而"倾泻"而下，产生溃滑；当前缘没有阻挡时，将产生高速远程的滑动。

5.2.3　溃崩 (Shattering-falling)

坡体在强震持续作用下，首先产生震动溃裂，然后崩塌破坏；其特点是破坏过程不受特定的滑动面控制，如北川老县城北川中学新区滑坡即为典型的溃崩型破坏。

坚硬块状岩体中的大型"崩塌"往往表现"崩溃"的特征。强烈震动导致的水平和垂直加速度很大，在这种情形下，陡峻的基岩坡体被震裂松弛，从而导致坡体迅速解体为巨大的块石，"崩溃"而下，破裂面表现出顺陡、缓节理拉张的锯齿状特征，北川老县城的新北川中学岩崩就是典型。根据坡体结构的差异，这一类型的滑坡可能存在 4 种情形（图 5-7）：

倾倒型（图 5-7a）：近直立层状或似层状结构山体的浅表部，或近直立陡崖的强卸荷松弛带，在强震作用下，陡立岩层顶部或中上部被折断、倾倒、摔出。残留岩层上通常可见清晰张性折断面，表现为"断头"。

溃屈型（图 5-7b）：近直立层状或似层状结构山体的浅部，或近直立陡崖斜坡的强卸荷松弛带，在强震作用下，陡立岩层中部或中下部鼓出、溃屈、摔出，坡体垮塌，表现为"齐腰宰断"。

溃散型（图 5-7c）：结构破碎的山体（包括厚度相对较大的松散层坡体）在强震作用下，整体破裂、解体、溃散、垮塌；崩落物质通常散布于坡体表面。

溃喷型（图 5-7d）：极震区结构破碎的山体（包括厚度相对较大的松散层坡体），在强震作用下，迅速破裂、解体，岩屑、岩块高速喷出，犹如"爆炸"。崩落物质通常散布在较大范围，并沿沟形成高速碎石流。

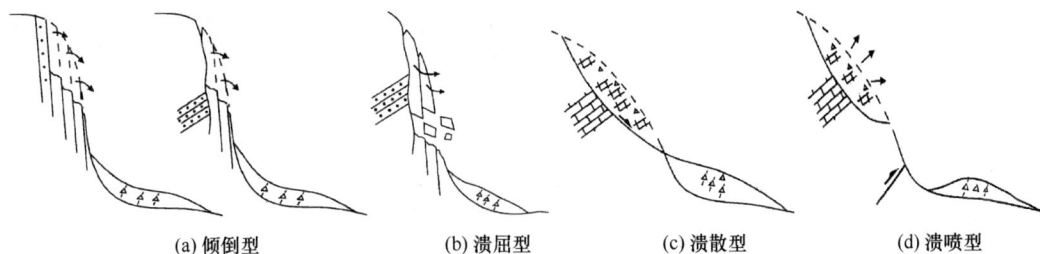

(a) 倾倒型　　　　(b) 溃屈型　　　　(c) 溃散型　　　　(d) 溃喷型

图 5-7　溃崩型滑坡的几种基本类型

5.2.4　抛射（Ejection）

靠近发震断裂或震中区的坡体，由于地震波的地形放大效应，在坡体顶部或上部产生很高的水平加速度响应，从而导致局部岩体被临空抛射的现象。当水平和垂直加速度均很高时，还会导致这部分坡体被"连根拔起"，并向坡外抛出，这种动力过程特点是往往可以见到"灯盏"式的破坏面。

大量的实际调查表明，在汶川地震的强震区，坡体物质被从高位抛出的现象是极为普遍的，大体可以分为局部块体的抛射和大规模坡体物质的整体抛射。

局部块体的抛射在沿岷江、绵远河等河流两岸公路和河床上普遍可见，被抛射出来的巨石规模大者可达百余吨（图 5-8），甚至数百吨。这些巨石可以在对应的坡体上找到它们的"来源"，但是却找不到它们运动的痕迹，显然是被强大的震动临空抛射出来的，而且不少呈直立状立于地表或插入地下一定深度。

许强和黄润秋计算了位于震中映秀百花著名的"地震石"，得到该块重达 300 余吨的巨石被临空抛射时，抛射点的地面运动加速度高达 1.38g。虽然这种估算是近似的，但它反映了地震过程中该区的地震加速度的大体水平。

图 5-8　百余吨的抛射巨石

第二类是大规模的坡体物质整体抛射。在极震地区，除了小规模的块石抛射外，还可以见到许多大滑坡也具有令人难以置信的"大规模"坡体物质被整体抛射出来的现象，其数量达数十处，体积大者可达数百万立方米，抛射距离最大可达数百米，如青川东河口滑坡（图 5-9），该滑坡距发震断裂仅 3km，地貌上属中低山区，滑坡上部白云质灰岩段地形陡峻，坡度 70°～80°，局部为近直立陡崖，下部板岩、千枚岩段相对较缓，为 20°～30°。

地震发生时，高陡的地形特征和"上硬下软"这类独特的坡体结构，导致坡体上部有很强的地面振动放大效应；水平和垂直加速度的急剧增大，使上部白云质灰岩瞬间溃裂破坏，并在水平和垂直加速度的联合作用下，上部坡体被"连根拔起"，然后整体抛出，形成抛射型的滑坡灾害。

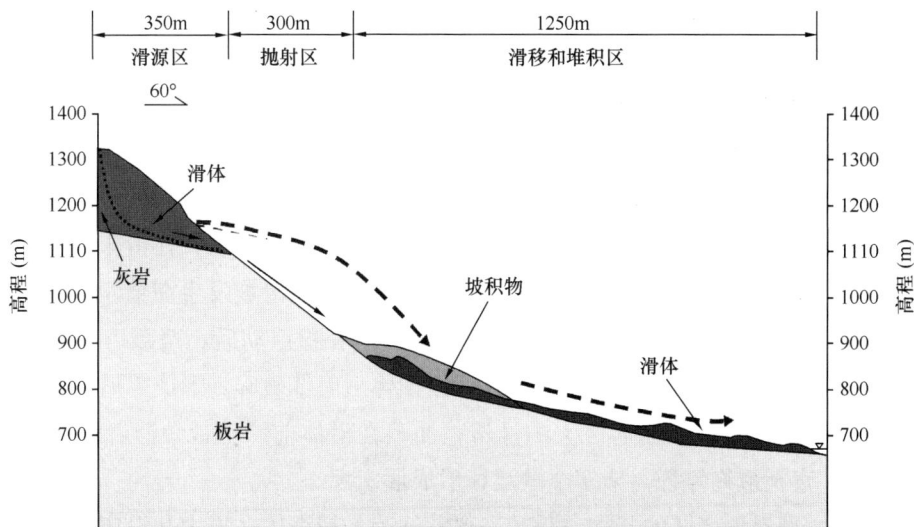

图 5-9　青川东河口滑坡的运动过程示意图

5.3　滑坡（崩塌）堵江-堰塞坝-洪水

滑坡堵江是指山区沿江两岸斜坡体在地震、降雨、冰川融雪等外部营力作用下失稳堵塞河谷并形成堰塞坝（图 5-10）。滑坡堵江可诱发一连串次生地质灾害，如造成上游形成堰塞湖洪涝、下游溃坝洪水泥石流、河道失稳、河床动力学变化、触发二次滑坡并产生级联效应。滑坡堵江成坝在我国曾造成了灾难性的后果，如 1786 年四川磨西地震诱发的滑坡堰塞湖，10d 后溃决洪水造成约 10 万人罹难，这是有记录以来人类历史上最严重的一

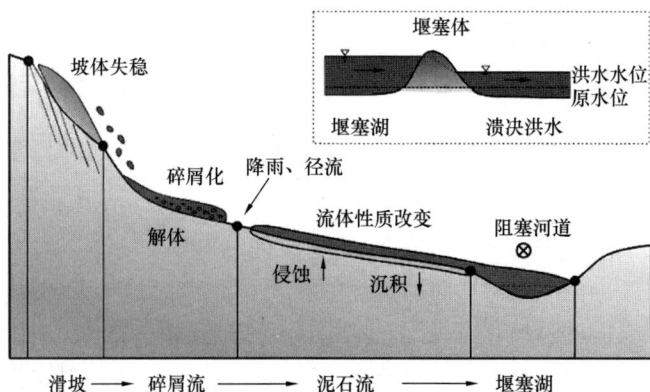

图 5-10　滑坡堵江成坝及其灾害链效应示意图

次滑坡堵江灾害事件；1933 年叠溪堰塞湖溃决造成 2 千多人罹难；2008 年汶川地震诱发大量岩质滑坡形成上百座危险性较高的堰塞坝，其中险情最大属唐家山堰塞坝，直接造成 100 余人遇难，高危堰塞湖严重威胁下游 100 余万人的生命安全。

5.3.1　滑坡（崩塌）堵江-堰塞坝特征

大型滑坡堵江事件多发生在高山峡谷区，而高山峡谷区受强烈地质构造的影响，多分布活动性断裂带，造成岩土体结构复杂破碎，软弱岩层极为发育；同时，受高山峡谷地形地貌影响，滑源物质与河川之间往往存在巨大高差，滑坡以整体形式起动运动后，在重力和地形的相互作用下逐渐解体破碎，滑坡体多呈"高速、碎裂化"等特征。例如，易贡滑坡体与藏布河床高程落差高达 2000m，滑体以巨大的能量高速流动，在滑床上经多次碰撞后，转换成碎屑流，以松散堆积体形式跌落于河谷中。白格滑坡发生在金沙江右岸，滑源物质与金沙江江面最大相对高差约 840m。滑源区岩体失稳启动后，蕴藏巨大势能向江面运动，岩土体在下滑运动过程中撞击河床和对岸山体后解体破碎，形成碎屑流，滑体以极快的速度冲入金沙江后，又激起巨大的涌浪，涌浪在滑体前缘"带领"着滑体快速逆坡"爬"升左岸，直至最终停积，堵塞金沙江，形成堰塞坝。

初步分析大型滑坡堵江的基本过程和一般特征为：崩滑体在重力和滑床地貌双重作用下不断渐进碎裂，影响滑体速度和单位时间入江体积量；河岸地形地貌限制并挤压崩滑体进一步碎裂；碎裂的崩滑体在河床水动力条件影响下，水中滑行、解体、分离、冲向对岸并横向扩展，造成大规模堵塞江河形成堰塞坝。而当前针对滑坡堵江成坝演进过程的研究，尚没能充分考虑滑坡体的崩解过程，这可能成了制约滑坡堵江成坝灾变机制认知的决定性问题。

5.3.1.1　崩滑型堰塞坝几何特征

坝体几何形态和材料特征极大地影响着溃决过程。崩滑型堰塞坝与人工坝相似，通常具有迎水坡、坝顶平面、背水坡三部分，坝体整体呈楔形结构，坝高从数米至百米不等，坝坡坡度通常在 5°～25°范围。与人工坝不同，由于受到滑坡距离、方量的影响，滑坡体入水抵达对岸后，可能静止即坝顶平面向对岸倾斜，而当抵达对岸速度较大时，出现爬升回落的过程，使得坝坡向已岸倾斜。此外，崩滑型堰塞坝常发生于河宽较窄地带，该类地形一方面为堰塞坝堵塞河道创造了条件，另一方面也限制了坝体在垂直于河道方向上坝长发展，使得在滑坡方量一定的情况下，顺河道方向上坝宽较长，如唐家山堰塞坝 803m，叠溪堰塞坝 1300m，易贡堰塞坝 2200～2500m。这一特殊几何外形，使得堰塞坝坝体材料侵蚀运移过程受纵剖面上坝体坡度影响大。

5.3.1.2　崩滑型堰塞坝材料特征

崩滑型堰塞坝坝体材料具有宽级配、堆积物松散的特点。堰塞坝坝体材料来源于附近山体，但在运动过程中又受到碰撞破碎等作用影响，使得坝体材料与滑源区材料岩性相同，但同时颗粒级配存在明显差异。通过野外坝体现场调查，发现坝体材料粒径分布极宽，从粉土、黏土到碎石，远远大于人工坝材料粒度分布范围，这种宽级配特征使得溃决过程中粗大颗粒对坝体溃决过程以及溃决洪水的影响很难忽略。

坝体材料不均匀分布是堰塞坝最重要的特征。主要是：（1）孔隙分布不均匀。通过对堰塞坝的现场测量，发现堰塞坝的孔隙比在 0.59～1.11，且随着深度的增大孔隙比逐渐减小，坝体逐渐变密，使得下部岩土体较上部岩土体更难侵蚀，从而导致自然界中堰塞坝全溃事件很少发生。（2）颗粒级配空间分布不均匀。在定量坝体材料空间分布上，崩滑型堰塞坝粗大颗粒聚集于运动滑坡体龙头附近，而细颗粒存在于滑坡体尾部，导致无论在接近对岸侧时龙头处速度多大，粗大块石会先到达河床后被阻停，细小颗粒后到达覆盖初始堆积区，最终导致崩滑型堰塞坝巨石颗粒在一侧分布而细颗粒分布在另一侧，造成坝体材料在空间上非均匀分布。这种坝体材料不均匀分布的特征导致自然泄流口出现粗颗粒为主一侧时，溃决速率远远小于出现在细颗粒一侧时。

5.3.2　滑坡堵江成坝的理论分析

滑坡堵江成坝的形成演进机制极为复杂，往往与滑坡体动力和河水动力特征及二者的耦合作用密切相关，认识滑坡堵江成坝的过程是理论分析的前提。滑体以一定的速度向河谷方向运动，在运动过程中由于摩擦阻力使动能不断减小，故远程滑坡堵江的形成，要求滑体具备一定的速度，以满足完全达到河谷对岸的条件。滑坡堵江成坝的形成不仅与滑体速度相关，还与滑体的宽度和深度等特征相关，除此之外，河道宽度和河水流量也影响滑坡堵江的形成。

滑体是否能够堵塞峡谷取决于其速度与河道的宽度，在初步认识滑坡堵江成坝机制的基础上，可从滑坡体与河道流体动量平衡的角度论证滑体堵塞河道形成堰塞坝的必要条件。因此，系统考虑滑坡体密度、体积量、河道流体密度、河道水深、滑坡体与主河流量比、滑动方向与主河交汇角、主河宽度、滑坡体的抗冲强度和主河底床坡度等影响因素，建立基于动量平衡的滑坡堵江理论模型，是滑坡堵江成坝理论分析的研究重点。

物理模型试验是揭示滑坡堵江成坝演化机制最直接可信的研究方法，研究内容包括灾害荷载作用下的堰塞坝稳定性、堰塞坝溃坝机制、溃坝过程分析等。有关堵江成坝过程的模型试验是近年来的研究热点，模型试验可通过水槽试验系统分析流速比、流量比、交汇角、密度、泥石流总量和主河水力条件对泥石流堵江的影响，建立堵江临界判别式。

值得一提，崩滑体运动堆积过程远比室内试验复杂得多。首先，当前试验中河道的模拟简化为陡壁的矩形断面，主河宽度是定值，其对堵江的影响结果容易确定。但实际滑坡体入江时往往主河两岸并不是陡壁，主河两岸往往具有一定缓坡角，故主河两岸距离随高程递增，峡谷宽度越宽，对滑坡堵江成坝的影响愈发显著。其次，有关滑坡堵江的模型试验研究未能全面考虑滑坡动力条件和河水动力条件等堰塞坝形成的关键要素，有关滑坡体碎裂化的运动机制与堆积形态及结构特征之间的相互关系也缺乏研究。故发展先进的物理模拟方法，揭示滑坡堵江成坝机制仍有待进一步深入研究。

5.3.3 堰塞坝溃决洪水

5.3.3.1 溃坝阶段

从宏观上把握溃决特征，依据溃决特征将整个溃决过程划分多个阶段，分阶段开展不同几何形状、不同材料下堰塞坝溃决研究是目前溃坝过程研究所普遍采用的方式。

在堰塞坝溃决阶段划分中，在山区沟道中常见的半堵型堰塞坝溃坝研究中，通过大型沟道堵塞体级联溃决物理模型试验，依据泥沙空间侵蚀率分布特征，可将堰塞坝溃决分为坝脚侵蚀阶段和侵蚀回退阶段。考虑到全堵型堰塞坝侵蚀过程与半堵型堰塞坝的差异，堰塞坝溃决过程由于受到坝体材料中黏性土的影响，可分为溯源侵蚀阶段和侧边拓展阶段。考虑坝体成因的影响，在不同成因下（降雨型、地震型）堰塞坝溃决呈现溯源侵蚀阶段、滑坡阶段、完全漫顶的三阶段溃决模式。

然而，由于堰塞坝坝体材料组成复杂、坝体结构多样，其在溃决过程中除受水流侵蚀产生竖向下切和横向扩展以外，还包含坝体局部崩塌、滑坡等过程，造成堰塞坝溃决全过程统一量化十分困难。目前堰塞坝溃决阶段划分仍以定性划分为主，通过观察溃决过程中特征变化，如坝体几何形状变化及水流流量突变来划分不同阶段。该种方法不便于不同尺度、不同边界条件结果对比分析。如何找到统一的溃坝洪水流态或者坝体变形的无量纲数，如临界弗洛德数对溃决过程进行统一划分，是堰塞坝溃决研究的重点。

堰塞坝一旦溃决后会形成灾难性的溃决洪水。一方面洪水会冲刷沿岸建筑和交通设施，对人民生命财产造成直接危害；另一方面溃坝洪水又会侵蚀、淤埋河床，改变原始河流地形，长期改变河流地貌，对人类生产生活产生间接影响。

5.3.3.2 溃决洪水影响因素

在过去的几十年里，人们做了大量的工作来提升对堰塞坝溃决洪水的认识。对灾害事件试验反演研究验证了堰塞坝溃决造成的溃决洪峰范围，发现坝体材料对溃决洪水的影响小于初始水动力条件对溃决洪水峰值流量的影响。在坝体几何形状对溃坝洪水影响方面，随着坝高的增大溃决洪水流量迅速增大。在坝体材料对溃决洪水影响方面，堰塞坝坝体内的巨石颗粒对降低溃决洪水水位和延长下游峰值水位到达时间有明显作用。溃决洪水峰值流量会随着中值粒径的减小以及细颗粒含量的增大而增大。平均粒径越大坝体整体抗冲刷能力越强，溃口发展越缓慢。在边界条件对溃决洪水影响方面，随着上游来流增大，溃决洪水峰值流量逐渐增大，坝后松散堆积物一方面能够增大溃决流量，增强致灾能力，另一方面能够延长峰值流量到达时间，为下游人员疏散提供宝贵时间。

5.3.3.3 溃决洪水预测

表 5-1 总结了现有堰塞坝溃决洪水广泛采用的洪峰流量计算公式。统计计算结果显示，溃决洪水洪峰流量是堰塞坝坝体几何结构（坝高）和堰塞湖参数（湖水水位、湖体积）的函数。目前在针对已有经验公式的评述中，通过对现有经验计算公式进行过比较，考虑多参数（例如初始库容、初始坝高）溃决洪水计算方程要远比单参数变量方程预测溃

决洪水峰值流量更为准确，但目前经验公式对于溃坝、洪水预测仍然不足，其原因在于现有公式并不能定量表达坝体侵蚀过程。因此为了提高流量预测方程的准确性，在统计模型中根据材料侵蚀作用效果将堰塞坝分为 3 个级别（即高抗侵蚀性、中抗侵蚀性、低抗侵蚀性），并定量地采用参数对不同材料坝体进行赋值，进而运用在不同坝体溃决洪水峰值流量预测中。

溃决洪水峰值流量计算经验公式 表 5-1

经验公式	来源
$Q_p = 1.268(H_w + 0.3)^{2.5}$	G. W. Kirkpatrick，1977
$Q_p = 13.4H_d^{1.89}$ 、 $Q_p = 1.776V_l^{0.47}$	K. P. Singh，A. Snorrason，1984
$Q_p = 1.154 (V_w H_w)^{0.412}$	T. C. MacDonald，J. Langridge，1984
$Q_p = 0.763 (V_l H_w)^{0.42}$	J. E. Costa，1985
$Q_p = 0.063 PE^{0.42}$ 、 $Q_p = 0.607V_w^{0.295} H_w^{1.24}$	J. E. Costa，R. L. Schuster，1991
$Q_p = 0.0443g^{0.5}V_l^{0.367} H_w^{1.40}$	M. G. Webby，1996
$Q_p = 0.0176 (V_w H_w)^{0.606}$	M. W. Pierce 等，2010
$Q_p = g^{0.5} H_d^{2.5} \left(\dfrac{H_d}{H_r}\right)^{-1.371} \left(\dfrac{V_l^{1/3}}{H_d}\right)^{-1.371} e^a$	M. Peng，L. M. Zhan，2012
$Q_p = 0.083 (V_w H_w)^{0.535}$	W. M. Liu 等，2019

注：H_w 为坝后初始水位与坝体残余高差；H_d 为坝高；V_l 为坝后库容；V_w 为坝后库容释放量；PE 为坝后水势能；g 为重力加速度；H_r 为坝后水位；a 为坝体侵蚀性参数。

5.3.3.4 洪水演进

下游洪水演进过程主要受洪水性质和下游河床地形影响。堰塞坝溃坝洪水演进时，堰塞坝溃坝洪水泥沙含量高，在溃坝的大部分时间内为携沙水流甚至是泥石流，导致其演进过程较一般洪水更为复杂。

堰塞坝溃决洪水流量沿程下降缓慢，其下降速率受峰值流量、溃坝程度影响显著。历史真实溃坝案例统计结果显示，在唐家山堰塞坝下游 60km 处观测到的溃决洪水峰值流量与上游峰值流量相比几乎没有消退现象；同样地，在唐古洞堰塞坝和叠溪堰塞坝下游 200km 和 100km 处也仍能观测到流经该处最大流量超过上游坝址处 50% 的峰值流量。

在峰值流量沿程下降影响因素中，峰值流量越大其持续时间越长，溃决洪水流量下降速率越缓慢。其原因在于水流流量越大，其初始能量越大，使得在克服河床摩擦上所消耗的能量相对越小，从而使得水流流量影响也随之减小，最终导致越大的峰值流量，其往往沿程流量下降速率越慢。此外，在对巴基斯坦 Attabad 堰塞坝现场灾害评估时预测该坝在溃坝高度为 1/4 坝高、1/3 坝高、1/2 坝高或者全溃的情况下下游地区峰值流量沿程变化，1/2 溃坝的峰值流量沿程减小速度远超过 1/3 溃坝和 1/4 溃坝。

影响溃决洪水演进的另一个重要因素是堰塞坝坝后河床沟道松散堆积物。当河流被堰塞坝阻塞后，坝后下游地区迅速干涸，露出河床上松散的沉积物。堰塞坝坝后的松散沉积物实际上充当了与溃决洪水直接接触的粗糙接触面。这种粗糙的接触面一方面会消耗溃决洪水的动能，起到了对水流运动的阻碍作用。在另一方面，松散颗粒物质的夹带过程同时增加了混合物的势能。因此坝后松散堆积物对溃决洪水沿程演进影响效果仍需进一步研究。

5.4　滑坡-泥石流灾害链

目前，虽然对滑坡-泥石流灾害链的物理机制还未形成统一的认识，但依据其形成过程主要可以分为三类：(1) 沟道中的流水不断地侵蚀搬运沉积物最终形成泥石流，由于河床中含有非常多的黏土、卵石和漂石，这类滑坡体转化最终多形成稀性泥石流；(2) 流水通过对库岸边坡地不断侵蚀形成泥石流；(3) 山体滑坡的固体物质冲到河道中与水混合最终形成泥石流。其中，(2) 和 (3) 两种情况由于固体物源中黏土含量丰富，通常最终转化为黏性泥石流。

第一类可称为水力类泥石流起动，主要指岩土体在水的冲刷、侵蚀和搬运过程中，流体重度不断增大最终转化为泥石流。只要滑坡堆积体不发生再次起动，滑坡就不会转化为泥石流。这类研究成果以中国学者崔鹏提出的准泥石流体起动机理和日本学者 Takahashi 提出的水力类泥石流起动机理为代表。

第二类指滑坡堵江时造成水力类泥石流。当滑坡体在沟道中堆积并完全阻断流水时极易形成堰塞坝，渗流、管涌和漫顶都有可能使滑坡堆积体转化为泥石流。当滑体未能完全阻挡流水时，从滑体侧方流动的水体会不断地掏蚀滑体底部，随着流水中固体物质的不断增多，滑体最终转化为泥石流。在这类的泥石流研究中水体中固体物质含量的变化是影响转化的重要因素。滑坡坝的溃决也是使滑坡转化为泥石流的一种形式。

第三类可概括为由滑坡在运动中转化而来的泥石流，以美国学者 Iverson 提出的土力类泥石流起动机理为代表，它是指在降雨、地下水、灌溉和地震等作用的影响下引发失稳，土体直接起动为泥石流或发生滑坡并在运动中转化为泥石流。Iverson 将滑坡转化为泥石流的起动分为三个过程：大范围的局部破坏、土体内部过高的孔隙水压力导致土体液化和滑坡势能导致土体内部震散转化为泥石流。

5.4.1　滑坡泥石流灾害链孕灾条件

滑坡-泥石流灾害链的运动转化过程涉及多个物理过程，例如岩体的崩解、水和岩石、松散堆积层的混合过程、沟道中的侵蚀或夹带过程。这些物理过程通过从微观上改变混合物的固体组成和固液比例来改变混合物的宏观流变和阻力特征。这些改变可以概括为三个方面：固体物源条件、水源条件和地形条件。滑坡-泥石流灾害链的形成需同时满足三个条件，但如果仅满足其中一个或两个条件，则可能形成其他类型的灾害。

5.4.1.1　固体物源条件

固体物源条件是滑坡-泥石流灾害链形成最基本的条件。滑坡发生时，其固体物源的体积已经基本确定。对多数滑坡来说，运动中必然伴随滑坡的解体，滑坡的解体过程一方面取决于滑坡的岩性、风化程度等基础性质；另一方面取决于滑坡的运动速度等动力特性，受地形影响显著。解体破碎是滑坡-泥石流灾害链形成的必备条件之一。

滑坡解体改变了滑体的粒径分布特征，内部孔隙率也随之改变。即使没有外部的水源补给，含水率一定的滑体在高速剪切作用下发生体缩，内部孔隙率也会变小，从而导致土体孔压升高而液化。最为广泛的因子为粒径级配，一些特征参数（d_{10}、d_{50}、d_{90}、C_u、C_c分别代表了不同的粒径分布特征）常被拿来分析初始粒径组成，它们反映了土体的孔隙率及其分布，进而影响了到达饱和状态所需的含水率。通常情况下，粒径均一的土颗粒孔隙率最大，需要的水分最多；随着粒径范围的增大，大颗粒间的孔隙便有更大的概率被小颗粒填充，从而降低了饱和状态所需的水量。

黏粒含量对泥石流的运动会产生非常重要的影响，滑坡在运动过程中解体会导致细颗粒含量的增加，改变整体的粒径分布，这种变化会进一步导致滑体内部阻力发生变化，从而改变滑坡的运动距离。此外，滑坡在解体过程中粒径的空间分布差异也会导致局部剪切等现象，进而影响滑坡灾害的宏观阻力特征和流变特性。此外，滑坡在运动时侵蚀沟道底部及两侧的松散堆积层，也会增加混合物的黏粒含量，进而改变浆体的流变性质，导致其远距离运动。

5.4.1.2　水源条件

滑坡-泥石流灾害链的水源条件主要包括降雨、地下水、融雪、地表径流等。混合体中的含水率对滑坡-泥石流灾害链的形成非常重要。由降雨直接诱发的滑坡失稳通常伴随着高含水率，在运动中结合滑体内部、底部和尾部的液化从而发生转化。对部分滑坡，降雨过程中土壤含水率升高并不断入渗，导致地下水位抬升。其通常以饱和或超饱和土体的形式起动，降雨引起的地表径流也会在滑体运动时改变其含水率。

土体中水的存在形式包括结合水（强结合水、弱结合水）和自由水（重力水、毛细水）。结合水是由电子引力而紧密吸附在土粒周围的水，通常情况下很难增加或流失，稳定性较好。真正占据土孔隙的水为重力水和毛细水，二者对滑体的土力学和流变性质产生重要的影响。重力水能在土孔隙中流通，而毛细水是受毛细作用在土颗粒间汇集的水分。通常，即使在降雨条件下，天然斜坡上的土体在失稳时仍然是非饱和状态。但随着土体中含水率的增加，土体会表现为弹性和塑性状态，当含水率超过塑限时，可以表现为流动状态。

统计结果发现，大部分滑坡-泥石流灾害链均发生在常流水沟道中，如冰川沟中的常年融水径流、山区的降雨径流等，这些水源补给一方面会增加含水率导致滑坡转化为泥石流；另一方面超量的径流补给会进一步改变流体性质，形成稀性泥石和含砂水流。因此，从物源的角度看，只有在适量的水源补给条件下，保证水土比例在一定范围，才能最终形成滑坡-泥石流灾害链。

5.4.1.3　地形条件

滑坡-泥石流灾害链是在一定的地形下发生的，失稳区域通常海拔高、坡面陡，为滑体的运动提供较高的初始势能和运动空间，流通区则多为狭长的沟道，便于水源和侧方物源补给，堆积区相对平坦开阔，导致能量迅速消散。大量的研究集中于前述水土混合体的物理力学性质，却忽略了地形的影响，但地形的影响是显而易见的。

地形对滑坡-泥石流灾害链的形成极其重要。高位剪出的滑坡，在坠落后能直接解体形成碎屑流，增加了其与水掺混的概率，在这种情况下，即使小的降雨强度或沟道径流下，也能快速提高混合体的含水率。2019年贵州六盘水水城滑坡-碎屑流发生后，沟道的松散堆积物在降雨作用下迅速形成泥石流。流通沟道截面变窄带来的孔喉阻塞效应会影响运动滑体的动力特征，进而影响其转化过程。此外，在地形的突变处、坡脚变化处、拐弯处均会产生混合体运动状态的改变。

一些其他的地形条件也在影响着滑坡-泥石流灾害链的形成和演化。如剪出口高度决定了灾害体的初始位能；剪出口角度与坡面倾角的关系决定平抛还是滑动，滑动还是坠落；沟道底床的倾角基本上决定了转化后的运动距离；沟口的开阔程度决定了堆积区分布形态。

5.4.2　滑坡-泥石流灾害链演进模式

5.4.2.1　直接转化型

直接转化型滑坡-泥石流灾害链是指滑体在起动后继续运动而未发生停止或堆积，随着运动过程中滑体物质成分发生改变，水土混合体物理力学性质随即发生变化，最终直接演化为泥石流的演进过程。直接转化型滑坡泥石流灾害链包括四种典型演进模式（图5-11），分别为（a）运动转化模式；（b）水源补给模式；（c）冲击液化模式；（d）剪切液化模式。

（1）运动转化模式

运动转化模式是指岩土体以滑坡的形式失稳后，在没有（或非常有限的）外界水源、物源补给条件下持续运动，最终逐渐转化为泥石流的过程。这类能转化为泥石流的滑坡在失稳时通常具有较高的含水率，如美国的圣海伦火山、雷尼尔山和南美的科托帕希火山等。含水率对黏性流动性滑坡的蠕变行为及运动形式影响极大，当水分充足甚至饱和时，滑坡的蠕变将加速并转化为泥石流。在欧洲阿尔卑斯山区，土体内的冰体在运动产生的高温下快速消融，造成土壤含水率急剧增加，最终转化为泥石流。Takahashi分析了日本御岳山滑坡的地层岩性，认为多孔火成岩在降雨时接近饱和，大量赋存的水分对滑坡在运动时转化为泥石流起着重要作用。

在另一种情况中，滑坡的初始含水率并不高，但土体的胀缩性会导致孔隙空间的变化，改变土壤体积含水率，这种由孔隙收缩产生的超孔隙水压力导致土体抗剪强度的降低，最终形成了滑坡-泥石流灾害链。对膨胀土来说情况则恰恰相反，土骨架中的大孔隙

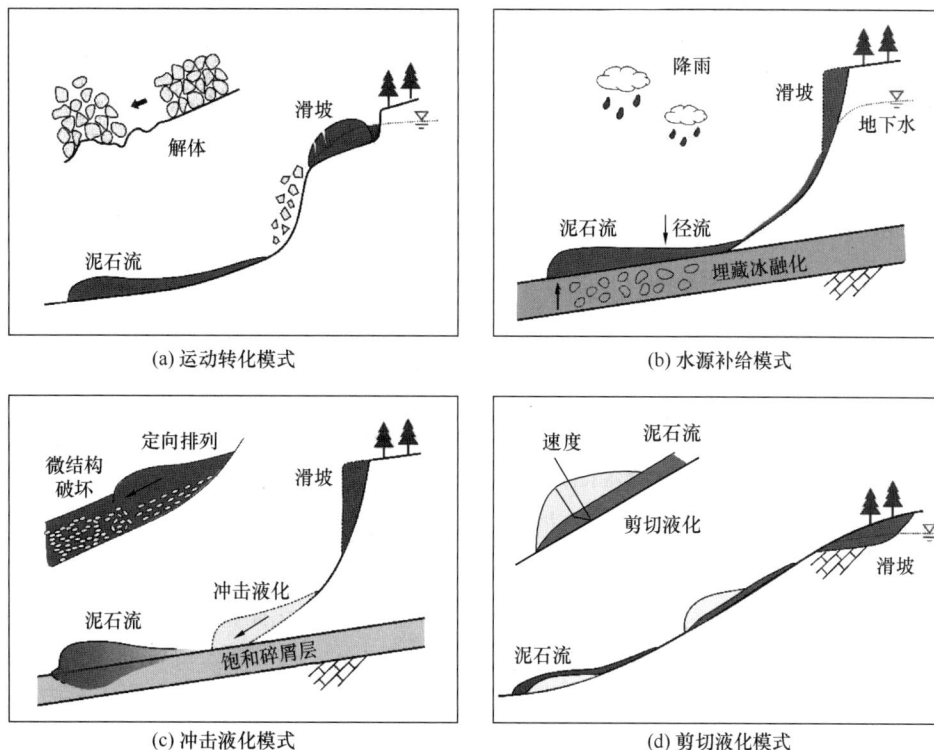

图 5-11 滑坡-泥石流灾害链直接转化模式

恰好抵消了内部的超孔隙水压，随着水分的增加，滑体会逐渐饱和，最终转化为类似高含水率混凝土的黏性泥石流。Fleming 以 1982 年加利福尼亚州马林县滑坡诱发的泥石流为例，总结了滑体的膨胀和收缩过程，解释了滑坡到泥石流的转化机理。Sassa 通过调查发现日本的许多泥石流都发生在水源充足的收缩性土体区域，很少发生在膨胀性土体中，表明饱水条件和收缩性共同促进了滑体由固态向流态的转化。

（2）水源补给模式

对于初始含水率未达到转化阈值的滑坡来说，运动过程中的水源补给显得尤为重要。随着外部的水源补给，运动的土体性质不断改变，导致流体性质改变，最终滑坡转化为泥石流。水源的主要补给形式有降雨、地下水、径流、内部冰体融化、底部冰碛物中埋藏冰融化等。

降雨诱发的滑坡通常滑体具有较高的土壤含水率，地表产流明显，在滑坡运动过程中扮演着重要角色。对滑面处于地下水位之下的滑坡来说，滑坡起动导致泉水出露，是重要的水源补给方式。然而，由于滑坡转化为泥石流的过程是快速发生的，最大速度可达40m/s，在这么短暂的过程中，究竟有多少水源可以参与补给至今仍缺乏定量研究。此外，高山冰川区特殊的地质地貌条件孕育了大量的冰、岩和冻土等，其中固体冰也是水源的重要补给方式。滑体失稳后伴随剧烈的运动和碰撞，在机械热作用下固体冰在岩土体内部不断融化并作为水源补给。冰水相变伴随着体积的变化，在融化过程中冰的体积减小并导致孔压升高，土体抗剪强度降低，更有利于远距离运动。另一种水源补给方式为底部侵蚀，当岩崩等经过冰川或含水率较高的冰碛土时，机械热能会导致基底埋藏冰融化，同时补给水源和物源。这类由融化导致的水量补给通常量级可达5倍甚至更大。

（3）冲击液化模式

液化是指松散的饱和砂土在剧烈振动荷载的作用下，细颗粒不断在大孔隙中迁移，导致孔隙水压力急剧增加，使土体的有效应力显著降低，土体强度急剧降低甚至为零的一种现象。当滑体冲击坡体表面时，会形成局部的剪切液化带，导致土体强度丧失，上部滑体就像坐着雪橇一样开始远距离运动并不断解体，最终转化为泥石流。不排水荷载造成的液化在滑坡转化为泥石流过程中起着关键的作用，主要涉及两个关键过程：①冲击作用下滑体自身解体，孔隙率变化使孔隙水压力升高，降低了滑体自身的不排水抗剪强度；②冲击带的颗粒破碎和在剪切作用下的定向排列引起土体液化和孔隙水压力升高，剪切带液化降低了底部阻力，增强了上部滑体的流动性，促进了滑坡向泥石流的转化。

（4）剪切液化模式

冲击液化模式主要针对失稳区坡度较陡、临空面较好的坡面地形。对坡度较缓的斜坡来说，通常表现为剪切液化模式。Takahashi针对深层滑坡提出了其转化为泥石流的运动模型。他认为地下水位上升使滑面附近形成液化层，有效应力显著降低。滑坡一旦起动，滑体将在其液化层内高孔隙水压力的支撑下运动。滑体末端的液化层会在卸荷作用下膨胀，孔压消散逐渐形成泥石流。

5.4.2.2　间接转化型

多数滑坡在失稳后并未直接转化为泥石流，而是形成松散堆积体并在随后降雨等因素的触发下起动形成泥石流。间接转化型滑坡-泥石流灾害链就是指这类滑坡发生后在沟道堆积形成准泥石流体，在随后的降雨、径流、侵蚀等作用下重新起动形成泥石流的演进过程，该间隔可以是几小时、几天、几个月，甚至几年。

在间接转化模式中，滑坡在运动后会进入或长或短的堆积期，在此期间滑体不断固结，只有在外力改变其初始状态的条件下堆积体才能再次起动。此处的外力主要指水力作用：一方面，水力作用改变了堆积体的稳定性，促进了滑体的侵蚀和搬用，为准泥石流体的起动提供了必备的能量条件；另一方面，它为固体滑体形成泥石流提供了必备的水源条件。间接转化型滑坡-泥石流灾害链包括三种典型演进模式，分别为堆积体表层起动模式、滑坡坝溃决模式、滑坡坝侧蚀模式。滑坡-泥石流灾害链间接转化模式如图5-12所示。

（1）堆积体表层起动模式

堆积体表层起动模式指在地表径流的冲刷、侵蚀过程中，流体重度不断增大并最终演化为泥石流。该类研究强调表层水体的重力和拖曳力对下部松散土体抗剪强度的影响，又可细分为三种情况：①径流侵蚀，大量降雨产生的地表径流不断侵蚀表层土体，随着固体含量不断增加形成泥石流；②表层失稳，降雨在渗透性较高的表层土体内产生饱水层，在相对隔水层附近产生孔隙水压力，高含水率的表层土体逐渐失稳并转化为泥石流；③溯源

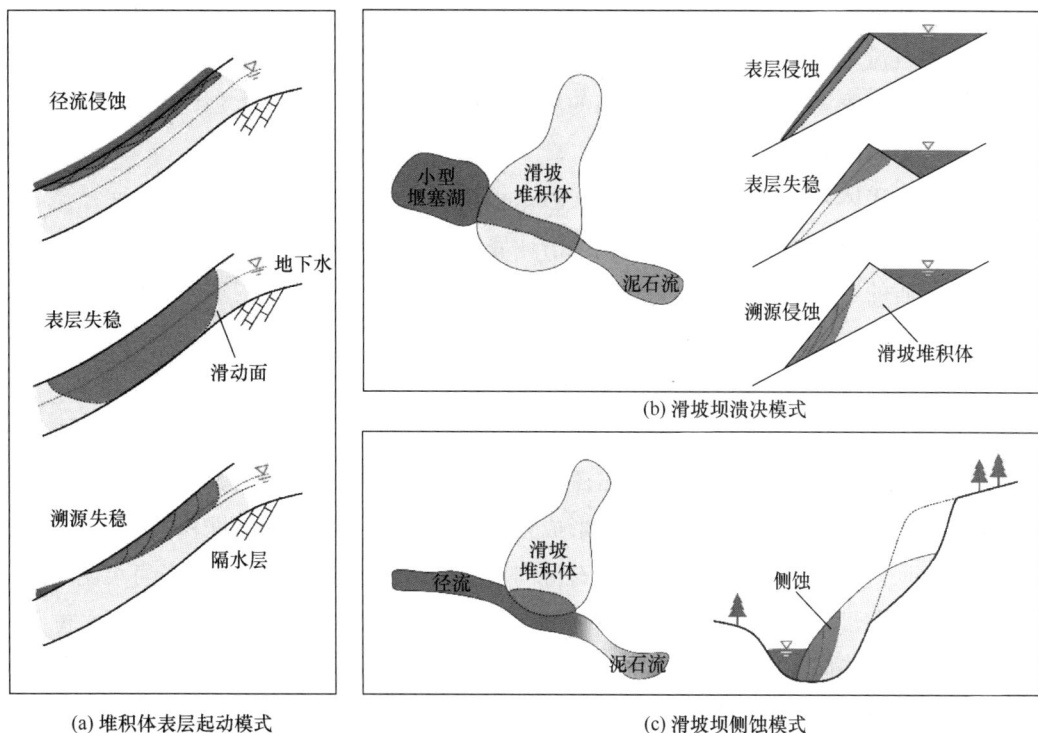

图 5-12 滑坡-泥石流灾害链间接转化模式

侵蚀，表层土体虽然饱和度高但仍可处于稳定状态，水体经过渗流从坡脚渗出形成局部土体的滑塌破坏，此后随着不断的溯源侵蚀滑塌区不断扩大，边坡最终失稳并在水的作用下转化为泥石流。

滑坡堆积体的表层松散堆积体主要可分为三层：①表层粗化层，在降雨的作用下细颗粒被地表径流带走并向下输移；②中部胶结层，表层细颗粒下降的过程中，表层出现坍塌，逐渐堵塞中层的孔隙，形成胶结性较好的中层，阻碍了水流的下渗；③底部一般保留较好的原有滑体结构，固结度好，渗透性差，是造成泥石流起动的潜在滑动面。

（2）滑坡坝溃决模式

当滑体堆积在沟道并形成堰塞湖时，堆积体的二次失稳会诱发泥石流形成滑坡-泥石流灾害链。渗流、管涌和漫顶是滑坡堆积体溃坝的主要形式，但并非所有的滑坡坝溃决后均会形成泥石流。对白格滑坡、唐家山滑坡等大型滑坡来说，由于坝体积巨大（可达上千万立方米）可形成巨型堰塞湖，其溃口在发展过程中形成泄洪通道。由于溃决过程中能起动的物源量有限，大部分的滑体基本保持稳定，最终将演化为水力作用下的溃决洪水。能够形成泥石流的滑坡坝通常位于流域上游的高陡区域，以小方量堆积体为主，这种情况下径流极易汇流形成小型堰塞湖，积累较大势能。另一方面，由于滑体体积小，在溃决后滑坡堆积体能大量起动，在高陡地形作用下水土掺混剧烈，极易形成泥石流。

在汶川地震前，我国境内发生的溃决型泥石流大多分布在新疆和西藏地区，且多为冰湖溃决型泥石流。汶川地震后，震区一些泥石流沟道内形成的大型堵塞体，在暴雨作用下，极易激发形成规模巨大、危险性高的溃决型泥石流。

（3）滑坡侧蚀模式

当滑体堆积体未能完全阻塞河道形成堰塞坝体时，堆积体不能完全阻挡沟底径流。此时，从滑体侧方流动的水体会不断地掏蚀滑体底部，导致大量的滑体被流水带走，随着流水中固体物质的不断增多，洪水最终转化为泥石流。

5.5 泥石流-堵江-洪水

泥石流堵江是支沟暴发大规模泥石流时，泥石流堆积体（扇）向其汇入的主河推进、扩展，与对岸的岸坡相接，堵断主河，形成顶部高出上游主河水面的堆积体（扇）。形成泥石流堵塞坝需满足三个条件：一是泥石流向对岸方向推进的堆积量大于主河水流对泥石流堆积体的冲刷量；二是泥石流堆积体顶部在某一时段堆积的高度大于上游主河水位上升的高度；三是在任何深度，一般是上部，泥石流堆积体的抗剪切应力大于上游主河水体对堆积体的水平总压力，包括静水压力和动水压力。

5.5.1 泥石流堵江的因素

在泥石流暴发过程中能否形成堵塞坝，是支沟泥石流与主河水流在二者交汇处相互抗衡的结果。故同时受泥石流、主河水流和交汇处地形等三方面因素的综合控制，而每一个方面的因素又有多个子因素。

5.5.1.1 支沟泥石流

（1）泥石流的性质

泥石流性质虽然不是一个数量值，却控制着堵塞坝能否形成的一些重要数值，包括泥石流向对岸方向推进的堆积量、泥石流堆积体顶部在某一时段堆积的高度、泥石流堆积体的抗剪切应力等。泥石流主要是黏性（含部分高黏性）和稀性两类。黏性泥石流停积时，除个别巨砾外呈整体堆积，因此泥石流向对岸方向推进的堆积量实际上等于进入堆积区的泥石流总量；而稀性泥石流进入堆积区后，只有固体颗粒中粒径大于等于极限粒径的部分可能堆积，其他部分随液相流从上部下泄，再加主河的来水量，使上部的流体始终不能被阻断。因此在正常情况下，稀性泥石流不易形成堵塞坝。

泥石流的性质还决定着泥石流的抗剪强度和相应的泥石流堆积体的抗剪切应力。通常重度越大，黏粒和巨砾含量越多，黏性泥石流刚堆积时的极限抗剪强度越大，泥石流的极限堆积坡度也越大。当其他因素相同时，极限抗剪强度、极限堆积坡度越大，形成堆积坝的可能性和高度就越大。稀性泥石流与黏性泥石流不同，堆积体的抗剪强度和极限堆积坡度主要取决于堆积体的内摩擦角大小。

（2）泥石流的规模

泥石流规模的表征值主要是泥石流主河堆积区进口处的最大流量和一次泥石流的总量。但对形成堵塞坝有实际作用的往往是泥石流暴发开始时的最大流量及其持续时间，即最大流量期间的泥石流总量，黏性泥石流流向对岸方向推进的堆积量接近一次泥石流的总量。例如在西藏东南部，冰（雪）崩堆积坝、滑坡堵塞坝、冰湖溃决或雪崩等都是突然溃决或发生，开始时水量、土量或雪量最大，所激发或演变的初始泥石流流量最大，只要持续几分钟就会有大量泥石流体堆积，形成堵江。

（3）泥石流的粒径

泥石流进入主河时，固体颗粒的粒径越大，抗冲能力越强，当其他条件相同时，主河水流对泥石流堆积体的冲刷量就越小，越有利于堵塞坝的形成。对于黏性泥石流，其呈整体堆积，主河水流首先冲刷其头部，而集中在泥石流头部的巨砾往往抵制了主河的冲刷，减少了主河水流对泥石流堆积体的冲刷量，加速了堵塞坝的形成。对于稀性泥石流，进入堆积区的固体颗粒粒径越大，泥石流体中大于极限粒径的那部分颗粒的体积比也越大，堆积量就越多，尤其当稀性泥石流主河堆积区进口处的最大流量很大，固体颗粒又特别大时，进入主河后大量堆积和淤高，甚至堵断主河，形成堵塞坝。

5.5.1.2 主河

（1）主河的流量和流速

河流水流量越大，当其他条件相同时，上游主河水位高度上涨的速度越快，高度越大，越不利于堵塞坝的形成。河流流速越大，冲刷能力越强，主河水流对泥石流堆积体的冲刷量相应地也越大，不利于泥石流堆积体向对岸推进和堵断主河。如果主河流量极小，接近断流，则很容易形成泥石流堵塞坝，包括稀性泥石流，因为主河水流无力搬动稀性泥石流堆积的沙砾石体而被堵断。

（2）主河的比降和河床及河谷宽度

如果主河比降越大，河床及河谷越窄，则当上游来水量相同时，上游主河水位上升的高度就越高，使泥石流堵塞主河的可能性越小。反之，上游主河水位上升的高度就低，形成堵塞坝的可能性就大。

5.5.1.3 泥石流沟与主河交汇处地形和流向

（1）交汇处的地形

交汇处地形开阔，主河的河床、河滩地及低阶地的宽度大，则堵断主河所需泥石流堆积体体积也大，堵塞坝形成的可能性就小。

（2）泥石流流向与主河交角

一般泥石流与主河正交，堵塞主河的长度最短，所需的泥石流堆积体体积最小，加之泥石流到达主河对岸的行程短，可以充分发挥泥石流的惯性作用，故最有利于堵塞坝的形成；泥石流流向偏向主河上游，虽然行程加长，但主河的河床高程加大，故所需泥石流堆积体体积即使增加，但增量不大，仍有利于堵塞坝的形成；泥石流流向偏向下游，与主河夹角越小，越不利于堵塞坝的形成，一般当夹角小于30°后，很难形成堵塞坝。

（3）交汇处主河的纵向坡度

一般主河纵向坡度（即比降）越大，越不利于堵塞坝形成，当主河坡度大于泥石流的极限堆积坡度时，在正常情况下，不可能形成堵塞坝，不过这情况极少。

5.5.2 泥石流堵江模式

泥石流堵江模式包括3类：完全堵江、壅堵和局部堵河。完全堵江是指特大泥石流或大型泥石流爆发时，冲出固体物质总量足够多，泥石流龙头快速冲入主河，在短时间内到达对岸，形成堰塞坝完全堵断主河，使之断流。壅堵是指泥石流爆发时，由于主河水位相对较深，泥石流体在主河水面下运动，停积后形成潜坝造成上游水位壅高。局部堵河是指泥石流爆发时，由于泥石流冲出固体物质总量不足或者主河水动力条件太强等因素，泥石流冲入主河后，只能形成阻塞体，局部堵塞主河。

泥石流完全堵塞主河后，堰塞坝在上游水流作用下，往往很快自行溃口，存在时间较短。局部堵河时堰塞体存在时间一般较长。当主河为小河（流量较小的河流）时，完全堵塞事件发生较多，而当主河为大河时，泥石流局部堵塞主河较普遍。

不同的堵河模式具有不同的成灾模式。全堵河成灾模式为断流后上游水位增高造成淹没成灾或溃坝形成洪水成灾，一般灾害较大。大量泥石流堆积物堵断大河后，主河水流迅速大量汇集易形成大型堰塞湖，上游水位增高而淹没的范围也较大，而一旦堰塞湖溃坝后，大流量的溃坝洪水冲向下游，给下游造成巨大灾害，如利子依达沟泥石流。壅堵型成灾模式为泥石流潜坝抬高河床而壅高上游水位，可能导致上游局部区域成灾，一般灾害规模较小。泥石流潜坝形成后，主河水流不断流，因泥石流潜坝壅高的水位不会急剧增大，淹没范围一般较小。局部堵河成灾模式包括上游壅水成灾灾情，但主要是泥石流推移河流冲刷对岸，严重时迫使主河改道而成灾。

5.5.3 泥石流堰塞坝溃决模式

堰塞坝的类型有很多，如滑坡形成的滑坡坝，崩塌形成的堆石坝，冰川终碛物形成的冰碛坝等。与这些堰塞坝相比，由于泥石流堰塞坝坝体物质组成和结构上的差异，使其溃决过程区别于其他堰塞坝。目前，对于泥石流堰塞坝溃决方面的研究较少，对泥石流堰塞坝溃决过程与溃决机理了解尚不够深入。可借鉴传统土石坝和滑坡堰塞坝取得的成果，结合泥石流堰塞坝自身结构特性和堆积特征，来进一步分析泥石流堰塞坝溃决过程与溃决机理。

堰塞坝的溃决是主河水流和堆积坝体之间相互作用的结果。一方面，主河水流冲刷掏蚀坝体，溃口在下切的同时向两侧发展；另一方面，溃口的增大引起溃决流量的增大，溃口坍滑的土体进入溃决流中，又引起其挟沙能力的变化。泥石流堰塞坝溃决模式主要有3种：漫顶破坏、坝体失稳破坏和管涌渗透破坏（图5-13）。

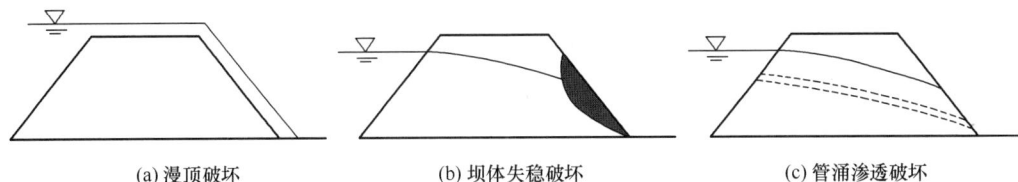

(a) 漫顶破坏　　　　　　　(b) 坝体失稳破坏　　　　　　(c) 管涌渗透破坏

图 5-13　堰塞坝破坏模式示意图

当水位漫过坝顶时，水流会冲蚀坝体，导致坝体逐渐破坏，即漫顶溃决；在地震、降雨及渗流作用下，坝体可能发生坝坡失稳破坏；堰塞坝在渗流作用下，也可能发生坝坡管涌溃决。由于泥石流堰塞坝的坝体结构特征及堆积几何特征不同于滑坡堰塞坝，导致其溃决过程与溃决模式的不同。泥石流在进入主河前已充分混掺，且饱含细颗粒物质，使得泥石流堰塞坝坝体内部往往不存在明显孔隙和渗流路径，因此坝体基本上很难发生渗透和管涌破坏。泥石流堰塞坝规模一般较小，大多数在短期内发生漫顶溃坝。泥石流堰塞坝难以形成较大的规模主要是受限于泥石流自身规模，且泥石流的流动性限制了坝体高度。由于泥石流规模有限，如果泥石流堵断主河，常常就会出现漫顶溃决。

泥石流堰塞坝漫顶破坏的过程实质上是水流对坝体的冲刷侵蚀过程。现有对坝体漫顶破坏机理的分析基于溃坝过程中颗粒的冲刷与起动，从不同粒径颗粒的冲刷起动特征层面来说明溃坝机理。坝体溢流冲刷破坏机制可从 3 个方面分析：（1）坡面流剪力，坡面颗粒运动是坡面水流拖曳力作用造成的；（2）坡面流流速，溃口中水流速度越大对坝体的掏蚀越强；（3）坡面流能量，坡面颗粒运动必定要损耗一定的能量。

此外，水流在坝体坡面运动时，也常常会形成陡坎冲刷。跌过陡坎的水舌会冲击下坡面，并在陡坎壁面一侧产生反向漩流，漩流剪应力作用会冲刷河床并掏蚀壁面底部，导致坡脚侵蚀，陡坎从而不断向上游发展，最终抵达迎水面使溃口贯通。在竖向上，漩流剪应力掏蚀深切底槽促使溃口在竖向上的发展；在横向上，水流剪应力冲蚀溃口两侧坡体促使溃口变宽，水流作用会在两侧形成陡立的临空面，临空面土体在重力作用下发生崩塌或滑动破坏。

思 考 与 习 题

5-1　论述地质灾害链的定义、形成特征和类型。

5-2　简述地震-滑坡（崩塌）灾害链的形成过程。

5-3　简述滑坡（崩塌）堵江-堰塞坝-洪水的形成过程及灾害特征。

5-4　论述滑坡-泥石流灾害链与泥石流的区别。

5-5　简述滑坡-泥石流灾害链演进模式。

5-6　论述泥石流-堵江-洪水的影响因素、堵江模式和溃决模式。

第6章 冻土灾害

冻土是温度等于或低于0℃且含有冰的各种岩石和土。通常按照土处于冻结状态的持续时间分为短期冻土、季节冻土和多年冻土。多年冻土分布的面积占全球陆地面积的25%，包括季节冻土在内占到50%，其中多年冻土主要分布在俄罗斯、加拿大、中国、美国等国家。我国作为世界第三的冻土大国，多年冻土面积约占国土面积的22.4%，主要分布在大、小兴安岭和松嫩平原北部及西部高山和青藏高原。在寒区修筑工程构筑物时必须面临两大工程难题：冻胀和融沉。冻土对温度的变化十分敏感，温度变化会导致冻土一系列物理性质、力学行为的变化，这种变化常常是复杂的，并会直接影响到以冻土作为载体的工程结构物的稳定性。尤其当温度发生正负变化时，可使得土体中水分发生相变，这一过程往往会引起土体的强度和变形特征发生质的变化，产生冻胀、融沉等灾难性后果，直接引发工程结构物的失稳或破坏。所以，研究寒区各类建（构）筑物冻土致灾机理并寻求相应的灾（病）害防治措施对寒区工程的稳定性与可持续性具有重要的意义。

6.1 冻土的基本物理性质

6.1.1 冻土的物质组成

冻土是含有土颗粒、冰、水和空气的复杂四相多孔介质体系，对温度的变化十分敏感。冻土中的冰以冰晶或冰层的形式存在，冰晶可小到微米甚至纳米级，冰层则可厚到米或百米级，从而构成冻土中五花八门、千姿百态的冷生构造。冻土是一种特殊土类，其特殊性主要表现在它的性质与温度密切相关。常规土类的性质主要受其颗粒的矿物和机械成分、密度和含水率的控制，只要这些因素一确定，土的性质就基本稳定，因此多半表现为静态特性。冻土的特性除与上述因素有关外，还受含冰率的控制，而含冰率直接与温度相关，温度升高含冰率减少，温度降低含冰率增高。在人类生产活动的深度范围内（一般不超过20m），由于气候季节变化，引起温度的变化是不可避免的。因此，冻土的性质随时都在变化，表现为动态特性。所以，冻土是一种对温度十分敏感且性质不稳定的土体。

冻土研究并非只研究冻土本身的分布、状态和特性，更多的是对冻土本身及土的冻结和融化过程及其与周围环境的相互作用的研究。冻土研究必须借助于相邻学科的基本理论，例如地理学、地质学、土壤学、土质学、工程地质学、水文地质学、土木工程、传热学、热力学、物理、化学、材料力学和流体力学等。冻土研究的手段应包括现场调查、长期观测、室内试验、理论计算及计算机模拟等。综合利用上述手段，采取宏观现象与微观机理相结合、理论计算与实践验证相结合的思路推进我国冻土及寒区工程研究不断深化。

6.1.2　冻土分布格局

多年冻土的分布面积约占全球陆地面积的 23%，主要分布在俄罗斯（$10^7\,km^2$）、加拿大（$3.9\times10^6\sim4.9\times10^6\,km^2$）、中国（$2.068\times10^6\,km^2$）和美国（$1.4\times10^6\,km^2$）阿拉斯加等地，其中我国的多年冻土分布面积约占世界多年冻土分布面积的 10%，占我国国土面积的 22.4%。此外，我国的多年冻土主要分布在中低纬度、被誉为世界第三极的青藏高原上。季节冻土则遍布纬度高于 24° 的地区，我国季节冻土分布面积占国土面积的 53.5%。因此，冻土被视作宝贵的土地资源。

我国位于欧亚大陆的东南部，就大陆本部而言，从北往南大致穿越了 35 个纬度（北纬 53°～18°），东西相隔 61 个经度（东经 135°～74°）。我国的地势西部高、东部低。辽阔的疆域和复杂的地形，使我国的冻土独具特色：类型多、分布面积广。我国冻土可分为三大类：多年冻土、季节冻土和瞬时冻土。各类冻土的区划前提、区划指标、保存时间和冻融特征如表 6-1 所示。

各类冻土区划依据　　　　　　　　　　　　　　　　表 6-1

冻土类型	区划前提	区划指标	冻土保存时间	冻融特征
多年冻土	年平均地面温度≤0℃	大片连续的为 $-5\sim-2.4$℃；不连续的为 $-2\sim-0.8$℃	≥2 年	季节融化
季节冻土	最低月平均地面温度≤0℃	8～14	≥1 月	季节冻结、不连续冻结
瞬时冻土	极端最低地面温度≤0℃	18.5～22	<1 月	不连续冻结、夜间冻结

多年冻土主要分布在青藏高原、帕米尔高原、西部高山（包括祁连山、阿尔金山、天山、西准噶尔山地和阿尔泰山等）、东北大小兴安岭以及东部地区一些高山顶部（如山西五台山、内蒙古大石山、汗山，吉林的长白山和张广才岭等）。其中，大小兴安岭为高纬多年冻土，其余地区为高山多年冻土。青藏高原的多年冻土明显地可区分出三个条带：昆仑山北坡至唐古拉山南麓（即藏北苔原大部分地区）多年冻土在平面上呈连续分布；扎加藏布江河谷两侧呈大片连续分布；雅鲁藏布江河谷往南至喜马拉雅山呈零星分布。西部高山多年冻土分布的一个明显特点是不连续多年冻土带都十分狭窄，这与地势陡峻有关。

季节冻土遍布在不连续多年冻土的外围地区。其南界大致从云南省的挖苦河（25°14′N，97°52′E）向东北方向沿着横断山脉和喀拉山脉的坡脚，经大巴山南麓向东南绕过四川盆地后，又从湖南省的咱果附近（29°N，109°25′E）向东北方向延伸，直至江苏省连云港附近（34°34′N）。此外，在大别山、莱阳山和玉山顶部也有零星分布。瞬时冻土的南界大致与北回归线（22°N）相一致。此界线以南，除山地外，一般无冻土分布。

表 6-2 和表 6-3 分别列举了根据 $1:400\times10^4$ 中国冰、雪、冻土分布图统计得到的各类冻土总面积及多年冻土分布面积。从表 6-2、表 6-3 中可见，我国约有 98.9% 的面积分

别被不同类型的冻土所覆盖，其中对工程建设影响较大的多年冻土和季节冻土区的面积占全国总面积的 75%。

各类冻土的分布面积 表 6-2

冻土类型	分布面积（$\times 10^4 km^2$）	占全国面积的百分数（%）
多年冻土	206.8	21.5
季节冻土	513.7	53.5
瞬时冻土	229.1	23.9

多年冻土区分布面积（$\times 10^4 km^2$） 表 6-3

地区	大片连续多年冻土区	不连续多年冻土区	小计
大兴安岭	9.6	22.4	32
小兴安岭		1.9	1.9
长白山		0.1	0.1
阿尔泰山	1.4	0.5	1.9
西准格尔山地	0.1	0.1	0.2
天山	4.3	3.4	7.7
帕米尔高原	0.8	0.9	1.7
祁连山	5.6	3.9	9.5
青藏高原	69.4	79.9	149.3
其他高山	1.0	1.5	2.5

冻土是大气圈和岩石圈热质交换的产物。冻土分布规律与年平均气温关系密切，因而我国冻土分布的总体格局表现出明显的纬度和高度的分带性。从北往南，随纬度降低，冻土类型依次变化：大片连续多年冻土、不连续多年冻土、季节冻土、瞬时冻土和无冻土，这种纬度分带性在东部地区尤为明显。从垂直方向看，随海拔高度降低，冻土类型出现了 2-3-2 层次结构（图 6-1），即从多年冻土、季节冻土的双层结构（如天山、阿尔泰山等），逐渐过渡到多年冻土、季节冻土和瞬时冻土（如喜马拉雅山）或季节冻土、瞬时冻土和无冻土（如台湾山脉）的三层结构，直至瞬时冻土和无冻土（如海南岛五指山）的双层结构。这种高度分带性在西部地区尤为明显。

此外，在纬度和高度分带性的控制下，由于地形错综复杂，还表现出不同类型冻土互

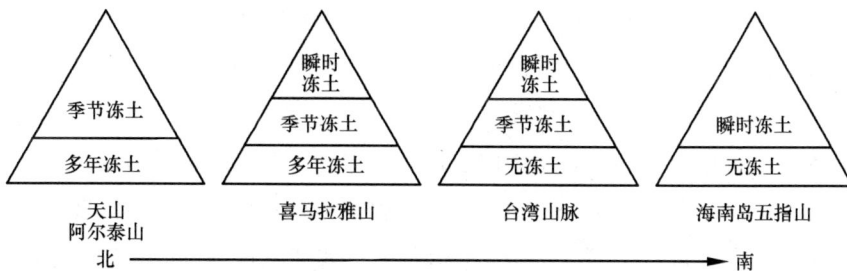

图 6-1 冻土类型的垂向层次结构

相交错的现象。例如，在大片季节冻土区内点缀着不连续多年冻土；在大片瞬时冻土区内出现了季节冻土。

6.1.3　冻土的未冻水及其确定方法

土体中的水分迁移会改变冻土原来的结构构造和冰水比例，导致冻结和融化过程中温度场和水分场的耦合效应变得更加复杂。此外，土体冻结过程中的水分迁移是产生水分重分布的关键因素，水分重分布改变了土中各组分的比例，进而影响到土体的物理力学性质。由水分迁移产生的分凝冻胀是寒区建筑物产生破坏的主要原因，对于有充分水源补给的细颗粒土尤为突出。因此，土体冻结过程中针对水分迁移的研究对寒区建筑物的稳定性至关重要。冻土中的水分迁移取决于物理、化学以及物理化学综合因素作用，因此关于水分迁移驱动力的各种假说都只能适用于某种特定条件。目前关于冻土中水分迁移的研究主要有两种基本理论：第一种是土水势理论，该理论认为土水势是水分迁移的主要驱动力，由于在试验中冰水相压力很难测定，Vignes 等引入 Clapeyron 方程描述计算点处的冰水压之间的关系，但是 Clapeyron 方程只能描述平衡态下的冰水相压力；第二种为水动力学模型，该模型认为土体冻结过程主要发生热量传递、水分迁移以及水分相变这三种物理过程，并且这三种过程与土体的水分场和温度场相互作用、相互影响。

融化过程相对于冻结过程，未冻水含量的滞后现象会使得土体各组分的含量发生很大的变化，特别是相同温度处冰水比例的变化使得土体的水热特性以及力学特性发生很大的变化，严重影响寒区建筑物的稳定性。因此，对未冻水滞后现象及机理的研究至关重要。冻融过程中产生未冻水的滞后现象的机制主要有以下几方面：（1）亚稳定成核，当温度降低至水的热力学冰点时，孔隙中的部分液态水没有发生冻结，而是处于一种亚稳定状态的液态，直到成核作用使其发生冻结；（2）电解质作用，电解质会降低水的活性使其冻结点降低，溶质的浓度越高，冻结点降低得越多。当土体中的液态水发生冻结时，更多的溶质会从冰中析出，会使得液相中溶质的浓度更高，反过来又会使得水的冻结点降低，未冻水的滞后作用变得更加明显；（3）毛细作用，孔隙几何形状产生的毛细作用会降低孔隙曲率，从而降低水的活性；（4）孔隙阻塞，这就是所谓的"瓶颈"效应，这种效应会使得毛细压力达到气相进入孔隙的阈值时，孔隙中的水才会排出。这种效应已经被用来解释天然气水合物形成和分解过程中的滞后现象。

土体的温度低于0℃，孔隙中留存有未冻水，这主要是由于水的冰点降低所致。土中孔隙中水的冰点降低主要受以下方面的影响：吸附作用、毛细管作用以及溶质。吸附作用来源于土体颗粒和孔隙水的物理化学相互作用，对冰点降低有很大的影响，特别是细颗粒土。但是，冻融过程中不同初始含水率的土体未冻水含量及冻结温度的变化、未冻水的滞后程度以及冻结温度的影响因素等还缺乏较为系统的解释及相应的试验依据。国内外很多学者对冻土未冻水含量进行了深入的研究。开展未冻水研究最基础的就是如何准确地测出未冻水的含量，未冻水的测试方法有很多，最主要的有量热法、脉冲核磁共振法、差示扫描量热法、频域反射法、频域传播法、时域反射法以及时域传播法等。

6.1.4 冻土的热参数及其影响因素

土的热参数主要包括比热容、容积热容量、导热系数和导温系数。对有冻融相变的土来说，相变热也是一个极其重要的指标。由于土的机械成分和物理化学性质的差异，造成了冻融土热学性质的多变性，冻融土的热交换系数是空间和时间的函数。随着冻土地区的开发和利用，冻融土热学性质的研究受到广泛的重视。

研究表明，融土的热学性质在很大程度上取决于水溶液的含量和性质。水溶液有使土颗粒间接触热阻抗急剧减小的作用。水溶液的热学性质又取决于其定向程度、有机矿物骨架的比表面积和温度。但这只在精确量热试验时才有考虑的必要。一般工程热工计算中，把定向水和自由水的热学性质看做一样。当土温低于其冻结温度后，伴随着土的冻结和冻土结构构造的形成，冻土的热学性质发生了明显变化。这主要是土中水分重分布和液态水变成了固态冰，单位质量的液态水变成固态冰时，其导热系数增大了 3 倍、容积热容量减小为原来的 1/2，放出的相变热足以使等体积的土温度升高 150℃。从而冻土的热交换系数又是温度及其物理化学性质的函数。

6.1.4.1 容积热容量及其影响因素

单位体积的土体温度升高 1℃所需要的热量称作容积热容量，它是表示土体储热能力的指标。土的容积热容量可按下列计算

$$C_u = C_{du}\rho_u \tag{6-1}$$

$$C_f = C_{df}\rho_f \tag{6-2}$$

式中，C_u 和 C_f 分别为融土和冻土的容积热容量；C_{du} 和 C_{df} 分别为融土和冻土的比热容；ρ_u 和 ρ_f 分别为融土和冻土的天然重度。

比热容为单位质量的土体温度升高 1℃所需要的热量。土是由有机质、矿物骨架、水溶液和气体组成的多相细碎介质。冻土与融土的主要区别在于其中是否含有冰。试验表明，土的比热容具有按各物质成分的质量加权平均的性质（土中气相充填物的含量及比热均很小，可忽略不计），即

$$C_{du} = \frac{C_{su} + WC_w}{1 + W} \tag{6-3}$$

$$C_{df} = \frac{C_{sf} + (W - W_u)C_i + W_u C_w}{1 + W} \tag{6-4}$$

式中，C_{su}，C_{sf}，C_w，C_i 分别为融土骨架，冻土骨架，水和冰的比热容。

表 6-4 为试样温度分别为 +40～+60℃和 -25～-15℃时用量热法测定的土骨架比热容。表 6-4 所列冻融土骨架比热容与一般手册中所介绍的常温下矿物和岩石的平均比热容（表 6-5）基本上是一致的。由此可知，土骨架比热容主要取决于矿物成分和有机质含量，并与温度有关。有机质比热容大于矿物质比热容，所以有机质含量增高时，土骨架比热容

显著增大。融土的骨架比热容比冻土略大，显然这是温度差异的影响。由测定的试样温度可见，融土和冻土的平均温差达 70℃ 左右，而测定值的差异只有 $0.04 \sim 0.21 \mathrm{kJ/(kg \cdot K)}$，所以温度对土骨架比热容的影响是比较小的。为了方便起见，在一般热工计算中，建议按表 6-6 取值。

典型冻融土骨架比热容 [kJ/(kg·K)]　　　　　　　　　表 6-4

土名	取样地点	C_{su}	C_{sf}	土名	取样地点	C_{su}	C_{sf}
草炭粉质黏土	青海木里	1.05	0.84	粉质黏土	黑龙江满归	0.79~0.84	0.75~0.79
	青海热水	1.00			西藏土门	0.75~0.79	
	黑龙江满归	0.92	0.88	砾质粉质黏土	青海木里		0.75
粉质黏土	青海木里	0.88~0.92	0.75~0.79	砂质粉土和砂	西藏土门		0.71
	青海热水	0.84~0.92		砂砾石	黑龙江满归	0.75	0.71

某些矿物和岩石的平均比热容 [kJ/(kg·K)]　　　　　　　　表 6-5

名称	长石	石英	云母	正长石	大理石	角闪石	方解石	白云石
比热容	0.75	0.84	0.88	0.79	0.84	0.79	0.84	0.92
名称	石灰石	石膏	高岭土	矾土	花岗岩	片麻岩	黏土页岩	板岩
比热容	0.92	0.84	0.92	0.79	0.88	0.84	1.00	0.75

典型土骨架比热容取值 [kJ/(kg·K)]　　　　　　　　表 6-6

状态	土名				
	草炭粉质黏土	粉质黏土	碎石粉质黏土	亚砂土	沙砾碎石土
融化	1.00	0.84	0.84	0.84	0.79
冻结	0.84	0.77	0.75	0.73	0.71

水的比热容随温度升高而减小，而冰的比热容随温度升高而增大，但变化率都较小，约在 1‰~5‰ 的范围内，所以一般可把水和冰的比热容当作常数处理，水的比热容取 $4.18 \mathrm{kJ/(kg \cdot K)}$，冰的比热容取 $2.09 \mathrm{kJ/(kg \cdot K)}$。

液态水变成固态冰，其体积要增大 9%，因此总含水率相同时，冻土的天然密度要比融土小一些，为了计算简便，取为

$$\rho = \rho_d(1+W) \tag{6-5}$$

所以，容积热容量可直接用下式计算

$$C_u = (C_{su} + WC_w)\rho_d \tag{6-6}$$

$$C_f = [C_{sf} + (W - W_u)C_i + W_u C_w]\rho_d \tag{6-7}$$

式 (6-4) 揭示了土的容积热容量与其物理指标——干密度、总含水率和未冻水含量之间的内在联系。融土的容积热容量随干密度和总含水率的增加呈直线增大。冻土的容积热容量随干密度的增大也呈直线增大。因土中含有未冻水，所以其与总含水率呈折线增大关系，当 $W \leqslant W_u$ 时，土中水处于未冻状态，冻土容积热容量随含水率增大呈与融土具有

相同斜率的直线关系。当 $W>W_u$ 时，冻土容积热容量随含水率增大的斜率变缓。干密度和总含水率相同时，融土的容积热容量比冻土要大。显然，这是由于融土骨架比热容大于冻土的骨架比热容和水的比热容比冰的比热容大一倍。

6.1.4.2 导热系数及其影响因素

导热系数是描述岩土体的传热性能的重要指标，是进行数值模拟最基本的输入参数。寒区构筑物温度场的计算及热力稳定性预测都会涉及岩土体的导热系数。近年来，寒区大量建筑物的修建改变了地气间的热交换条件和水热输运过程，最终导致建筑物下部冻土温度场的改变。导热系数决定着热量在岩土体中传递的速度，显著影响土体中的温度场。

每单位温度梯度下单位时间内通过单位面积土体的热量称作导热系数，单位 W/(m·K)。它是表示土体导热能力的指标。

$$\lambda = \frac{Q}{\frac{\Delta\theta}{\Delta h}\Delta F T} \tag{6-8}$$

式中，λ 为导热系数；Q 为热量；$\frac{\Delta\theta}{\Delta h}$ 为温度梯度；ΔF 为面积；T 为时间。

土是一种多孔细碎介质，其中可能出现三种换热机制：辐射、对流和传导。通常，可引进当量导热系数而把各种换热形式归结为导热

$$q = \lambda \frac{\Delta\theta}{l} \tag{6-9}$$

式中，q 为热通量；$\Delta\theta$ 为土孔隙中的温差；l 为孔隙的直径或宽度。

当量导热系数

$$\lambda = \lambda_r + \lambda_v + \lambda_d \tag{6-10}$$

式中，λ_r 为辐射导热系数；λ_v 为对流导热系数；λ_d 为传导导热系数。

辐射导热系数是表示以孔壁放出或吸收辐射能方式换热的指标。对于具有立方形孔隙的小孔隙介质，可用下式计算

$$\lambda_r = 2.14 \times 10^{-8} \theta^3 \Delta l \tag{6-11}$$

式中，θ 为孔隙表面的平均温度；Δl 为孔隙高度。

天然条件下，对于直径为 5mm 的孔隙，当温差为 10℃ 且孔隙壁面的黑度为 0.85 时，λ_r/λ_d 的比值约为 0.75。如果孔隙直径减小到 1/100（$l\leqslant0.05$mm），则辐射导热系数值只是传导导热系数值的 0.75%。所以，通常情况下，土中的辐射换热可忽略不计。

对流导热系数取决于土孔隙中自由对流和受迫对流换热机制。细碎介质任意形状和分布的孔隙中，对流换热可用下式描述

$$N_u = \frac{ar}{\lambda_b} = 0.5\sqrt[4]{G_r} = 0.5\sqrt[4]{\frac{g\beta(\theta_2-\theta_1)l^3}{\nu^2}} \tag{6-12}$$

式中，r 为孔隙半径；a 为导温系数；λ_b 为孔隙充填物的导热系数；β 为体积膨胀系数；

$\theta_2 - \theta_1$ 为孔隙表面温差；ν 为动力黏滞系数。

土的导热系数是干密度、含水（冰）率和温度的函数，并与土的矿物成分和结构构造有关。

冻融土的导热系数也可根据各组成物质的导热系数及其相应的体积比，按下式计算

$$\lambda = \lambda_1^{\phi_1} \lambda_2^{\phi_2} \lambda_3^{\phi_3} \cdots \tag{6-13}$$

设矿物组分的平均导热系数为 λ_m，水的导热系数为 $\lambda_w = 0.55 \text{W/m}℃$，则对饱水融土

$$\lambda_u = \lambda_w^{\phi} \lambda_m^{1-\phi} = (0.55)^{\phi} \lambda_m^{1-\phi} \tag{6-14}$$

同样设冰的导热系数为 $\lambda_i = 2.22 \text{W/m}℃$，则饱冰冻土（忽略冻结过程中的体积变化）的导热系数

$$\lambda_u = \lambda_w^{\phi} \lambda_m^{1-\phi} = (2.22)^{\phi} \lambda_m^{1-\phi} \tag{6-15}$$

若考虑饱冰冻土中含有未冻水，则冻土的导热系数

$$\lambda_u = \lambda_w^{\phi} \lambda_m^{1-\phi} = (2.22)^{\phi - \Delta\phi} (0.55)^{\Delta\phi} \lambda_m^{1-\phi} \tag{6-16}$$

不考虑未冻水时，冻融土导热系数的比值

$$\frac{\lambda_f}{\lambda_u} = \frac{(2.22)^{\phi} \lambda_m^{1-\phi}}{(0.55)^{\phi} \lambda_m^{1-\phi}} \approx 4^{\phi} \tag{6-17}$$

6.1.4.3 导温系数（热扩散系数）及其影响因素

导温系数是土中某一点在其相邻点温度变化时改变自身温度能力的指标，单位 m^2/h。它是影响介质温度场的变化速率，研究不稳定热传导过程常用的基本指标。

土的导温系数同样取决于土的物理化学成分、干密度、含水（冰）率和温度状态等因素。干密度相同时，融土的导温系数随含水率变化曲线大致可分为三段：（1）干燥即最大分子含水率或塑限阶段，导温系数随含水率增大而迅速增大，直到最大值。各类融土导温系数达到最大值的含水率范围分别为：草炭粉质黏土 110%～130%；粉质黏土 15%～20%；碎石粉质黏土 14%～17%；砾砂 5%～10%。（2）含水率从塑限至液限阶段，导温系数减小。（3）含水率大于液限后，导温系数缓慢减小，基本趋于稳定。上述规律只有草炭粉质黏土不大吻合。冻土的导温系数随含水（冰）率增大而持续增大，但速率略有差异。起初的增长速度与融土接近，以后随含水率的增大而迅速增大。当含水率增大到一定值以后，导温系数增大速率减缓，其中粗颗粒土比细颗粒土明显。

干密度和含水（冰）率相同时，粗颗粒土的导温系数大于细颗粒土。土的组成物质的导温系数列于表 6-7 中。

土的组成物质的导温系数（$\times 10^3 \text{m}^2/\text{h}$）　　　　　　　表 6-7

名称	空气	水	冰	矿物	干苔藓	干泥炭
导温系数	0.0675	0.4～0.5	4.46	2.16～12.96	0.12～0.8	0.08～0.12

设冰的容积热容量 $2092 \text{kJ/m}^3℃$，水的容积热容量 $4184 \text{kJ/m}^3℃$，则导温系数与导热系数具有如下近似关系。

不考虑未冻水的刨冰冻土的导温系数

$$a_{\mathrm{f}} = 2\lambda_{\mathrm{f}} \cdot 10^{-3} \tag{6-18}$$

饱水融土的导温系数

$$a_{\mathrm{u}} \approx \frac{2\lambda_{\mathrm{f}}}{1+\phi} \cdot 10^{-3} \tag{6-19}$$

6.1.4.4　相变热及其影响因素

相变热是指单位体积土中由于水的相态改变所放出和吸收的热量，按下式计算

$$Q = L\rho_{\mathrm{d}}(W - W_{\mathrm{u}}) \tag{6-20}$$

式中，Q 为相变热；L 为水的结晶或融化潜热；W_{u} 为冻土中的未冻水含量。

在一般热工计算中，未冻水量与温度的关系可近似地按下式计算

黏性土：
$$W_{\mathrm{u}} = K(t)W_{\mathrm{p}} \tag{6-21}$$

砂土：
$$W_{\mathrm{u}} = W[1 - i(\theta)] \tag{6-22}$$

式中，W_{p} 为塑限含水率；K 为温度修正系数；i 为结冰率（冰重与总水重之比）；不同温度下修正系数 K 和结冰率 i 值从表 6-8 中选取。

不同温度下的修正系数和结冰率数值　　　　　　　　　表 6-8

土名	塑性指数	i 或 K	温度（℃）						
			−0.2	−0.5	−0.1	−2.0	−3.0	−5.0	−10
砂土			0.65	0.78	0.85	0.92	0.93	0.95	0.98
砂质粉土	$I_{\mathrm{P}} \leqslant 13$	K	0.7	0.5	0.3	0.2	0.15	0.15	0.1
粉质黏土	$7 < I \leqslant 13$	K	0.9	0.65	0.5	0.4	0.35	0.30	0.25
粉质黏土	$13 < I_{\mathrm{P}} \leqslant 17$	K	1.0	0.8	0.7	0.6	0.5	0.45	0.4
黏土	$17 < I_{\mathrm{P}}$	K	1.1	0.9	0.8	0.7	0.6	0.55	0.5
草炭粉质黏土	$15 \leqslant I_{\mathrm{P}} \leqslant 17$	K	0.5	0.4	0.35	0.3	0.25	0.25	0.2

6.2　冻土的热质输运及冻胀理论

6.2.1　多年冻土区水分迁移及影响因素

土中水是冻结过程中成冰的源泉，成冰的多少不仅取决于土中的初始含水率，而且取决于冻结过程中水分的运动情况。一般来说，后者是更为重要的因素。

地下水动力学主要是研究土孔隙或岩石裂隙中重力水运动规律的学科。而未冻水动力学则主要是研究冻土中未冻水（主要是薄膜水和毛细水）运动规律的学科。饱和状态下，水分可以固态（固-液-固）和液态方式运移；非饱和状态下，水分可以气态、液态和固态（固-液-固）方式运移。未冻水主要以液态和固-液-固方式运移。此外，冻土中的水分还可以气-固（升华和凝结）方式发生运移，但其量级很小。

冻土中的未冻水在外力（温度梯度或压力梯度）的驱动下，产生运移。由于土中的水

分或多或少含有可溶盐，当未冻水运移的时候，将携带部分可溶盐分一起运移，并且未冻水相变成冰时具有脱盐作用，因此在冰透镜体两侧会形成高浓度带，诱发盐分的扩散。在水盐运移和冰水相变的同时，土颗粒也将产生位移，引起冰层数量和位置变化及土壤剖面因冻融作用而再造。产生土体冻胀、融化下沉、盐胀、地表次生盐渍化和土地沙化等一系列问题，从而诱发冻土区的土建工程遭受破坏、农林牧业生产受阻及冻土环境和气候变迁。

如果把土体与其所在的环境作为一个体系来看，则土中水处于不断的运动状态，参与大气及下伏水层的大循环。土中水的运动取决于控制水分的各种力的变化，包括土粒对水分的吸引力、水的表面张力、重力、渗透压和水汽压等。土中水的运动形式主要有渗入、毛管水上升、蒸发和汽化、水汽扩散、薄膜水迁移、毛管水迁移和地下水流动等。土中孔隙完全被水充满，即土处于饱和状态时，土中只有液态水；土中孔隙未完全被水充满即土处于非饱和状态时，土中存在气态和液态两种状态的水，而且毛管水可分为管状毛管水和闭塞毛管水两种情况。土体冻结后，由于温度高处未冻水含量高、土颗粒外围水膜厚度大、土水势绝对值小，温度低处未冻水含量低、土颗粒外围水膜厚度小、土水势绝对值大，造成薄膜水从温度高处向温度低处迁移。

不饱水的分散性土的水分迁移具有物质输运连续机制和多种水分交换作用力。从普通热力学的观点来看，分散性土中水和水汽迁移的原因在于决定系统状态的热力学参数（温度、压力、离子浓度、含水率、电位势、磁势、重力势等）的时空变化所引起的土-水系统的不平衡状态。破坏土系统的平衡条件，水分即可处于不活动状态（例如吸附结合水薄膜），也可以在大孔隙和宏毛细管中以水汽克分子（对流）输运形式发生位移，以水汽的形式扩散，在超孔隙和弱结合水多分子膜中迁移，在毛细管（弯液面）压力下沿毛细管流动，此外，水汽和液体能互相作用，这就是水分复合运输的原因。土中水分迁移量的大小与土质、水分性状及外界因素（温度和压力）有关。当水膜厚则迁移快，水膜过薄而失去连续性时，液态水停止迁移。黏性土中因土颗粒细小，比表面积大，孔隙小，水分迁移所受摩擦力大，且胶体易阻塞孔隙，但毛细势大，所以水分迁移速度慢但迁移距离远。温度高表面张力和黏滞性小，温度低表面张力和黏滞性大，水分向温度低处迁移但在低温处迁移速度将减缓。土中易溶盐含量高，表面张力大，虽有利于水分迁移，但水中摩擦力大又使迁移速度减小，同时冰点降低，不利于冻结过程中的水分迁移。

6.2.2　冻土的冻胀模型

冻土水热力耦合数学模型的发展从最开始的经验与半经验模型开始，经历了很长时间发展为现在比较成熟的水热力耦合模型。总的说来，目前较为成熟的冻土水热、热力和水热力耦合模型主要有以下几类：流体动力学模型、刚冰模型、热力学模型以及水热力耦合模型。

6.2.2.1　流体动力学模型

许多学者认为正冻土中未冻水迁移类似于非饱和土体中水分迁移，并把复杂的冻胀机理归结为未冻水含量随温度变化上，提出了水热耦合作用的流体动力学模型。Harlan 建立冻土水热耦合模型如下

$$\frac{\partial}{\partial x}\left[\rho_w K(x,T,\psi)\frac{\partial \phi}{\partial x}\right]=\frac{\partial(\rho_w \theta_w)}{\partial t}+\Delta S \tag{6-23}$$

$$\frac{\partial}{\partial x}\left[\lambda(x,T,t)\frac{\partial T}{\partial x}\right]-C_w\rho_w\frac{\partial(V_x T)}{\partial x}=\frac{\partial(\overline{C}T)}{\partial t} \tag{6-24}$$

$$\overline{C}=C(x,T,t)-L\rho_i\frac{\partial \theta_i}{\partial t} \tag{6-25}$$

式中，ρ_i、ρ_w 分别为水和冰的密度；$K(x,T,\psi)$ 为有效导水系数；ψ 为基质势；ϕ 为总水头；θ_w、θ_i 分别为体积未冻水含量和体积冰含量；ΔS 为单位时间单位体积冰的变化；$\lambda(x,T,t)$ 为导热系数；C_w 为水的容积比热；V_x 为水分迁移速率；$\overline{C}$ 为视容积热容量。

该方程组描述了部分冻结土的水热迁移。但是此模型没有考虑非连续冰透镜体的形成，也没有考虑上覆荷载压力作用。该方程为一维条件下正冻土的水热耦合方程组，近年来已经有许多学者将此方程组发展为二维或三维，并且对寒区隧道、寒区水渠、冻土区桩基、热融湖塘以及季节性冻土路基的温度场、水分场及其应力场进行了数值模拟。

6.2.2.2　刚冰模型

该模型基于第二冻胀理论，认为在冰透镜体底面与冻结锋面之间，存在着一个低含水率、低导湿率和无冻胀的带，称为冻结缘。根据这个概念，可由冰透镜体底面温度计算工程上需要的最大冻胀力，该模型认为活动冰透镜体与位于其下的孔隙冰连成一刚性整体，以统一的速度移动。与其他模型相比，刚性冰模型在质量守恒方程中考虑了冰晶的移动，其基本方程如下

$$(\rho_i-\rho_w)\frac{\partial I}{\partial t}-\frac{\partial}{\partial x}\left[\frac{k}{g}\left(\frac{\partial u_w}{\partial x}-\rho_w g\right)-\rho_i V_I I\right]=0 \tag{6-26}$$

$$\sum(\rho_n C_n\theta_n)\frac{\partial T}{\partial t}=\frac{\partial}{\partial x}\left(K_h\frac{\partial T}{\partial x}\right)-\rho_i L\left(\frac{\partial I}{\partial t}+V_I\frac{\partial I}{\partial x}\right) \tag{6-27}$$

式中，k 为导热系数；ρ_n、c_n、θ_n 分别为各组分密度、导热系数以及体积含量；K_h 为导水系数；V_I 为冰晶移动的速度；I 为研究维数的单位矩阵。对于冰晶移动的速度 V_I 可以通过活动透镜体底端的质量守恒建立

$$V_I=-k\left(\frac{\partial u_w}{\partial x}-g\right)/\left[\rho_i g(1-I)\right] \tag{6-28}$$

式中，u_w 为孔隙水压力，其值可由 $u_w-u_i=\phi_{iw}$（u_i 为孔隙冰压力，ϕ_{iw} 为冰水界面能）求得。在相变区认为满足相平衡，ϕ_{iw} 与温度 T 的关系可由 Clapeyron 方程给出

$$\phi_{iw}=(\rho_i/\rho_w-1)u_w-(\rho_i L/273)T \tag{6-29}$$

刚冰模型考虑了冻结缘内水、热迁移的耦合现象，对分凝冰的产生、冻胀量以及冻结

缘内参数给出了描述，但由于该模型参数较多较为复杂，随后的发展并不是很多。

6.2.2.3　热力学模型

热力学模型是 Duquennoi 等和 Fremond 等在冻土微元体中土、水、冰三相介质的质量守恒、能量守恒及熵不等式的理论基础上，提出的多孔多相介质相应的自由能和耗散能表达式以及本构方程。该模型考虑了由于水热迁移与水分冻结引起的孔隙吸力，并从微观的角度对冻土中的水热力耦合进行描述。热力学模型的方程体系是从力学的一般公理出发，其正确性不言而喻，但是由于其微观物性参数众多，使用时需对模型进行简化。

6.2.2.4　水热力耦合模型

水热力耦合模型是在水热耦合模型的基础上考虑应力场作用建立的，其土体内的水热守恒方程分别为

$$\frac{\partial \theta_\mathrm{w}}{\partial t} + \frac{\rho_\mathrm{i}}{\rho_\mathrm{w}} \frac{\partial \theta_\mathrm{i}}{\partial t} = \frac{\partial}{\partial x}\left(k\,\frac{\partial P_\mathrm{w}}{\partial x}\right) + \frac{\partial}{\partial y}\left(k\,\frac{\partial P_\mathrm{w}}{\partial y}\right) + \frac{\partial}{\partial z}\left(k\,\frac{\partial P_\mathrm{w}}{\partial z}\right) \tag{6-30}$$

$$C\frac{\partial T}{\partial t} = \frac{\partial}{\partial x}\left(\lambda\,\frac{\partial T}{\partial x}\right) + \frac{\partial}{\partial y}\left(\lambda\,\frac{\partial T}{\partial y}\right) + \frac{\partial}{\partial z}\left(\lambda\,\frac{\partial T}{\partial z}\right) + L\rho_\mathrm{i}\frac{\partial \theta_\mathrm{i}}{\partial t} \tag{6-31}$$

除此之外应力方面需满足平衡方程和几何方程，Shen 等采用的考虑蠕变的增量本构关系

$$\mathrm{d}\{\sigma\} = [D](\mathrm{d}\{\varepsilon\} - \mathrm{d}\{\varepsilon^\mathrm{c}\} - \mathrm{d}\{\varepsilon^\mathrm{v}\}) \tag{6-32}$$

式中，$\mathrm{d}\{\sigma\}$ 为应力增量张量；$\mathrm{d}\{\varepsilon\}$ 为应变增量张量；D 为弹性系数张量；$\mathrm{d}\{\varepsilon^\mathrm{v}\}$ 为由相变膨胀所造成的土体体积变形增量张量；$\mathrm{d}\{\varepsilon^\mathrm{c}\}$ 为蠕变应变增量张量，其满足下式

$$\mathrm{d}\{\varepsilon^\mathrm{c}\} = b\left(\frac{\bar{\sigma}}{\sigma_\mathrm{cT}}\right)^n \left(\frac{\dot{\varepsilon}}{b}\right) t^{b-1} \frac{\partial \bar{\sigma}}{\partial \{\sigma\}}\mathrm{d}t \tag{6-33}$$

$$\sigma_\mathrm{cT} = \sigma_\mathrm{c0}\left(1 + \frac{T}{T_\mathrm{r}}\right)^w \tag{6-34}$$

式中，$\bar{\sigma} = \sqrt{3s_{ij}s_{ij}/2}$，$s_{ij}$ 为偏应力；σ_c0、n、b、w 为实验系数；$\dot{\varepsilon}$ 和 T_r 分别为应变率及温度的参考值。土体在变形的过程中，体积膨胀率 ε^v 可表示为

$$\varepsilon^\mathrm{v} = 1.09(\theta_0 + \Delta\theta - \theta_\mathrm{w}) - (n - \theta_\mathrm{w}) \tag{6-35}$$

式中，θ_0 为初始体积含水率；$\Delta\theta$ 为水分迁移导致含水率的增加。

尽管水热力耦合模型的发展相对比较完善，其应用也取得了重大的进展，但是很多研究中的应力场仅仅是温度场和水分场影响下的应力场，而没有达到真正意义上的耦合，目前有些学者已经开展了冻土应力场反作用于温度场和水分场的研究。

6.3　冻土区路基工程病害及防治

6.3.1　寒区路基工程主要病害

在寒冷地区铺设道路会造成冻土环境的重大改变，它导致地表与大气的自然热交换被

破坏。大量的工程实践表明，寒区路基工程遇到的主要病害是冻胀和融沉，在多年冻土地区主要表现为融沉，在季节冻土地区主要表现为冻胀。近年来，随着资源开发的需要，寒区已然成为人类生产和生活的重要场所，与此同时寒区道路工程的建设规模与水平在不断地扩大和提高。由于冻土中冰的存在决定了寒区路基工程建设及病害具有显著的特点，如不采取特殊措施和方法，可能引起寒区路基工程遭受冻害威胁，也会造成严重的经济损失。

在季节冻土地区路基冻害现象比比皆是，这些病害大大增加了季节冻土区路基工程的维护费用，严重阻碍了季节冻土区经济的发展和社会的进步。此外，寒区盐渍土地区路基工程产生的盐胀及冻胀变形，也会导致路基不均匀隆起、松胀、开裂，从而使得路基的强度和稳定性降低，影响行车安全。上述过程造成路基及其附近地带的变形。主要的变形类型为：正融多年冻土上填方下沉和蠕滑，贴附于填方处由热喀斯特产生的地面下沉；在路堑、河床、斜坡上产生冰锥；在路堑和零断面处发生冻胀，其中包括带冰锥性质的冻胀；路堑和零断面处路面下沉；路堤和路堑坡面坍塌和滑坡；路堑和斜坡处山沟和水塘淤积。

根据寒区路基病害的特点及冻融灾害的形态，寒区路基工程存在的主要问题有以下几点：

（1）融沉变形。融沉变形是寒区路基变形的主要形式（图6-2）。在多年冻土区修筑道路工程后，原有的地气热交换条件发生了变化，其结果通常是路基内吸热量增加。路基内逐年的热积累使下伏土体温度升高、多年冻土融化，从而引起道路的融沉变形。

(a) 青藏公路　　　　　　　　　　　　　(b) 青康公路

图6-2　融沉变形

（2）冻胀变形。冻胀可分为原位冻胀和分凝冻胀。孔隙水原位冻结，造成体积增大9%，雨水等外界水分补给并迁移到某个位置冻结，路基产生冻胀变形。决定路基冻胀变形的主导因素是路基中的水、热状态，而土质、土中溶质成分及含量、行车荷载、路基结构形式等在不同程度上改变路基冻胀变形的强度和速度。此外，路基的冻胀变形是导致路基其他病害的主要因素。

（3）纵向裂缝。大多纵向裂缝的产生与温度场的不均匀分布、边坡积水及损毁相关，纵向裂缝一般宽度明显大于横向裂缝（图6-3）。尤其是连续性纵向裂缝一旦形成，一般均会快速发展，在1～2年时间内宽度、长度迅速增大。其中，不对称分布的温度场融化区域正是造成路基纵向裂缝的主要原因。

图6-3　纵向裂缝

（4）盐胀。寒区盐渍土地区路基出现盐胀破坏的基本诱因是土体含有硫酸钠等可溶性盐，路基中的水盐迁移使得盐分聚积，温度降低使得芒硝等产生，并最终导致盐胀破坏的发生。盐渍土的含盐率、含盐种类、含水率、盐分分布、粒径和颗粒级配、导热系数等本身特点，以及来自外部环境的温度、温度变化速率、系统环境、水分和盐分的补充形式等都会对盐胀产生的强度和速度产生影响。高含盐率地区，特别是在高地下水位地区，盐分能降低路面强度、减弱封层作用，从而导致路面的破坏。此外，基层材料中盐分聚集还会导致面层盐胀破坏、翻浆、腐蚀等。

（5）翻浆。翻浆的发生是冻结期水分在地表的集聚，春融期路基自上而下的融化中水分未被及时排出，加之春融期路基解冻缓慢，反复的冻融循环造成道路结构破坏、强度降低，从而使道路的承载力不足以承受外荷载而造成道路的破坏。地下水位升高，使得路基含水率增多甚至达到超饱和状态，这是发生翻浆的路面波浪变形的先决条件。路基的翻浆破坏受到土质、路基含水率、行车荷载、路面结构及温度等因素的影响。

（6）路面波浪变形。黑色路面吸热效应导致在暖季冻土路基处于融化状态，同时因路侧积水严重，积水通过坡脚渗入路基内部，致使路基含水率增加，寒季路基发生冻胀变形，暖季路基发生融沉变形，加之反复车辆荷载作用，最终发生路面波浪变形（图6-4）。

(a) 青藏铁路

(b) 青藏公路

图6-4　路面波浪变形

（7）网裂。随着行车荷载和冻融循环的增加，若早期裂缝没有得以及时维修，随着雨水、雪水的侵入，裂缝宽度逐渐增大，长度逐渐延长，产生网裂。网裂是寒区道路最常见的病害之一，网裂病害的发生具有较强的独立性，仅 17% 的网裂病害伴有局部沉陷，大部分网裂病害是由初期多条横向裂缝联合发展演化而来。

（8）边坡疏松与滑塌。寒区年均温度较低，路基边坡在周期性的干湿、冻融循环作用下，导致边坡土体密实度降低，土体开始松散，在重力和荷载作用下，发生边坡疏松，严重时会导致边坡滑塌。

6.3.2 多年冻土区路基工程病害防治技术

寒区路基工程的变形特征与冻土的构造类型、工程地质条件、年平均地温以及它们在沿线的平面分布是密不可分的。寒区路基工程病害产生的原因是复杂的、多方面的，但其根本原因是修筑路基、加铺黑色路面等工程因素改变了多年冻土的生存环境。

冻土地温控制是冻土地区进行道路工程设计与施工首先要考虑的问题。目前，多年冻土地区已有的保护冻土路基的工程措施可划分为被动地温调控措施和主动地温调控措施两大类。被动地温调控措施主要指维持地温的原始状况或减缓冻土的退化，主要包括单纯抬高路堤高度或在路堤中铺设保温材料。主动地温调控措施是积极主动地改造冻土的热状况，通过调控对流、辐射和传导，实现路基降温，使其向有利于工程稳定的方向发展，主要包括通风管路基、抛石护坡路基、块（碎）石夹层路基、U 形块石路基、空心块护坡路基以及热管路基等。面对高等级公路宽、厚、黑的特点，单一的工程措施往往具有很大的局限性和时效性。因此，研发了一些复合路基，主要包括热管＋保温板复合路基、热管＋片（块）石护坡复合路基、通风管＋片（块）石复合路基等。

被动工程措施的出发点在于克服或延缓冻土退化造成的路基破坏。被动工程措施除填筑一定的路基高度以保护其下冻土不致退化外，主要包括：（1）改变土体表面热辐射条件，具体有修筑遮阳棚，将路基表面涂刷白色油漆，或在路基边坡铺设白色碎石；（2）改变路基土体与大气及原冻土热传导状况，该原理最为广泛的应用是采用隔热材料措施。

（1）增加路基高度。为防止冻土上限的下降，比较经济的方法是抬高路基高度。由于沥青混凝土路面强烈的吸热和阻滞蒸发作用，冻土路基温度场发生剧烈变化，冻土温度升高，冻土上限下降。为确保路基在设计年限内不出现热融破坏，路基合理高度是关键的控制指标。保持路基底多年冻土处于冻结状态的最小填筑高度即为路堤的下临界高度，下临界高度实际上就是与原来季节融化层等效的保温厚度。路堤的合理填筑高度要根据不同地温区段及与其相应的气温正、负温差所决定的下临界高度来确定。

（2）隔热层路基。隔热层路基是利用工业隔热材料，在不过多加高路堤的情况下，增大路基热阻、减少大气太阳热量传入路基下的一种路基结构形式（图 6-5）。其可在一定时间内起到保护冻土，延缓冻土退化的作用。青藏公路隔热层路基选择的保温材料是聚苯乙烯泡沫材料和挤塑聚苯乙烯泡沫材料，该类材料具有轻质、多孔、导热系数小、热阻高及强度大等特点。野外监测结果表明：在一年中隔热材料只有在暖季发挥积极效应，在冷季反而不利于路基土体散热。在年平均地温较低，冻结期较长的多年冻土区，选择该类措施将对保护路基下伏冻土有利。而单纯依靠保温隔热的工程措施，不能有效改变路基体内热储增加的趋势。因此，保温层的效果也只是减弱热积累的发展，延缓多年冻土的升温，而不能扭转这种热积累的趋势。且其作用效果与路基走向、路基结构形式、有无保温护道、路基高度等因素有关。

图 6-5　隔热层路基

（3）遮阳板（棚）路基。针对青藏高原太阳辐射强烈这一特点，基于对阴阳面吸热不均的治理和对路基体吸热边界的调控，提出在路堤向阳面设置遮阳板的工程措施（图 6-6a）。遮阳板（棚）既能减少路基体吸收辐射热，又能阻止或减少带有融化潜热的雨水侵入路基体及下部土体，这样既挡风，又挡雨，能有效地减少路堤坡面的风蚀和水蚀。此外，在阳面单侧设置可以治理阴阳面吸热不均，降低路堤体下土体的温度，从而能够加强路基稳定，提高道路的安全性。青藏公路现场监测表明：遮阳板的作用效果十分明显，它能有效降低路基温度，可使遮阳板下年平均地温降低约 4~6℃，使路基下伏多年冻土年均温度降低 0.5~1.0℃。此外，在北麓河路堤边坡上设置的遮阳板试验表明：遮阳板下的坡面平均温度比遮阳板外的坡面低 3.2℃，最大可以相差 4.2℃，比天然地表低 1.5℃。然而，在多年冻土区，热胀冷缩严重，结构损坏严重，且轻型骨架与板材也较易受人为损坏或破坏。设计者应考虑选用不易被损毁的板材，以及设计合适的骨架结构。对青藏铁路遮阳棚路基热状况数值分析得出，修筑遮阳棚可以有效地降低路基下多年冻土温度，对减少冻土路基最大季节融深有非常显著的效果，气候变暖对遮阳板内的冻土路基最大季节融化深度影响很小，这样可以有效地减缓和减少因气候变暖而带来的路基冻土融化问题（图 6-6b）。除此之外，表面涂层也可以显著改变土体表面热辐射条件，阻止太阳光的辐射，降低建筑物表面的吸热性能，改善路基热条件。

主动地温调控措施主要包括调控传导和调控对流的方法。已有的主动冷却地温方法包括：通风管路基、抛石护坡路基、块（碎）石夹层路基、空心块护坡路基、U 形块石路基以及热管路基等。

（1）通风管路基。通风管路基是一种积极保护冻土的工程措施（图 6-7），其工作原

(a) 遮阳板路基

(b) 遮阳棚路基

图 6-6 遮阳板（棚）路基

(a) 青藏铁路

(b) 青藏公路

图 6-7 通风管路基

理是：在寒冷季节，冷空气由于具有较大的密度，在自重和风的作用下将管中的热空气挤出，并不断将周围土体中的热量带走，达到保护地基土冻结状态的目的。在暖季，冷空气滞留在管内，起到增大热阻的作用，从而减少传入路基体的热量。试验工程表明，在采用通风管的情况下，设有通风管的模型体负温温度场的发展要比通常路基模型负温温度场发展快得多，路堤全断面土体能够迅速冻结，不会影响下部地基土体的热状况，甚至可能引起进一步的冻结。此外，透壁通风管既可以使低温的自然风通过管道运动降温；还因管壁透风，低温的冷空气可以透过管壁的大孔眼穿透到通风管周围的介质中，直接与其进行传导换热和对流换热，改变普通通风管单一的管壁传导换热模式，可更为有效地促使路基内热量的散失。现场实体路基的监测表明，透壁通风管对青藏铁路路基具有较好的冷却能力，可在一定程度上抬升冻土上限。为了提高冷却效率，在北麓河进行了自动控温通风管的实体工程试验，所谓自控通风管，是在通风管一端或两端安装可以根据气温变化自动开启或关闭的风门。该风门带有温度感应和控制单元，在外界温度高于设定温度时会自动关闭。

（2）抛石护坡路基。抛石护坡路基依靠冬季的对流效应和夏季的热屏蔽效应，在降低多年冻土的年平均温度上更为有效。抛石护坡这种措施，兼顾了调控对流和调控传导两方面，是一种典型的主动积极调控地温、保护冻土的措施（图 6-8 和图 6-9）。该种路基结构在气温波动条件下具有热二极管效应——自然对流降温效应，其随时间累加而弥补由于施工等因素造成冻土条件的变化，甚至能使其恢复到自然状态。开放结构降温速度快，而封闭结构对外界温度变化相对不敏感，比较而言降温速度较慢。但从长远来看，其降温能力要强于开放结构。同时，对抛石层顶底温差与其顶部温度变化关系以及抛石内温度场特征的分析发现，两种路堤结构在降温机理上存在明显差异，封闭结构主要依靠内部空气自然对流强弱变化引起等效导热系数的变化，来实现对其底部土层的降温作用；开放结构则主要依靠外界低温风的作用在其内部形成强迫对流，以强化传热的方式来实现降温。很多研究证明抛石护坡能够降低、调节路基温度，达到使路基温度对称分布的目的，消除由于阴阳坡温度差而造成路基下冻土上限呈不对称分布，引起路基的不均匀沉降，形成路基纵向裂缝等病害，以便最大限度地保护冻土区的道路。在太阳辐射强烈条件下，增大抛石表面的反射率，会使得其降温效果更好。此外，青藏高原风火山抛石护坡现场试验观测结果表明，采用双面铺设，具有很好的降温效果。并从青藏高原热水、东北大兴安岭的试验路堤研究来看，用粗颗粒材料，特别是用抛石、大块石等碎石材料作为路堤填料、路堑换填料和护坡护道填料均有许多优点。其可以充分利用冬季冷储量和夏季冷热空气相对密度上的差异及对流特点来维持冻土上限的热平衡，保持路基下冻土上限位置或促使上限上升。

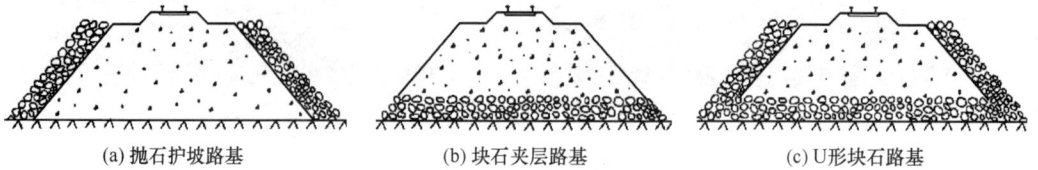

| (a) 抛石护坡路基 | (b) 块石夹层路基 | (c) U形块石路基 |

图 6-8　块石路基

图 6-9　抛石护坡路基

（3）块（碎）石夹层路基。其原理是应用块（碎）石堆砌体冬季蓄冷，夏季隔热的效能，对多年冻土具有很好的主动冷却冻土路基的作用（图 6-8b 和图 6-10）。选择合理的块（碎）石粒径是块（碎）石路基材料设计的重要部分之一。国内学者基于青藏铁路工程进行了有关块（碎）石最佳粒径、上覆层厚度、路堤形状以及边界等方面的研究与探讨。对上边界封闭或开放、上边界常温或周期变温边界等众多条件下块石层冷却降温机理和传热

图 6-10　块（碎）石夹层路基

特性进行了系统研究。研究发现，块（碎）石层的降温作用不仅与热边界条件有关，而且降温机理往往取决于边界特性（开放与封闭状态），顶部封闭或无风条件下块（碎）石层以自然对流降温为主，而顶部开放且外界有风的条件下以受迫对流降温为主。此外，块（碎）石层上、下边界的温度差是影响其内部对流传热过程的重要因素。块（碎）石层上部路基填土的厚度也是另一个值得考虑的问题，因为填土层的厚度越大越容易减少下部块（碎）石层上、下热边界的温度差异，从而减弱块（碎）石层的对流降温效果。通过青藏铁路块石路基长期监测发现，块石路基的冷却降温效果对下部多年冻土对于气候转暖的响应存在一定的调整作用，在低温多年冻土区，块石路基显著的冷却降温效果减小了气候转暖对该深度地温的影响；而在高温多年冻土区，块石路基多年冻土上限的抬升及浅层多年冻土的降温消耗了下部深层冻土地温的冷量，加剧了气候转暖对深层多年冻土地温的影响。

　　（4）U 形块石路基。U 形块石路基是抛石护坡路基和块石夹层路基的有机组合，是保护冻土更为有效的方法（图 6-8c）。U 形块石路基不仅对调节多年冻土人为上限形态与地温场的对称性具有显著效果，而且对于降低多年冻土地温也具有十分积极的作用。此外，根据实测地温时间序列曲线，可以将 U 形块石路基在 10 年监测期间的降温过程分为3 个阶段。首先，在路基修筑后最初的 2~3 年间，路基下部的土体呈现出微弱的升温过程，该升温可能是由于路基修筑过程中的热扰动所致；其次，在随后的 4~5 年里，U 形块石路基提供了强烈的降温作用，最初的升温过程被迅速降温过程所取代，从而导致路基下部多年冻土的显著降温；最后，在路基修筑 7~8 年以后，U 形块石路基的降温效果出现了微弱的减缓，但其降温过程仍在继续，且路基下部的多年冻土地温仍表现出持续降低。

　　（5）空心块护坡路基。空心块护坡路基是将具有一定几何形状且为空心的预制块，在已经成型的路堤坡面上铺设一定厚度的块石层（图 6-11）。室内试验和野外现场的监测表明，空心块护坡路基不仅具有块石或碎石护坡较好，维护坡面稳定性的优点，同时由于良好的通透性、通风性和对太阳热辐射的遮挡作用，具有很好的降温效能。

图 6-11　空心块护坡路基

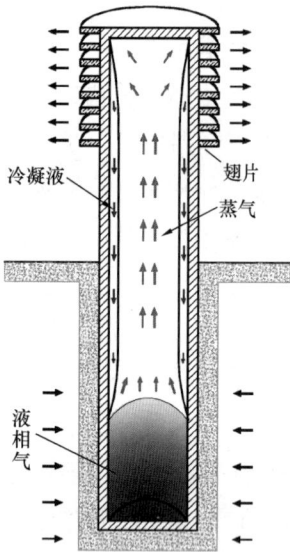

冷凝液

翅片
蒸气

液相
气

图 6-12　工作原理

（6）热管路基。热管是一种液汽两相对流循环的热传输装置（工作原理如图 6-12 所示）。作为一种主动保护多年冻土的有效措施，热管路基在青藏铁路、青藏公路、共和-玉树高速公路以及寒区输变电塔基工程等得到了广泛的应用（图 6-13）。热管是一种无需外动力的制冷装置，其优点是无需外加动力、无运动部件、无噪声干扰、无需日常维修养护，是真正的环保型产品。热管的有效工作半径为 2.25m 左右，在其影响范围内能极大地提高冻土上限，延长冻土冻结时间，对冻土路基的稳定性有积极的作用。根据青藏公路环境特点，得出了热管的工作周期约为 5 个月，在工作周期内热管并非连续工作而是波动式的。对采用带相变热传导有限元方法的热管路基温度场进行模拟研究发现，热管路基可以抵消全球气候变暖的影响，可以保证路基下伏冻土不发生融化，保证路基的稳定性。热管不但可降低土体的温度，提高冻土地基的承载力，而且也可有效地防止冻胀和融化下

沉。虽然热管是冷能综合利用的重要手段之一，但热管本身的应用有一定的局限性，其性能取决于气候条件，如气温、风速等，同时也受热管周围土体重度和含水率的影响，低于冻结温度的冻结期长短，以及冷凝循环从基础中排出热量的速度都是决定热桩周围土体冻结半径的直接因素。同时，若冻结期短，融化期长，热管形成的冻结核尚未在一个冬季来临之前就全部融化，那么就失去了热管的应用价值。一般而言，热桩的冻结半径随冻结指数的增加而增大。

面对高等级公路宽、厚、黑的特点，单一的工程措施往往具有很大的局限性和时效

(a) 青藏铁路   (b) 青藏公路

图 6-13 热管路基

性，或主要在冬季工作，或主要在冷季发挥作用。因此，单凭某一种工程措施不能处理路基病害时，需根据高速公路宽幅路基热效应的特点开发出一些复合工程措施，以保护宽幅路基下伏多年冻土的稳定。目前，寒区工程复合式路基结构主要有以下几种：

（1）热管＋保温板复合路基。保温板路基在保护冻土路基的稳定，防治高路基病害等方面发挥出了积极的作用，但它只能在暖季减少传入路基体的热量，冷季时却不利于外界冷量传入路基体内，对路基体散热有不利影响。热管路基在治理路基融化盘偏移，主动维持或抬升高温高含冰率冻土上限等方面效果显著，有利于路基体降温，但它仅在外界温度低于路基体内部温度时启动工作，全年有效工作时间有限。因此，将保温板有较大热阻能减少路基体暖季吸热与热管冷季对流换热强，能主动冷却路基的各自积极因素进行综合利用，提出热管＋保温板复合路基，以达到全年都可发挥地温调控作用的效果，达到综合治理路基病害的目的。数值模拟结果显示，采用热管＋保温板复合路基结构，能充分利用保温板和热管两种措施的优点，更好地保护多年冻土。同时，保温材料能够有效地阻止热量从路基面向下传入路基体中，使 0℃ 等温线始终在保温板底层，该路基结构形式为多年冻土区路基的理想结构形式，有利于应对全球变暖的影响。

（2）热管＋片（块）石护坡复合路基。路基宽度对片（块）石层的自然对流有一定影响。当路基宽度较大时，路堤中间区域形成的自然对流雷诺数明显大于路堤边坡区域，说明当普通路基变为宽幅路基后，在保持片（块）石层合理厚度的前提下，路堤中间区域将很难出现自然对流，也将减弱土体降温作用的发挥。因此，在高速公路宽幅路基条件下，采用单一措施的片（块）石路基结构，对保护冻土热稳定性的作用将十分有限。热管路基的主动冷却能力较好，在冷季时可以源源不断将多年冻土层中的热量通过蒸发-冷凝作用带到大气环境中。但由于热管制冷功率有限，仅能作用于小范围内土体，在宽幅路基下冷却范围十分有限。并且热管仅在冷季时发挥作用，在暖季时停止工作。而片（块）石路基由于其本身的"热半导体"性能，在冷季时片（块）石层的导热系数较大，在暖季时导热系数较小，可以全年发挥调控作用。结合两种路基结构的优点，提出了热管＋片（块）石护坡复合路基结构（图 6-14），实现全年对冻土路基的地温调控作用。此外，在热管＋片

（块）石护坡路基两侧坡脚埋设间距不同的热管，可以减小融化区域的不对称分布和融化区域的存在时间，抑制纵向裂缝的产生。

图 6-14　热管＋片（块）石护坡复合路基

（3）通风管＋片（块）石复合路基。通风管路基可直接将外界冷空气导入路基体内，相比普通路基可进一步降低下伏多年冻土的温度（图 6-15）。但由于它是利用空气在管内对流与管壁发生热传导，从而影响到管壁及周围土体的温度场，使其实际传热效率不是太高。片（块）石路基虽然能够缓慢降低下伏多年冻土的温度，但是块石层内的对流范围和强度都十分有限。综合考虑管道通风路基强对流和片（块）石路基影响范围广的优点，提出通风管＋片（块）石复合路基结构。室内研究表明，通过通风管中心的断面和位于两根通风管中间的断面温度场在同一时刻相似；随着时间的推移，路基土体的温度有明显的降低，最大融化深度在逐渐减小，说明通风管＋片（块）石复合路基结构能有效地为路基提供冷能，维持路基的稳定。现场观测也表明，采用单一块石措施在宽幅路基条件下适用性不佳，保护效果有限；而使用通风管＋片（块）石复合路基结构能增强块石层的自然对流效应，使得冻土层经受住了沥青路面的高吸热性和全球气温升温的共同影响。此外，可以将通风管制成透壁式，空气可以透过管壁的孔眼穿透到管周围块石中去，与块石间隙中的气体进行对流热交换，充

图 6-15　通风管＋片（块）石复合路基

分利用了多孔介质与空气的热对流与热传导，达到了主动冷却路基的目的。

6.3.3 季节冻土区路基工程病害防治技术

在我国，无论东北还是西北的季节冻土地区，公路和铁路的冻害都普遍存在。路基填土类型、土体含水率、渗透特性、排水条件、地下水位、气温、路基横断面形式等都会影响路基冻胀，在这些因素的综合影响下，冬季会形成路基冻胀的潜在威胁，而春季消融期，又会产生融沉、翻浆冒泥的威胁，危及行车安全。对吉林省几条高速公路进行的路基冻害春季专门钻探调查显示，在路堑段，不管地下水位埋深大小，冻结期间水分都向路基上部路床迁移。线路气候条件和路基土质条件都对水分竖向迁移和冻胀大小有重要影响，这种竖向迁移导致路基上部土层产生强烈冻胀作用。此外，水分的它向迁移（如路肩坡面、失效的排水沟、路面裂缝和中央隔离带等）也是产生道路冻害不可忽视的因素。

季节性冻土地区路基冻害一直是困扰东北及西北地区高速铁路建设与安全运营的一个重要问题。哈尔滨-大连高速铁路的路基冻胀观测数据表明，路基的冻胀现象是普遍存在的并且沿线冻胀的分布具有随机性，路堑冻胀的发生概率要高于路堤，并且路基冻胀主要发生在路基基床表层范围内。通过对兰州-乌鲁木齐高速铁路浩门区间运营期铁路路基水分、温度和冻胀变形监测数据进行分析得出，复合土工布对防水渗透能起到很好的作用，寒季水分迁移是造成各土层含水率升高的最主要原因，并且对外界环境温度敏感性越强其含水率随季节变化幅度越大。此外，路基填料细颗粒含量越高，冻胀量越大。

季节冻土区路基工程的防护措施主要有以下几类：

（1）换填法。采用非冻胀敏感性土换填冻胀敏感性土。采用换填法应对当地的土质、气温及地下水进行调查，并确定采用防止冻胀措施的路基冻结深度，以此来确定路基的换填深度。

（2）保温法。在路基上部一定深度铺设保温板，降低土体内部与外界热量的交换，使土体达不到起始冻结温度。常见的保温材料有挤塑聚苯乙烯和膨胀聚苯乙烯等。

（3）物理化学方法。采用含钠或者钙的盐类使土体产生盐渍作用，增加土体抗水性能，使土体产生较好的防冻胀效果。此外，采用使土分散的方法对冻胀的预防也具有很好的效果，并且有效期较长。常用的分散剂有钾与钠的氧化物、磷酸钠、含钠的蒙脱石、四磷酸钠等。

（4）稳定土处理法。路基的基层可掺入适量的水泥或石灰等进行稳定处理，能够显著提高路基的抗冻性能。

6.3.4 寒区盐渍土路基工程病害防治技术

盐渍土是一种土层内含有石膏、芒硝、岩盐（硫酸盐或硫化物）等易溶盐且其含盐率大于 0.5% 的土。依照含盐类的性质可分为氯盐渍土、硫酸盐渍土和碳酸盐渍土三类。其中，硫酸盐渍土含有较多的无水芒硝，在 32.5℃ 以上时为无水晶体，体积较小；当温度下降时，无水芒硝开始结晶，成为芒硝晶体，使体积增大约为结晶前的 3.1 倍。盐渍土在我国新疆、内蒙古、青海、甘肃、宁夏等地区分布较广，约占盐渍土分布地区面积的 60%。

硫酸盐渍土作为一种复杂的特殊土，对各类工程建筑的危害巨大。修筑于寒区盐渍土地区的路基在温度、水分和盐分变化的影响下将产生盐胀和冻胀变形，导致路基不均匀隆起、松胀、开裂，从而使得路基的强度和稳定性有所降低。含盐率、含水率、温度、土质类型、上覆荷载、干密度等都会影响硫酸盐渍土的盐胀和冻胀变形。通过试验发现，在相同外界环境温度下，浓度大的溶液，芒硝更容易析出；随着含盐率增加，硫酸钠盐渍土的冻结温度降低，在相同外界环境温度下，结晶在土体中更容易析出。

盐渍土路基病害的防治措施主要有以下几个方面：

（1）化学处理法。施工过程中对路基上层的盐渍土掺拌以氯盐为主要材料的添加剂，产生化学反应。减轻盐胀危害，甚至不再产生盐胀危害。

（2）提升路基高度。通过提升路基高度，避免路基结构受到太多结构下方盐渍土的影响，同时避免路基过低的情况下盐渍土对路基质量造成的破坏。最小填土高度应该根据路基中的最高地下水位、毛细水上升高度以及地下水的临界冻结高度等综合决定。该方法只适用于盐渍性较弱或者在中等程度范围内并且不含硫酸盐的盐渍土路基中。

（3）换填法。用一定厚度的非盐渍土、灰土或砂砾料换填路基中的盐渍土，从根本上消除由盐渍土造成的盐胀破坏。该方法宜用在路基含盐率超过路基规定的含盐率、路基过湿且压实度达不到相应压实度标准以及路基结构中标高受到一定限制的低填浅挖地段的路基施工中。

（4）土体浸水预溶法。路基施工中，采用预先浸水使得路基中的可溶性盐溶化，在水流的作用下产生化学反应，并直接融入更深层次的土体结构中。需要注意的是，道路路基在完成预先的浸水后，需要在路基晾干之后进行路基表面高程观测、路基土体成分检验以及物理力学指标的试验等，以保证盐渍土路基中的含盐率达到设计要求。

（5）强行夯实法。针对浸水晾干后的盐渍土路基，采用强行夯实处理的方法，有效地提高了路基的强度和刚度。该方法是目前使用较为广泛的一种盐渍土路基修筑及病害处理的方法。

（6）隔层断层法。在路基某一层设置一定厚度的隔断层，进而有效地隔断路基结构中毛细水的上升，防止可溶性盐进入路基结构的上部造成路基路面结构出现病害。可以根据施工过程中材料的不同分为土工布隔断层、风积沙隔断层、河砂隔断层、沥青隔断层以及油毛毡隔断层等。该方法也是目前盐渍土路基工程使用较为广泛的病害防治措施之一。

（7）缓冲层法。盐渍土路基施工中设置一层一定厚度的不含砂的大粒径卵石，使得盐胀变形得到缓冲，从而有效减小对路面的破坏。缓冲层的设置要满足两个要求，一是其强度要满足上部荷载要求，二是缓冲层能基本消除盐胀变形。

6.4　寒区隧道工程病害及防治

6.4.1　寒区隧道工程分类

6.4.1.1　寒区隧道按多年冻土分布分类

按照隧道所可能穿越的冻土类型，将寒区隧道分为三大类型（图6-16）。

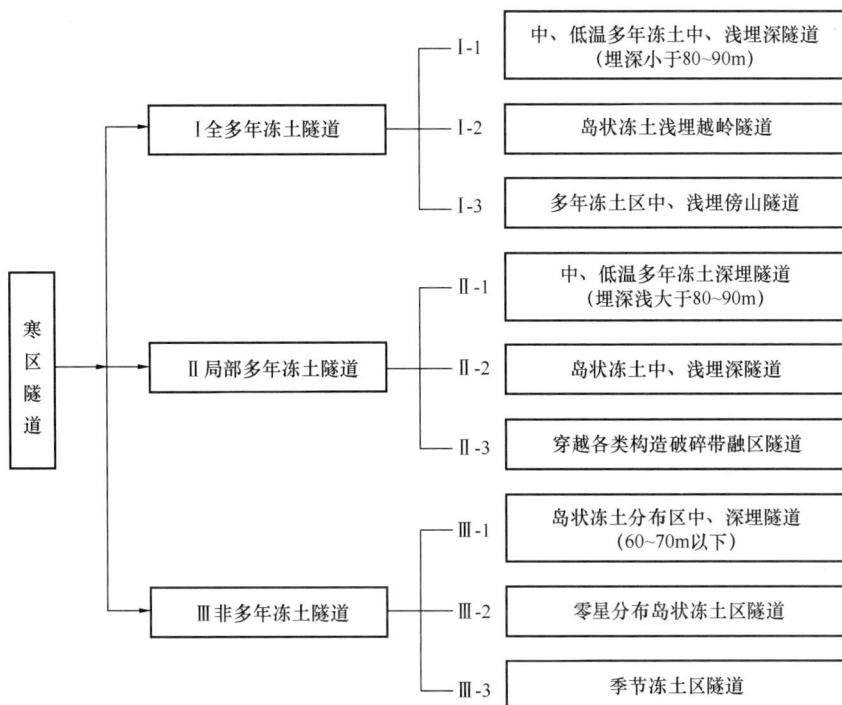

图6-16　寒区隧道按多年冻土分布分类

全多年冻土隧道，即隧道通过的围岩均属多年冻土，这是一种典型的但较为少见的类型。按我国多年冻土分布特点，隧道埋深一般只有浅于80～90m，才可能遇此情况。在岛状冻土分布区，冻土厚度较薄，一般在40～50m之间，隧道最大埋深在这深度之内，也属全冻土隧道。

局部多年冻土隧道，这是指隧道围岩进出口段为多年冻土，或仅某一侧为多年冻土，即隧道沿程多年冻土与非多年冻土并存，此类型隧道在多年冻土区内有广泛分布。

非多年冻土隧道，是指隧道沿程均没有多年冻土，此类隧道分布在岛状冻土区与季节冻土区。

6.4.1.2　寒区隧道按地下水赋存与补给条件分类

按照隧道围岩含水状态、地下水赋存条件与补给条件将寒区隧道分为5类，即含冰围岩隧道、"封闭"与"半封闭"含水围岩冻土隧道、开放的深层含水围岩冻融土隧道、开放的垂直与水平混合补给含水围岩隧道，以及干燥围岩隧道（表 6-9）。

寒区隧道按水源赋存与补水条件分类　　表 6-9

序号	地下水赋存与补给形式	主要分布地区	地下水渗入隧道情况	可能发生的冻害分级
Ⅰ	含冰围岩隧道	大片连续分布中、低温多年冻土区	开挖过程有人为影响或暖季促使围岩融化，有少量滴水现象	轻
Ⅱ	“封闭”与“半封闭”含水围岩冻土隧道	大片连续分布中、低温多年冻土区	开挖过程有渗涌水现象，随时间而减小直至消失	中
Ⅲ	开放的深层含水围岩冻融土隧道	大片连续分布多年冻土区，岛状分布多年冻土区，中、深季节冻土区	施工开挖和运行过程均有地下水涌入，水量稳定、持续	重
Ⅳ	开放的垂直与水平混合补给含水围岩隧道	大片连续分布多年冻土区，岛状分布多年冻土区，中、深季节冻土区	开挖与运行过程均有大量地下水渗、涌入，出水点多，出水量大，一般水温较低，常年性出水，但波动性较大	严重
Ⅴ	干燥围岩隧道	在各类冻土分布区均有分布，特别是干旱地区、黄土地区的中、浅埋深隧道	开挖与运行基本不存在渗漏水问题	微

6.4.2　寒区隧道工程主要病害

寒区隧道的冻害指寒冷环境的冻融作用而引起的隧道病害。其主要表现如下。

6.4.2.1　混凝土衬砌层的破裂

混凝土衬砌层的破裂包括衬砌层发生横向、纵向与斜交的破坏裂缝，不同大小体块的掉落、疏松、坍塌等。衬砌层破坏原因主要是：(1) 含水围岩冻结产生的冻胀力与地压的共同作用超过了混凝土的衬砌强度。(2) 由于冻土区含水围岩段衬砌层设计计算并没有规定应考虑冻胀力这个不能忽略的参数，因此造成衬砌厚度、强度普遍偏小。(3) 由于防水技术没有过关，衬砌层许多破坏裂缝是在施工缝、伸缩缝的基础上扩展而形成的。(4) 施工质量没有达到设计标准要求。

6.4.2.2　渗漏水

寒区隧道渗漏水必然造成洞内各种冰害，例如冰挂、洞壁冰锥、路面积冰，设置道床浸水，洞内冰塞。造成渗漏水的原因在于：(1) 衬砌层破裂，富水围岩地下水沿破裂缝渗（溢）入洞内。(2) 衬砌施工接头缝、伸缩缝由于多数防水措施（止水带、导水板等）失效，没有真正起防水作用，成为地下水渗入洞内的主要通道。(3) 防排水工程设计没有真正做到将含水围岩地下水汇聚于排水沟及泄水洞之中，或者是施工问题，使本应全天候畅通的排水系统遭受堵塞梗阻。

6.4.2.3　排水沟（洞）被冻

排水沟（洞）被冻住也是寒区隧道的一种严重冻害，主要情况如下：隧洞两侧设置的盲沟和盲井因埋设过浅或离衬砌层太近而使井、沟中的水发生冻结，失去汇集水的基本功能。隧道下部的排水沟或泄水洞，因埋设过浅或保温措施不力，或直接穿越多年冻土层，使它遭受冰冻。这在兴安岭多年冻土区多次发生，如岭顶隧道、翠岭隧道、奥拉岭隧道等，泄水洞结冰长度 400 余米，冰厚大于 $1\sim7.5\mathrm{m}$，导致地下水溢上隧道道床，淹没线路。隧道的总排水口，尤其是小流量、低水温的出水口，因没有采取防冰措施而被冻。

此外，寒区隧道工程的病害还有：隧道洞口破裂、洞外路堑支挡破裂等。

6.4.3 寒区隧道工程隔热保温设计

随着高寒隧道工程数量的不断增加，越来越多的冻害现象在工程实践中显现：隧道壁面挂冰，路面渗水，围岩体冻融圈扩大，保温层破损等。其中高寒隧道的保温隔热层关系到整个工程的工程质量和安全，是寒区隧道产生冻害现象的重要因素之一。所以，寒区隧道保温层和保温方式及其他保温技术的正确选择，对寒区隧道工程质量的保证有着重要意义。

6.4.3.1 寒区隧道衬砌保温技术

衬砌保温所采用的常见方式有：（1）提高衬砌强度；（2）施作保温层；（3）利用隧道衬砌结构型式保温。

提高衬砌强度。对衬砌施工时，应该充分考虑到衬砌自身保温设计，一般采取的措施有：混凝土中拌合防冻液，加大衬砌的厚度，钢筋混凝土作衬砌。

设置保温层。设置保温层最常用的方法是敷设保温隔热材料，保温隔热材料的使用在多年冻土隧道和季节性冻土隧道中，都会发挥其保温隔热的作用。保温层具有良好的保温效果，施工方便，经济性好，是目前国内最常用的保温措施。保温层主要有 3 种铺设方法：表面喷涂法、表面铺设法和中间铺设法。

利用隧道衬砌结构型式保温。国内外高海拔寒区隧道，目前采用的衬砌结构主要是复合式衬砌结构和离壁式衬砌结构。我国基本的防冻衬砌结构型式，是由不同的隧道排水设施排列组合的结果。

6.4.3.2 寒区隧道围岩保温技术

寒区隧道边仰坡的保温直接影响隧道洞口冻土边仰坡的稳定性，围岩保温的重要性可见一斑，诸多工程实践证明，围岩保温措施的正确选择和施工，是决定工程是否成功的关键一环，因此加强对寒区隧道边仰坡稳定性及与其相适应的保温方法研究尤为必要。对寒区冻土隧道边仰坡稳定性失稳类型的划分和描述，是冻土隧道中边仰坡稳定性研究的重要内容。

寒区隧道边仰坡围岩保温措施主要有：（1）碎石层覆盖；（2）喷射保温材料；（3）布设热棒；（4）搭设遮阳棚。

6.5　冻土区水利工程的冰冻害及其防治技术

地处冻土区的水利工程，除要承受一般地区的水压力、浮力、渗透力、冲击力以及侵蚀、冲刷等作用外，由于气温、地温、水温的变化，还受到冰冻和地基土体冻胀、融沉等作用，使其受到冻胀引起的冻胀力和融沉产生的附加应力作用，造成水工建筑物的破坏，这是冻土区水利工程破坏的一大特点。冰冻害是冻土区水利工程中普遍存在的现象，这在冻土区水利工程建设中必须引起重视。

6.5.1　冻土区水利工程冰冻害破坏形式

冻土区水工建筑物冰冻害往往是地基土的冻胀、融沉、冰冻及长期冻融循环等自然规律导致的，但一些人为因素，例如设计不合理、施工技术不正确和工程管理不好等也会造成或加剧水工建筑物冰冻害。根据以往的研究经验和目前的研究成果，我们将冻土区水利工程的冰冻害破坏形式归结为以下几个方面。

6.5.1.1　冻胀、融沉作用下水工建筑物的破坏

（1）基础板的破坏

这类破坏常发生在渠道、涵、闸、跌水等水工建筑物的底板部位。为满足防渗、抗冲、稳定、地基承载力等要求，这类水工建筑物通常采用基础板与地基相连接，如涵闸进口铺盖、出口护坦、闸室底板、方涵底板等。当冰冻害发生时，这类建筑物的基础板各点冻胀或融沉量不一，导致受力不均造成强度破坏，往往发生纵向裂缝，并伴随有横向裂缝，严重者发生龟裂，并且有不均匀抬起现象，更严重的会发生整体上抬。

（2）基础上拔破坏

这类破坏常发生在桥、渡槽的基础部位。桥、渡槽之类水工建筑物的基础常采用桩基和墩基形式。例如，对于孔桥、渡槽，常由于桩柱的逐年冻拔，形成"罗锅桥"或"波浪桥"。这主要由于在切向冻胀力的作用下，基础产生不均匀冻拔；对于拱桥，往往发生桥面中间断裂，拱圈与拱上建筑脱离。这种冻胀破坏是周期性的，逐年加剧，最终造成水工结构物失去作用或被破坏。

（3）结构物断裂或倾斜破坏

这类破坏常发生在挡土墙、翼墙的相应部位。挡土墙和翼墙在多次冻融循环及墙后法向冻胀力的作用下发生前倾、断裂，甚至倾倒。有时也会在墙后冻胀力和墙前静冰压力的联合作用下产生裂缝、剪断破坏。

（4）结构组成部分产生裂缝、脱节错位等破坏

这类破坏经常在涵洞结构中发生。涵洞由于发生冻胀和融沉，甚至坍塌以及由此引起的侧向绕流渗透等病害。

6.5.1.2　冰荷载作用下水工建筑物的破坏

这种类型属于冰层活动对冻土区水工建筑物产生的一种危害，俗称"冰害"。在我国北方，河流、水库、湖泊等水域在一年中都会经历不同程度的结冰、封冻和解冻的过程。在封冻、解冻期间水工建筑物因受静冰压力、动冰压力和冰盖随水位变化产生的垂直上举力或下拉力作用而遭受破坏，流动的冰块冲击水工建筑物时，会对建筑物产生挤压和剪切破坏，另外由于"冰害"引起的凌汛、排水不畅等危害也时有发生。主要表现为：

（1）水库工程一般遭受"冰害"的影响较为严重，水库冰层从出现到消亡的过程中由于气温等因素影响，库内水结冰后发生各种形式的冰层活动，主要有冰层裂缝、冰面弯曲、挤压破碎带（独角龙现象）和冰层爬坡（冰层延伸）。这对水库大坝、护坡、闸门等均会造成不同程度的破坏。也有一些水库在水面大面积冰冻封库以后，继续蓄水，水库冰面抬高，会产生冰拔和冰推现象，对水库建筑物造成破坏。

（2）河流中冰塞、冰坝等引起的凌汛洪水量虽不如主汛期洪水量大，但在水流的动力作用下，对河道、堤防工程也产生极大的破坏作用。

（3）一些建筑物的边沟、涵洞、排水沟等因受冰冻堵塞的影响而失去排水的作用，使建筑物本身遭受冰冻害的影响。

（4）海冰对海上结构物及船舶等造成破坏。冰的破坏方式主要有挤压破坏、流冰撞击、冻结附着、摩擦以及在有斜坡附着物上的爬坡等，主要对港口、平台、人工岛等结构物安全构成威胁。

6.5.1.3　人为因素造成的水工建筑物冰冻害破坏

（1）工程设计不合理，例如采取的水工建筑物结构不符合当地的实际情况，又没有采取防治冰冻害的措施。这种不合理工程设计，往往都忽略了冻胀力的作用，因此在地基土的冻胀作用下使冻土区建筑物丧失稳定性而遭受破坏。

（2）在施工过程中未采取正确的施工技术或施工不当都会造成或加重建筑物冰冻害。如挡土墙背侧不平整、不光滑等；基坑暴露时间过长，基坑积水等也会诱发冻土区水工建筑物的冰冻害发生。

（3）养护不及时也会加剧冻土区水工建筑物的破坏程度。例如，发现病害未及时进行维护、加固，进而加剧了工程的破坏程度，影响建筑的正常使用，缩短了使用寿命。

6.5.2　冻土区水库大坝冰冻害特征及成因分析

冻土区水库大坝由于受多种工程环境的影响，会产生冰冻、地基土的冻胀和融沉作用。通过对众多冻土区水库大坝的现场调研，归纳总结冻土区水库大坝冰冻害特征及成因主要有以下几种。

6.5.2.1　面板酥松、剥落

冻土区水库大坝混凝土面板在冻融过程中会产生面板表皮酥松、层状剥落等现象，如图 6-17 所示。这种破坏看似对冻土区水库大坝的影响不大，但实际上会对水库的安全运营造成很大的威胁。在风浪冲击的作用下，酥松、剥落的混凝土会被风浪带走，之后新露出的混凝土又变得酥松、剥落，如此往复，会使得混凝土面板破坏更加严重。

图 6-17　冻土区水库大坝面板酥松、剥落

这种冰冻害对混凝土面板的破坏可以通过静水压理论和渗透压理论进行解释。混凝土在浇筑过程中通常会形成一些大小不一的微裂纹（如胶凝孔、毛细孔、气孔以及微裂隙等），其中小孔隙是很容易达到饱和的。冻结是从大孔隙开始的，当大孔隙中的水冻结后，体积膨胀，会使得大孔隙中的水向小孔隙运动，这样会在小孔隙的周围产生静水压力，宏观的表现是在混凝土内部产生很大的迁移压力。当小孔隙中的含水率过高时，小孔隙周围产生的膨胀压力会很大，孔壁周围会产生拉应力。当拉应力超过混凝土的极限抗拉强度时，混凝土会发生破坏。

此外，当混凝土中的可溶性盐含量较高（或者库水含盐率较高、水库所处区域为盐渍化比较严重区域）时，冻结过程中表面张力的原因会使得冻结温度随着孔径的减小而降低，这样大孔隙中的水分先冻结，导致大孔隙中的易溶盐浓度升高，蒸气压下降。这样会在大孔隙和小孔隙中间产生较大的蒸气压差和浓度差，使得小孔隙中的溶液向大孔隙渗透、扩散和迁移，从而形成更大的渗透压。当混凝土内部的渗透压大于极限抗拉强度时，混凝土便会发生破坏。

6.5.2.2　面板开裂

冻土区水库大坝混凝土面板是确保水库大坝防渗的重要部位，通过现场调研发现，冻土区水库大坝混凝土面板往往会产生平行于库水面的裂缝，甚至有些裂缝是贯穿性裂缝，并且面板的开裂在水位波动区最易发生，如图 6-18 所示。混凝土面板的开裂是降低混凝土耐久性和安全性最主要的因素之一。混凝土面板开裂影响面板的渗透性，使得面板丧失阻水功能，同时面板的开裂与其他问题（如坝体渗透性、面板强度等）的耦合作用会使得混凝土面板劣化加快，加速混凝土面板的破坏。

造成冻土区水库大坝混凝土面板开裂的最主要原因是冬季在水位波动区混凝土面板受到剪胀力的作用。冬季在库水位波动区以上的基土发生冻胀，产生法向向外的冻胀力，冰

图 6-18　冻土区水库大坝面板开裂

层及库水产生的冰压力和水压力是指向坝体的，混凝土面板在冰层附近产生一个剪切力。如果冬季在混凝土面板处再产生冰推和冰拔作用，那么冰层附近混凝土面板所受到的剪切力会更大，混凝土面板开裂更加严重。混凝土面板产生开裂的另一个原因可能是大坝垫层发生的不均匀变形，高寒气温环境中垫层会发生冻结，当垫层中的细粒土含量超过一定程度时，在水位波动区水位补给充分，垫层内也会发生水分的迁移，冻胀作用会更加显著。当环境温度过低时，混凝土面板下垫层冻胀的不均匀性会造成面板沿着库水产生开裂。此外，当温度升高时垫层的不均匀融沉也会使得混凝土面板在水位波动区承受附加荷载，造成面板的开裂，这种机制产生的混凝土面板的开裂是一种反射裂缝。此外，冻土区水库大坝混凝土面板产生开裂破坏也可能是其他原因造成的，如环境因素（如高温干燥引起的收缩裂缝等）、结构因素（如结构外力荷载导致的面板开裂等）以及地震因素（地震荷载引起的混凝土面板开裂）等（图 6-19）。

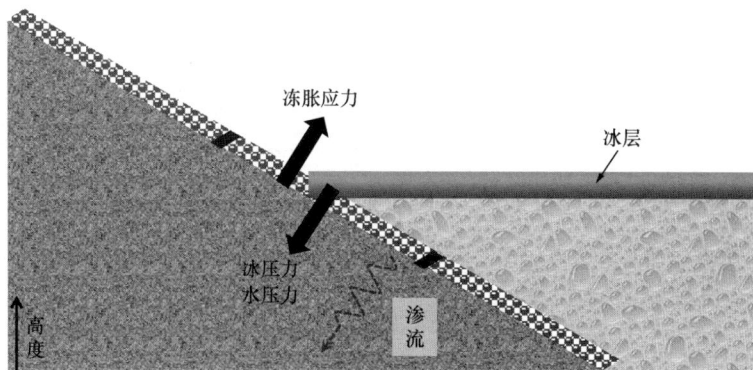

图 6-19　冻土区水库大坝面板开裂示意图

6.5.2.3　面板松动、隆起及错位

冻土区水库大坝混凝土面板另一个常见的冰冻害类别是面板松动、隆起及错位，如图 6-20 所示。冻土区水库大坝混凝土面板的松动、隆起及错位对坝体防渗性能产生很大的影响。造成这种冰冻害的原因主要是基土的冻胀、融沉作用，冬季基土发生冻胀，产生

图 6-20　冻土区水库面板松动、隆起及错位

冻胀变形，此时混凝土面板可能随之发生松动、隆起、错位等。气温回升时，基土融化，在自重作用下产生融沉变形，混凝土面板有可能不会复位，继而产生混凝土面板的错位。另一个原因是冻土区水库大坝在一个冻融周期内要经历不同程度的结冰、封冻以及解冻，在结冰、封冻以及解冻过程中混凝土面板会受到静冰压力，有时也会受到由于冰推和冰拔产生的动冰压力，甚至会受到风浪作用下流冰的冲击荷载等，在这种上举力或下拉力的作用下混凝土面板会出现面板松动、隆起及错位等。此外，水在风力作用下的风浪冲刷作用也是造成面板松动、隆起、错位、脱落等病害的一大原因。库水在风浪的冲刷下会带走面板下的基土，造成垫层和基土的松动，甚至反滤层的破坏，这又会加剧面板的松动、隆起以及错位程度。

6.5.2.4　冰推和冰拔

冬季水库结冰封库后，若水库继续蓄水，就会沿着混凝土面板产生冰推和冰拔现象。这种现象产生的推移作用及向上拔起作用对寒区水库护坡、混凝土面板以及库中建筑物（如放水塔、库中桥墩等）将产生严重的破坏，冰推剪力的作用会造成库中桥墩倾斜、开裂。

冰和混凝土面板融为一体，当水库蓄水，水位上涨时，混凝土面板在冰拔的作用下会运动，脱离原来的位置，在冰推的作用下向上运动，最终产生面板的松动、错位、脱落等。此外，冬季库水在上升的过程中冻结附着的混凝土面板处会直接产生剪切破坏，受剪混凝土面板处会出现很多的裂缝和表面混凝土的脱落、酥松等破坏。

6.5.3　冻土区水利工程冰冻害的防治原则

冻土区水工建筑物的冰冻害主要是由地基土体冻胀、融沉和冰荷载等作用引起的。冻胀病害主要由温度、水分、土质、荷载等综合因素所决定，即：温度条件，土水混合物处于 0℃ 或低于 0℃ 的温度环境中；水分条件，土中含有足够数量的水分，或土冻结过程中有足够的水分补给；土质条件，土体本身属于冻胀敏感性土；荷载条件，增加土体外部荷载会对土体冻胀产生抑制作用，它可增加土颗粒间的接触应力，对土的密度和土体内水分的重分布产生影响，从而减少土体的冻胀。另外，冻土融化时，冰变成水，体积缩小并发生水分迁移，这种对建筑物造成的融沉变形同样应引起设计与施工部门的重视。"冰害"则是水体冻结成冰后发生的各种形式的冰层活动，从而对水工建筑物产生破坏。

在长期冻融循环条件下，温度、水分、土质、荷载是引起冻土区建筑物发生冻胀、融沉病害的4个基本因素。因此，根据先前的研究结果，结合区域特点和工程的具体情况，我们将这类由冻胀、融沉引起的寒区水利工程冰冻害防治技术措施进行如下归纳总结。

6.5.3.1 保温措施

主要目的是通过保温，减少冻深，从而削减地基土的冻胀量。如果能够保持地基土温度在0℃或0℃以上，其中的水分就不会冻结，从而避免冻胀发生。一般采用的方法如下：

（1）采用工业保温材料进行保温。保温材料主要采用EPS、PU（聚氨酯）板等，将其铺设于基础底面，其铺设范围应大于基础边缘，并且承载力应足够大，这不仅可以减小冻深，而且可以改变地基下部土体的温度状况，从而减小地基冻胀。

（2）将炉渣、稻草、树叶、冰雪等覆盖在建筑物防冻部位给建筑物保温，起到防止基础冻胀的作用。另外，在涵管进出口，冬季可以用土、草等材料临时堵死，这也是一种简单易行的保温方法。

（3）蓄水保温。多用于板型基础，如涵闸，消力池等结构，根据当地气温情况，冬季进行蓄水，可防止地基土对其基础板的冻胀破坏。

6.5.3.2 改变水分迁移的方法

目的在于通过排水或阻水的方法来改变水分的运移方向，从而减少或避免建筑物冰冻害的发生。

（1）排水措施。该措施可起到排除地面积水、降低地下水位的作用。在建筑物周围修建沟渠排水或盲沟排水，或在修建工程时，在建筑物周围打若干个竖直排水井，井口回填砂、卵石与透水层连通，这样可以降低地下水位。还有在涵闸下游出口的挡土墙上设置排水孔，此类措施对减少建筑物的冰冻害的发生都是非常有利的。

（2）破坏地基土中水分迁移通道的方法。

①灌浆法，例如，将无毒化学材料注入地基土中，使地基土固结，堵塞土体中的毛细管通路，起到阻止水分迁移的作用；②在建筑物基础周边回填砂、卵石、矿渣等粗颗粒材料，破坏原状土的毛细管，在冻结时达到避免或减少水分迁移补给的作用；③隔水封闭法，它采用土工防渗膜或塑料布将建筑物基础一定范围的土体包裹起来，防止外来水补给，这种方法不仅可以保证封闭土体含水率不增加，又可防止外来水补给。

6.5.3.3 换填措施

这是一种应用较广、效果较好的防冻措施。一般将冻胀性地基土置换为非冻胀性的砂、卵石、碎石等填料，或在土中加入憎水物质达到避免冻胀发生的目的。

6.5.3.4 结构优化措施

该方法的基本思路是根据冻土区不同水工建筑物的受力和变形特点，对其结构进行优化设计，增加结构本身的抗冰冻能力，防御或减少冰冻害的发生。通常是对水工建筑物的基础板、涵洞、桩基、挡土墙等结构组成部分进行改进，达到增强自身抵抗冻胀能力、削减冻胀力，或者提高自身适应冻胀变形的能力等目的。通常采用的方法有：

（1）在基础表面可能发生切向冻胀力的部位涂刷油脂材料，如沥青、工业凡士林、渣油等。这些油脂涂料在负温条件下能够起到润滑作用，从而降低地基土对基础的切向冻胀力，达到预防和消除冻胀破坏的目的。

（2）设置冻胀和沉陷变形缝、接缝止水结构。例如，对于混凝土刚性材料渠道衬砌、涵闸底板等均须考虑设置变形缝，但接缝处须做好止水处理。

（3）改善基础形状，避免多角的平面造型。例如，将垂直面改成倾斜面，或增加基础表面光滑度，目的在于减少切向冻胀力。有研究表明，对于渠道衬砌结构，弧形平面结构由于具有适应地基冻胀能力好和复位能力强等优点，在一定条件下优于其他形式断面结构。

（4）在保证正常使用的前提下，缩小季节活动层范围内基础周边尺寸，力求结构紧凑，以减少切向冻胀力。也可采取减少构筑物与地基土接触面积，或加大地基荷载达到抗冰冻的目的。

（5）增加基础的埋深或采用扩大式基础，增强基础的抗拔力。例如，桩基增大桩长、采取扩大头等方法。

（6）选用刚度大、抵抗不均匀冻胀能力强的结构。例如，选用一字形水闸、悬臂式挡土墙、倒置盒形基础板、允许活动的基础板、钢筋混凝土 U 形槽等结构，以及一些其他的钢筋混凝土整体现浇结构。这些结构一般抗冰冻性能较好。

6.5.3.5　加强建筑物的抗冰冻破坏能力

例如，选择抗冰冻性能强且稳定的水泥，并添加引气剂或引气型减水剂，提高混凝土的抗冰冻性能。

（1）合理设计、正确施工、及时维护也是减少寒区水工建筑物冰冻害、延长其使用寿命的重要因素。

（2）另外，由于冻土融化下沉造成的水工建筑物病害也不容忽视，尤其对于高温、高含冰率冻土地基应采取必要的措施。例如，对于多年冻土区的挡土墙，在考虑其受冻胀破坏的同时，还应尽量避免因下部多年冻土的融化而引起的地基下沉及造成挡土墙的倾斜破坏，可采用热桩等措施来加强下部多年冻土的稳定；加大基础埋深，可以抵消地基土融沉带来的负面影响。

6.5.4　冻土区水库大坝冰冻害防治技术

6.5.4.1　热管技术

基于坝体能量调控原理，热管技术利用冷季库区水温随深度变化特征，通过热管的高效传热特性，强化了库区水位下部坝体及库水热量向水位上部坝体区域的传递，能够有效地防止冻土区水库大坝迎水面坝体的冻结，减小混凝土面板的破坏，可以很好地应用于冻土区水库大坝的冰冻害防治中（图 6-21）。此外，该技术不需要外部能量的供给就可以有效地防治（或减小）水库大坝的冰冻害，不仅施工方便，而且经济、环保。热管技术的应用是将库水位以下坝体及库水的热量不断地传递至库水位以上的坝体处，从而防治（减弱）坝体的冻结。

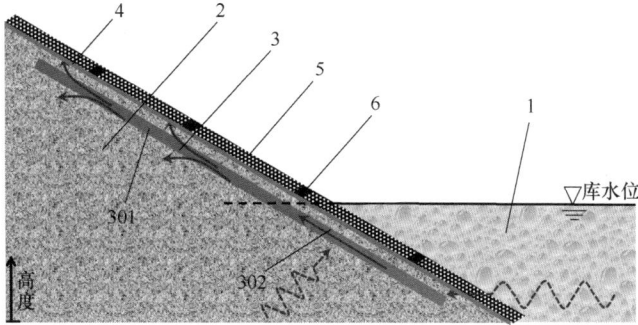

图 6-21 寒区水库大坝冰冻害防治的热管技术示意图

1—库水；2—筑坝土石料；3—重力式热管；4—土工膜；5—混凝土面板；6—嵌缝材料；

301—热管冷凝段；302—热管蒸发段

6.5.4.2 气泡技术

冻土区水库大坝混凝土面板周围库水的冻结是导致混凝土面板破坏的主要原因之一，特别是在我国北方寒冷地区（如东北地区、北疆地区等）。冬季水库结冰封库，持续蓄水会使得冻结的冰层被抬高，同时在面板附近会产生强烈的冰推、冰拔等作用，对混凝土面板产生严重的冰冻害。为了有效地解决已建水库大坝的冰冻害问题，提高大坝面板使用寿命，保障水库安全运营，研发出了一种冻土区水库大坝冰冻害防治的气泡防冻系统。该系统能够随水位的升高（或降低）自动调节制气装置的位置，同时能够自动监测并判别水库大坝周围空气及水体表面的温度。通过设定温度阈值，系统自动开启-调节-停止制气装置。通过制气装置在库水中产生气泡，气泡运动将水库下部正温水体热量携带至库水面，来防止冻土区水库大坝迎水侧周围水体的冰冻害，可以广泛地应用于冻土区水库大坝的防冻保护中。此外，该系统可以利用当地太阳能和风能资源发电作为动力，提高能源的利用率（图 6-22）。

6.5.4.3 主动加热技术

（1）导电混凝土面板电加热技术

导电混凝土面板电加热技术的核心是在混凝土面板中加入一定含量的导电组分（一般为碳纤维、碳细丝、不锈钢纤维和石墨）复合制得导热混凝土，使混凝土具有导电性能。导电混凝土具有电热效应，即向导电混凝土通电后，导电混凝土会产生热量，导电混凝土温度会升高，进而防止冻土区水库大坝库水位以上坝体及库水的冻结。需要说明的是，导电混凝土面板电加热技术中的电压是低于 36V 的直流电（图 6-23）。

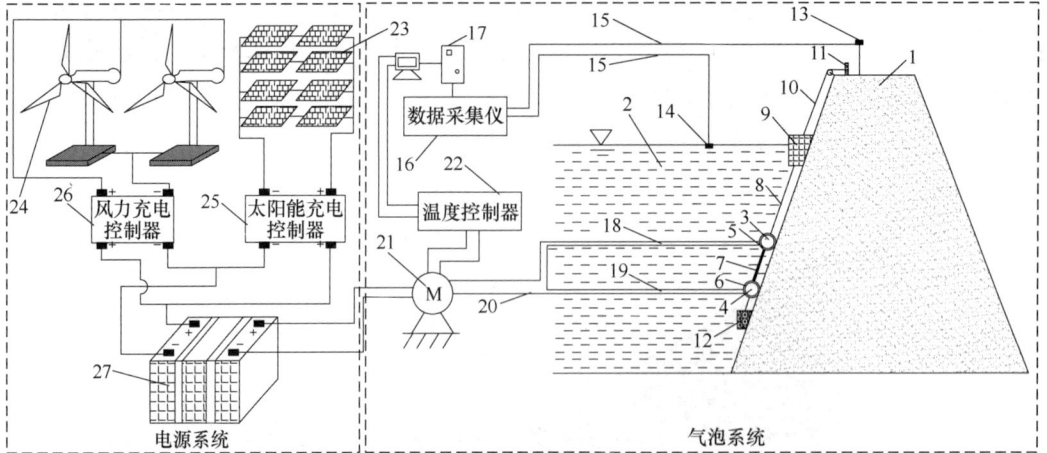

图 6-22　寒区水库大坝冰冻害防治的气泡技术示意图

1—水库大坝；2—库水；3—上气泡管；4—下气泡管；5—上连接环；6—下连接环；7—拉筋；8—拉杆；9—浮标；
10—伸缩拉丝；11—固定竖杆；12—滑块；13—空气温度传感器；14—水体表面温度传感器；15—温度传感器引线；
16—数据采集仪；17—电子计算机；18—上气泡管导管；19—下气泡管导管；20—主导管；21—发泡机；22—温度控
制器；23—太阳能板；24—风力发电机；25—太阳能充电控制器；26—风力充电控制器；27—蓄电池

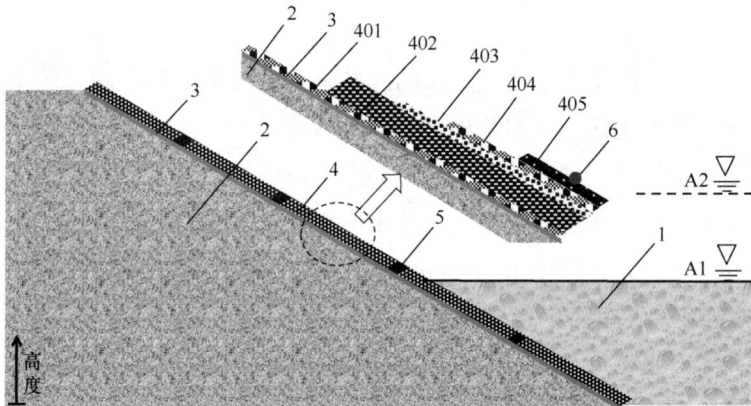

图 6-23　导电混凝土面板电加热技术示意图

1—库水；2—水库大坝；3—土工膜；4—混凝面板；5—嵌缝材料；6—温度传感器；
401—下绝缘层；402—导电混凝土；403—常规混凝土；404—上绝缘层；
405—柔性材料；A1—冷季最低水位；A2—冷季最高水位

（2）预埋加热元件辅助升温的混凝土面板电加热-保温技术

冻土区水库大坝冰冻害防治中保温板措施只能阻止热量的侵入或散出，而当环境温度持续降低时，保温板不能有效地防止坝体的冻结。同时目前的电加热技术在运行中无法更换加热元件。因此，基于主动加热和被动保温原理，研发出了冻土区水库大坝冰冻害防治的预埋加热元件辅助升温的混凝土面板电加热-保温技术。该技术中保温层的作用是防止冷季冷能的侵入（内层保温板和外层保温板）以及相变放热防止坝体和混凝土面板冻结

（外层保温板），伴热电缆的作用是加热防止坝体以及迎水面库水的冻结。该技术可以有效地防止冷季坝体及迎水面库水的冻结，可以很好地应用于冻土区水库大坝的冰冻害防治中（图6-24）。

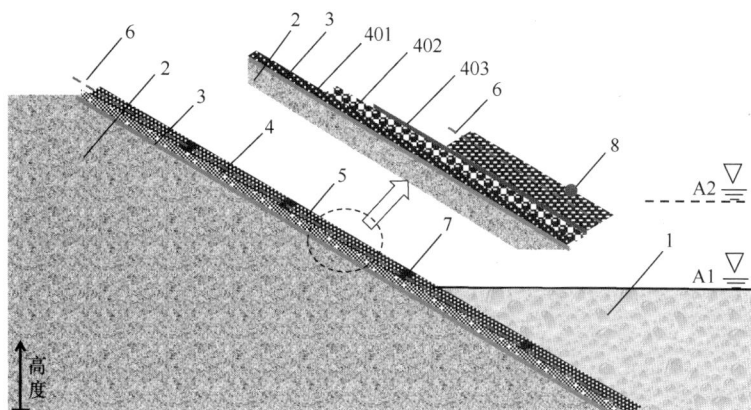

图6-24 预埋加热元件辅助升温的混凝土面板电加热-保温技术示意图

1—库水；2—水库大坝；3—土工膜；4—保温层；5—混凝土面板；6—伴热电缆；

7—嵌缝材料；8—温度传感器；

401—内层保温板；402—外层保温板；403—防水涂料；

A1—冷季最低水位；A2—冷季最高水位

思 考 与 习 题

6-1 分析我国从北往南，随纬度降低，冻土类型依次渐变的原因。

6-2 何为冻融过程中未冻水的滞后现象？

6-3 测量未冻水含量的主要方法有哪些？

6-4 讨论干密度、含水（冰）率以及温度对导热系数的影响。

6-5 决定土体冻胀的主导因素是什么？

6-6 预报冻胀有关的模型有哪些？

6-7 冻土区各种工程建筑物破坏的主要原因是基础的不均匀冻胀和融沉，决定地基冻胀和融沉的基本因素有哪些？

6-8 分析冻土中水分迁移的主要驱动力及其对冻胀的影响。

6-9 论述冻土中热质运输的基本原理及其对冻土稳定性的影响。

6-10 寒区路基工程中的冰融沉降是如何发生的？它对路基的稳定性有何影响？

6-11 描述多年冻土区路基工程纵向裂缝主要成因及其防治措施。

6-12 简述寒区盐渍土的主要特征及其对路基工程的影响，分析寒区盐渍土路基工程病害产生的主要原因。

6-13 隧道保温段的敷设长度和厚度是两个关键参数，敷设长度的确定有何简便可靠的方法？

6-14 寒区隧道中的道路表面结冰如何处理？有哪些常用的防滑措施？

第7章 盐 渍 土

中国盐渍土分为滨海盐土与滩涂、黄淮海平原盐渍土、东北松嫩平原苏打盐渍土、半漠境内陆盐土和青新极端干旱的漠境盐土 5 大片区。我国盐渍土的面积为 1.908×10^5 km²，占全国总面积的 1.99%。其中，新疆、青海是我国盐渍土分布面积最广最多的地域。部分盐渍土位于我国寒区，从长远来看，我国寒区工程建设机遇良好，但该区域建设基础较为落后，加之气候环境复杂多变，所以随着我国西部建设步伐的加快，在盐渍土地区修建道路、建筑增多。盐渍土对工程建筑物破坏机理的研究表明，盐渍土的溶陷、盐胀灾害特性和土中盐含率多少密切相关。因此，研究含盐率变化对盐渍土物理特性的影响并寻求盐胀防治措施对盐渍土地区工程建设具有重要意义。

7.1　盐渍土分布及基本物理力学性质

7.1.1　土壤盐分的原始给源

地壳中约有 2000 种矿物。各种矿物的原始给源为岩浆和地核喷出的气态物质。大气只是少数矿物的给源，其中有些矿物含硝酸盐和亚硝酸盐，少量矿物则含碳酸。风化时主要岩石的分解产物包含这样一些元素和盐分，这些元素和盐分后来参与了土壤的形成过程和盐演化过程。

自然界中分解产物呈可溶性盐移动：氯化物——$NaCl$、$MgCl_2$、$CaCl_2$、KCl；硫酸盐——Na_2SO_4、$MgSO_4$、K_2SO_4；碳酸盐——Na_2CO_3、$NaHCO_3$、$KHCO_3$。也可呈微溶性盐移动：$MgCO_3$、$CaCO_3$ 和其他弱酸盐类。

岩石分解产物中参与土壤盐演化的主要元素为钙（Ca）、钠（Na）、钾（K）、硫（S）等，其中地壳中含钙 3.25%；地壳中含钠 2.4%；地壳中含钾 2.35%；地壳中含硫 0.1%。

钙的分布极广，有 300 种以上矿物含钙，亦即占矿物总数的 15%。主要的含钙矿物岩石有辉石、角闪石等。镁（Mg），地壳中含镁 2.35%。大约有 200 种矿物含镁。含镁矿物中约有 50% 为沉积岩矿物，40% 为基性火成岩矿物，10% 为地壳接触带内形成的矿物。钠（Na），地壳中含钠 2.4%。已知含钠矿物约有 150 种。其中有 30% 属沉积生成物，有 70% 属岩浆生成物或热力生成物。由于蒸发、蒸腾或冰冻的影响，这些盐分在一定浓度下自溶液中沉淀出来。钾（K），地壳中含钾 2.35%。共有 70 种含钾矿物，其中

10 种是卤化物，30 种是硅酸盐，25 种是磷酸盐。硫（S），地壳中含硫 0.1%。共有 615 种含硫矿物。硫在自然界中呈天然硫、硫化物、硫酸盐和磺酸盐等形态存在。硫酸盐的溶解度较氯化物小，因此沉淀也较氯化物快。

7.1.2　盐渍土的形成条件及特点

盐渍土（图 7-1）是指土中易溶盐、中溶盐的含量超过某一含量界限的土，盐渍土根据《盐渍土地区建筑技术规范》GB/T 50942—2014 定义为：当易溶盐含量等于或大于 0.3%且小于 20%，并具有溶陷或者盐胀等工程特性的土。在铁路建设中《铁路工程地质勘察规范》TB 10012—2019 对盐渍土的定义为：在地表 1m 范围内，易溶盐含量超过 0.5%的土。

图 7-1　盐渍土

7.1.2.1　土盐渍化程度的影响因素

（1）气候因素

盐分的地表聚集离不开水分的蒸发，但土含盐率的不同对土中水分的蒸发也有一定影响，随着土含盐率的增加，蒸发总量逐渐减少。原因是，土含盐率越高，溶液的浓度越大，其黏度也越大，水分在土中上升的速度越慢，蒸发越慢，在一定时间内蒸发量越小。这种积盐过程以累盐、脱盐交替方式反复进行。

（2）地形的影响

土盐渍化类型和盐渍程度直接受地形的影响。大体的规律是，在大地形上盐分自高地向低地汇集；在微地形上则盐分自低处向高处积累。大地形的差异，致使潜水位的埋藏深度不同，虽在同一气候条件下，土中盐分的变化也是不一致的。地表水自高地流向低地的过程中，逐渐携带表层土体中的盐分，使矿化度加大，并使低地段地下水位升高，经过蒸发，盐分便积累于低地地表，加剧了该地段的土盐化过程。而一般高地土却处于相对的脱盐过程，结果促成了高地土含盐率低，低地土含盐率高。

（3）地层岩性与成土母质的影响

地下水和盐分存在于岩土介质之中。岩性特征不仅影响着成土过程，也控制着盐分的运动和迁移。有的地区在成土母质中，还存在着有机质含量较高的现象。当有机质分解时产生一定量的 H_2S 和 CO_2，若在氧化环境下，经生化作用便形成硫酸，并在原地富集起来，增加土体盐量，从而形成硫酸型的盐渍土。若处于还原条件下，有机质分解后经生化作用使 H_2S 分解成单体硫，同时 CO_2 与水和氢生成 HCO_3^-，使土体中 HCO_3^- 含量增高成为苏打型的盐渍土。

7.1.2.2 盐渍土的特点

盐渍土之所以要作为一种特殊土来研究，是因为它具有一般土所没有的特点，不能按一般土来对待。盐渍土主要有如下几个特点：

（1）盐渍土的三相组成与一般土不同，液相中含有盐溶液，固相中含有结晶盐，尤其是易溶的结晶盐。它们的相变对土的大部分物理指标均有影响；盐渍土中的盐遇水溶解后，土的物理和力学性质指标均会发生变化，其强度指标明显降低。所以，盐渍土地基不能同一般土的地基一样只考虑天然条件下土的原始物理和力学性质指标。

（2）盐渍土地基浸水后，因盐溶解，地基具有溶陷性。地基溶陷量的大小主要取决于易溶盐的性质、含量及其分布形态，盐渍土的类别、原始结构状态和土层厚度、浸水量、浸水时间与方式等。

（3）具有膨胀性。某些盐渍土（如含硫酸钠的土）地基，在温度或湿度变化时，会产生体积膨胀，对建筑物和地面设施造成危害。这种由于盐胀引起的地基变形的大小，取决于土中硫酸钠含量的多少以及土中温度和湿度变化的大小。

（4）具有腐蚀性。盐渍土中的盐溶液会导致建筑物和地下设施材料腐蚀。腐蚀程度取决于材料的性质和状态以及盐溶液的浓度等。

（5）干旱地区的盐渍土，由于特殊的成因和地理条件，其结构常呈现架空的点接触或胶结接触的形式，使盐渍土具有不稳定的结构性。

7.1.3 盐渍土的分布

盐渍土在世界各地区均有分布。在欧洲、北美洲、南美洲、非洲均存在盐渍土。盐渍土在亚洲和中东地区分布也很广泛，主要分布在蒙古国、印度、巴基斯坦、土耳其等国。盐渍土在俄罗斯的分布面积约有 $750000km^2$ 之多，主要分布在中亚地区、后高加索等地区。

中国是土壤盐渍化较为严重的国家之一，盐渍土总面积约为 $9.9 \times 10^{11} m^2$，其中现代盐渍土约为 $3.7 \times 10^{11} m^2$，残余盐渍土约为 $4.5 \times 10^{11} m^2$，潜在盐渍化土壤约为 $1.7 \times 10^{11} m^2$。我国的盐渍土主要分布在西北干旱地区的新疆、青海等地势低平的盆地和平原中。其次，在华北平原、松辽平原、大同盆地以及青藏高原的一些湖盆洼地中，也都有分布，另外，滨海地区也有相当面积存在。

7.1.4　盐渍土的基本物理性质

7.1.4.1　盐渍土的液、塑限

盐渍化土在四季气温周期性变化过程中，土壤中盐分的迁移和聚集，反复结晶与溶解，使地基土的物理力学性质发生剧烈的变化。试验和化学理论分析表明，粉质黏土或粉土盐渍土，在含水率不变时，液限 ω_L 随含盐率增加变大，塑限 ω_P 随含盐率增加而降低，当含盐率增加，含水率不变时，盐溶液处于饱和状态，结晶体盐再增加，比表面积变小，吸收水分的能量降低，ω_L 显著降低，ω_P 继续降低，结晶盐体出现量的增加。由图 7-2 得出盐渍土的液限和塑限在含盐率小于 2.0% 时，呈现随含盐率增大而增大的趋势。

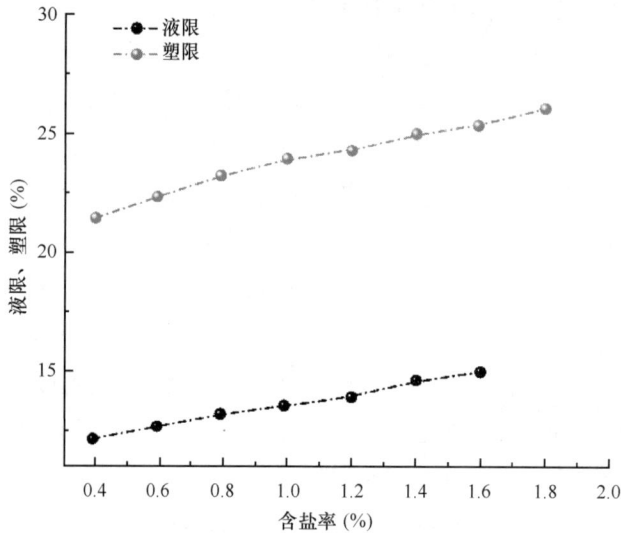

图 7-2　盐渍土液限、塑限随含盐率变化

7.1.4.2　盐渍土导热系数

胶体化学实验证明电解质浓度的变化会影响到双电层的厚度（Olphen，1982）。浓度增大，双电层压缩，其压缩程度决定于与表面电荷符号相反的离子的浓度和价数。反号离子的浓度和价数越高，双电层的厚度压缩得越厉害。当土颗粒周围的电解质浓度高时，双电层受到压缩，斥力的作用范围减小，颗粒之间的距离可以变得很小，颗粒与颗粒之间结合更为紧密。含 NaCl 的粉土随着土中溶液浓度增大，颗粒之间的距离趋于变小，双电层压缩，公共水化膜变薄，这种作用使其热传导性能提高，导热系数增大。

图 7-3 为融化状态下两种含盐土导热系数与含盐率关系拟合曲线。随着含盐率增加，Na_2SO_4 含盐土的导热系数增加的幅度小于 NaCl 含盐土。这是由于 Na_2SO_4 吸水结晶，且含盐率越高，越容易结晶析出，因此过高含盐率的 Na_2SO_4 含盐土对导热系数控制作用小。两种含盐土变化规律相同点在于，负温范围内随含盐率变化，不同温度土样的导热系数均逐渐减小，这是由于随温度升高，未冻水含量增大，冰含量减小，且分子碰撞运动逐

渐剧烈；随着含盐率增加，在负温范围内含盐土的导热系数减小，这是由于含盐率增加，使得未冻水含量增加，即导热性较好的冰所占比例减小。同一种含盐土的负温和 0℃ 时的拟合曲线线型不同，因为此时土中未发生冰水相变。在 0℃ 时，随含盐率增加，NaCl 含盐土导热系数增大，而 Na_2SO_4 含盐土导热系数减小，Na_2SO_4 溶解度小于 NaCl，随含盐率增大，0℃ 时 Na_2SO_4 盐会吸水结晶，含盐率越高失水越多，而 0℃ 时 NaCl 溶解度较大，随着离子浓度增大，导热系数也增大。

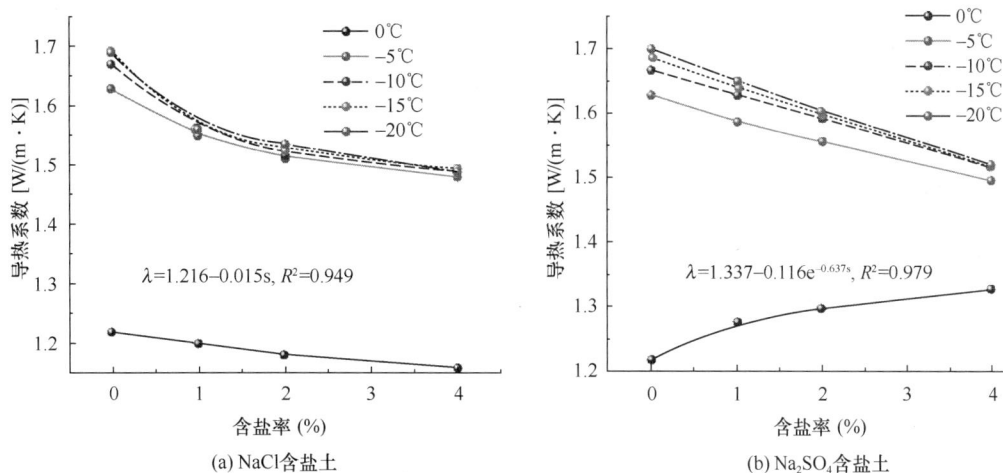

图 7-3　含盐土导热系数与含盐率关系拟合曲线

（a）. NaCl 含盐土；（b）Na_2SO_4 含盐土

7.1.4.3　盐渍土电阻率

在相同的含水率下，土体电阻率随单盐（NaCl、Na_2CO_3、Na_2SO_4）含量的增加而减小，刚开始下降速度较快，而后趋于稳定（图 7-4～图 7-6）。这主要是因为盐进入土体完

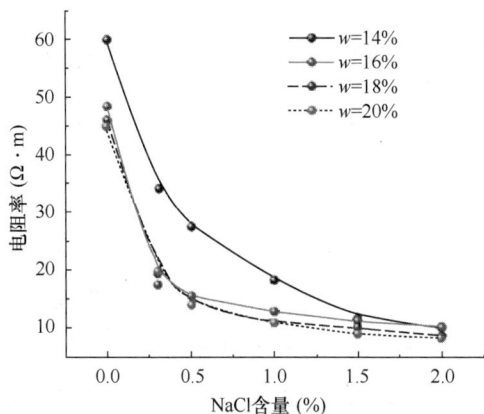

图 7-4　电阻率与 NaCl 含量的关系

注：w 为含水率。

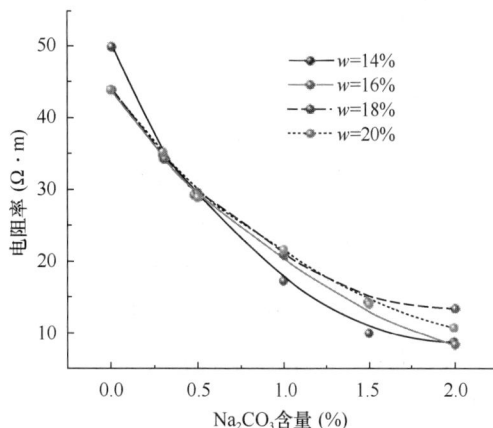

图 7-5　电阻率与 Na_2CO_3 含量的关系

注：w 为含水率。

全溶解后，土体中的电荷总量剧增，此时电阻率大小取决于土体中的电荷总量。电荷总量越多，导电性越强，即电阻率越小，而后当盐溶解度达到饱和时，电荷总量趋于稳定，导电性变化很小，即电阻率基本保持不变。随着含水率的增加，土体电阻率呈下降趋势，这主要是因为随着含水率的增加，土体中的孔隙不断被水分填充，土体饱和度增加，使得孔隙之间的连通性越来越好，则土体的导电性增强，电阻率下降。随着单盐含量的增加，土样电阻率均呈现出指数函数下降趋势。

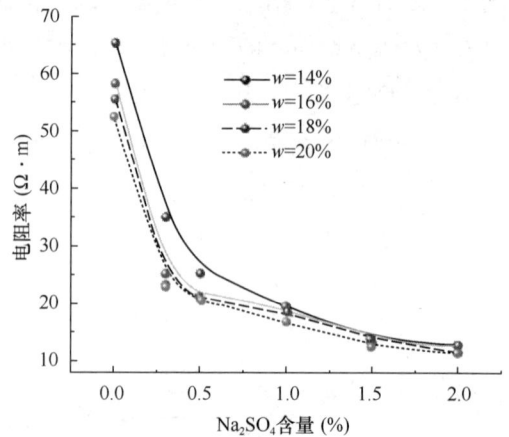

图 7-6 电阻率与 Na_2SO_4 含量的关系
注：w 为含水率。

7.1.5 盐渍土的基本力学性质

盐渍土的抗剪强度指标及分析在土力学和各种土木工程建设工作中至关重要，对于土体稳定性的计算分析而言，内摩擦角和黏聚力即抗剪强度是土力学中最重要的计算参数之一。设计质量和工程成败的往往与能否正确地测定土的抗剪强度有很重要的关系。影响黏土抗剪强度的因素主要有土体的物理力学特性、盐的种类、盐的含量、含水率、荷载和干密度等。

7.1.5.1 抗剪强度试验

直剪试验试样配比如表 7-1 所示，共 12 个试样。在电动等应变直剪仪中，将闷料后的试样分别依次置于 50kPa、100kPa、200kPa、300kPa 的垂直荷载下进行直剪试验，剪切速率为 4mm/min。

直剪试验试样配比

表 7-1

编号	含盐率（%）	纳米 SiO_2 含量（%）	含水率（%）
①～⑥	0, 0.5, 1, 2, 3, 4	0	18.5
⑦～⑨	1	1, 2, 3	18.5
⑩～⑫	3	1, 2, 3	18.5

由图 7-7 可以看出，各级压力下，硫酸盐渍土直接剪切强度均随含盐率增大而先减小后增大。相对于不含盐土，0.5%、1%、2%、3%含盐率盐渍土的抗剪强度均有不同程度降低。当垂直压力从 50kPa 到 300kPa 的变化过程中，2%含盐率盐渍土的抗剪强度降幅最大，依次下降了 24.6%、25.6%、26.4%、28.6%；但 4%含盐率盐渍土抗剪强度则比不含盐土分别提升了 30.8%、31.4%、32.0%、27.4%，因为多余的盐以盐晶体的形式析出，盐晶体作为固体颗粒的一部分起到填充土中孔隙作用，同时，盐晶构成了盐渍土的

一部分骨架从而增大抗剪强度。

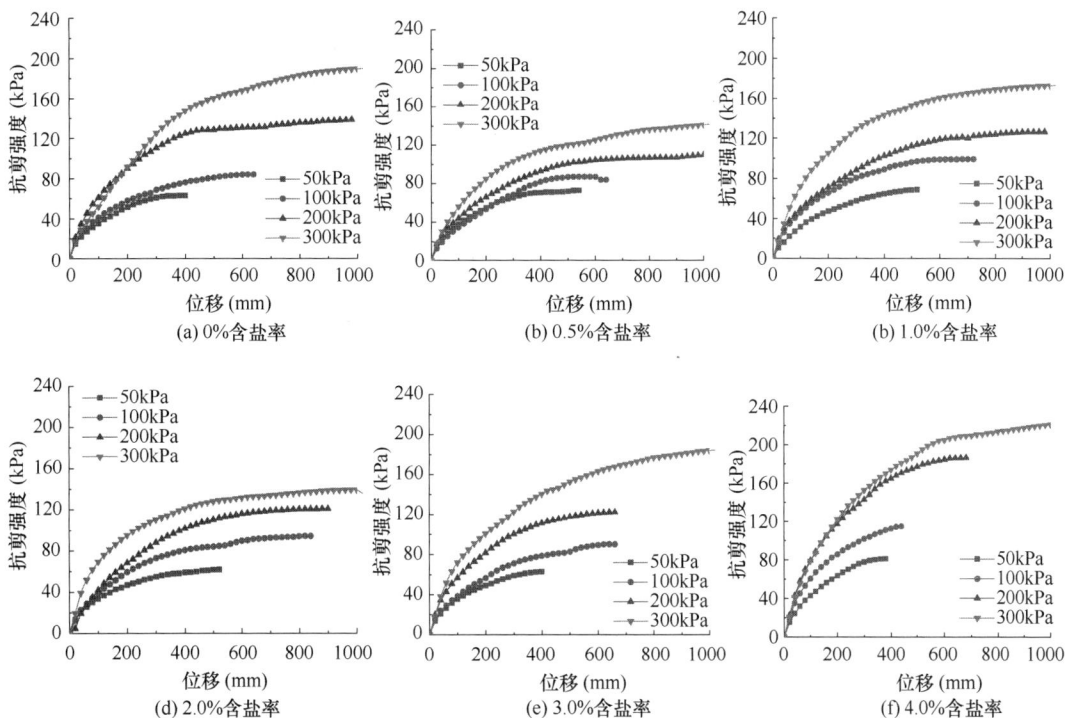

(a) 0%含盐率

(b) 0.5%含盐率

(b) 1.0%含盐率

(d) 2.0%含盐率

(e) 3.0%含盐率

(f) 4.0%含盐率

图 7-7   不同含盐量盐渍土直接剪切位移曲线

7.1.5.2 黏聚强度

在有效应力作用的情况下，把式（3-2）中的 $\sigma\tan\varphi$ 减除就得到所谓的黏聚力，换一个角度看，也可以认为黏聚力是指破坏面在没有任何正应力作用下的抗剪强度。根据抗剪强度试验绘出盐渍土含盐率与抗剪强度及莫尔应力圆关系曲线（图 7-8a），并求得盐渍土黏聚力及内摩擦角随含盐率变化曲线（图 7-8b）。

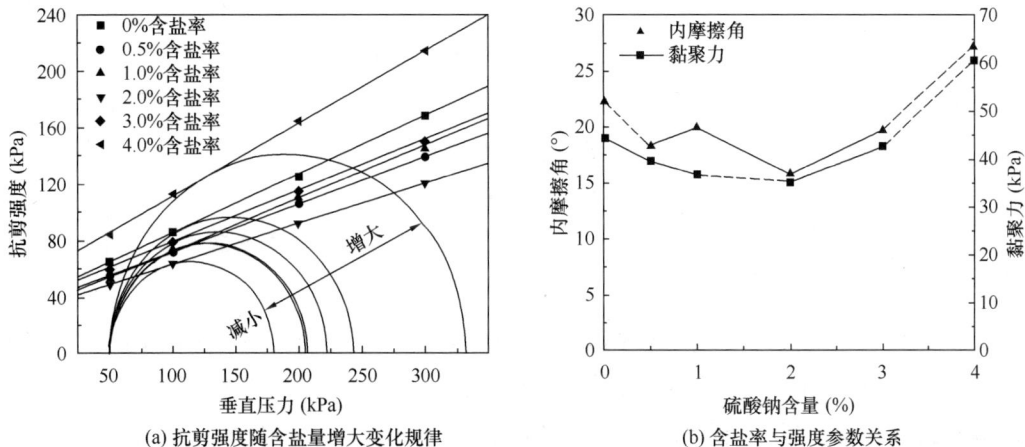

(a) 抗剪强度随含盐量增大变化规律

(b) 含盐率与强度参数关系

图 7-8   盐渍土含盐量与抗剪强度等指标关系

由图 7-8（a）中莫尔应力圆可知，在保持最小主应力 σ_3 为 50kPa 不变时，最大主应力 σ_1 随含盐率先减小后增大，表明盐渍土抗压能力先降低后提高。所以，硫酸盐渍土的黏聚力和内摩擦角随含盐率的增加同样表现出先减小后增大的变化特征（图 7-8b），4％含盐率盐渍土的黏聚力和内摩擦角均超过不含盐土，增幅分别达到 36.3％和 22.3％。

7.2　盐渍土相变及盐冻胀机理

本节从水-盐体系物理化学性质入手，讨论分析了盐溶液的过饱和态和过冷度随盐分浓度、降温速率及土样尺寸的变化规律，并基于结晶理论，提出了土中非均匀成核速率计算方法并揭示了土中水盐变化的微观特征。

7.2.1　水和盐相图

7.2.1.1　水溶液相图

对于水而言，在不同温度和压力下呈现出不同的物态，一般水的相图如图 7-9 所示。本节重点研究冰水相变特性，从图 7-9 可以看出随着压力的增大，冰水相互转化的温度点不断降低，意味着高压力下水成冰难度增大。

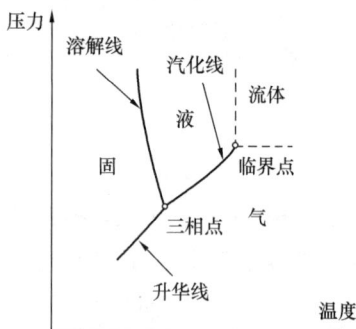

图 7-9　水的相图

随着盐溶液浓度增大，水相变温度点不断降低，不同盐溶液冻结温度试验结果如图 7-10 所示。试验表明，硫酸钠溶液冻结温度随浓度变化范围较小，均在 $-3℃$ 以上。氯化钠溶液冻结温度随浓度增加呈现出较好的线性规律，其溶解度要大于硫酸钠溶液溶解度，且随温度改变较小。

7.2.1.2　硫酸钠溶液相图

盐晶体的析出是产生盐胀的最基本条件，如无盐晶体析出，则不存在盐胀问题。盐溶液相图是盐结晶最直接的依据，由于硫酸盐渍土危害性较大，本研究中以硫酸钠盐渍土作为研究对象。硫酸钠溶液中硫酸钠结晶会形成多种形态。通常情况下会形成两种稳定的形态，一种为十水硫酸钠晶体（$Na_2SO_4 \cdot 10H_2O$），一种为无水硫酸钠晶体（Na_2SO_4）（Ⅴ）。通过对硫酸钠溶液降温发现，十水硫酸钠晶体并非直接产生，而会首先形成七水硫酸钠晶体。其硫酸钠溶液相图如图 7-11 所示。

十水硫酸钠溶解度明显小于七水硫酸钠的溶解度，在十水硫酸钠溶解度曲线和七水硫酸钠溶解度曲线之间，十水硫酸钠晶体才会形成。当硫酸钠溶液浓度很高时，会形成非稳定态的硫酸钠晶体（Ⅲ）或者稳定态的硫酸钠晶体（Ⅴ）会向非稳定态的硫酸钠晶体（Ⅲ）转化（Derluyn，2012）。在冻结温度以下，十水硫酸钠晶体和七水硫酸钠晶体会共存。另外，湿度会对盐晶体形态产生影响，十水硫酸钠晶体的形态必须具备很高的相对湿

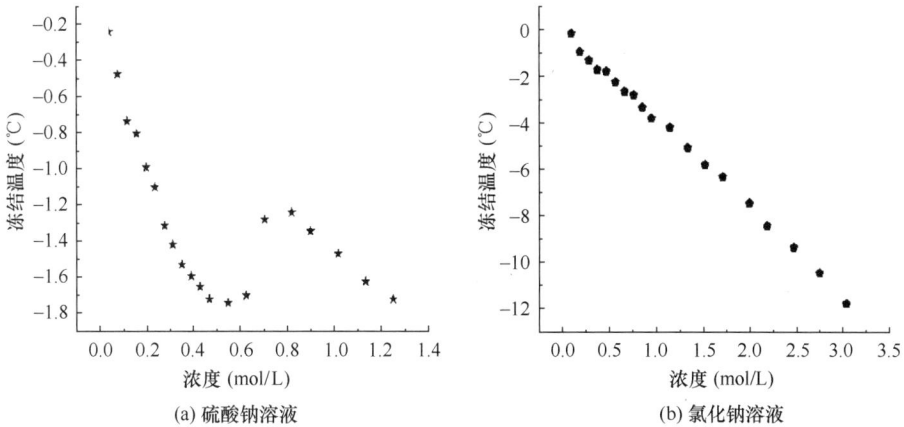

(a) 硫酸钠溶液

(b) 氯化钠溶液

图 7-10 不同盐溶液冻结温度

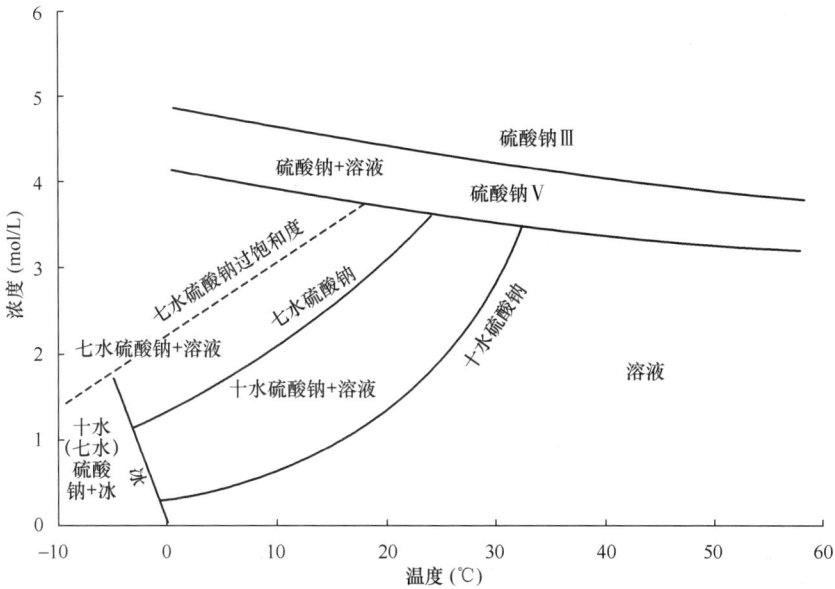

图 7-11 硫酸钠溶液相图 (Derluyn, 2012)

度（大于 0.85），否则不会形成。在相对湿度较低的情况下会形成不同晶体形态的固-固平衡状态。

7.2.2 盐渍土盐溶液过饱和态及盐晶形态

7.2.2.1 溶液过饱和比

在稳定的压力和温度条件下，当盐溶液浓度大于饱和浓度时，盐溶液处于亚稳定状态。在这些条件下，盐开始结晶。基于吉布斯自由能理论，过饱和是盐结晶的必要热力学条件。过饱和是晶体形成条件由不稳定变为稳定的一种亚稳定状态。因此，当溶液处于过饱和时，就会发生结晶。假设化学势差是盐结晶的驱动力（Espinosa，2008），则有

$$\frac{\Delta\mu}{RT} = v\ln\left(\frac{a_{\pm}}{a_{\pm}^*}\right) = \ln U_a \tag{7-1}$$

式中，v 是每分子溶质分子产生的离子数；T 是温度（K）；R 是气体常数；U_a 是盐溶液的过饱和比；$a_{\pm}$ 和 $a_{\pm}^*$ 分别是溶液和饱和溶液所对应的平均离子活度。

由式（7-1）可以得出过饱和比的计算公式为

$$S = U_a = \left(\frac{a_{\pm}}{a_{\pm}^*}\right)^v \tag{7-2}$$

如果盐中含有水合物，则必须考虑水-盐的相互作用，溶液的过饱和比可表示为

$$S = \left(\frac{a_{\pm}}{a_{\pm}^*}\right)^v \cdot \left(\frac{a_w}{a_w^*}\right)^{v_0} \tag{7-3}$$

式中，a_w 是水分活度；a_w^* 是饱和溶液对应的水分活度；v_0 是每分子盐晶体中包含水分子的数量；对于十水硫酸钠（芒硝），$v_0=10$，$v=3$。

通过不同含盐率的硫酸钠盐渍土的降温试验，可以确定盐晶体析出温度点，如图 7-12 所示。硫酸钠土的初始冻结温度随着含盐率升高而降低，当盐结晶超过初始冻结温度时，初始冻结温度（冰点）随着含盐率的增加迅速上升，然后下降。当盐溶液浓度为 4.44％时，在 −11.4℃时，由于盐的结晶作用，温度的冷却曲线略有上升；盐结晶的起始温度随浓度的增加而增加。当浓度大于或等于 10％时，盐在土壤冰点以上结晶。随着含盐率增加，盐晶体析出温度升高，在计算过程中通常取较高温度作为初始析出温度值（盐

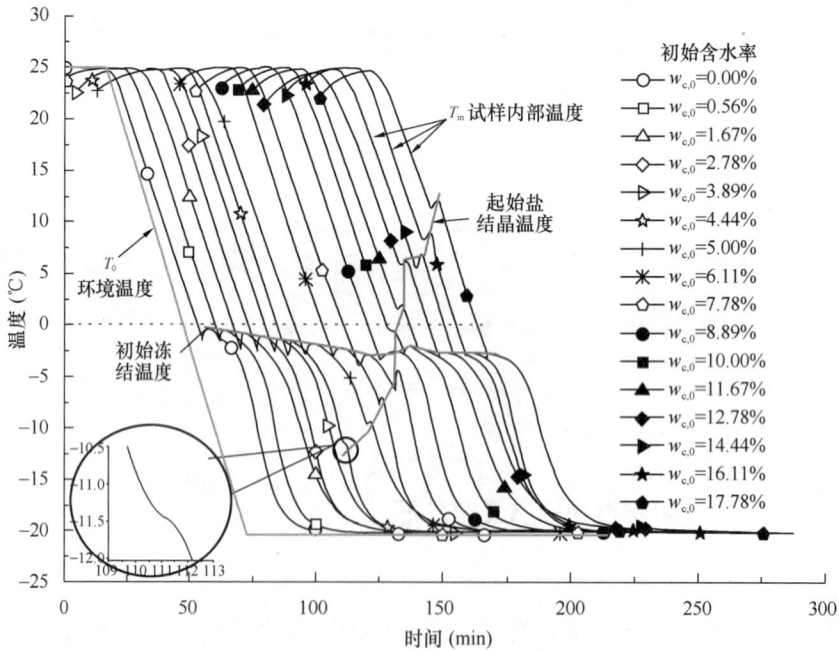

图 7-12　硫酸钠盐渍土降温曲线

T_0—环境温度；T_{in}—试样内部温度；$w_{c,0}$—初始含水率

结晶过程中会放热，反映在降温曲线上就是温度曲线的跳跃）。由于低温下孔隙中存在未冻结溶液，故低温下的硫酸钠溶液饱和浓度可以用式（7-4）计算。

$$w_{c,cat} = 0.449 \times 1.077^T \tag{7-4}$$

式中，$w_{c,sat}$ 为硫酸钠饱和浓度；T 为温度且小于 32.4℃。

依据式（7-1）、式（7-2），以及不同温度下的未冻水含量值可以计算溶液的过饱和比，其计算结果如图 7-13 所示。冰点是硫酸钠盐渍土初始过饱和度变化速率的分界点。当温度高于冰点时，初始过饱和度随温度的降低而缓慢增加。在此条件下，拟合直线的斜率为 -0.18，初始过饱和度在冰点附近达到 4.2。在冰点以下，随着温度的降低，土中硫酸钠溶液的初始过饱和度急剧增加。拟合直线的斜率的值达到 -4.9，盐溶液的初始过度饱和率在 -11.5℃ 达到 -45。

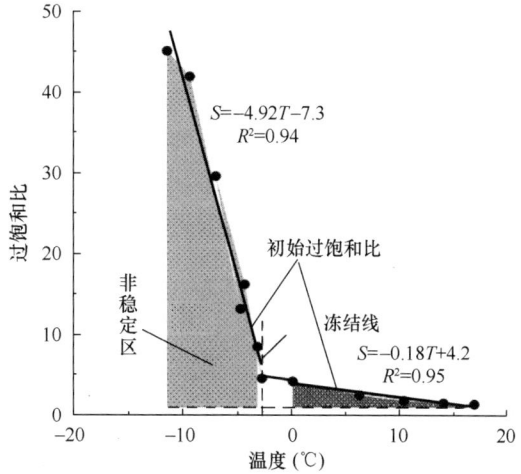

图 7-13 硫酸钠结晶初始过饱和比

7.2.2.2 土中盐溶液非稳态区间

如定义溶液过饱和比小于等于 1 为稳态区间，过饱和比大于 1 为非稳态区间，则在有盐晶体析出的情况下，盐渍土溶液非稳态区间如图 7-14 所示。降温时土体中硫酸钠的溶解度减小，导致土体中盐溶液的饱和浓度降低，当实际浓度高于饱和浓度时，溶液进入过饱和状态，容易生成十水硫酸钠晶体。芒硝晶体析出须要满足一定的过饱和态，而过饱和态是盐晶体形成条件由不稳定转向稳定的一种亚稳态。溶液的过饱和比随饱和浓度的降低而增大，增至最大值，即为晶体初始析出饱和比时，溶液中开始析出十水硫酸钠晶体。随盐溶液浓度增大，晶体初始析出饱和比减小，初始结晶温度升高，意味着盐晶体更容易析出。盐晶体对硫酸钠的消耗，导致溶液浓度减小，所以溶液的过饱和比在盐晶体出现后便

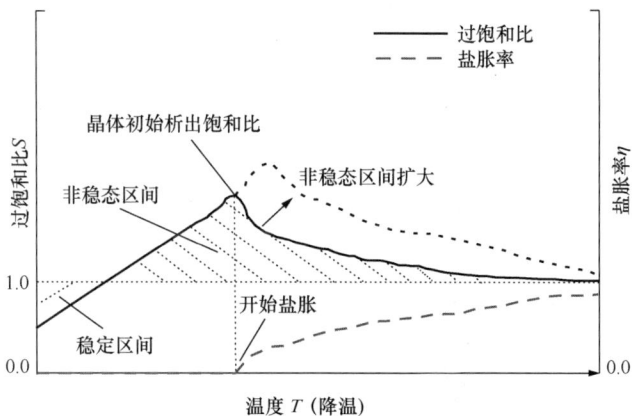

图 7-14 盐渍土溶液非稳态区间

开始减小，随温度降低而逐渐趋近于 1，同时盐溶液的非稳定态区间也逐渐收缩，盐晶体则析出愈多，土体盐胀率增大。

图 7-15 表明随着降温速率的增大，盐溶液初始过饱和比增大。结合图 7-14 和图 7-15 可以看出，随着降温速率的增加，盐渍土溶液的非稳态区逐渐增大。此外，降温速率的增大会造成在相同温度下的过冷（非稳态）明显增大，使得溶液初始结晶难度增大。初始过饱和度随降温速率和含盐率的降低而变化明显。对于含盐率 3.8% 的硫酸钠盐渍土，当降温速率从 0.02℃/min 增加到 0.1℃/min，从 0.1℃/min 增加到 1℃/min，其上升幅度分别为 0.037 和 0.131。而在相同的降温速率下，含盐率为 2.1% 的硫酸钠盐渍土的过饱和比上升幅度分别为 0.226 和 0.572。

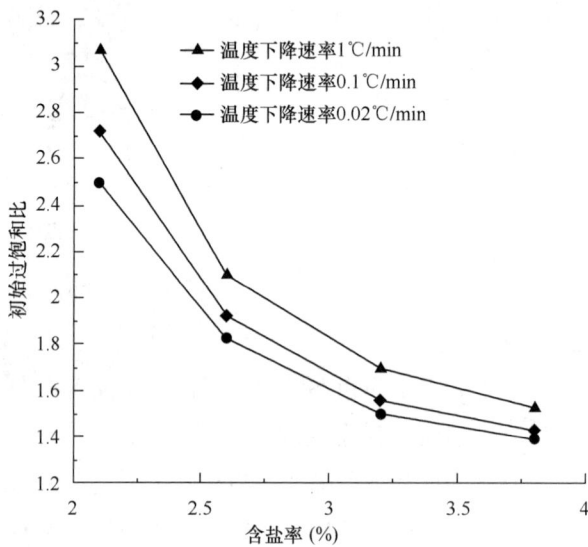

图 7-15 不同降温速率的盐溶液初始过饱和比

降温速率的增大导致盐溶液的非稳态区增大，所对应溶液的过饱和比和过冷程度的增大，导致初始结晶温度降低。盐溶液的非稳态较大，说明在冷却过程中盐溶液的浓度较高，在土中生成的盐晶体相对较少。因此，较小的盐溶液非稳态区会产生较大的盐胀率（图 7-16）。

从图 7-17 可以看出，在无水硫酸钠向七水硫酸钠和十水硫酸钠转化过程中，初始过饱和比有所降低。而且，随着温度的降低，初始过饱和比的降低幅度也增大。17℃ 时无水硫酸钠的初始过饱和度比十水硫酸钠高 0.14，增幅在 0℃ 时可达 0.54。一般来说，为了使盐晶体达到稳定的晶体形态，所对应盐溶液的过饱和度会降低。因此，硫酸钠盐渍土的降温过程使盐晶体不断地从非稳定状态转变为稳定状态。在后续的计算中通常考虑稳态的十水硫酸钠晶体。

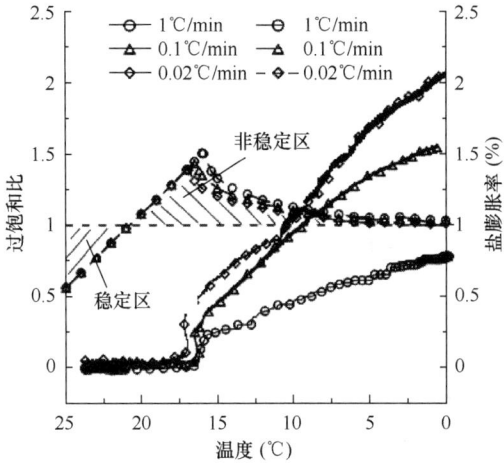

图 7-16 不同降温速率下土中盐溶液过
饱和比随温度变化（含盐率 3.8%）

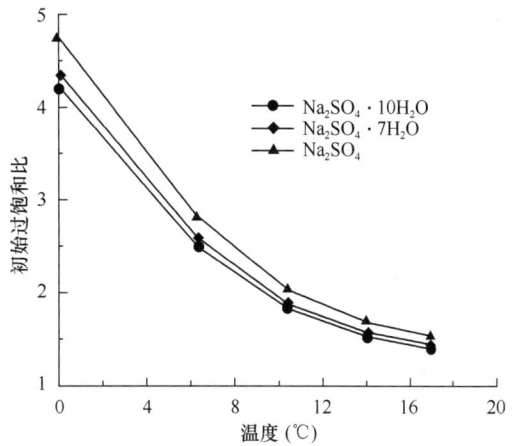

图 7-17 形成不同硫酸盐晶体形态所
需溶液的初始过饱和比

7.2.2.3 盐晶形态

十水硫酸钠晶体呈针状结构，而七水硫酸钠晶体呈锥状，稳定态的硫酸钠晶体（V）呈棱柱状结构，而硫酸钠晶体（Ⅲ）呈针状分支结构，具体形态如图 7-18 所示。

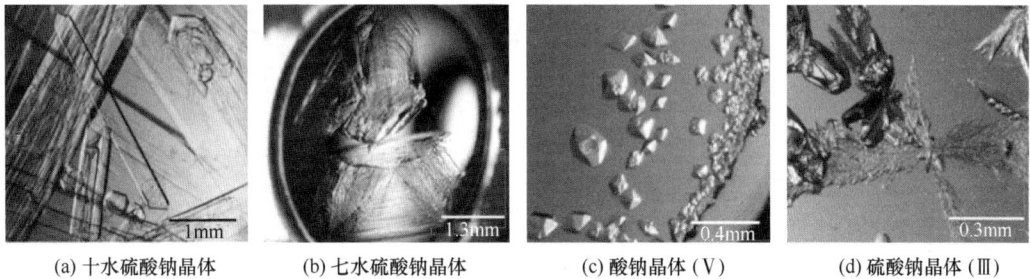

(a) 十水硫酸钠晶体　　(b) 七水硫酸钠晶体　　(c) 酸钠晶体（V）　　(d) 硫酸钠晶体（Ⅲ）

图 7-18 硫酸钠不同晶体形态（Derluyn，2012）

7.2.3 盐渍土中溶液过冷及影响因素

成冰过程包括冰晶的成核和生长，土中水的冻结一般包括过冷、跳跃、恒温和温度降低 4 个阶段。在自发成核温度下，如图 7-19 所示的 T_{sc}（通常称这个温度为结晶温度），在平衡冰点 T_f 以下，胚核形成并生长到临界尺寸，结晶发生，最初是不平衡的。随着相变潜热的释放，土的温度上升到 T_f，并在短时间内保持稳定。然而，并不是所有的孔隙水都在冰点成冰，只有大量的自由水才会相变成冰。若进一步降温则会导致土的温度下降，小孔隙中的液体开始结冰，一些薄膜水（弱结合水）开始结晶。

描述水在土中的过冷状态，引入过冷度 ΔT_s，其表达如式（7-5）所示。

$$\Delta T_s = T_f - T_{sc} \tag{7-5}$$

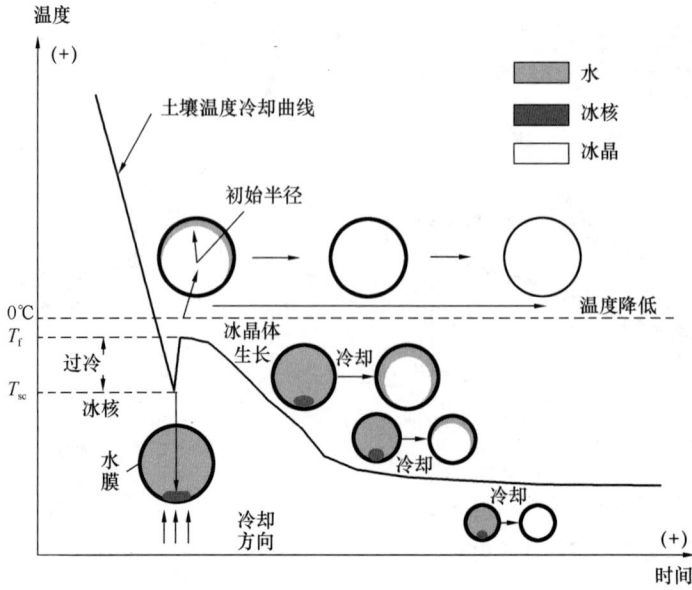

图 7-19　土的降温曲线

7.2.3.1　冻结温度计算公式

当 $\Delta T_s \leqslant 0$ 时，水分过冷消失。当土中温度下降到冰点时，冰核产生，继而形成冰晶。水和冰在温度降至冰点时处于平衡状态。在温度 T 时，冰-水达到热力学平衡时，有如下关系

$$\mu_w = \mu_i \tag{7-6}$$

式中，μ_w 是水的化学势；μ_i 是冰的化学势。

在土的孔隙中，当孔隙溶液的水分活度变化 $\mathrm{d}a_w$，则水分活度由原先的 a_w 变化到 $a_w + \mathrm{d}a_w$；同样，当孔隙水压力变化 $\mathrm{d}p_w$，则水分压力由原先的 p_w 变到 $p_w + \mathrm{d}p_w$，冻结温度从 T 变到 $T + \mathrm{d}T$，冰水新的平衡方程为

$$\mu_w + \mathrm{d}\mu_w = \mu_i + \mathrm{d}\mu_i \tag{7-7}$$

应用物理化学方法和拉普拉斯定理建立冰点与各变量之间的关系（Wan，2020）。在此过程中假定冰-液接触面和气-液接触面为球面，冰晶为球状。当温度变化时，存在

$$\overline{L}_{wi} \ln \frac{T_f}{T_0} = 2\left(\frac{M_w}{\overline{\rho}_w} - \frac{M_w}{\overline{\rho}_i}\right)\frac{\overline{\sigma}_{al}}{r_l} - 2\frac{M_w}{\overline{\rho}_i}\frac{\overline{\sigma}_{il}}{r_i} + R\overline{T}\ln a_w \tag{7-8}$$

因此，土中孔隙水冻结温度公式可用式（7-9）计算。

$$T_f = T_0 e^{\dfrac{2\left(\frac{M_w}{\overline{\rho}_w} - \frac{M_w}{\overline{\rho}_i}\right)\frac{\overline{\sigma}_{al}}{r_l} - 2\frac{M_w}{\overline{\rho}_i}\frac{\overline{\sigma}_{il}}{r_i} + R\overline{T}\ln a_w}{\overline{L}_{wi}}} \tag{7-9}$$

7.2.3.2　非均匀成核及结晶温度计算

通常土中冰晶成核是一个非均匀过程，引入反映这种非均匀特性的接触角 θ，如图 7-

20 所示，来描述孔隙水中冰结晶的形式。σ_{il} 是冰晶对溶液的表面张力，σ_{sc} 是土颗粒或杂质对冰晶的表面张力，σ_{sl} 是土颗粒或杂质对溶液的表面张力。基于非均匀成核理论，在特定接触角上的非均匀成核速率可表示为

$$J_{het}^{V} = \frac{2N_c kT\rho_w}{h\rho_i} \left(\frac{\sigma_{il}}{kT}\right)^{1/2} \exp\left(-\frac{\Delta G}{kT}\right)$$

(7-10)

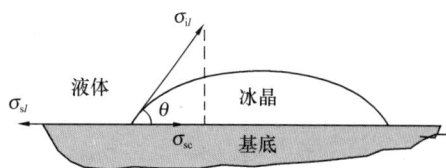

图 7-20　平面基质上冰晶的力学平衡

在土中孔隙溶液中冰晶体的非均匀成核是由于冰胚产生的。土的孔隙中存在大量外部杂质，而这些杂质大部分存在孔隙溶液中，溶液体积越大，成核概率越大。因此，在计算成核速率时要考虑孔隙溶液体积。如果将未冻水体积含量表示为孔隙水体积与土的总体积的比值（θ_{uw}），则式（7-10）可变为

$$J_{het}^{V} = \frac{2N_c kT\rho_w}{h\rho_i} \left(\frac{\sigma_{il}}{kT}\right)^{1/2} \theta_{uw} \exp\left(-\frac{\Delta G}{kT}\right)$$

(7-11)

外部固体杂质及有相对界面的基质均可成为有效的成核剂。另外，晶体表面结构中的一些位置有利于似冰状层形成，从而在这些稀少的位置成核。因此，在研究冰成核问题时，必须考虑冰与土颗粒表面的接触面。单位面积单位时间的成核速率 J_{het}^{S} 可以表示为

$$J_{het}^{S} = \frac{nkT}{h} \exp\left(-\frac{\Delta G}{kT}\right)$$

(7-12)

与土颗粒表面接触的过冷水的非均匀成核速率 J_{het}^{S} 可表示为

$$J_{het}^{S} = \rho_d S_p \frac{nkT}{h} \exp\left(-\frac{\Delta G}{kT}\right)$$

(7-13)

特定成核位置上的冰成核速率可以表示为

$$J_{het} = \left[\rho_d S_p \frac{nkT}{h} + \frac{2N_c kT\rho_w}{h\rho_i} \left(\frac{\sigma_{il}}{kT}\right)^{1/2} \theta_{uw}\right] \exp\left(-\frac{\Delta G}{kT}\right)$$

(7-14)

非均匀成核速率可根据方程计算，计算结果如图 7-21 所示。非均匀成核速率随温度变化规律较为明显，先增大后减小且在低温下趋于统一。非均匀成核温度随 $f(\eta, \theta)$ 的降低而升高，当冰晶与基质表面的接触角较小或 η 较小时，冰晶更容易形成。随着水分活度的降低，冰晶成核难度增大。

7.2.4　孔隙成冰机制

7.2.4.1　孔隙中冰晶生长压力

基于以上的研究及分析，土中孔隙成冰需要经历过冷过程，又受孔隙形状影响，如图 7-22 所示。冰核首先与基质底接触，晶核与基质底存在一定的接触角。然后，晶核在非稳定状态下迅速增长，形成更大的晶体——冰晶（图 7-22a）。由于土中存在结合水，这部

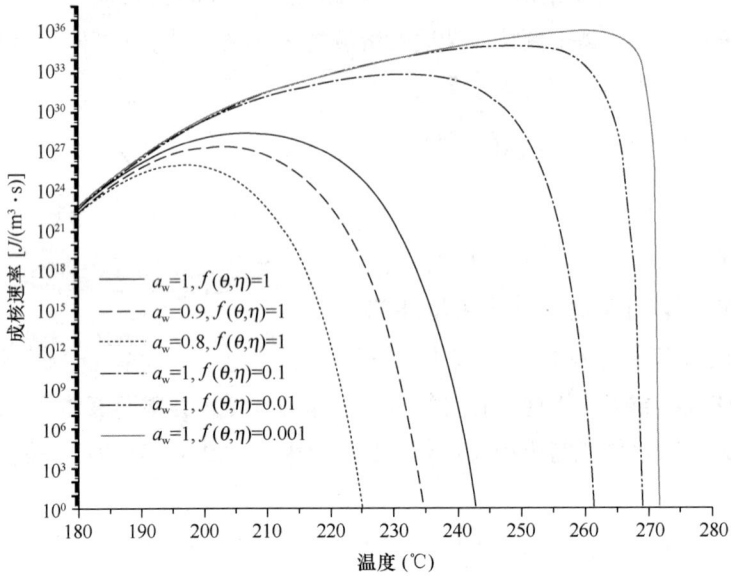

图 7-21　非均匀成核速率随温度变化规律

分液态在冻结的过程中以水膜形式存在。水膜的冻结比自由水更困难，需要更低的温度。毛细孔隙中冰晶形态如图 7-22(b) 所示，冰晶中的毛细管压力表示为

$$p_i - p_l = \frac{2\sigma_{il}\cos\theta}{r_p} \tag{7-15}$$

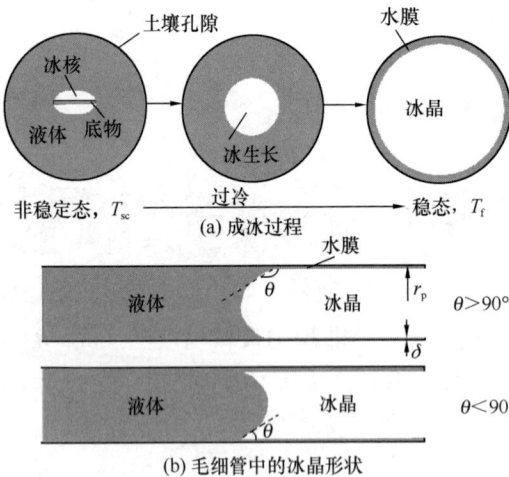

图 7-22　土孔隙中冰晶生长

注：δ 表示水膜的厚度。

在盐渍土中，水分冻结使冰成核过程中溶质被排斥，导致剩余溶液浓度的增加，限制了水分的进一步冻结。随着浓度增大，水膜厚度增大，导致冰的结晶半径进一步减小。

Scherer (1999) 表明接触角决定了晶体在 T_f 时进入土中孔隙，这个温度是一个大体积无应力的晶体的冻结温度（对于纯水是 273.15K）。基于克拉佩龙方程，当晶体进入毛细孔时

$$\Delta T = T - T_f = \frac{2\sigma_{il}\cos\theta}{L_{iw}r_p} \tag{7-16}$$

当 θ 大于 90°时，晶体不能在 T_f 时刻进入毛细管，毛细管越小，晶体进入所需的温度会越低。反之，当 θ 小于 90°时，冰点增大，冰晶可以在通常的冻结温度自由进入孔隙内部。

7.2.4.2　盐分对分凝冰影响

随着冰晶生长，分凝冰以特定模型产生。水分不断向冻结缘区运移，在低温区域成冰导致土体冻胀，同样这一机理可以在盐渍土中得到解释。在水冻结过程中，孔隙压力发生变化。对于饱和冻土，孔隙压力包含孔隙液体压力和孔隙冰压力两部分，它们之间的关系可表示为

$$p_{pore} = (1-\chi)p_i + \chi p_l \tag{7-17}$$

式中，χ 是孔压力系数，随着冰含量增加而减小；p_{pore} 为孔隙压力；p_i 为孔隙冰压力；p_l 为孔隙液体压力。

若忽略冰与水的偏摩尔体积差，可得：

$$p_i - p_w = -\frac{L_{wi}(T-T_0)}{T_0 V_i} + \frac{RT_0 \ln a_w}{V_i} \tag{7-18}$$

式中，p_w 为孔隙水压力；L_{wi} 为冻结潜热；T_0 为冻结温度；R 为气体摩尔常数；a_w 为水活度；V_i 为冰透镜体生长速度。

当温度降低裂缝充满冰晶时，$p_i - p_w > 0$，p_i 变大为正；因此，有裂缝的冰会对裂缝壁施加压力。如果这个压力超过了冰分离压力 p_{set}，裂缝就会扩展并成长为冰透镜体。

当水开始结冰时，$p_i = 0$。因此，式 (7-18) 可以转化为

$$p_w = \frac{L_{wi}(T-T_0)}{T_0 V_i} - \frac{RT_0 \ln a_w}{V_i} \tag{7-19}$$

当温度降低且 $p_w < 0$ 时，孔隙水压变负，使水从未冻结区向冻结边缘转移。其机理如图 7-23 所示。冰透镜是以平面的形式存在的，因此冰透镜体面下方的水接触到冰透镜时的冻结是非常容易的。若水与透镜体的接触角为零，仅当水的温度降至相应溶液的冰点时，透镜体才会增长。

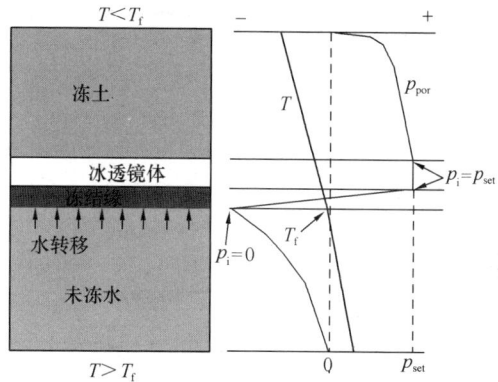

图 7-23　冻胀机理
注：T 为土体温度，p_i 为孔隙压力。

7.2.5　盐渍土盐胀特性

盐胀主要受两个因素的影响：其一，土的微观结构，即土的基本物理性质；其二，介质的运移，介质的运移包括土壤中的水、热、盐等相体的传输和运动，以及盐分结晶机理的应用和考虑上覆荷载作用下的盐胀规律。由文献（赵凯旋等，2023）可得，随着上覆荷载的提高，砾类盐渍土与砂类盐渍土的盐胀率均降低。其中，砾类盐渍土盐胀率的降低速度逐渐变缓，而砂类盐渍土的盐胀率降低速度逐渐加快，上覆荷载相同时，砾类盐渍土的

盐胀率低于砂类盐渍土。

不同温度下盐渍土的盐胀量随时间的变化关系如图 7-24～图 7-28 所示。

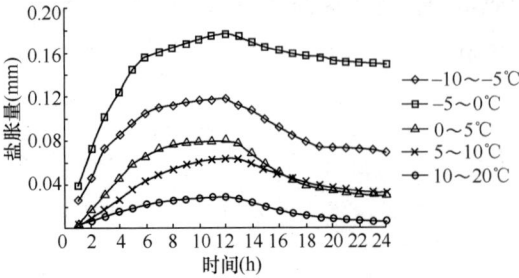

图 7-24 冻融第一周期盐胀量变化

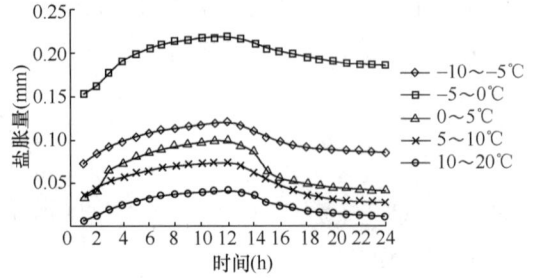

图 7-25 冻融第二周期盐胀量变化

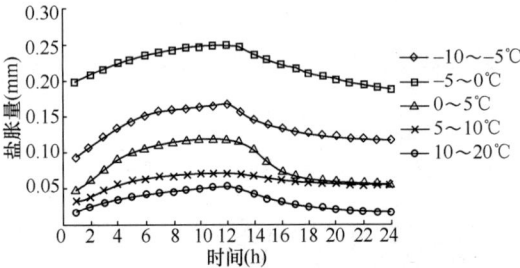

图 7-26 冻融第三周期盐胀量变化

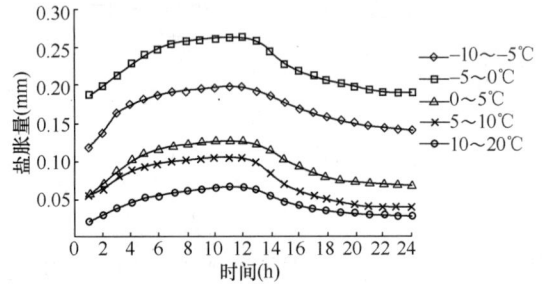

图 7-27 冻融第四周期盐胀量变化

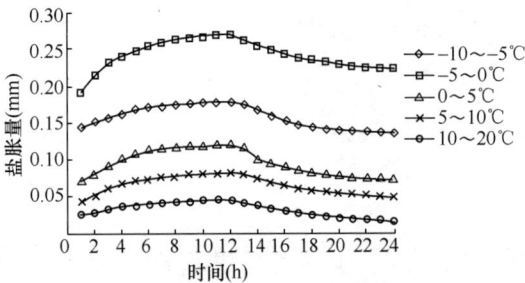

图 7-28 冻融第五周期盐胀量变化

盐渍土在－10℃至 20℃的 5 次冻融循环中，盐胀过程（图 7-24～图 7-28）可分为 3 个阶段：随着温度的降低盐胀量急剧增加阶段；温度持续降低盐胀量保持稳定阶段；升温时盐胀量均匀下降阶段。在反复冻融条件下，3 个阶段周而复始循环出现。但每次冻融循环中，前两个阶段的变形，在第三阶段的回落过程中不能完全恢复，在图中表现为盐胀量在每次冻融循环后都有所增加，即每次循环后均有残留变形，造成下次循环中变形起点位置的不断升高。在整个冻融循环试验中，盐胀土盐胀的累加性较好，前两次冻融循环中，盐胀量变化较大、随着温度的上升，盐胀量显逐渐增加，其中在－5～0℃阶段盐胀量最大。后 3 次冻融循环中，温度均保持在 0℃以上，盐胀量变化较为稳定，显示出随着温度的上升盐胀量逐渐下降的趋势，温度越高，盐胀越小。

7.3 盐渍土水-盐-热相互作用

盐渍土的盐冻胀变形是一个十分复杂的耦合过程，其中涉及水-热-盐之间的相互作用。本节介绍水盐迁移规律，利用有限容积法确定水盐含量，揭示盐渍土中水-热-盐相互作用机理并运用孔径分布预测未冻水含量。

7.3.1 水盐迁移规律

水盐迁移是盐冻胀变形的根本条件。冻融循环过程中，水、盐会出现重分布现象。本节介绍不同冻结方式下土体中水盐的重分布。

图 7-29、图 7-30 分别为经历 3 种冻结方式后土体水分和盐分的重分布曲线。土体冻融过程中水盐重分布是水盐迁移的结果，水盐迁移受到土体种类、土体初始含水率等因素的影响。因此，水盐重分布是上述各种因素共同作用的结果。

对于单向冻结过程，土体中原位水的冻结快速完成，由于土样处于开放系统中，由温度梯度诱导的未冻水势梯度的存在使得土中迁移水的冻结占主导地位，因此，水分在恒定的温度梯度下向顶部迁移，造成土样上部含水率大于初始含水率；由于顶部负温的快速加载，在冻结锋面快速向下推移使土样冻结的同时，在土样中部形成整体状的分凝冰层，含水率很大。下部土体在冻结过程中被压密疏干，含水率小于初始含水率。由于冰的自净作用冻结锋面恰似一盐分隔断层，即使土体上部含水率增大，但能迁移到土样顶部的盐分极少，与土样的初始含盐率相比，试验结束后土体上部的含盐率几乎无变化；而下部土体在水分向上迁移的过程中携带盐分向上迁移，并随着土柱高度的增加而逐渐减小，从而体现了物质迁移的对流效应。

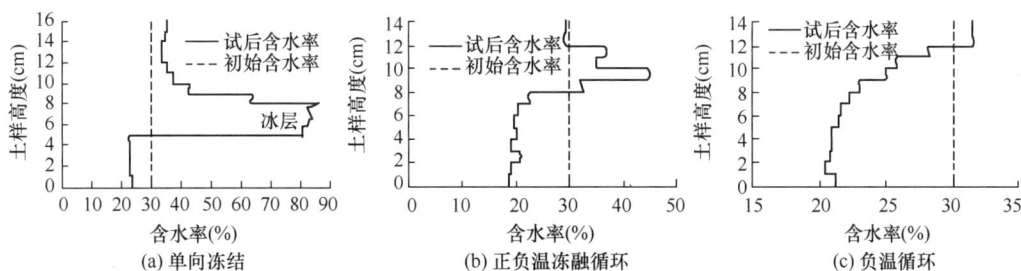

图 7-29 3 种冻结方式下土样的含水率变化曲线

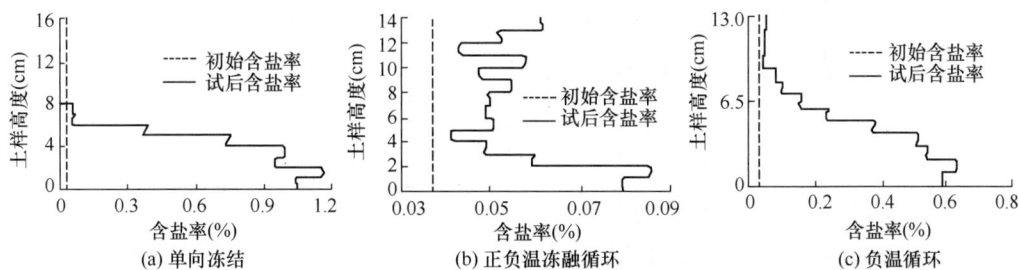

图 7-30 3 种冻结方式下土样的含盐率变化曲线

土体经历冻融循环，整个土体的温度梯度发生着变化。试后土样的含水率剖面同单向冻结过程相比，底部土样情况相同，土样含水率小于初始含水率，均是由于温度梯度的存在自由水抽吸疏干的结果，此时的含水率的最大值出现在土样的中上部。水盐迁移需要考虑迁移通道及其连续性，土样在底部温度恒定为2℃的状况下，处于变化的温度梯度，只有上部土体在经历冻结和融化过程，刚开始冻融时，土体孔隙大小、土颗粒的粒径大小及其级配、矿物成分等特征在土体中的分布具有随机性，迁移通道未形成，此时迁移主要发生在土样局部，其他部位的迁移微弱；冻融循环作用具有分选性，随着冻融循环次数的增加，土体中水盐迁移通道逐渐形成。随着冻融循环次数的增加，滞留水分的量增加，最终形成水分滞留层。

7.3.2 水盐含量确定方法

（1）低温下盐晶体析出

硫酸钠盐渍土的降温曲线如图 7-12 所示。对于低盐浓度的盐溶液，由于盐结晶量很少，降温曲线上的温度跳变不明显。因此，对于低含盐量土样（0.7%～0.9%），可以采用随时间变化的土样内部温差来确定盐结晶起始温度，结果如图 7-31 所示。当土样内部温度下降到冰点时，冰水的相变发生，温差在曲线上突然跳跃。当盐溶液的浓度大于或等于4.44%，在大量冰水相变之后的一小段时间，内部温差有明显增加的趋势，这是由于盐结晶产生的热能造成土样温度增加（图 7-31）。而对于浓度为 3.89% 的盐溶液，在温差曲线上没有这种突然的增加；由此可以推断，在 −20℃ 以上，当浓度小于 3.89% 时，不产生盐晶体。

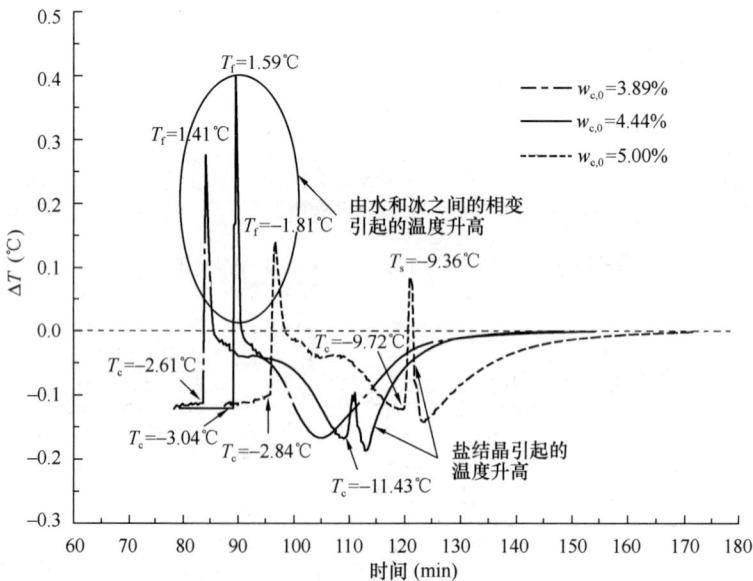

图 7-31 硫酸钠盐渍土内部温差

注：T_c 表示非稳态过冷温度，T_f 是冻结温度，T_s 是盐结晶温度。

（2）热平衡方程及关键参数

硫酸盐盐渍土的降温过程中，当盐溶液浓度超过某一过饱和状态时，盐结晶开始，在负温度下又发生冰水相变。在不考虑土中流体运动的情况下，饱和盐渍土发生相变时的热平衡方程可表示为式（7-20）。

$$\frac{\partial}{\partial t}\left[\left(\sum_j c_j n_j \rho_j\right)T\right]-\frac{\partial(L_{cryst} n_c \rho_c)}{\partial t}-\frac{\partial(L_{wi} n_i \rho_i)}{\partial t}=\nabla\left[\left(\sum_j \lambda_j n_j\right)\nabla T\right] \quad (7\text{-}20)$$

式中，c_j 表示物质 j 的比热容，$j=c$，i，l，s 分别表示盐晶体、冰晶、盐溶液和土颗粒；ρ_j 表示物质 j 的密度；n_j 是物质 j 所占的体积与土的总体积的比值；L_{cryst} 表示结晶焓；L_{wi} 表示水结冰的相变潜热；λ_j 表示物质 j 的热传导系数；T 是温度。

对于低浓度的盐溶液，为了计算方便，我们假定溶液的体积等于水的体积。因此

$$\rho_l \approx \rho_w(1+w_c) \quad (7\text{-}21)$$

硫酸钠溶液的相图显示出与温度的密切关系。当温度低于 32.4℃、硫酸钠溶液浓度高于饱和浓度时，硫酸钠以十水硫酸钠（芒硝）形式出现。盐浓度的变化主要是由盐的结晶和水与冰之间的相变决定的。硫酸钠结晶时水分子会发生转化，导致盐浓度降低。相反，水和冰之间的连续相变会减少溶剂（水）的质量；因此，盐浓度增加。芒硝不能在相对较低的湿度下生成。考虑在封闭体系中设计的近似饱和土样，我们的计算中没有考虑相对湿度对盐晶体形态的影响；因此，只有过饱和度比超过其初始值时，才假定在冷却过程中生成芒硝。由于理论模型中没有考虑液体传递，所以冻胀和盐胀较小。如果我们限制土壤的位移，则存在以下关系

$$n_0 \approx n_c+n_i+n_l \quad (7\text{-}22)$$

当盐在冰点以上或以下结晶时，出现两个变量（冰和盐晶体含量）（图 7-12）。然而，对于两个未知变量，式（7-20）不能求解。因此，我们假设盐结晶导致冷却曲线在坐标系中向右移动。如果没有盐晶体形成，冷却曲线将按照图 7-32 中的虚线变化（类似于无盐土壤的冷却曲线）。例如，可以根据虚线的曲线计算冰体积含量，假设冰和水之间发生了相变（使用式 7-23）。因此，冰所占的孔隙度可以看作是一个已知的量，结合实际冷却曲线来确定盐晶含量的变化。具体计算过程见文献（Wan et al.，2020）。

$$\frac{L_{T,a}+L_{T,b}}{2}\Delta r\Delta\varphi\Delta z\Delta T_{p,j}+\frac{L_{i,a}+L_{i,b}}{2}\Delta r\Delta\varphi\Delta z\Delta n_{i,j}^p=$$

$$\frac{2}{r_a+r_b}\left[\Delta\varphi\Delta z(\lambda_b r_b-\lambda_a r_a)\frac{T_{0,j}-T_{in,j}}{r}+(r_a+r_b)\Delta r\Delta\varphi(\lambda_e-\lambda_f)\frac{T_{0,j}-T_{in,j}}{z}\right] \quad (7\text{-}23)$$

（3）水盐动态变化规律

图 7-33 表示不同盐渍土中盐晶、冰和未冻水所占孔隙比随温度变化。当土样温度降至冰点时，土中的水开始结冰，冰含量增加。冰含量上升趋势随着温度的降低而不断减

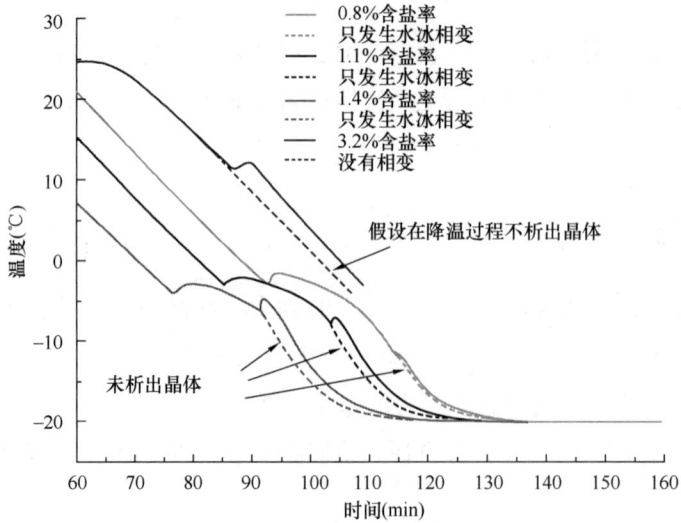

图 7-32　无盐结晶盐渍土的假定曲线

小，并最终趋于稳定。计算结果表明，无盐土在 $-20℃$ 下的未冻水含量近似为 5.4%。而低盐土的冰含量略有下降，未冻水含量增加。含盐率为 0.2% 和 0.7% 的土样在 $-20℃$ 时的未冻水含量分别为 5.8% 和 7%。当环境温度从室温变化到 $-20℃$ 时，对于含盐率为 0.2% 的盐渍土中，溶液浓度由 1.1% 增加到 6%。对于 0.7% 含盐率的土而言，在相同温度范围内，溶液浓度由 3.9% 增加到 18.2%（图 7-33a）。

当含盐率增加时，盐晶体会析出。盐溶液浓度随着土样温度的降低而增加，只有当浓度达到 20% 时才会产生盐结晶。盐晶体含量随土样温度的降低而增加，盐晶体含量随土样盐分的增加而增加。盐溶液浓度的减小随着初始含盐率的增大而增大。高含盐率的盐溶液浓度迅速下降，并趋于稳定。含盐率的增加使冰含量降低，冰含量迅速趋于稳定。除冰水相变外，盐结晶会携带的另一部分水使之转化为固相。因此，不同含盐率的土样的未冻水含量变化不大。含盐率分别为 0.8%、1.1% 和 1.4% 的土样在 $-20℃$ 下的未冻水含量为 $5.0\%\sim5.9\%$（图 7-33b）。

盐晶体含量可以根据冰水相变前的降温曲线来计算。盐溶液在结晶前始终处于过饱和状态。因此，当晶体从盐溶液中析出时，由于生成了大量芒硝，其浓度会急剧下降。随着温度的降低，盐结晶趋于稳定，盐溶液浓度接近于饱和浓度（图 7-33c）。因此，可以根据饱和浓度近似计算出盐在冰点以下的盐结晶量。冰和盐晶体是同时产生的，其变化如图 7-33(d) 所示。

在冰点时，冰水的大量相变使盐溶液浓度迅速增加。因此，盐晶体含量在冰点时明显增加。在此之后，随着冰水相变的进行，其变化较弱，趋于稳定。此外，盐的结晶抑制了冰晶的形成；盐晶体产生越多，冰含量下降越多。含盐率为 3.2% 的土样，其盐晶含量比含盐率为 2.6% 的土样高 2.9%；相比之下，其冰含量下降了 3%（图 7-33d）。

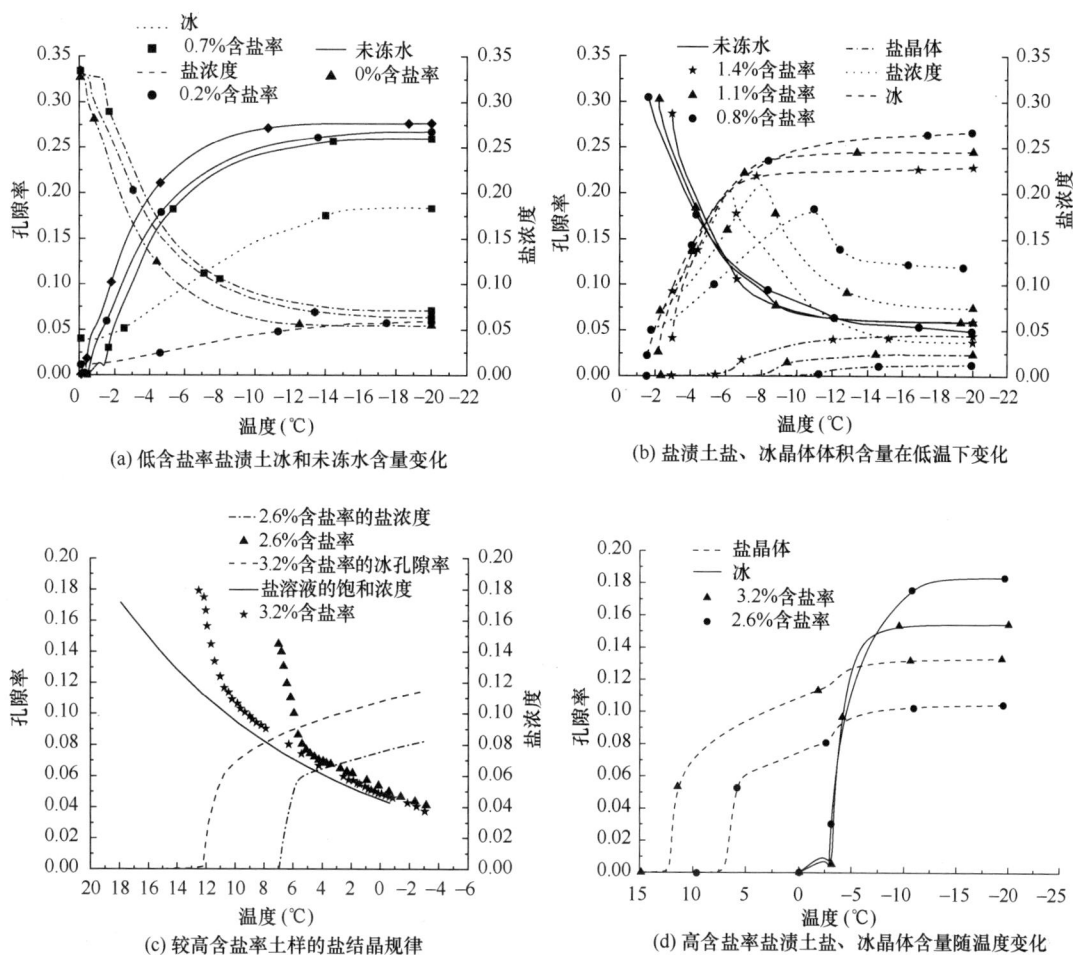

(a) 低含盐率盐渍土冰和未冻水含量变化

(b) 盐渍土盐、冰晶体体积含量在低温下变化

(c) 较高含盐率土样的盐结晶规律

(d) 高含盐率盐渍土盐、冰晶体含量随温度变化

图 7-33　不同含盐率盐渍土盐冰晶体含量随温度变化

7.3.3　盐渍土水-热-盐相互作用机理

7.3.3.1　水-热-盐参数分析

试验发现不同初始含盐率的盐渍土其结晶温度也不同。以结晶温度为 0℃ 为界，分别作出硫酸钠盐渍土结晶温度与含盐率关系曲线，如图 7-34 所示。当硫酸钠浓度小于 2% 时，结晶温度在 0℃ 以下，并且硫酸钠含盐率越低，其结晶温度降低的幅值越大；当硫酸钠浓度大于 2% 时，结晶温度大于 0℃，并且结晶温度随着含盐率的增大而增大。降温过程中不同含盐率盐渍土结晶温度的取值对数值模拟结果会产生非常重要的影响，因为含盐率的高低会决定结晶温度的高低，进而决定结晶与冻结发生的先后顺序。因此，基于室内试验结果分析，提出了不同含盐率盐渍土结晶温度与含盐率的参数模型，如式（7-24）所示。

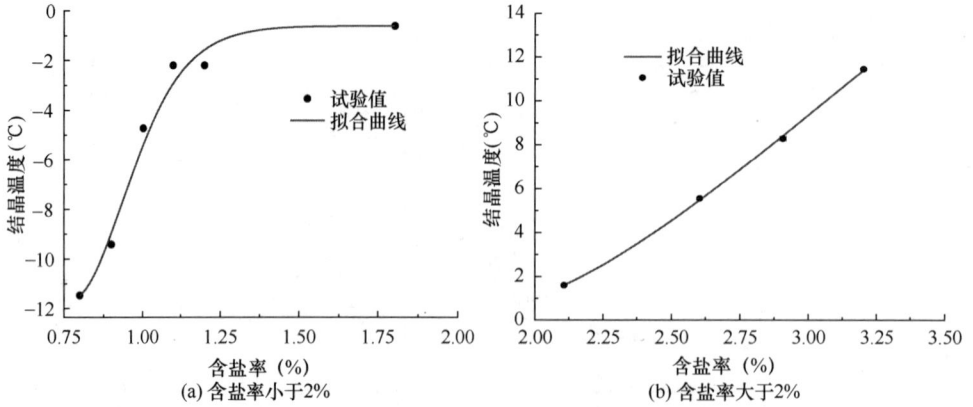

图 7-34　盐渍土盐结晶温度拟合曲线

$$T_c = \begin{cases} A_1 + \dfrac{B_1}{C_1 c \sqrt{2\pi}} e^{(-\ln\frac{c}{D})\frac{1}{2}} \frac{1}{c_1^{\frac{1}{2}}}, & 0 < c < 2\% \\ A_2 e^{-\frac{c}{B_2}} + C_2, & c > 2\% \end{cases} \tag{7-24}$$

式中，A_1，A_2，B_1，B_2，C_1，C_2，D 是与土体性质有关的参数。

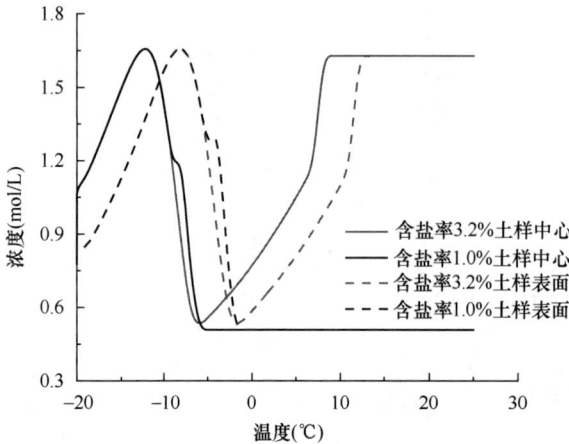

图 7-35　浓度变化曲线

为了直观比较两种含盐率（含盐率分别为 3.2% 和 1.0%）土样内部硫酸钠浓度变化情况，在同一温度下绘制土样表面、内部硫酸钠浓度变化曲线如图 7-35 所示。由图 7-35 看出，随着环境温度的降低土样各位置浓度发生不同的变化，相比于土样表面硫酸钠浓度，土样中心位置的硫酸钠浓度变化存在一定滞后性；当温度持续降低至 −20℃ 后，土样各位置的硫酸钠浓度下降。在环境温度降低过程中，含盐率为 3.2% 和 1.0% 的土样硫酸钠浓度存在较大差异，而两个土样的硫酸钠浓度在恒温期趋于相同。此外，土样表面浓度与中心浓度在时间上仅表现为滞后性。

降温过程中，硫酸钠盐渍土存在着两个相变物理过程，即盐分结晶和冰-水相变。相变会导致盐渍土各组分的含量发生变化，进而引起降温过程中导热系数及热容随着试样各相组分占比变化而变化。与此同时，盐渍土的冰-水相变温度会受到过冷现象的影响，盐渍土的盐分结晶会受到过饱和现象的影响。基于此，结合试验数据分析，提出了考虑降温过程盐渍土过饱和现象和过冷现象的导热系数和热容的计算方法。以含盐率为 3.2% 的试样为例对导热系数及热容的计算方法进行介绍，通过试验发现该含盐率盐渍土的水分冻结温度为 273.15K，盐分结晶温度为 285K。据此，引入两个阶跃函数 $H_1(T)$ 和 $H_2(T)$ 来实现上述两个相变过程（即过饱和现象和过冷现象）的计算，其两个阶跃函数的过渡区区间为 0.1，变化范围为 0～1，阶跃函数 $H_1(T)$ 和 $H_2(T)$ 如图 7-36 所示。

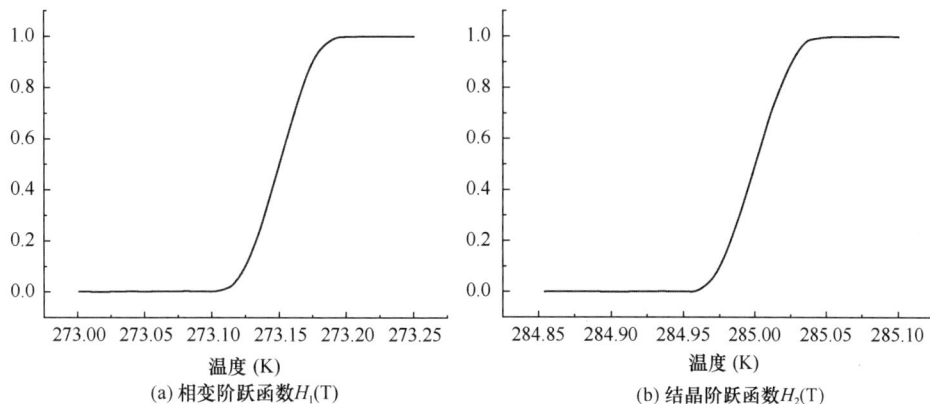

(a) 相变阶跃函数 $H_1(T)$　　(b) 结晶阶跃函数 $H_2(T)$

图 7-36　阶跃函数图

根据阶跃函数的特性，可以得到导热系数和热容的计算方法为

$$\lambda = \lambda_f + H_1(T)(\lambda_u - \lambda_f) + H_2(T)(\lambda_c - \lambda_u) \tag{7-25}$$

$$C = C_f + H_1(T)(C_u - C_f) + H_2(T)(C_c - C_u) \tag{7-26}$$

式中，λ、C 分别为试样的导热系数和热容；C_c、C_u 以及 C_f 分别是土样初始阶段（即水分未冻结且盐分未结晶阶段）、水分未冻结且盐分结晶阶段，以及水分冻结阶段的热容；λ_c、λ_u 和 λ_f 分别是土样初始阶段（即水分未冻结且盐分未结晶阶段）、水分未冻结且盐分结晶阶段，以及水分冻结阶段的导热系数。C、λ 的变化趋势如图 7-37 所示。

7.3.3.2　水-热-盐控制方程

在降温过程中土体温度由外界热传导、水分对流传热、冰水相变和盐分结晶放热共同决定。在融土传热模

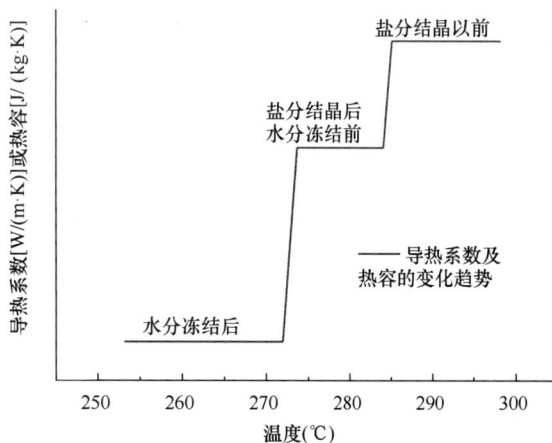

图 7-37　降温过程硫酸钠盐渍土
导热系数、热容变化趋势图

型基础上考虑土体介质的热传导、冰水相变及冻融过程中液态水的对流传热，将相变、结晶潜热作为内部热源得到考虑冰水相变和盐分结晶潜热的非稳态温度-盐分微分方程。降温过程中盐渍土的传热-盐分方程为

$$\rho C_s \frac{\partial T}{\partial t} = \mathrm{div}(\lambda\,\mathrm{grad}T) + L_\omega \rho_i \frac{\partial \theta_i}{\partial t} + L_c \frac{\partial m_c}{\partial t} + C_\omega \rho_\omega \mathrm{grad}T \qquad (7\text{-}27)$$

冻结过程由于土体中水-冰相变，土体中的液态水（未冻水）会减少。但是，当土体的温度低于冻结温度，未冻水仍然存在，冻融过程中土体会发生水分迁移。根据 Richard 方程，并考虑孔隙冰对未冻水迁移的阻滞作用，基于水分扩散理论可得到非饱和冻土中的未冻水迁移微分方程为

$$\frac{\partial \theta_u}{\partial t} + \frac{\rho_i}{\rho_\omega} \cdot \frac{\partial \theta_i}{\partial t} = \mathrm{div}\big[D(\theta_u)\,\mathrm{grad}\theta_u\big] + \frac{\partial K(\theta_u)}{\partial z} \qquad (7\text{-}28)$$

联立式（7-20）和式（7-28），可得到简化的水-热-盐方程为

$$C^* \frac{\partial T}{\partial t} = \mathrm{div}(\lambda^*\,\mathrm{grad}T) + L_\omega \rho_\omega \frac{\partial K(\theta_u)}{\partial z} \qquad (7\text{-}29)$$

7.3.3.3　开放系统中水盐变化规律

考虑这样一个水热耦合过程。一个圆柱土样高 28cm，环境温度为 0.7℃，土柱顶面保持温度为 −2.3℃，底面保持温度为 0.7℃，侧面绝热。土柱初始质量含水率为 18.9％，在冻结过程开始时，顶面瞬时冻结因而含水率保持不变，侧面隔水，外界水源可以通过底部的补水装置补给到土柱中，未冻土区含水率不变，因此底面含水率保持不变。试验数据来自参考文献。

本问题温度场和水分场的初始条件和边界条件如表 7-2 所示。

物理场初始条件和边界条件　　　　　　　　　　　　　　表 7-2

温度场	$T_{t=0}=0.7℃$，$T_{x=0}=0.7℃$，$T_{x=0.28}=-2.3℃$
水分场	$\omega_{t=0}=0.189$，$\omega_{x=0}=0.189$，$\omega_{x=0.28}=0.189$

本算例采用有限元软件进行计算，时间步长取为 6min，共划分 120 个单元，计算总时间 70h。

图 7-38 给出了温度变化的试验结果，变化规律基本与计算结果一致。计算结果中 0℃稳定的位置约在 0.205m 处，而试验结果得到的 0℃稳定位置约在 0.215m 处，由于 Comsol Multiphysics 软件设定的初始值比试验初始值准确稳定，故计算值小于实测值。

图 7-39 是不同冻结时刻土样温度沿高度分布对比结果，试验揭示的温度场变化规律与计算结果基本相同。由于试验仪器冷液循环装置的精度不足，土样顶端实测温度在开始 10h 内没能降低到要求的 −2.3℃，而是在 12h 以后才基本降低到约 −2.3℃ 并保持不变。土样误差导致在 0.24m 高度附近的土样热物理参数差异较大，因此实测温度在冻土范围内并没有严格随高度线性分布，而在理想均值情况下计算的温度在冻土段和融土段内都是随高度线性分布的。

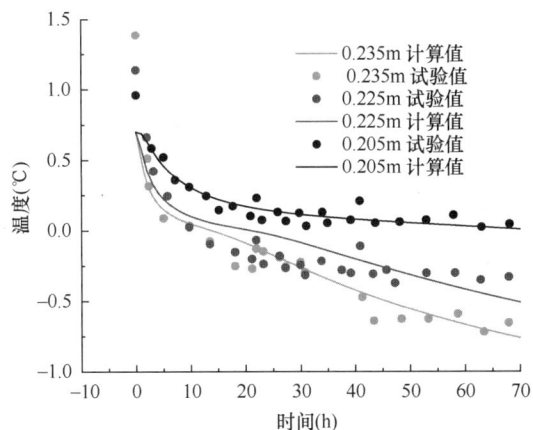

图 7-38 土样某深度温度随时间变化

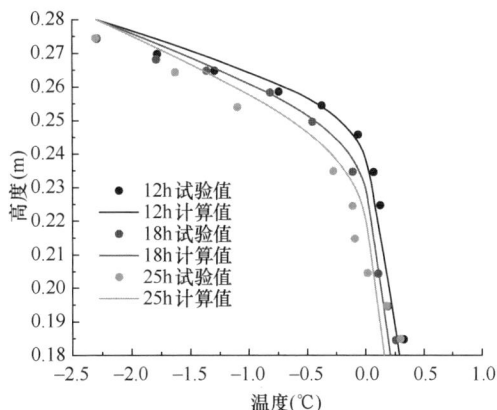

图 7-39 不同冻结时刻土样温度沿高度分布

由图 7-40 可知，随着时间推移，水分集中的分界线逐渐上移，且随着时间增长，推移速度减小；对比图 7-40（a）～图 7-40（d）云图面积可知，前 10h 发生冰水相变的区域面积增加最快，40h 后基本稳定；由图 7-40（c）可知，0.05℃的温度等值线和水分集中面向低温边界弯曲，且二者趋势一致，说明仅受未冻含水率影响的渗透系数造成了水分场不均匀分布。

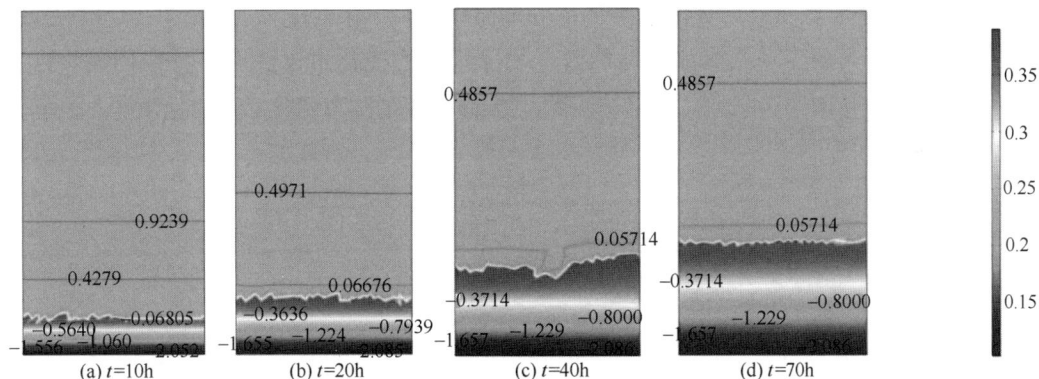

图 7-40 不同时刻试样内部含水率云图

（a）$t=10$h；（b）$t=20$h；（c）$t=40$h；（d）$t=70$h

7.3.4 盐渍土未冻水含量预测模型

孔隙水凝固点和未冻水含量严重依赖于离子溶液性质、冰液界面能和孔隙半径，是分析寒冷地区盐渍土热力学行为的基础。本节对盐渍土孔隙水冻结特性进行了分析，并对盐渍土的未冻结水含量进行了估算。根据热力学原理，采用基于化学势的通用方程描述了氯盐渍土中水的冻结，并推导出了冰点和未冻水含量的解析模型。同时，通过冷却试验和核磁共振试验分别获得了初始冰点和未冻水含量数据，以验证所提出的分析模型。结果表明，盐渍土的凝固点与水分活度、孔隙大小和未冻水含量密切相关。具体地说，冰点随着水活度、孔径和未冻水含量的降低而降低。对于大于 $0.2\mu m$ 的孔隙，孔隙水冻结主要由溶液性质决定。对于小于 $0.2\mu m$ 的孔隙，则应考虑孔隙大小对水冻结的影响。试验数据验证了含盐粉质黏土分析模型的正确性。此外，所提出的模型也提供了改进的预测非盐渍土粉质黏土的未冻结水含量的方法。本节主要介绍运用孔径分布预测未冻水含量变化。

7.3.4.1 引入未冻水含量的盐渍土冻结温度

基于冰水化学势平衡，对于多孔介质中孔隙冰水平衡系统可建立式（7-30）。

$$-L_{wi}\ln\frac{T_f}{T_f^*} + v_w\Delta p_w - v_i\Delta p_i + RT_f^*\ln a_w = 0 \tag{7-30}$$

式中，T_f 为冻结温度；T_f^* 为绝对温度（273.15K）；v_w 为水的摩尔体积；p_w 为孔隙水压力；v_i 为冰的摩尔体积；p_i 为孔隙冰压力；a_w 为水活度。

当水表面为平面时，纯水在温度降至0℃时发生由水向大体积冰的转变，而土是一种独特的多孔材料，孔隙的形状和大小影响冰的结晶。由于冰水界面在土孔隙中不是平面的，因此必须考虑冰水界面自由能。土孔隙中冰的生长必须高于大体冰 μ_i^* 的化学势，且表示这个化学势 μ_i 为

$$\mu_i = \mu_i^* + v_i\gamma_{iw}\frac{d(\sum A_j)}{dV_i} \tag{7-31}$$

式中，A_j 表示第 j 个冰-液界面的面积；V_i 为冰晶的体积；γ_{iw} 为冰-液界面的自由能。在盐渍土中，假设冰-液界面上的自由能与冰水界面上的自由能相同。尽管表面张力与温度和盐浓度有关，但当温度降低或浓度增加时，表面张力的变化可以忽略不计。因此，γ_{iw} 认为是一个常数，其值约为 $0.032J/m^2$。同时，冰晶表面在压力变化 Δp_i 的化学势变化可以用式（7-32）表示。

$$\Delta\mu_i = v_i\Delta p_i \tag{7-32}$$

结合式（7-31）和式（7-32），可以得到

$$\Delta p_i = \gamma_{iw}\frac{d(\sum A_j)}{dV_i} \tag{7-33}$$

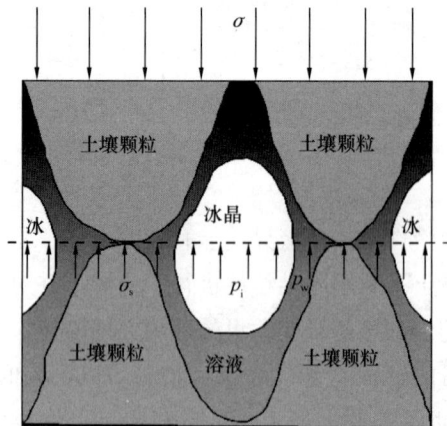

图 7-41 冻结过程中土的有效应力原理示意图

在饱和冻土中，各相应力与总应力之间的关系取决于冰和水的含量。假设土体颗粒相互接触，则冻土总应力为土体接触应力或有效应力、冰压力和孔隙水压力之和，如图 7-41 所示，其关系可以表示为

$$\sigma = \sigma_s + (1-\chi)p_i + \chi p_w \tag{7-34}$$

式中，σ 是总应力；σ_s 是土的有效应力；p_i 是孔隙冰压力；p_w 是孔隙水压力；χ 是孔隙水压力系数。假设冻结时水和冰在土壤孔隙内均匀分布，则饱和土中 χ 值是冰晶饱和度的函数

$$\chi = (1-\eta_i)^{1.5} \tag{7-35}$$

式中，η_i 是冰晶的饱和度，在饱和土中，$\eta_i = 1 - \eta_w$，η_w 是孔隙水的饱和度。因此，式（7-35）也可以写成式（7-36）的形式。

$$\chi = \eta_w^{1.5} \tag{7-36}$$

将式（7-36）代入式（7-34），可以得到

$$\sigma = \sigma_s + (1 - \eta_w^{1.5}) p_i + \eta_w^{1.5} p_w \tag{7-37}$$

假定总应力无变化，无水分迁移，无分凝冰产生（$\Delta \sigma_s \approx 0$），冻结过程中只考虑水压力和冰压力的变化，式（7-37）可变为

$$(1 - \eta_w^{1.5}) \Delta p_i + \eta_w^{1.5} \Delta p_w = 0 \tag{7-38}$$

则有

$$\Delta p_i = -\frac{\eta_w^{1.5} \Delta p_w}{(1 - \eta_w^{1.5})} \tag{7-39}$$

联合式（7-31）、式（7-35）和式（7-39）可以得到冻结温度计算公式，如式（7-40）所示。

$$T_f = T_f^* e^{\frac{-\gamma_{iw} \left[v_i + v_w \left(\frac{1}{\eta_w^{1.5}} - 1 \right) \right]}{L_{wi}} \frac{d(\sum A_j)}{dV_i} + \frac{R T_f^* \ln a_w}{L_{wi}}} \tag{7-40}$$

对于孔隙影响或约束的溶液而言，其冻结温度可简化为式（7-41）。

$$T_f = T_f^* e^{\frac{R T_f^* \ln a_w}{L_{wi}}} \tag{7-41}$$

同时，未冻水质量含量 w_{uw} 与液态水孔隙度 η_w 之间存在

$$w_{uw} = \frac{e \eta_w \rho_w}{(1 + e) \rho_{dry}} \tag{7-42}$$

式中，e 表示孔隙比；ρ_w 和 ρ_{dry} 分别表示水和干土的密度。将式（7-42）代入式（7-40），则可以得到未冻水含量与冻结温度之间的关系式（7-43）。

$$T_f = T_f^* e^{\frac{-\gamma_{iw} \left\{ v_i + v_w \left[\frac{\rho_w e}{\rho_{dry} w_{uw} (1+e)} \right]^{1.5} - v_w \right\}}{L_{wi}} \frac{d(\sum A_j)}{dV_i} + \frac{R T_f^* \ln a_w}{L_{wi}}} \tag{7-43}$$

7.3.4.2　盐渍土中冰晶生长的假说

冰晶生长过程中表面积如何增大 [例如 $d(\sum A_i)/jdV_i$] 是应用式（7-43）计算孔隙水冻结温度的关键。当下降至一定温度时，冰晶在最大的孔隙中首先生长。这种温度可以定义为初始冰点。在典型的土的降温曲线中可以观察到，当最大孔隙的冰结晶完成后，较小孔隙中的孔隙水必须进一步降温才能冻结。事实上，水和冰的界面非常复杂。为简单起见，在冻结稳定阶段，假定大孔隙中冰与水的界面球状如图 7-42 所示。则有

$$\frac{d(\sum A_j)}{dV_i} = k_s = \frac{2}{r_{crystal}} \tag{7-44}$$

式中，$r_{crystal}$ 是冰晶半径；k_s 是球形冰晶-水界面的曲率。在大孔隙水冻结完成时，$r_{crystal}$ 与孔径之间存在

$$r_{\text{crystal}} = r_p - \delta \qquad (7\text{-}45)$$

式中，r_p是孔径；δ是冰晶与孔壁之间存在溶液膜厚度。

　　试验已经证实，在单向冻结过程中，冰晶从一侧形成，然后在冻结过程中逐渐填充孔隙。为了模拟大孔隙中冰晶的结晶过程，假设冰晶为球形表面，在冻结过程中，冰晶从孔洞的一侧逐渐扩展到占据整个孔洞，如图 7-43 所示。定义冰晶表面切线与水平线的夹角为 θ_h，考虑一个由球面中心 O' 构成的直角三角形和 θ_h 的对边 AB（长度为 $r_p - \delta$），冰晶半径与孔隙半径之间可以建立如下关系

$$r_{\text{crystal}} = \frac{r_p - \delta}{\sin\theta_h} \qquad (7\text{-}46)$$

　　冻结过程中如果冰晶从 t_i 到 t_{i+1} 体积增大，接触角 θ_h^i 增加到 θ_h^{i+1}，结晶半径从 r_{crystal}^i 增加到 r_{crystal}^{i+1}。当 $\theta_h = 90°$，则孔隙为 r_p 中所有的自由水冻结，r_{crystal} 达到最小值 $r_p - \delta$，以及 k_s 达到最大值 $2/(r_p - \delta)$（图 7-43）。

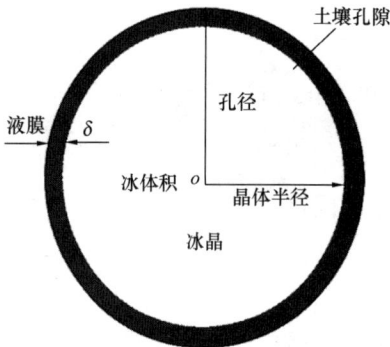

图 7-42　大孔隙中的冰与水的界面球状

注：δ 为溶液膜的厚度，O 为孔中心。

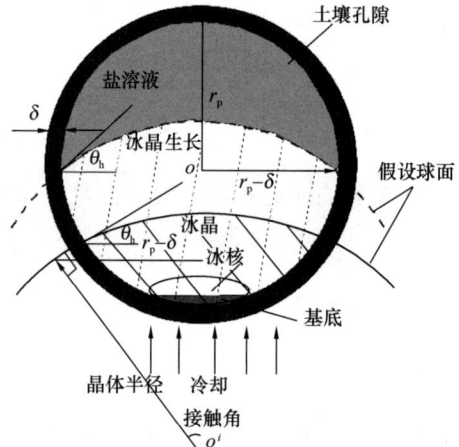

图 7-43　大孔隙冰结晶过程示意图

注：O 为孔隙中心，O' 是在 t_i 时刻的一个冰-液体接触面球形的中心。

　　然而，小孔隙中冰和液体的界面可能不近似为球形表面。为了研究水在小孔隙（例如毛细管孔隙）中的冻结，考虑从孔隙一端开始冻结，简化圆柱半径为 r_p，冰晶-液体界面为球状，如图 7-44 所示。

　　除上述情况外，冰晶可以从毛细管的一侧开始形成，这更容易形成冰核。假设半径为 r_p 的孔隙侧面存在宽度为 L 的杂质，且 $L/2$ 大于 r_p，如图 7-45（a）所示。当温度降低时，冰晶开始生长，接触角 θ 增大，冰水界面的曲率增加，直到冰晶变为一个直径等于 L 的半球。如果 $L/2 \ll r_p$，最大曲率也发生在冰晶的半径等于 $L/2$ 时。除此之外，晶体的生长是不稳定的，因为半径较大的冰晶所处压力低于现有的压力下处于平衡状态。在这种情况下，冰晶将演变成如图 7-45（b）所示的平衡形状，即球体。当冰晶接触孔另一侧的溶液膜时，它向两端生长，形成了由一个半球和一个圆柱体组成的冰晶，如图 7-45（c）所示。

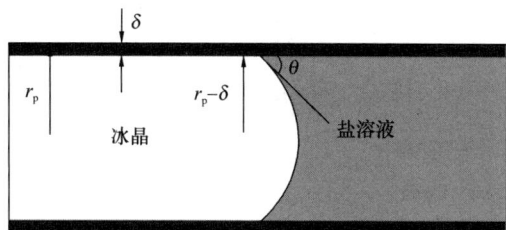

图 7-44 冰晶在半径为 r_p 的圆柱形孔中生长示意图

圆柱面曲率 k_c 为

$$k_c = \frac{1}{r_p - \delta} \tag{7-47}$$

其大小等于半球曲率 k_s 的一半。因此，无论冰结晶是如何开始的，最大的曲率仍然由球形表面控制，即 $2/(r_p - \delta)$。对于大孔和小孔，初始冰点均可通过前述公式进行估算。

此外，无盐黏土的水膜 δ 的厚度只有几纳米，相比大多数土的孔隙半径而言小得多（通常以微米为单位）。因此，对于盐浓度较低的盐渍土，可以忽略 δ，将式（7-43）简化为

$$T_f = T_f^* e^{\frac{-2\gamma_{iw}\left\{v_i + v_w\left[\frac{\rho_w e}{\rho_{dry}w_{uw}(1+e)}\right]^{1.5} - v_w\right\}}{L_{wi}r_p} + \frac{RT_f^* \ln a_w}{L_{wi}}} \tag{7-48}$$

式（7-48）表明孔径 r_p、w_{uw} 还有水分活度是影响冻结温度的主要因素。

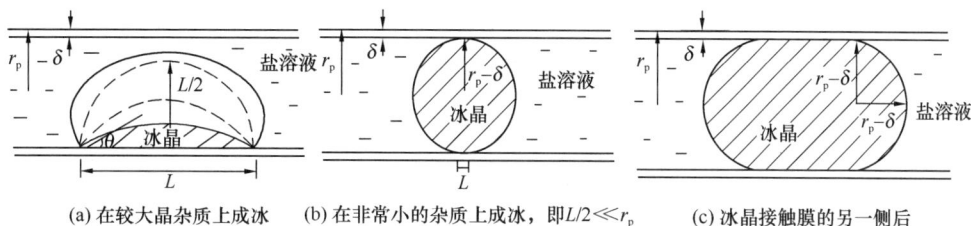

(a) 在较大晶杂质上成冰　(b) 在非常小的杂质上成冰，即 $L/2 \ll r_p$　(c) 冰晶接触膜的另一侧后

图 7-45 柱状孔中可能的结晶过程示意图

7.3.4.3 未冻水含量变化

在相同的盐浓度下，大孔中的水比小孔中的水更容易冻结。当土体温度处于初始冰点时，半径最大孔隙中的水首先结冰，形成具有初始晶体半径的冰晶。对于半径为 r_j 的孔隙中的溶液，用式（7-49）中小于 r_j 的所有孔隙体积 η_w 代替，可计算出未冻水含量。

$$w_{uw} = \frac{\rho_w e}{\rho_{dry}(1+e)}\left(1 - \frac{\int dV_k}{V_{pore}}\right) \tag{7-49}$$

对于无盐土，水分活度等于 1，式（7-49）可以简化为

$$T_f = T_f^* e^{\frac{-2\gamma_{iw}\left\{v_i + v_w\left[\frac{\rho_w e}{\rho_{dry}w_{uw}(1+e)}\right]^{1.5} - v_w\right\}}{L_{wi}r_p}} \tag{7-50}$$

对于非饱和土，饱和程度影响冻结过程中未冻水的含量。考虑无盐渍化土中水-空气接触面的界面能 γ_{aw}（大小约 $0.074 \mathrm{J/m^2}$），可以用土水特征曲线估算非饱和土中未冻水含量。

$$\eta_l = S^*\left[-\frac{\gamma_{aw}}{\gamma_{iw}}\rho_l L_{wi}\frac{T - T_f}{T_f^*} + \psi^*(1 - \eta_a)\right] \tag{7-51}$$

7.3.4.4 水分活度及孔径对冻结温度的影响

本试验中用自动压汞仪测定土的孔隙体积分布，压汞累积体积及孔隙体积分数随孔径的分布如图 7-46 所示。孔径分辨率为 $0.003\mu m$，体积测量精度为 $\pm 2\%$。配置一系列不同含盐率的氯化钠盐渍土，进行冻结温度及未冻水含量测试。

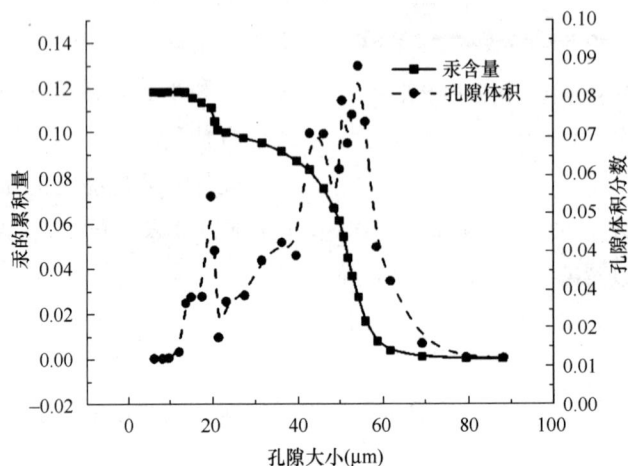

图 7-46　压汞累积体积及孔隙体积分数随孔径的分布

若忽略 δ 对求解冻结温度的影响，可以用式（7-43）分析水分活度及孔径大小对冻结温度的贡献。以试验用土粉质黏土的总含水率为 18% 作为初始未冻水含量，可得到冰点随水分活度、孔隙大小和接触角的变化情况如图 7-47 所示。

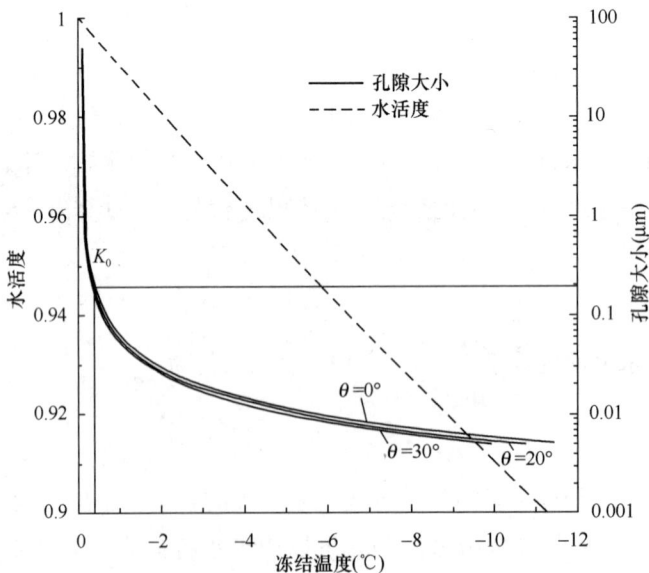

图 7-47　冰点随水分活度、孔隙大小和接触角的变化情况

注：K_0 为冰点/孔径曲线上曲率最大的点。

从图 7-47 可以看出，冰点与水分活度成反比，水分活度变化很小，从 1.0 降低 10% 到 0.9，冰点下降 11.3℃。这表明冰点对水分活度非常敏感。但接触角 θ 的影响很小，可以忽略不计。

可以确定一个特征孔径，$K_0 = 0.2\mu m$，对应图 7-47 中孔隙半径-冰点曲线的最大曲率。当孔径大于 K_0（即 $0.2\sim20\mu m$）时，冰点下降小于 0.4℃，表明冰点对该孔径范围内的孔径不敏感。也就是说，当孔径大于 $0.2\mu m$ 时，溶液的冰点和未冻水含量的变化主要由溶液的性质决定。在 K_0 点以下，冰点对孔隙大小变得敏感，已有研究所证实。因此，对于小于 $0.2\mu m$ 的孔隙，孔隙大小必须应作为影响冰点和未冻水含量的重要因素。

不同浓度的氯化钠溶液对应的初始冰晶半径可以用式（7-39）和式（7-43）计算，如图 7-48 所示。从图 7-48 可以看出，当浓度为 0.096mol/L 时，初始冰晶半径从 0.45μm 减小到 3.0mol/L 时的 0.03μm。盐渍土中冰晶半径的减小很可能是随着盐浓度的增加液态膜厚度增加造成的，并且当未冻结区盐浓度增加时，可能发生盐结晶。

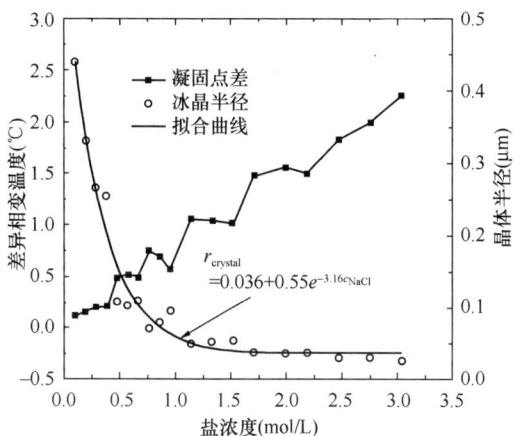

图 7-48　冰晶的初始半径随氯化钠溶液
浓度变化规律

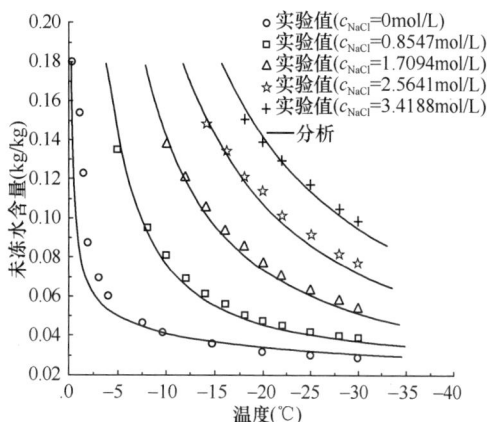

图 7-49　粉质黏土未冻水含量计算值
与实验值比较

7.3.4.5　氯化钠盐渍土中未冻水含量变化

当半径为 r_j 的孔隙中的水开始冻结时，可使用式（7-51）来求解未冻结水的含量。值得注意的是，在求解 w_{uw} 时，一定尺寸孔隙里的水分冻结后盐浓度发生了变化，而在计算过程中没有考虑孔隙水相变同时盐浓度的变化。图 7-49 为不同氯化钠浓度下粉质黏土未冻水含量计算值与试验比较。通过方程可得到冰点与未冻水含量之间的关系。计算值与试验值吻合较好，未冻水含量随温度的变化呈双曲线变化。随着氯化钠溶液浓度的增加，相同温度下的未冻水含量增加，说明孔隙水随着盐浓度的增加冻结难度增大。

7.4　盐渍土区工程病害类型及特征

盐渍土对工程建设的危害是多方面的。据不完全的调查统计，每年因此造成的直接经济损失可高达上亿元。盐渍土对工程的危害主要是由其浸水后的溶陷、含硫酸盐地基的盐胀和盐渍土地基对基础和其他地下设施的腐蚀等造成的。此外，在盐渍土地区所用的工程材料（如砂、石、土等）和施工用水中，常含有过量的盐类，也造成了对工程建设的危害。

7.4.1 盐渍土的盐胀影响因素及测定

盐渍土的盐胀与一般膨胀土的膨胀机理不同。一般膨胀土的膨胀主要是由于土中含有的强亲水性黏土矿物吸水后土体膨胀，尽管有的盐渍土也是土体吸水产生膨胀（如碳酸盐渍土），而更多的是因失水或因温度降低导致盐类结晶膨胀（如硫酸盐渍土），且后者的危害一般比较大。因此，本节着重介绍一下硫酸盐渍土。

7.4.1.1 影响硫酸盐渍土膨胀的主要因素

很多盐类在结晶时都具有一定的膨胀性，只是膨胀程度各异而已，其中硫酸钠的盐胀量最大。因此，硫酸盐渍土的膨胀，实质上是由于土中的硫酸钠吸水晶胀造成的。当土中硫酸钠含量超过某一值（约2％）时，在低温或土中含水率降低的条件下，硫酸钠便结晶产生体积膨胀。对于无上覆压力的地面或路基来说，膨胀高度一般可达数十毫米，严重者甚至超过几百毫米，这成了盐渍土地区的一个突出的工程问题。对于硫酸盐渍土的膨胀，温度、土中硫酸钠含量、含水率等是影响硫酸盐渍土膨胀变形的主要因素。

7.4.1.2 盐渍土的盐胀指标及测定方法

对于一般的膨胀土，衡量其膨胀性的指标主要有自由膨胀率、膨胀量和膨胀压力，这些指标也可以用来描述盐渍土的盐胀性。但是，盐渍土的盐胀毕竟与一般膨胀土的膨胀不同，所以，对同样的指标，其测定方法却有所不同。下面着重探讨盐渍土盐胀指标的测定方法和技术要求。

（1）自由膨胀率的测定

自由膨胀率是指将人工制备的干土样浸泡于水中，经充分吸水膨胀后所增加的体积与原干土样体积的百分比，可按下式计算。

$$e_{ef} = \frac{V_{we} - V_0}{V_0} \times 100\% \qquad (7-52)$$

式中，e_{ef} 为自由膨胀率；V_{we} 为试样膨胀稳定后的体积；V_0 为试样原有体积。

由于这种方法是将土样浸泡于水中，且无温度变化，所以，只能用于碳酸盐渍土而不能用于硫酸盐渍土。

（2）盐胀量的测定

盐渍土盐胀量的测定可在膨胀仪上进行，通常进行无荷载作用下的膨胀试验，评价土的膨胀势能。但是，对硫酸盐渍土土样进行试验时，必须把试样置于低温室使土中含有的硫酸钠在温度变化条件下结晶膨胀。至于碳酸盐渍土，由于其膨胀机理与一般膨胀土的膨胀机理相似，所以，其试验方法与一般膨胀土相同。盐渍土的盐胀量还常通过现场试验测定。

7.4.2 盐胀性评价

当盐渍土地基中硫酸钠含量小于 1%，且使用环境条件不变时，可不评价盐胀性对建（构）筑物的影响。当初步判定为盐胀性土时，应根据现场土体类型、场地复杂程度、工程重要性等级，采用下列试验方法测定盐胀性：（1）现场试验方法；（2）室内试验方法。对于设计等级为甲级、乙级的建（构）筑物，每一建设场地或同一地质单元进行的现场浸水试验不应少于 3 处；对于设计等级为丙级的建（构）筑物，可进行室内盐胀性试验。

盐渍土的盐胀性可根据盐胀系数 δ_{yz} 的大小和硫酸钠含量按表 7-3 进行分类。

盐渍土地基的盐胀一般可分为两类，即结晶膨胀与非结晶膨胀。结晶膨胀是指盐渍土因温度降低或失去水分后，溶于土中孔隙中的盐分浓缩并析出而结晶所产生的体积膨胀，具有代表性的是硫酸盐渍土；非结晶膨胀是指由于盐渍土中存在着大量的吸附性阳离子，具有较强的亲水性，遇水后很快地与胶体颗粒相互作用，在胶体颗粒和黏土颗粒的周围形成稳固的结合水薄膜，从而减小了颗粒的黏聚力，使之相互分离，引起土体膨胀，具有代表性的是碳酸盐渍土（碱土）。

盐渍土地基造成的破坏主要有室内外地坪、路面等。大量的事例表明，在进行建设时，如果未采用防膨胀措施或措施不当时，造成的危害是相当严重的。

盐渍土的盐胀性分类   表 7-3

指标盐胀性	非盐胀性	弱盐胀性	中盐胀性	强盐胀性
盐胀系数 δ_{yz}	$\delta_{yz} \leqslant 0.01$	$0.01 < \delta_{yz} \leqslant 0.02$	$0.02 < \delta_{yz} \leqslant 0.04$	$\delta_{yz} > 0.04$
硫酸钠含量 C_{ssn}（%）	$C_{ssn} \leqslant 0.5$	$0.5 < C_{ssn} \leqslant 1.2$	$1.2 < C_{ssn} \leqslant 2.0$	$C_{ssn} > 2.0$

注：当盐胀系数和硫酸钠含量两个指标判断的盐胀性不一致时，应以硫酸钠含量为主。盐渍土地基的盐胀等级分为三级。盐胀等级的确定应符合表 7-4 的规定。

盐渍土地基的盐胀等级   表 7-4

盐胀等级	总盐胀量 S_{yz}（mm）
弱盐胀	$30 < S_{yz} \leqslant 70$
中盐胀	$70 < S_{yz} \leqslant 150$
强盐胀	$S_{yz} > 150$

7.4.3 盐渍土溶沉病害

盐渍土地基浸水后，会产生较大的沉陷，这一现象与黄土地基浸水后沉陷是相似的。但是，两者在产生沉陷的机理上，在沉陷的组成和特征上，都有本质的区别。如将饱和盐浴灌溉入黄土地基中，可以使某些不含盐的黄土湿陷，但不会使盐渍土地基产生溶陷。

7.4.3.1 盐渍土的溶沉机理

建造在盐渍土地基上的建筑物，当地基遭水浸的时候，建筑物除了原来因地基受荷载已产生的地基压密沉降外，还要产生因盐渍土溶陷而引起的附加沉陷。当浸水时间不长、水量不多时，水使土中部分或全部盐结晶溶解。土的结构破坏，强度降低，土颗粒重新排列，空隙减小，产生溶陷（如图 7-50 中的 s_2），溶陷量的大小取决于浸水量、土中盐的性质和含量以及土的原始结构状态等。这时，盐渍土的溶陷机理与黄土溶陷机理有类似之处。即浸水导致连接点处结构破坏，土结构塌陷。所不同的仅在于盐渍土的结构强度降低，是完全由于土颗粒连结点处的盐结晶被水溶解所

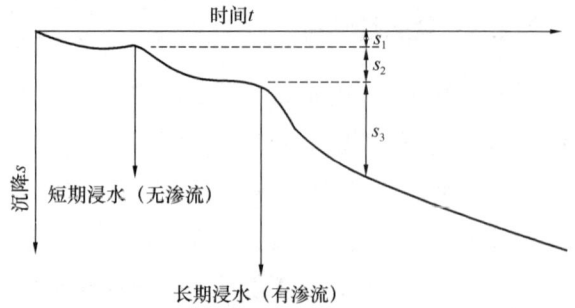

图 7-50   盐渍土地基浸水溶陷引起建筑物基础的
沉降曲线

s_1—建筑物荷载产生的沉降；s_2—盐结晶溶解
产生的溶陷；s_3—渗流引起的潜蚀溶陷

致，没有盐结晶的溶解，也就没有土结构的破坏和土的溶陷变形。

当浸水时间很长，浸水量很大而造成渗流的情况下，盐渍土中的部分固体颗粒将被水流带走，产生潜蚀。由于潜蚀的结果，使盐渍土的孔隙率增大。于是，在荷载（包括土自重）作用下，土将产生附加的溶陷变形，这部分溶陷变形，可称为"潜蚀变形"。潜蚀变形量 s_3 的大小，除与浸水量、浸水时间、土中盐的类别和含量、土的类别和结构状态等有关外，还与水的渗流速度有关。由于水的渗流而造成的盐渍土的潜蚀溶陷，是盐渍土地基与其他非盐渍土（包括黄土在内）地基沉陷的本质差别，而且也是盐渍土溶陷的主要部分。

7.4.3.2   盐渍土地基溶陷性的评价

由于盐渍土的工程特性与一般土不同，所以在设计前，必须对建筑场地地基的溶陷性作出评价。就目前我国已有的大量勘察试验资料来看，大多数盐渍土均为自重溶陷性的，评价盐渍土是否为溶陷性的指标就是溶陷系数 δ。根据我国盐渍土的特点，当 δ 小于 0.01 时，可认为是非溶陷性盐渍土。它比黄土湿陷系数的界限要严格，这是考虑盐渍土的均匀性比黄土差，渗透性大（尤其对砂、石类土），浸水后溶陷的发展速度也快，对建筑物造成的危害较严重。

在评价盐渍土地基的溶陷性时，宜用分级溶陷量来衡量。按分级溶陷量评价地基溶陷等级，根据我国《盐渍土地区建筑技术规范》GB/T 50942—2014，盐渍土地基的溶陷性，按地基浸水后可能产生的溶陷量分等级。分级溶陷量 Δ 如表 7-5 所示。

盐渍土地基的溶陷等级　　　　　　　　　　　　　　　　表 7-5

溶陷等级	分级溶陷量 Δ（cm）
Ⅰ	$7 < \Delta \leqslant 15$
Ⅱ	$15 < \Delta \leqslant 40$
Ⅲ	$\Delta > 40$

注：当 Δ 值小于 7cm 时，可不考虑地基的溶陷性。

地基的分级溶陷量 Δ 按下式计算

$$\Delta = \sum_{i=1}^{n} \delta_i h_i \qquad (7-53)$$

式中，δ_i 为第 i 层土的溶陷系数；h_i 为第 i 层土的厚度（cm）；n 为基础地面（初步勘察自地面下 1.5m 算起）以下 10m 深度内全部溶陷性盐渍土的层数。

7.4.4　盐渍土腐蚀病害

盐渍土的主要特点是含有较多的盐，尤其是易溶盐，它使土具有明显的腐蚀性，对建筑物基础和地下设施构成一种较严酷的腐蚀环境，影响其耐久性和安全使用。随着我国沿海和内陆盐渍土地区的开发和建设，盐渍土的腐蚀问题就显得更为突出和重要了，重视并合理解决这一问题，对国民经济具有重大意义。

7.4.4.1　盐渍土腐蚀的机理和特征

（1）土的腐蚀原理及影响因素

盐渍土是土分类中的一种类型，作为分析盐渍土腐蚀的前提，首先应对一般土的腐蚀原理进行了解与认识，按破坏机理对盐渍土腐蚀进行分类：

① 化学作用类，土中所含的具有腐蚀性成分（如酸、碱、盐等），与被腐蚀物（如钢筋混凝土）之间，由于发生化学反应所引起的破坏。

② 物理作用类，土中的某些组分进入受体中（如盐类渗入混凝土内）由于膨缩作用（如盐的结晶）产生应力而引起破坏。此外，冻融作用、地下水的冲蚀作用等也属此类。

③ 微生物作用，土中所含的某些种类的微生物（细菌），可对金属或非金属产生腐蚀破坏，如硫酸盐还原菌，能造成钢铁的严重腐蚀破坏。

（2）盐渍土土中盐腐蚀机理

就土的腐蚀性而言，易溶盐影响最甚，中溶盐次之，难溶盐影响较小，暂不作讨论。土中的盐，除自身具有腐蚀性外，还能增加土的导电性，提高吸湿性等，从而更促进土的腐蚀性。鉴于我国盐渍土中，多以含氯盐和硫酸盐为主，该两类盐也是决定盐渍土腐蚀性的关键因素，以下就以氯盐的腐蚀作用进行介绍。氯盐类均系易溶盐，主要有氯化钠（NaCl）、氯化钾（KCl）等。在水溶液中可全部离解为阴、阳离子，属于强电解质。阴离子和阳离子各按其不同机理对腐蚀产生作用。

氯离子（Cl^-）对金属有强烈腐蚀作用，特别是钢铁。处在含氯离子环境中的钢结构、管线、设备，乃至混凝土中的钢筋等，都会受到腐蚀破坏，缩短使用寿命，影响使用安全，以至造成事故。

（3）盐渍土的腐蚀特征

前面已阐明了土腐蚀与盐腐蚀的机理、影响因素，作为"盐渍土"则兼有土腐蚀和盐腐蚀的特性。现以盐渍土地基中基础和其他地下设施为腐蚀对象，归纳出盐渍土腐蚀特征如下：

盐渍土的腐蚀，是土腐蚀的一种较为严重的类型，既与土腐蚀及其相关因素紧密相连，又取决于含盐的性质、种类和数量等；以氯盐为主的盐渍土，主要对金属的腐蚀危害大，如罐、池、混凝土中的钢筋土及地下管线等。氯盐类也通过结晶、晶变等胀缩作用对地基土的稳定性产生影响，对一般混凝土也有轻微影响；以硫酸盐为主的盐渍土，主要是通过化学作用、结晶膨缩作用等，对水泥制品（砂浆、混凝土）和黏土砖类建筑材质发生膨胀腐蚀破坏，对钢结构、混凝土中钢筋、地下管道等也有一定腐蚀作用。

7.4.4.2 盐渍土地基腐蚀性的评价

盐渍土腐蚀评价是一项正在发展中的新技术，国内外虽有一些研究成果和可用技术，但尚不完善。在我国，迄今尚没有统一的评价标准，现综合有关资料和现有技术数据，对盐渍土腐蚀的评价指标、标准等进行分析与探讨，有些指标已纳入盐渍土地区建筑规定。

（1）盐渍土的腐蚀性级别划分与判定

盐渍土对建筑物的腐蚀，有着不同的腐蚀机理和腐蚀破坏类型，建筑材料的多样性与盐腐蚀环境的复杂性，给腐蚀级别的划分带来一定困难。以下就级别划分与级别的判定分别阐述。

（2）盐渍土腐蚀性分级

目前国内外划分的腐蚀等级不尽相同，有以下三种：将盐渍土的腐蚀性划分为弱、中、强三种腐蚀等级的三级分类法；将盐渍土的腐蚀性划分为无、弱、中、强四种腐蚀等级的四级分类法；将盐渍土的腐蚀性划分为无、弱、中、强、超强五种腐蚀等级的五级分类法。本节采用四级分类法。

（3）腐蚀等级判别依据

盐渍土腐蚀性等级的判别，主要依据含盐环境（土与地下水）中盐的种类与含量，同时考虑被腐蚀对象（金属、非金属等）及所处的状态（干、湿或交替等）。等级判别的最终依据是在单个因素判别的基础上进行多因素综合判别。

（4）盐渍土腐蚀性的综合评价

我国盐渍土中主要是含氯盐和硫酸盐，以上就 Cl^-、SO_4^{2-} 的主要腐蚀分级界限的有关国内外规定进行了阐述与讨论，此外还有一些指标对于盐渍土的腐蚀也起着重要作用，主要有土与地下水的酸碱度（pH）、几种离子的含量（Mg^{2+}、NH_4^+、HCO_3^- 等）、土及水中所含可溶盐的总量等。其他指标如电导率、氧化还原电位等也可酌情取舍。

7.5 盐渍土区工程病害防治技术

目前针对盐渍土区工程病害有多种措施可以采取，在前面的工程病害中提到了盐渍土主要有三大危害，这三大危害在工程中的体现主要包含盐渍土在道路工程中的危害、盐渍土在地基工程中的危害。在本节将介绍如何防治这些危害在工程中的发生。

7.5.1 盐渍土区道路工程病害防治技术

7.5.1.1 路堤填料的含盐率控制和压实密度的要求

取用天然的盐渍土作为路堤填料时,应对土中的含盐率加以控制。因为含盐率超过一定限度后,路基达不到设计要求的密度,没有足够的强度,也就不能保证路基的稳定性。同时含盐率过高容易产生上节所述各种病害。所以必须把填料的含盐率控制在一定的范围内。我国《铁路路基设计规范》TB 10001—2016 规定填料的容许含盐率,并规定填土密度应达到最佳密度的 90%,而且要注意含盐率的均匀性,不得夹有盐结晶及含盐植物的根茎。

7.5.1.2 路基最小高度的确定

盐渍土地区地形平坦,多处于洼地,降低地下水位困难,一般当地又缺乏渗水材料作毛细水隔断层的条件。为了使路堤不受冻害和次生盐渍化的影响,往往需要控制路堤最小高度。从现有一些盐渍土地区铁路路基来看,由于路基高度不足而发生冻害的情况是很普遍的。为使路堤不受冻害和次生盐渍化的影响,路基面必须高于地下水位一定高度,即路堤最小高度,其路肩设计标高必须满足下式的要求

$$H_{min} \geqslant h_1 + h_2 + h_3 + h_0 \qquad (7\text{-}54)$$

式中,H_{min} 为最低路肩设计标高;h_1 为冻前地下水位标高;h_2 为毛细水强烈上升高度;h_3 为临界冻结深度;h_0 为安全高度。

从式(7-54)可知最小路堤高度的确定取决于冻前地下水位标高、毛细水强烈上升高度、临界冻结深度及安全值等。安全高度 h_0 是考虑使毛细水强烈上升高度的顶点与临界冻结深度的底部之间要留出一定的距离,以免强烈毛细水向上转移,一般采用 0.3~0.5m。由于各个地区的气候特征、水文地质条件以及盐渍土的性质是各不相同的,因此必须结合各个地区的条件来确定路堤的最小高度。

根据中铁第一勘察设计院集团有限公司一总队盐渍土组现场勘探观测及室内模拟试验得出的资料,一般情况下盐渍土中的毛细水强烈上升高度为:粗砂 0.3~0.4m,中砂 0.4~0.6m,细砂 0.6~0.9m,粉砂 1.5~1.8m,黏砂土 1.8~2.5m,砂黏土 2.6~3.5m,黏土 2.5~3.0m。

7.5.1.3 毛细水隔断层的选择及在路基中设置的部位

在盐渍土地区修筑路基时,地基常有周期性地下水浸湿,且因地下水位较高,能取用的填料较少,无法提高纵坡以满足对路堤的最小高度要求,这时则应在路基本体中设置毛细水隔断层,防止路基土体的再盐渍化,以保证路堤的坚固与稳定。从隔断层的材料来分,有渗水土隔断层、石灰沥青膏隔断层、沥青胶砂(土)隔断层和土工纤维材料隔断层等。

(1)渗水土隔断层

渗水土隔断层,一般选用卵石(碎石)、砾石或砾砂等。隔断层厚度与所用渗水土的

颗粒级配、粉土含量以及地下水位埋深和路堤高度有关。

参考既有铁路上的渗水土隔断层确定其厚度。一般多采用图 7-51 所示的厚度和形式，而且多数是设置在基底。上下反滤层是为了防止基底或填土的土粒进入隔断层，使隔断层失去应有的作用。由于地下水的影响，基底一般比较松软，上部反滤层是位于隔断层之上，比较稳定，所以反滤层是上薄、下厚。隔断层及反滤层的材料应保证洁净，其含土率不得超过 5%。

（2）土工纤维材料隔断层

① 土工纤维材料及其在铁路等工程中的应用

土工纤维是土木工程建设中所应用各种人工纤维的通称，是土力学领域从土工学术和技术上着眼描述这种新材料而提出的新技术名词。这个名词是由基赫教授于 1977 年 4 月在巴黎召开的纤维在土工中应用的国际学术会议上首次提出的。现虽已在全世界通用，但目前的文献资料中仍常可看到多种不同的名称，如"土工纤维""土工织物"等。为突出它是工程材料，并有区别于一般民用纺织品的概念，把它称为"土工纤维材料"或简称"土工纤维"。图 7-52 为隔水土工布。

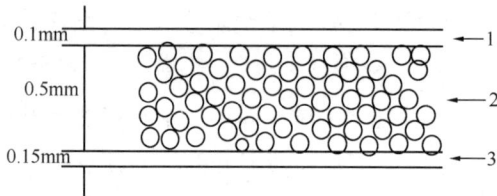

图 7-51 渗水土隔断层

1、3—粗砂类反滤层；2—碎石、卵石、

砾石或其他混合体隔断层

图 7-52 隔水土工布

② 土工纤维材料的类型和主要性能

土工纤维材料按制造方法分为三大类，即织型、编织型和不织型（亦称无纺型）。目前应用最广的主要是不织型。不织型纤维材料制造时先由纤维素制成纤维并使其任意排列成一定厚度，然后再用化学胶粘、热压和针刺三种方法之一固着而成。该类土工纤维材料属于透水型。为了适应土工中隔水和防水的需要，有些产品敷以不透水的涂料层，制成一种"不透水土工纤维"。另外国外还研究了既有渗透作用又起到封闭作用的土工纤维复合材料。土工纤维的主要作用是隔离、反滤、排水、加固和强化土体，防水（不透水土工纤维）以及保持土体温度稳定，减小冻害影响等。

③ 隔断层在路基中的设置部位

以往大多认为隔断层设在路堤断面中部，虽可节省一些材料，但隔断层以下的路堤填土仍受毛细水作用而引起次生盐渍化，并由于路堤中部填土沉落量大于两侧，隔断层中部会凹陷成水囊，因而主张把隔断层设在路堤底部。为了探讨不同类型毛细水隔断层及不同设置部位的效果，中铁第一勘察设计院集团有限公司一总队盐渍土组在南疆铁路和静至紫泥泉曾设置了多种类型和不同设置部位的隔断层，其中 DK400＋330～DK 400＋360 一段是把 1.0m 浮的卵石土隔断层设在路堤顶部，隔断层底部以下的边坡也有轻度的次生盐渍化，但这段路堤至今仍然稳定，轨平、轨距保持了良好情况，未发现钢筋混凝土轨枕及其他钢轨扣件有腐蚀的情况。说明隔断层设置在路堤顶部也是可行的。

7.5.1.4　基底处理

盐渍土地区的地表盐壳及其下的松土都不能承受路基的荷载。盐壳被路基埋没后，如仍在毛细水强烈上升高度范围内，盐壳的含盐成分大，将被逐渐溶解，而变成很疏松的土，造成路基的沉陷。还由于毛细水作用，容易引起路基本体再盐渍化。因此，地表盐壳及其下超过允许含盐率的土均应清除，清除范围应包括两侧的天然护道。但也有例外，如青藏铁路察尔汗盐湖南端至格尔木间的超氯盐渍土地区，地下水的矿化度均已达到饱和程度，已不能再溶解盐壳，则可不清除盐壳，不仅无害，反而能起到天然隔断层的作用。

当路堤通过经常浸水的盐沼地段，应首先考虑采取疏干或降低地下水位的措施，如果没有疏干或降低地下水位的条件，一般可在基底抛填大卵石或片石至水面以上，然后用渗水土填筑路基。若淤泥层较厚时，则须按软土或泥沼地区路基处理。

7.5.1.5　路基加固措施

（1）防护形式

用防护层把路肩、边坡全部覆盖起来，以防松胀及雨水的淋溶和冲刷。防护层的厚度视采用材料和当地气候条件而定。一般采用 0.2～0.3m 厚，并且把防护层作为路基本体的组成部分，如图 7-53 所示。

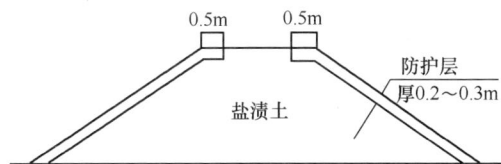

图 7-53　路基防护断面示意图

（2）防护类型

防护类型决定于防护材料，应尽量本着就地取材的原则去选择。这里介绍三种类型，对它们的优缺点及适用条件分别加以说明。

① 石或砾石夹砂及土夯实防护

这种混合料曾用于兰新铁路盐渍土地段，路肩边坡在未防护以前，曾有严重的松胀现象，防护后路肩和边坡胶结牢固，不再有松胀现象，收到了较好的效果。这种混合材料防护，在施工初期因其中含有少量土，有些被盐渍化，但这更有利于这种混合料固结性的增加。混合料的比例不作硬性规定，以卵石、砾石及砂为主即可，允许在采取砂石料时，含少量土。这种材料一般也需远运，造价较高。

② 渍土加砂夯实防护

在填土中只有胶体颗粒与一价钠离子互相作用，才能促使土的分散，减少颗粒间的黏聚力。如在盐渍土中加入较大颗粒的砂，一方面可以减少胶体颗粒与钠离子的互相作用，同时也可以降低硫酸盐的含量。这就减少了盐渍土的膨胀与松胀性。用此材料作为路肩及边坡防护，效果较好。一般盐渍土地区这种材料可在就地或附近取得，因此造价比较低。盐渍土与砂的比例，要根据盐渍土的含盐率、含盐性质，通过盐渍土加砂后的松胀试验决定。

③ 强地表排水和降低地下水位

水对盐渍土路基危害很大，加强排除地表水的措施，保持路基经常干燥，有足够的强度，在盐渍土地区尤为重要。而且地下水是盐类转移的输送者，又是构成盐渍土不良物理地质现象的主要外界因素。因此降低地下水位，避免由于地下水位上升引起次生盐渍化和冻害，同样具有重要的意义。但是由于盐渍土地区地形一般都很平坦，使排水设计产生困难，即使千分之一的排水纵坡也很难达到，排水出路尤其难找。一般采用如下处理措施：修筑地表排水系统，不让水在路基附近停滞，使其直接流入附近的桥涵；当路堤两侧有取土坑时，则利用取土坑排水，取土坑底应设向外倾斜 $2\%\sim4\%$ 的横坡和不小于 2% 的纵坡，取土坑底距地下水位不应小于 $0.15\mathrm{m}$；当路堤两侧无取土坑时，必须在路堤两旁修筑纵向排水沟；为把取土坑和纵向排水沟中的水排到远离路基，可根据当地的地形、地势设置必要的横向排水沟，横向排水沟的距离不宜大于 $0.5\mathrm{km}$，沟长不宜超过 $3.0\mathrm{km}$。降低地下水位：结合取土在路基一侧或两侧（视地形决定），根据流量计算，扩大取土坑平面的面积，取土坑底部加设深的辅助排水沟，其深度应能使地下水位降低，并取土坑外侧作挡水捻，以排除和拦截地表径流；若地形条件许可时，可在路基上游一侧设置长大排水沟，以拦截地下水，降低地下水位。

7.5.2　盐渍土区地基工程病害防治技术

盐渍土地基处理的目的，主要在于改善土的力学性质，消除或减少地基因浸水而引起的溶陷或盐胀等。与其他类土的地基处理的目的有所不同，盐渍土地基处理的范围和厚度应根据其含盐类型、含盐率、分布状态等来选定。盐渍土地基处理的方法较多，本节仅介绍几种实用的施工技术和设备工具比较简单易行的方法。

7.5.2.1　减小盐渍土地基溶陷的处理方法

大量的工程和试验表明，盐渍土在天然状态下，由于盐的胶结作用，其承载力一般都较高，可作为一般工业和民用建筑的良好地基，但当盐渍土地基浸水后，土中易溶盐被溶解，形成一种新的软弱地基，承载力显著下降，溶陷迅速发生，所以，盐渍土浸水后产生的溶陷变形成为对盐渍土地基的主要危害之一。盐渍土地区建筑物地基浸水而产生的过大或不均匀沉降，致使建筑物遭到不同程度破坏的工程事例屡见不鲜，仅青海西部油田地区的建筑物，由于地基溶陷而破坏的比例达 50% 以上，因此，在盐渍土地区设计和施工中应充分注意到这一点。在此简要介绍几种不同的地基处理方法。

（1）浸水预溶法

浸水预溶法即对拟建的建筑物地基预先浸水，在渗透过程中土中易溶盐溶解，并渗流到较深的土层中，易溶盐的溶解破坏了土颗粒之间的原有结构，土在自重压力下产生压密。对以砂、砾石土和渗透性较好的非饱和黏性土为主的盐渍土，有的土结构疏松，具有大孔隙结构特征，其孔隙直径 $40\sim50pm$，是由颗粒的不稳定架空排列所构成，土颗粒直径一般小于孔隙直径，在浸水后，胶结土颗粒的盐类被溶解，其颗粒落入孔隙中，导致土层溶陷。对以砂土为主的盐渍土，天然状态下砂颗粒直径多数大于 $100pm$，而这些砂颗粒中很多是由很小的土颗粒经盐胶结而成的集粒，遇水后，盐类被溶解，导致由盐胶结而成的集粒还原成细小土粒，填充孔隙，因而土体产生溶陷。由于地基土预先浸水后已产生溶陷，所以建筑在该场地上的建筑物即使再遇水，其溶陷变形也要小得多，实际上，这是一种简易的"原位换土法"，即通过预浸水洗去土中盐分，把盐渍土改良为非盐渍土。浸水预溶可消除溶陷量的 $70\%\sim80\%$，这也相当于改善了地基溶陷等级，具有效果较好、施工方便、成本低等优点。

浸水预溶法一般适用于厚度较大，渗透性较好的砂、砾石土，粉土和黏性土，盐渍土。浸水预溶法用水量大，场地要具有充足的水源。另外，最好在空旷的新建场地采用，如在已建场地附近采用时，浸水场地与已建场地之间要有足够的安全距离。

（2）强夯法

有的盐渍土，其结构松散，具有大孔隙和架空结构的特征，土的密度很低，颗粒间接触面积相对较少，抗剪强度不高。对于这种含结晶盐不多，非饱和的低塑性盐渍土，实践证明采用强夯是减少地基土溶陷的一种有效方法。强夯时，地表的竖向夯击能传给地基的能量是以压缩波（P 波）、剪切波（S 波）和端利波（R 波）联合传播的。体波（压缩波和剪切波）沿着一个半球阵面向外传播，压缩波使土颗粒产生平行于波阵面方向的推拉运动，剪切波使土颗粒产生正交于波阵面的横向运动，而端利波则使土颗粒产生由水平和竖向运动分量的组合运动，夯击能量使土体原结构破坏，并在动力冲击下减小土的孔隙比，使土体达到密实状态，从而减小盐渍土的溶陷性。

7.5.2.2　防止盐渍土地基盐胀的措施

在四季气温周期变化过程中，硫酸盐渍土中盐分和水分的不断迁移和聚集，引发水、盐持续相变，一方面会使地基土的物理力学性质发生剧烈变化，另一方面造成地基土的膨胀与沉降。加之，土中盐分与水分分布呈现出一定差异性，故寒区硫酸盐渍土的水、盐相变会造成道路、渠道等构筑物不均匀变形，严重威胁着铁路、公路路基工程的安全可靠性（图 7-54）。然而，现有研究未清晰阐述冻融循环下硫酸盐渍土中水、盐耦合相变机理，故很难建立宏微观结合的变形预测模型，准确预测基础变形。

盐渍土的盐胀一般包括碳酸盐渍土的膨胀和硫酸盐渍土的盐胀，前者在我国的分布面较小，其危害程度也较低；而后者的分布面广，对工程造成的危害大，在某些地区（如新疆）是相当严重的。所以，国内的一些防盐渍土盐胀的措施主要是针对硫酸盐渍土而言。本节介绍的是几种在国内已行之有效的防止硫酸盐渍土盐胀的方法。

（1）化学方法

曾用掺入氯盐的办法来抑制硫酸盐渍土的盐胀，并发现当土中的 Cl^-/SO_4^{2-} 的比值增

图 7-54　寒区道路大变形及盐冻胀破坏

大到 6 倍以上时，抑制盐胀的效果最为显著。这是因为硫酸钠在氯盐溶液中其溶解度随氯盐浓度增加而减小。

（2）设置变形缓冲层

我国新疆硫酸盐渍土地区，广泛采用这种方法来防止盐胀破坏建筑物地坪，取得了良好的效果。这种做法是在地坪下设一层 20cm 左右厚的不含砂的大粒径卵石（小头朝下立栽于地），使盐胀变形得到缓冲。

当硫酸盐渍土厚度不大时，常用此种方法消除盐胀。有时，即使硫酸盐渍土层较厚，但只是表土层的温度和湿度变化大，所以不需要把全部硫酸盐渍土层都挖除，而只要将有效盐胀区范围内的盐渍土挖掉，然后换填非盐渍土或填灰土即可。因此，用换土垫层法处理盐渍土地基的盐胀，要比处理盐渍土的溶陷容易实施，成本也要低。

思 考 与 习 题

7-1　什么是盐渍土？它的形成原因是什么？

7-2　盐渍土的盐分含量通常用何种指标来表示？请说明该指标的计量单位及其含义。

7-3　简述土壤盐渍化的危害。

7-4　土壤盐渍化治理措施有哪些？

7-5　盐渍土有哪些基本的物理性质？

7-6　盐渍土有哪些基本力学性质？

7-7　盐渍土的工程病害有哪些？分别简述其主要特征。

7-8　简要概括盐渍土区工程病害防治措施。

7-9　盐渍土的改良方法有哪些？请简要描述其中一种改良方法的原理和步骤。

7-10　如果一片土地受到盐渍化的影响，可能出现哪些表现？请列举至少三种表现，并简要描述其影响。

7-11　低温环境下，盐渍土中盐、冰有可能会同时析出，如何判断其先后顺序？

第8章 膨 胀 土

膨胀土主要由蒙脱石、伊利石等矿物组成，是一种吸水膨胀、失水收缩且对环境湿热变化十分敏感的高分散、高塑性黏土。由于其具有吸水时膨胀而水分蒸发时收缩的特性，因此对建设工程活动具有重大的影响，国内外将其称之为"灾害土""问题多的特殊土"。膨胀土有别于其他特殊黏土，因此在1969年第二次国际膨胀土研究会议上对膨胀土这一名词做出了定义：所谓膨胀土就是一种黏土，其所含的矿物成分对于所处的环境变化，特别是对于湿度变化非常敏感，其结果是随着湿度的增加或减少而发生膨胀或收缩，并产生膨胀压力，或收缩裂缝，影响其胀缩性的主要成分，是其所含的蒙脱石黏土矿物。由于伊利石也同样具有膨胀性，因此我国在《膨胀土地区建筑技术规范》GB 50112—2013中对膨胀土进行定义：土中黏粒成分主要由亲水性矿物组成，同时具有显著的吸水膨胀和失水收缩两种变形特性的黏性土。

本章内容着重对膨胀土的成因、分布以及分布规律进行总结，同时介绍膨胀土的基本工程特性、判别方法以了解膨胀土的特性，最后介绍膨胀土的机理、病害以及防治技术。旨在让读者更全面了解和认识膨胀土，并为后续内容以及相关的研究提供研究理论和支撑。

8.1 膨胀土成因及分布

8.1.1 膨胀土成因与分布

8.1.1.1 膨胀土的成因

膨胀土（图8-1）的成因可以分为物理成因和化学成因两部分。物理成因大致可以分为残积、冲积、湖积、洪积、坡积以及冰积等，其中残积、冲积、湖积是比较常见和普遍的成因。而膨胀土的化学成因则与其矿物成分（蒙脱石、伊利石、高岭石）有着密切关系。蒙脱石、伊利石、高岭石的生成受内外因素共同作用。受环境影响，不同环境下的母岩可能会生成蒙脱石或高岭石。如在酸性条件和蒸发量过大的环境下，可能生成高岭石；而在碱性环境和降雨量小于蒸发量的环境下，则可能生成蒙脱石；伊利石则可能在轻度碱性环境里生成。

除了上述的环境因素外，膨胀土的内因也是一个重大影响因素。膨胀土的来源可以分为两类：第一类为基性火山岩，这类母岩以长石或辉石作为主要的岩体，更容易风化为蒙脱石以及一些次生矿物；第二类则是由本身含有蒙脱石成分的沉积岩经自然风化而形成的膨胀土。蒙脱石的母岩由铁镁矿物、钙质矿物长石以及大量的火山岩构成，其中火山灰经空气传播，降落并堆积在平原以及海洋中，这些火山灰最终经风化、沉积而转变为蒙脱石矿物。

图 8-1　膨胀土

根据现有资料分析，国内外膨胀土的成因多数为残积、坡积。其中一部分是由基性火成岩或中酸性火成岩风化而成，另一部分与不同时代的黏土岩、泥岩、页岩的风化密切相关。洪积、冲积或其他成因的膨胀土也有，但其物质来源主要与上述条件密切相关。

表 8-1 给出了国外膨胀土成因，表 8-2 给出国内部分地区膨胀土成因及物质来源。

国外膨胀土成因　　　　　　　　　　　　　　　　　　表 8-1

国家	当地名称	成因	母岩性质
印度	黑棉土	残积	玄武岩
加纳	阿拉克黏土	残、坡积	页岩
委内瑞拉	渥太华黏土	残积	页岩
加拿大		残积	海相沉积
美国		残积	页岩、黏土岩

8.1.1.2　膨胀土的分布

膨胀土在全球范围内分布广泛，同时膨胀土的分布具有明显的气候分带性和地理分带性。从气候来看，以地球纬度划分，膨胀土主要分布在赤道两侧从低纬度到中等纬度的气候区，并限制于热带和温带气候区域的半干旱地区。从地理分带上看，从北纬 60°到南纬 50°均有分布，尤其在欧洲、亚洲、非洲和美洲大陆更为集中。

国内部分地区膨胀土成因及物质来源　　　　　　　　　　表 8-2

地区		膨胀土成因类型	母岩或物质来源
云南	鸡街	冲积、湖积	新近纪泥岩、泥灰岩
	曲靖	残坡积、湖积	新近纪泥岩、泥灰岩
贵州	贵阳	残坡积	石灰岩风化物
湖北	襄樊	冲洪积、湖积	变质岩、火成岩风化
	荆门	残破积	黏土岩风化
山东	临沂	冲积、湖积、冲洪积	玄武岩、凝灰岩、碳酸盐风化
	泰安	冲积、湖积、冲洪积	泥灰岩、玄武岩、泥岩风化
海南	琼北	残破积	第四纪玄武岩风化物
四川	成都	冲积、洪积、冰水沉积	黏土岩、泥灰岩风化物
	西昌	残积	黏土岩
河北	邯郸	湖积	玄武岩、泥灰岩风化物

在我国，膨胀土主要分布在广西、云南、四川、山东、河北、海南、广东、辽宁、浙江、江苏、黑龙江等 20 多个省、自治区的 180 多个市，总面积超 $10^5 \, \text{km}^2$。这些地区大多是蒸发量超过了降雨量，同时，我国的膨胀土分布较为广泛和集中的地区主要在长江流域和黄河流域。我国部分地区膨胀土分布情况如表 8-3 所示。

我国部分地区膨胀土分布情况　　　　　　　　　　表 8-3

省份	膨胀土分布情况
四川	川西平原、川中丘陵、涪江、岷江、嘉陵江以及安宁河等谷阶地区，如成都、德阳、资阳、眉山、南充、攀枝花、涪陵等地
广西	宁明盆地、百色盆地，如南宁、百色、柳州或 322 国道、321 国道等
贵州	主要分布在山间盆地和丘陵缓坡地区，如毕节、贵阳、遵义、铜仁、德江等地，主要以碳酸盐风化残积生成的红色黏土为主
陕西	陕南、汉中盆地和安康盆地，如汉中、勉县、石泉、安康等地底
新疆	哈密地区的三道岭，阿勒泰地区的布尔津、吉木乃，以及福海县、伊利河两岸、克拉玛依和黑孜水库
河南	分布于南亚盆地，如南阳、邓州、方城、平顶山，南水北调中线以及焦枝铁路
安徽	分布于丘陵的河谷平原，如安庆、合肥、马鞍山、滁州等地
云南	云南全省均有分布，东到昭通，西至大理，在楚雄、昆明、开远等地局部分布

8.1.2　膨胀土分布特征及规律

大量的调查显示，膨胀土的分布特征及规律与区域地质、地貌、气候以及地理有关。各国的膨胀土基本上都是由岩浆岩建造，尤其是基性火山岩，变质岩建造中的各类变质岩和沉积建造中的黏土岩、泥灰岩和碳酸盐岩等基岩广泛发育的基础上演化而来，这些岩石经过氧化、水合、淋滤、水解作用等化学演变而逐渐形成适合蒙脱石形成的气候环境和地质环境。

　　根据膨胀土的成因而分析可知，不同的地貌特征也会产生膨胀土，如各种母岩风化产物经水流搬运而形成冲积、湖积、洪积以及冰积的膨胀土，或是由在重力作用下沿山坡堆积而形成的残积或坡积型膨胀土。气候环境同样是形成膨胀土的重要因素之一，膨胀土主要产生于热带草原气候、热带季风气候、亚热带季风气候以及地中海式气候中，这些地区的年蒸发量均大于降雨量，属于半干燥或半湿润地区。

　　经大量研究发现，膨胀土在全球分布是以赤道为分界线，北至北纬 60°，南至南纬 50°，且由于北纬地区陆地较多，因此在北半球膨胀土呈带状分布于亚欧、非洲以及美洲大陆，而南半球由于以海洋为主，所以南半球的膨胀土主要分布在南回归线附近。

　　我国的膨胀土分布主要位于秦岭-淮河以南的温和气候、副热带气候以及热带气候地区以及长江、黄河流域，其中长江流域膨胀土的分布特征主要分为三个方面：

　　（1）膨胀土分布地域与区域地质背景相关，特别是地层的空间分布上表现明显。膨胀土多数呈零星分布，厚度不大。

　　（2）膨胀土分布与地貌密切相关，长江流域绝大多数膨胀土集中分布在 Ⅱ 级阶地以上，盆地以及平原内部，例如成都平原、南（阳）襄（樊）盆地、汉中盆地、合肥阶地等地区，仅少数残坡积膨胀土分布在低山丘陵剥蚀的地貌单元上。

　　（3）膨胀土分布与气候相关，长江流域膨胀土主要集中在半干旱的温热带气候地区。黄河流域膨胀土的分布主要分为黄河以南和黄河以北两部分地区，其中黄河以南以渠首-汝河段，黄河以北以新乡-淇县、邢台-邯郸一线为主。

8.2　膨胀土基本工程特征

8.2.1　膨胀土地貌特征

　　膨胀土的地貌主要是以平原、盆地、丘陵以及河谷阶地为主，这些地貌的形成主要由于在形成过程中受到内外营力的作用。在内营力方面，如阿尔卑斯山-喜马拉雅山造山运动，使得膨胀土在古地貌的基础上发育为现代膨胀土地貌形态，如图 8-2 所示。同时由于地壳运动的过程中会造成一部分地区抬高，另一部分地区下沉，而两部分相交的部分处于稳定的状态，于是在上升区域可能形成剥蚀，而下沉的区域产生堆积，在稳定的区域可能同时形成剥蚀和堆积，进而促使膨胀土地貌的形成。

　　在外力方面则主要是水的作用，包括大气降雨、地表径流、河流、沟谷以及地下水等，大气降雨是膨胀土形成的气候条件，地表径流、河流或沟谷提供了外营力，并侵蚀地形为膨胀土提供地形条件。其次人类活动也会对膨胀土的形成有一定的影响，是一种重要的外营力。如开垦农田、兴修水利、城市建设、修建各种交通设施都会对膨胀土地貌产生不同的影响和改造（图 8-3）。

图 8-2 膨胀土地貌

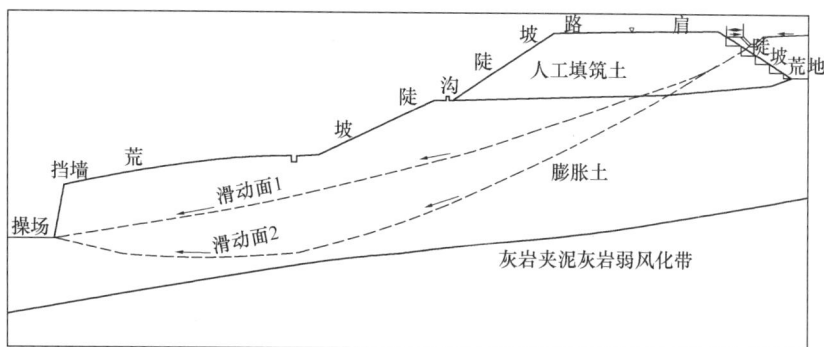

图 8-3 某膨胀土地质剖面图

膨胀土平原地貌特征一般比较平坦宽阔，局部地区有起伏地形，与整个平原面积相比可忽略。如我国的成都平原、江淮平原等或是国外如柬埔寨的湄公河流域平原、美国中部大平原等。这些膨胀土平原面积十几平方千米到上百平方千米。

膨胀土盆地地貌从形体上看，一般呈椭圆状、长槽状，常有构造作用产生，盆地内地形平坦，四周多丘陵或高山起伏，这些盆地大小不一且有沿区域性地质构造或河流水系成群分布的特点，如云南南盘江水系、广西右江水系、南宁盆地，以及陕西境内的汉水流域。

膨胀土的丘陵地貌主要是受到流水侵蚀和河谷切割后留下来的残余部分，在一些原有的古老丘陵基础上，由膨胀土母岩风化残积而形成。这些丘陵地带，大多呈具有一定的方向延伸的长恒状缓丘，其顶面比较平缓，多浑圆状或馒头状，坡面为平缓斜坡，无直立陡峭。

膨胀土河谷地形是由于长期在平原、盆地、丘陵中受到流水营力侵蚀而形成的，我国较为典型的河谷有右江河谷、岷江河谷、沱江河谷、汉水河谷、黔江河谷等。这些河谷中大多发育有台阶，自河谷向分水岭逐渐抬高，膨胀土主要分布在二级以上的高阶地上。

8.2.2　膨胀土成分及结构特征

膨胀土是以黏土矿物为主、对含水率变化尤为敏感的胀缩黏土。土体矿物成分组成及含量是影响胀缩性的物质基础，内部结构是影响水分在土体迁移的主要因素。膨胀土的宏观工程形状在很大程度上受到其矿物成分与微细观结构的影响和控制，土体孔隙结构及分布特征对土体宏观物理力学性质有着重要影响。

膨胀土矿物成分鉴定的方法主要有 X 射线衍射（XRD）、差热分析（TDA）等多种分析方法中，X 射线衍射分析是矿物鉴定最主要的方法。膨胀土的矿物成分主要由黏土矿物与碎屑矿物组成。其中，碎屑矿物又以石英、长石和云母为主，部分含有方解石和石膏等。碎屑矿物颗粒较大，具有骨架支撑作用，无胀缩性，一般情况下，碎屑矿物在膨胀土中的含量有限，对膨胀土的胀缩性质影响程度较弱。而蒙脱石等黏土矿物颗粒较小，吸水能力强，黏结性高，在膨胀土中，填充于碎屑矿物间，通过胶结作用联结矿物成分。表8-4 显示了某地典型膨胀土矿物成分分析结果，其中黏土矿物以蒙脱石和高岭石为主，两者含量平均分别占总量的 34.4% 和 9.3%。

典型膨胀土矿物成分分析结果（%）　　　　　　　　　　　　表 8-4

取样点	蒙脱石	高岭石	绿泥石	钠长石	石英	其他
1	39.4	8.6		11.5	35.1	5.4
2	26.1	11.6	11.2	15.6	32	3.5
3	37.7	7.8	4.6		43.7	6.2

全化学分析和微量元素分析是用于岩土材料化学成分分析的主要分析方式。膨胀土的化学成分含量虽有差异，但主要以 SiO_2，Al_2O_3，Fe_2O_3 为主，铝硅酸盐黏土矿物相对富集，同时元素 K、Ka、Ca、和 Mg 等碱金属和碱土金属含量相对偏高，在环境因素的影响下，伊利石可能会发生一系列化学反应，从而转化为蛭石或蒙脱石，增强膨胀土亲水性。表 8-5 展示了典型膨胀土试样化学成分全分析结果，其中 SiO_2、Al_2O_3、Fe_2O_3 总量分别为 72.99%、83.19%、75.03%，占总成分的 70% 以上。在膨胀土的胶粒化学成分中，SiO_2、Al_2O_3 比率分别为 3.23，2.76，2.93，平均值为 2.97。

典型膨胀土试样化学成分全分析（%）　　　　　　　　　　表 8-5

化学成分	取样点 1	取样点 2	取样点 3
SiO_2	49.69	48.14	48.26
Al_2O_3	15.39	17.42	16.48
Fe_2O_3	7.91	17.63	10.29
CaO	1.37	1.89	1.05
MgO	2.03	2.02	2.08
K_2O	0.67	3.06	2.94
Na_2O	15.93	12.21	15.23

化学成分	取样点 1	取样点 2	取样点 3
Cl^-	19.07	14.71	18.19
其他	0.27	0.34	0.23
SiO_2/Al_2O_3	3.23	2.76	2.93

　　膨胀土的微结构是指在一定地质环境条件下，由颗粒孔隙和胶体结构等组成的整体。采用扫描电子显微镜（SEM）、X射线断层扫描（CT）等微观仪器可观察膨胀土的微观结构特征。图 8-4 显示了 SEM 扫描下不同种类黏土矿物 SEM 图像。膨胀土黏土矿物主要呈聚集状，由曲片状构成微结构单元，片状颗粒间主要呈平行层状排列，具有高度定向性。图 8-4 中依次展示了蒙脱石、伊-蒙混层、高岭石、绿泥石和伊利石的微结构形貌，蒙脱石多呈弯曲、卷曲状，边缘被丝绢状和波浪状突起所包裹，并相互连接，内部发育有较丰

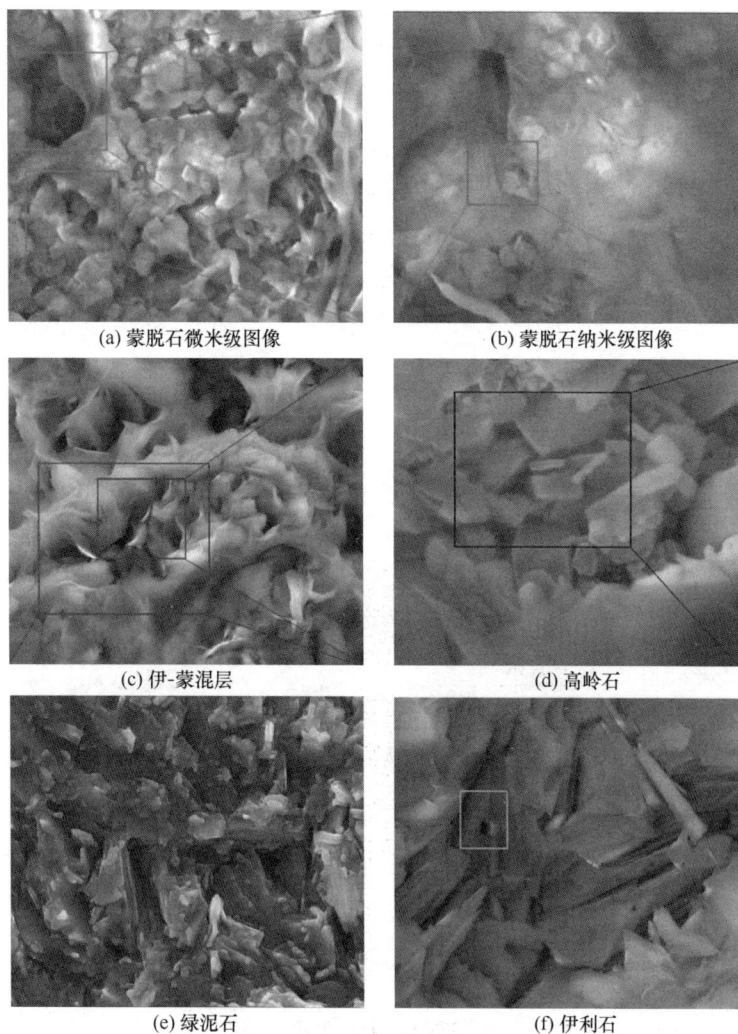

(a) 蒙脱石微米级图像　　(b) 蒙脱石纳米级图像

(c) 伊-蒙混层　　(d) 高岭石

(e) 绿泥石　　(f) 伊利石

图 8-4　不同种类黏土矿物 SEM 图像

富孔隙；蒙脱石和伊利石板片有丝绢状、裙状突起，局部蜂巢形，围成各种形态的孔隙；高岭石多呈规则六边形，互相重叠或书状排列，颗粒间化学胶结物较少，孔隙于内部相互连通；绿泥石呈片状且相互平行排列紧密；伊利石呈薄片状或针状，颗粒间呈扭曲或缠绕状。黏土矿物单元体间呈面-面接触、面-边接触多种形式的组合，彼此之间胶结连接较弱，孔隙、裂隙高度发育。

膨胀土的孔隙结构特征对宏观物理力学性质存在较大影响。目前，随研究的深入与技术的发展，Image Pro-Plus（IPP），MATLAB 等图像处理软件逐渐应用于膨胀土微结构的定量研究领域。采用图像处理软件对 SEM 图像进行图像转换、二值化、阈值分割等处理后，可以提取孔隙度、概率熵、分形维数、孔径分布等孔隙特征参数，从而反映膨胀土微结构特征。

8.2.3　膨胀土物理力学特性

8.2.3.1　强度特征

多年来大量的研究表明，膨胀土的强度较普通黏土更为复杂。它既是膨胀土抗剪强度的表征，也是计算路堑、渠道、路堤、土坝等稳定性的重要参数。膨胀土的抗剪强度是由颗粒间相互移动和胶结作用而形成的摩阻力所控制的。我国有关地区膨胀土的物理力学参数指标如表 8-6 所示。

在《工程地质手册（第五版）》中，给出了膨胀土的物理力学特性的计算方式。

（1）自由膨胀率（δ_{ef}）：人工制备的烘干土在水中增加的体积与原体积的比。按以下公式计算。

$$\delta_{ef} = \frac{V_w - V_0}{V_0} \tag{8-1}$$

式中　　V_w——土样在水中膨胀稳定后的体积；

　　　　V_0——土样原有体积。

（2）膨胀率（δ_{ep}）：在一定压力下（当压力为零时则为δ_{ep0}），浸水膨胀稳定后，试样增加的高度与原有高度的比。按以下公式计算。

$$\delta_{ep} = \frac{h_w - h_0}{h_0} \tag{8-2}$$

式中　　h_w——土样在水中膨胀稳定后的高度；

　　　　h_0——土样原始高度。

（3）收缩系数（λ_s）：不挠动土试样在直线收缩阶段，含水率减少 1% 时的竖向线缩率。按以下公式计算。

$$\lambda_s = \frac{\Delta \delta_s}{\Delta w} \tag{8-3}$$

式中　　$\Delta \delta_s$——收缩过程中直线变化阶段两点含水率之差；

　　　　Δw——收缩过程中与两点含水率之差对应的竖向线缩率之差。

力学参数指标　　　　　　　　　　　　　　　表 8-6

地区	天然含水率 ω（%）	重度 γ（kN/m³）	孔隙比 e	液限 ω_L（%）	塑性指数 I_p（%）
云南鸡街	24	20.2	0.68	50	25
广西宁明	27.4	19.3	0.79	55	28.9
广西田阳	21.5	20.2	0.64	47.5	23.9
云南蒙自	39.4	17.8	1.15	73	34
云南文山	37.3	17.7	1.13	57	27
云南建水	32.5	18.3	0.99	59	29
河北邯郸	23.0	20.0	0.67	50.8	26.7
河南平顶山	20.8	20.3	0.61	50.0	26.4
湖北襄阳	22.4	20.0	0.65	55.2	24.3
山东临沂	34.8	18.2	1.05	55.2	29.2
广西南宁伞厂生活区	35.0	18.6	0.98	62.2	33.2
安徽合肥	23.4	20.1	0.68	46.5	23.2
江苏六合	22.1	20.6	0.62	41.3	19.8
南京卫岗	21.7	20.4	0.63	42.4	21.2
四川成都	21.8	20.2	0.64	43.8	22.2

地区	液性指数 I_L	黏粒含量 $<2\mu$（%）	自由膨胀 δ_{ef}（%）	膨胀率 δ_{ep}（%）	膨胀力 p_e（%）	线缩率 δ_e（%）
云南鸡街	<0	48	79		103	2.97
广西宁明	0.07	53	68	5.01	175	6.44
广西田阳	0.09	45			988	2.73
云南蒙自	0.03	42	81	9.55	50	8.20
云南文山	0.29	45	52		62	9.50
云南建水	0.06	50	52		40	7.0
河北邯郸	0.05	31	80	3.01	56	4.8
河南平顶山	<0	30	62		137	
湖北襄阳	<0	32	112		30	
山东临沂	0.33		61		7	
广西南宁	0.15	61	56	2.6	34	3.8
安徽合肥	0.09	30	64		59	
江苏六合	0.05		56		85	
南京卫岗	0.07	24.5				
四川成都	0.05	40	61	2.19	33	3.5

（4）竖向线收缩率（δ_e）：不挠动土样的垂直收缩变形与原始高度的比值（％）。按以下公式计算。

$$\delta_e = \frac{z - z_0}{h_0} \qquad (8\text{-}4)$$

式中　z——百分表某次读数；

　　　z_0——百分表初始读数；

　　　h_0——试样原始高度。

大量的试验结果表明膨胀土的抗剪强度与一般黏土存在共性，但较一般黏土又多了"变动强度"特征和规律。同时具有峰值强度极高、残余强度极低的性质。这种现象在一方面由于膨胀土的物质成分和结构的不同所产生，如裂隙、含水率、干密度、吸力状态与应力历史，另一方面与膨胀土的外部环境、湿密状态以及环境都有着密切关系。影响抗剪强度的因素有以下几个方面。

① 膨胀土的物质成分：由于膨胀土是由多种矿物组成的复合体，因此矿物成分不同对膨胀土的抗剪强度影响也不相同，抗剪强度相应表现为高岭土最高，伊利石次之，蒙脱石较低。

② 结构与构造：膨胀土具有大量的裂隙，无论是收缩裂隙、风化裂隙或是卸载裂隙均破坏了土体的均一性和连续性，易产生应力集中现象进而影响膨胀土的抗剪强度。

③ 含水率：由于膨胀土富含亲水的矿物成分，因此含水率对膨胀土的抗剪强度有着极为敏感的影响。含水率增加，土体吸水膨胀，干密度降低，土体的抗剪强度减小，反之抗剪强度增加。

④ 上覆压力：上覆压力对膨胀土的影响主要为抗剪强度随土体的深度增加而增高，这是由于自重压力增大，使得膨胀土随深度的增加而受到更大的上覆压力，进而使得抗剪强度增加。

8.2.3.2　胀缩性

膨胀土中的黏土矿物具有亲水性（蒙脱石、伊利石、高岭石），因此膨胀土具有吸水膨胀、软化、崩解和失水急剧收缩的特点，并能产生往复变形的特殊黏土。对于膨胀土的变形可分为两大类：（1）外加荷载作用下的压缩变形；（2）外加荷载与渗入或浸水共同作用下的湿胀、湿化变形，或外加荷载与蒸发、风干、水位下降共同作用下的干缩变形。膨胀土的胀缩变形特性对建筑物、构筑物都会产生严重的破坏。表 8-7 为蒙脱石含量对膨胀土胀缩性的影响。

8.2.3.3　多裂隙性

膨胀土中有各种各样的裂隙，这是由于其是在成土过程中胀缩效应和风化作用等自然地质营力下的产物，它有着自身形成过程和客观的发育历史。因此膨胀土的多裂隙性在各国的膨胀土研究中都有很重要的影响。膨胀土的裂隙可分为原生裂隙、风化裂隙和胀缩裂隙、减荷裂隙以及斜坡裂隙。

蒙脱石含量对膨胀土胀缩性的影响　　　　　　　　　　表 8-7

地区膨胀土	胶粒含量（%）	蒙脱石含量（%）	膨胀率 δ_{ep}（%）	线缩率 δ_{si}（%）	线胀缩总率 δ_{es}（%）
云南蒙自膨胀土	56	11	0.00	3.08	3.08
	71	19	0.20	6.82	7.02
	80	36	2.13	14.13	16.26
河南南阳膨胀土	38	35	9.40	5.80	15.20
	26	22	5.60	4.90	10.50
	23	15	3.20	2.90	6.50
山东溜村膨胀土	49	21	1.32	6.93	8.25
	26	14	0.22	1.32	1.54
	26	10	0.00	1.09	1.09

原生裂隙主要是在成土过程中，由于温度、湿度和压密等作用，以及由不均匀胀缩效应引起的体积变化和土内复杂的物化-力学效应的结果。这类裂隙大多肉眼不可见需要用特殊的光学仪器才能见到，常呈紧密闭合状态，一般短小，未见有长大的贯通裂隙。

风化裂隙和胀缩裂隙是由于膨胀土在成土过程中，在气候（降雨量、温度、湿度等）、生物以及环境的外营力作用下频繁反复胀缩，原生裂隙不断扩大，同时又因风化作用使得膨胀土不断生成的大量短小的裂隙。

减荷裂隙是由于开挖减荷后，原处于地层深部的土体应力获得释放，其体积增大而产生膨胀，并伴随发育裂隙。

斜坡裂隙主要产生于天然斜坡或人工斜坡、矿山等，这一类斜坡由于具有高边坡，在重力作用下而产生裂隙，这些裂隙的方向一般与边坡的方向相平行，而且随距坡面深度的增加而减小，直至消失，具有原生裂隙的继承性。

8.2.3.4　超固结性

超固结性是膨胀土的重要特性之一，是由于膨胀土在地质形成过程中，曾经受到过比目前上覆压力更大的荷载，而使得膨胀土达到完全固结或部分固结的特性。在自然形成过程中，在重力作用下，土体不断堆积并随着堆积而使得厚度加深进而产生固结压密，但由于自然界的地质运动复杂，使得膨胀土一直处于加载和卸载的过程中，于是土体由于在先期固结所形成的部分结构强度并阻止了卸载后可能产生的膨胀而处于超固结状态。影响超固结的因素有以下几点。

（1）在膨胀土原始上覆土堆积并产生荷载的情况下，由于地表径流、地下水等水流将上覆土层冲刷，剥蚀，使得上覆压力减小而产生超固结现象。

（2）在地质形成过程中，由于大陆性冰川通过上覆土层形成超负荷将土体压密，在冰川融化卸载后，形成超固结现象。

（3）地质构造过程中，由于地表隆起，上部土层剥离，产生超固结现象。

（4）地下水位下降，渗透压力持续作用，使得土体产生超固结。

（5）风化作用，由于土体内部水背蒸发使得土体内孔隙率减小，上覆压力不变，也将产生超固结。

（6）黏土矿物的物理化学作用，如结晶作用、阳离子交换等产生超固结。

8.2.3.5　崩解性

崩解性是膨胀土在浸入水后所发生的一种吸水湿化现象。这是由于土块在浸入水中后，一部分胶结物质被水融化，破坏了土体的连接结构，同时由于膨胀土有大量的裂隙，使得水经过裂隙浸湿两侧土壁进而使之膨胀软化，并使土体产生不均匀力。对于裂隙较发育的土块，崩解作用主要受到裂隙分布的控制；对于裂隙较少的土块，崩解则是由外部向土块中心发展。

8.3　膨胀土的判别

在各类工程建设的勘察、设计和施工中，最先遇到和最迫切需要解决的就是对膨胀土的判别问题。工程实践表明，对膨胀土判别出现失误，给工程活动带来的危害将是巨大的，如将普通土或其膨胀土等级判别有误，则会造成巨大的经济损失，故对膨胀土胀缩等级的分类研究极其重要，且膨胀土的判别一直受到工程界的重视，它也是治理膨胀土的首要任务之一。

建立简单、明了、准确的膨胀土判别方法，是保证膨胀土地区公路、铁路、房屋建筑修筑质量的关键环节之一，因此判别膨胀土不仅仅是一个技术性问题，也关乎工程建设后续使用的问题。因此判别膨胀土对工程活动而言是十分重要且关键的。

8.3.1　膨胀土判别原则

膨胀土的判别作为工程中主要的工作之一，其对工程建设有着极其重大的影响。决定膨胀土的工程性质不仅要结合膨胀土的宏观、微观特性，同时也要考虑外界因素。目前对膨胀土的判别国内外都无统一的标准，但在实际情况中，膨胀土的判别多以现场定性和室内定量相结合的方式。鉴别土层是否为膨胀土，主要根据土体本身性质，以膨胀土建筑的稳定性为辅。因此对膨胀土的判别原则首先从工程地质角度出发，分析土体裂隙特征，采用土质与土体特征试验指标为主，结合宏观地质特征的方法在建筑区域结合既有建筑的稳定性进行辅助判别和分类。

在《工程地质手册（第五版）》中提到，具有以下特征可定性为膨胀土。

（1）多分布在二级或二级以上阶地、山前丘陵和盆地边缘。

（2）地形平缓，无明显自然陡坎。

（3）常见浅层滑坡、地裂，新开挖的路堑、边坡、基槽易生坍塌。

（4）裂缝发育，方向不规则，常有光滑面和擦痕，裂缝中常填充灰白、灰绿黏土。

（5）干时坚硬，遇水软化，自然条件下呈坚硬或硬塑性状态。

（6）自然膨胀率一般大于 40%。

（7）未经处理的建筑物成群破坏、低层较多层严重，刚性结构较柔性结构严重。

（8）建筑物开裂多发育在旱季，裂缝宽度随季节变化。

膨胀土在不同阶段采用不同的判别方法，在初步设计阶段用"初判"，以现场采取少量土体进行试验并结合野外勘察来区别膨胀土与非膨胀土。在详勘阶段采用"详判"，即定量的方式来区分膨胀土和非膨胀土。

8.3.2　膨胀土判别指标

已有研究表明，反映膨胀土的特性指标有很多，一般来说土的基本性质的指标多达十余种。但首先需要研究膨胀土各个特性之间的关系。总的来说可以概括为内因和外因两个方面。内因：如矿物成分、颗粒级配、结构特征等。外因：如气候、降雨量、水文地质工程地质条件等。在内、外因共同作用下，膨胀土表现为其胀缩性、水理性质及力学性质等指标的变化上。因此，膨胀土胀缩分类时应考虑以下几个指标（表 8-8）。

采用这些指标的主要原因是：

（1）它们能较好地代表影响膨胀土胀缩的内、外两个方面及由此产生的胀缩程度。

（2）国内外采用的膨胀土分类都采用了其中的一个或多个指标。

（3）采用多指标分类可以避免单因子判别的缺陷。

膨胀土判定指标　　　　　　　　　　　　　　　　　　　　　表 8-8

指标名称	临界值	指标名称	临界值
膨胀性指标（k_e）	>0.4	塑性指数（I_s）	>20
压实指标（k_d）	≥1.0	线缩率（C_{sl}）	>5%
活动性指标（k_A）	>1.25	膨胀率（$C_{p0.32}$）	>0.5%
吸水指标（k_w）	≥0.4	膨胀率（C_p）	>0.1%
缩限（w_s）	<12%	体缩率 e_s	>10%

同时由于膨胀土的指标较多，因此单个取用在一定程度上具有片面性、随机性和不确定性，因此在判定膨胀土的时候经常出现误判等情况，为弥补此类缺陷，人们引入了模糊数学判别法、灰色聚类法、神经网络模型以及拓扑学理论等用于膨胀土的判别中，从实践经验来看，取得了不错的效果。

根据《铁路工程地质手册》中给出的三项指标，当符合表 8-9 膨胀土的宏观地貌地质特征中的两项即可判定为膨胀土。

膨胀土的宏观地貌地质特征 表 8-9

地貌地质	特征
地貌	具垄岗式地貌景观，常呈垄岗与沟谷相同，地形平缓、宽阔、无自然陡坎、坡面沟槽发育
颜色	多呈棕、黄、褐色间夹灰白、灰绿色条带或薄膜，灰白、灰绿色多呈透镜体或夹层
结构	具多裂隙结构，常见垂直、水平、斜交三组，裂面光滑有擦痕，有的裂隙充填有灰白、灰绿色黏土条带或薄膜
土质	黏土质重、细腻、具滑感，常含有钙质或铁锰质结核或豆石，局部钙富集成层形成钙毛茸茸盘
自然地质现象	坡面常见浅层塑性滑坡与溜塌、地裂。新开挖抗（槽）壁易发生坍塌等

8.3.3 膨胀土分类

膨胀土的分类是施工的重要前提，对膨胀土的工程特性进行判断后才能在实际的工程活动中采取有效的处理方法。国内外对膨胀土的分类是在自己的研究基础上所提出的，因此膨胀土的分类多种多样。目前对膨胀土的分类方法有以下几种。

（1）规范判别分类法。《膨胀土地区建筑技术规范》GB 50112—2013 提出了首先对工程地质区域土体进行初判，再按照自由膨胀率大小和地基变形量划分膨胀土潜势的方法，如表 8-10 所示。

《膨胀土地区建筑技术规范》GB 50112—2013 规定的膨胀土胀缩等级标准 表 8-10

级别	指标	
	自由膨胀率δ_{ef}（%）	地基变形量S_e（mm）
强膨胀土	$\delta_{ef} \geqslant 90$	$S_e \geqslant 70$
中膨胀土	$65 \leqslant \delta_{ef} < 90$	$35 \leqslant S_e < 70$
弱膨胀土	$40 \leqslant \delta_{ef} < 65$	$15 \leqslant S_e < 35$

（2）最大胀缩性指标法。柯尊敬提出按照最大线缩率、最大体缩率和最大膨胀率将膨胀土胀缩等级分为极强、强、中、弱四级，如表 8-11 所示。

膨胀土胀缩等级标准 表 8-11

级别	指标		
	最大线缩率（%）	最大体缩率（%）	最大膨胀率（%）
极强膨胀土	>11	>30	>10
强膨胀土	8~11	23~30	7~10
中膨胀土	5~8	16~23	4~7
弱膨胀土	2~5	8~16	2~4

（3）《公路工程地质勘察规范》JTG C20—2011 分类法。此规范是以吸湿含水率为核心，在此基础上由自由膨胀率和塑性指数进行判别和分类。标准吸湿含水率能很好地反映膨胀土矿物组成特性，塑性指数能很好地反映粒度组成、分散特性和阳离子与黏土矿物的

相互作用，如表 8-12 所示。

《公路工程地质勘察规范》JTG C20—2011 规定的膨胀土胀缩等级标准　　表 8-12

级别	非膨胀土	弱膨胀土	中膨胀土	强膨胀土
自由膨胀土 F_s（%）	$F_s < 40$	$40 \leqslant F_s < 60$	$60 \leqslant F_s < 90$	$F_s \geqslant 90$
标准吸湿含水率 ω_f（%）	$\omega_f < 2.5$	$2.5 \leqslant \omega_f < 4.8$	$4.8 \leqslant \omega_f < 6.8$	$\omega_f \geqslant 6.8$
塑性指数 I_p（%）	$I_p < 15$	$15 \leqslant I_p < 28$	$28 \leqslant I_p < 40$	$I_p \geqslant 40$

（4）膨胀土潜势标准。此方法是根据液限和塑性指数，将膨胀土膨胀等级分为高、中、低三级（表 8-13）。

膨胀潜势分级及试样试验值　　表 8-13

级别	指标	
	液限（%）	塑性指数（%）
高	>60	>35
中	50～60	25～35
低	<50	<25

（5）《铁路工程岩土分类标准》TB 10077—2019 分类法。此方法选择了反映膨胀土胀缩性本质的自由膨胀率、蒙脱石含量和阳离子交换量作为膨胀性分级的判定指标。铁路标准采用的指标能够反映膨胀土膨胀的本质，如表 8-14 所示。

《铁路工程岩土分类标准》TB 10077—2019 规定的膨胀土胀缩等级指标　　表 8-14

级别	弱膨胀土	中膨胀土	强膨胀土	试样 1	试样 2
自由膨胀土 F_s（%）	40～60	60～90	>90	79	42
蒙脱石含量 M（%）	7～17	17～27	>27	17.1	7.2
阳离子交换量 CEC（NH_4^+）（mmol/kg）	170～260	260～360	>360		

（6）美国垦务局标准（U. S. Bureau of Reclamation Standards）。此方法将膨胀等级分为极强、强、中、弱四级，以胶粒含量、塑性指数 I_p、缩限 ω_s、膨胀体变 δ_p 为主要指标（表 8-15）。

美国膨胀土胀缩等级指标　　表 8-15

膨胀程度	指标			
	<0.001 胶粒含量（%）	塑性指数 I_p（%）	缩限 ω_s（%）	膨胀体变 δ_p（%）
极强膨胀土	>28	>35	<7	>30
强膨胀土	20～28	25～35	7～10	20～30
中膨胀土	15～20	15～25	10～15	10～20
弱膨胀土	<15	<15	>15	<10

（7）澳大利亚标准（Australian Standard）。澳大利亚标准采用膨胀量和收缩率两项指标将膨胀土分为极强、强、中、弱四个等级（表8-16）。

澳大利亚膨胀土胀缩等级指标　　　　　　　　　　　　表 8-16

膨胀量（%）	线收缩率（%）	膨胀等级
>30	>17.5	极强
16～30	12.5～17.5	强
8～16	8～12.5	中
<8	5～8	弱

8.4　膨胀土膨胀机理及病害特征

8.4.1　膨胀土胀缩机理

膨胀土作为一种特殊的非饱和土，其内部土颗粒之间的土与水两相介质产生物理化学反应和力学作用过程是其吸水膨胀的主要过程。目前对于膨胀土的胀缩机理常见的有晶格扩张理论和双电层理论。

8.4.1.1　晶格扩张理论

膨胀土内部结晶质分为三大类：蒙脱石、伊利石和高岭石。它们的晶体结构均由 SiO_4 四面体和 Al-(OH) 八面体所构成。但由于层间连接不同，如伊利石层间由 K^+ 连接，高岭石为 1:1 的两层结构，因而造成三种矿物成分在与水结合的时候的变化存在较大的差异。其中蒙脱石与水结合时体积变化最大，高岭石最小，而伊利石居中。

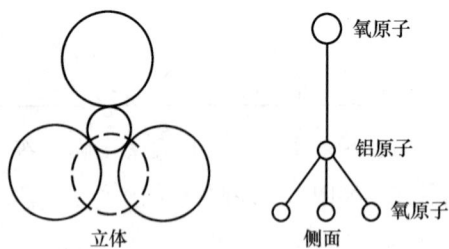

图 8-5　硅氧四面体构造图

蒙脱石的晶层由硅氧片和水铝片叠合而成。硅氧片由硅氧四面体叠合而成，每个硅氧四面体由 1 个硅原子和 4 个氧原子组成，如图 8-5 所示。水铝片由铝八面叠合而成，铝氧八面由 1 个铝原子和 6 个氧原子组成，共有 8 个面，故称铝氧八面，如图 8-6 所示。由图 8-5、图 8-6 可以看出，硅氧四面体和铝氧八面体通过共用氧原子结合在一起。一个八面体片和一个四面体片组成的矿物称为 1:1 型层状矿物，两个四面体片中间夹一个八面体片组成的矿物称为 2:1 型层状矿物，由上面的构造分析可知，蒙脱石属于 2:1 型层状矿物。一个铝氧八面体片和两个硅氧四面体结合在一起称为一个晶层。晶层之间存在一定的间隙，这个间隙的大小就是所谓的"晶层间距"，如图 8-7 所示。

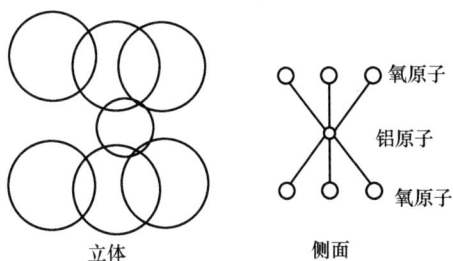

图 8-6　铝八面体构造图

氧原子
铝原子
氧原子

立体　　　　侧面

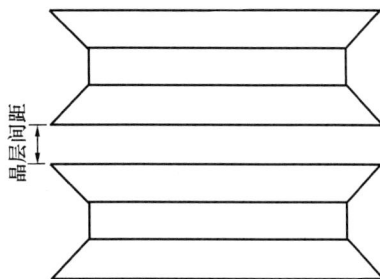

晶层间距

图 8-7　蒙脱石晶层间隔示意图

蒙脱石晶层上下都是氧离子，晶层之间通过"氧桥"连接，这种连接力很弱，水分子和其他阳离子极易进入从而使得晶层之间距离扩大。晶层间距扩大时，其内表面也可以吸持水分和各自离子。由于蒙特石比表面积很大，为 $700\sim800\text{m}^2/\text{g}$，因而具有很大的阳离子交换量，这也是含水率变化引起膨胀土开裂的重要原因之一。蒙脱石与水接触时，水分子进入蒙脱石晶层之间，与层间离子发生水合作用，晶层间距增大，相应地，蒙脱石颗粒发生膨胀，因此这个阶段的膨胀称为晶层膨胀。

蒙脱石和伊利石具有层状或链状的晶格构造，如图 8-8 所示，这种构造又称为膨胀晶格构造。由于晶格间存在孔隙，因此水分子容易进入层间形成水膜夹层，进而在微观上促使晶格扩张，在宏观上表现为膨胀。从图 8-8 可以看出，蒙脱石有三个亚层，两层硅氧四面体中带有一层铝氧八面体，两个相邻的硅氧四面体之间仅仅靠范德华力相连。晶层之间黏结力弱，因此水和其他极性分子很容易进入晶层，导致晶层间距变大进而产生膨胀。

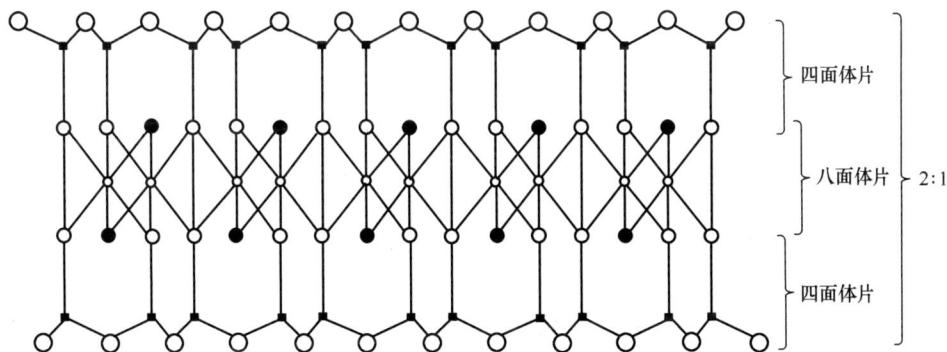

四面体片

八面体片　2:1

四面体片

图 8-8　蒙脱石晶层结构示意图

高岭石是由一层硅氧四面体和一层铝氧八面体组成，如图 8-9 所示。晶层间通过氢键联结，联结力强，晶格不能自由活动，水难以进入晶格间，能组叠很多晶层，多达百个以上，成为一个颗粒。颗粒长宽 $0.3\sim3\mu\text{m}$，厚 $0.03\sim1\mu\text{m}$。主要特征：颗粒较粗，不容易吸水膨胀和失水收缩，或者说亲水能力差，两层之间由氢键连接，结合力很强，因此高岭石的晶层之间难以侵入水分子，也就难以发生膨胀。

伊利石与蒙脱石一样由三层晶层构成，但晶胞之间多 K^+ 连接，K^+ 的键合力较强，

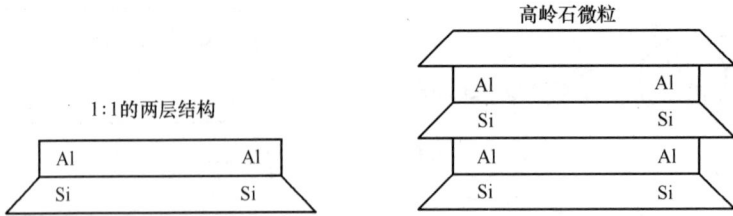

图 8-9 高岭石晶层构造图

水分子亦不容易侵入，因此相对蒙脱石，伊利石的膨胀性要小得多，是云母在碱性介质中风化的产物。主要特征：连接强度弱于高岭石而高于蒙特石，其特征也介于两者之间，如图 8-10 所示。

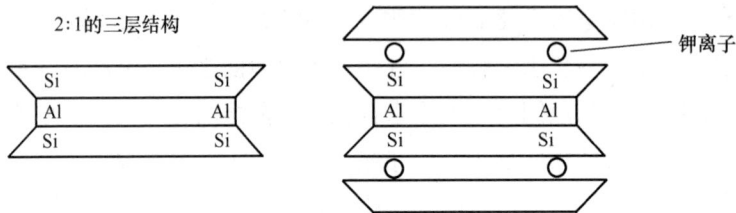

图 8-10 伊利石晶层构造图

8.4.1.2 双电层理论

以蒙脱石为代表，可以得知蒙脱石的晶层中有硅氧四面体和铝氧八面体，其中高价阳离子被低价阳离子取代，使得蒙脱石晶体呈现出负电性。由于黏土矿物周围形成静电场，在静电引力作用下，黏土颗粒表面需达到平衡，因此需要吸附周围的阳离子，即水化阳离子。带负电荷的黏土矿物颗粒表面与吸附的水化阳离子合起来成为双电层。

被双电层吸附的水分子定向排列，在黏土矿物颗粒周围形成结合水，结合水膜使得土颗粒之间距离增大，从而使得土体膨胀。当失水时，结合水膜变薄或消失，颗粒之间的间距变小，因而土体也就开始收缩。

由此可见，双电层的影响不仅存在于单一的矿物颗粒表面，也存在于集聚体或集聚体表面，双电层理论和晶格扩张理论使得膨胀土的胀缩机理更加完善和充实。

8.4.2 膨胀土病害类型及特征

膨胀土的病害常见于道路、铁路、房屋建筑等。例如道路中常见的病害有冲蚀、溜塌、沉陷、纵向开裂、路面波浪变形、冒泥等。铁路中常见的病害则是纵裂、下沉外挤、道砟陷槽、翻浆冒泥。

8.4.2.1 纵裂

沿线路前进的方向，路肩与路堤道床外侧之间的土体产生上宽下窄、宽 1～5cm、呈楔形的裂缝，裂缝长度通常为数米至十余米长，但局部地段裂缝可延伸至数十米长。裂缝多向边坡倾斜发展，对于设有路肩挡墙地段的路基，在挡墙与土体的竖向界面常常形成裂缝。裂缝通常是雨天收拢，晴天张开。

8.4.2.2　下沉外挤

在基床被水侵蚀，基床土体被极度软化时，基床易产生下沉病害，下沉病害一般在雨季下沉较快，旱季下沉略缓。基床出现下沉病害的地段，轨道不平顺，轨道高低、方向不断发生变化，给列车运行带来安全隐患。外挤通常在刚卧层上形成滑动面，导致一侧侧沟被挤动或挤死，路肩向上隆起。产生外挤病害的地段，轨道将出现连续的较大的下沉，甚至急剧下沉。同时，外挤导致路基边坡产生边坡病害，使路堑侧沟被挤坏、挤死。

（1）翻浆冒泥

翻浆冒泥是指路基面上的粉土颗粒、细小黏土及道床中的黏土，受地表水和列车荷载反复动力作用，发生触变液化，进而导致泥浆的产生，列车在线路上通过时，线路不断下沉起伏，致使泥浆因受到挤压抽吸而从道床孔隙翻冒上来，使道砟脏污板结，失去弹性。基床出现翻浆冒泥病害时，将以泥浆形式挤出基床填土，道砟必然下沉，最终导致轨道状态不良，轨道的几何形位持续变化，线路养护需要不断进行。在局部翻浆冒泥比较严重的路段，轨道下沉速率很快，使列车不得不降低通过速度，正常的运输能力受到了极大的影响。另外，翻浆冒泥还会导致线路左右水平差距较大，造成钢筋混凝土轨枕因产生纵横向裂纹而失效。

（2）路基下沉

路基土的干湿循环产生的裂隙使得路基土在降水作用以后含水率增大，继续吸水膨胀导致土体强度降低，特别是在土体达到饱和状态以后，其抗压强度要远低于正常干燥情况下的土体强度，此时膨胀土在动荷载的作用下不仅仅表现为较大的累计变形，更有可能是整个骨架的失稳破坏。饱和失稳的路基土变形量过大而产生沉降，形成凹坑，积水难以排除，在列车振动荷载的作用下，道砟与失稳的土体反复相互作用，使得道砟被动荷载挤压进入软化后的路基中，导致路基土体整体渗透系数增大，而道床也由于荷载的作用发生了不均匀沉降，道砟持续下挤进入路基，这使得水分更易聚集在路基的局部区域，更加剧了翻浆冒泥病害的产生。如图 8-11 所示。

道砟被列车动荷载挤入软化的土体后，路基土体被道砟取代形成道砟囊，使得饱和状态的土体以泥浆的形式在动荷载的作用下挤压上升至道床中。上涌的泥浆充填了道砟的缝隙，在经过蒸发作用后其水分逐渐散失，泥浆使得原本分散的道砟胶结成为整体，道砟面板结成块，使得道床和路基之间形成一个相对封闭的空间，在经过列车反复的上下振动形成的动荷载的作用下，这一封闭空间便形成一个真空带而发生抽吸作用，使得下部的泥浆继续上升至道床表面，并在干湿循环作用下发生软化-泥浆上涌-板结-软化的恶性循环，道砟上的泥浆越来越多，板结后的胶结物越来越密实，局部的翻浆冒泥由点连接成片，最终表现成为整段路基的翻浆冒泥病害现象，如图 8-12 所示。

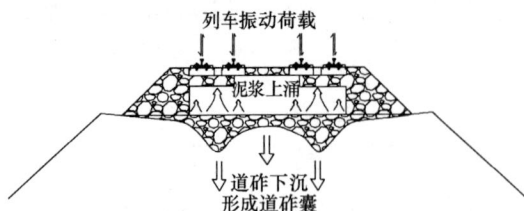

图 8-11　路基软化下沉

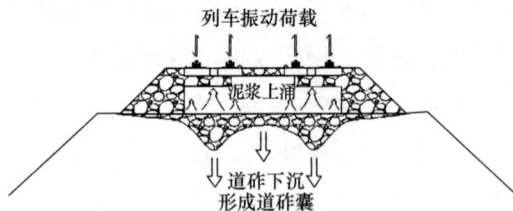

图 8-12　道砟囊

（3）膨胀土建筑变形

膨胀土地基受季节性气候影响产生胀缩变形，使建筑物上下反复升降，造成开裂破坏。裂缝随季节性气候变化而变化（因土层含水率随季节性变化），干旱时张开，下雨时闭合。在建筑物中一般外墙的升降幅度大于内墙，且以角端最为敏感。在不同条件下，造成地基变形的因素也不同，如表 8-17 所示。

建筑地基变形条件　　　　　　　　　　　　　　　表 8-17

条件	易建筑变形的条件	不易使建筑变形的条件
建筑本身条件	单层房屋，荷载较小 建筑埋置较浅 建筑群较分散 刚度较弱的部位	多层房屋，荷载较大 基础埋置较深 建筑群比较集中 刚度较好的部分
气候条件	日照通风条件好 温差幅度大 气候特变年份	日照通风条件差 温差幅度小 气候正常年份
地基条件	挖方 地层分布不均匀 地下水位低	填方 地层分布均匀 地下水位高
地形地物条件	附近有树木 草地、耕地浇水 高爽地段 陡坎斜坡	附近有水塘、水田 低洼地段 平坦地形
生产设施条件	干湿设施差别大 高温车间 湿润车间	

8.5　膨胀土工程病害防治技术

8.5.1　膨胀土病害防治原则

膨胀土作为一种特殊的黏土，其广泛分布在我国各地，因而对工程建设活动产生了极大的影响。我国从 20 世纪 50 年代便开始对膨胀土进行研究，也总结出了各种病害原理以及防治措施。经过数十年的研究总结，对膨胀土公路、铁路、地基以及边坡都提出了相应的防治原则，对其进行总结，可以分为以下几点。

（1）选线原则。在膨胀土地区进行铁路、公路的选线，应首先查明膨胀土的分布范围，土层结构、矿物成分以及膨胀土的力学性能、胀缩性能以及膨胀土活动区深度，确定膨胀土膨胀潜势等级以及膨胀土对公路、铁路的危害程度。其次在选线时应根据公路等级或铁路技术要求，结合当地地形地貌、水文等特点，尽量避开膨胀土地区，或选择膨胀土厚度较薄、分布范围小的地段。同时在高填深挖无法避免的情况下应控制挖方高度和长度以减小边坡的失稳概率和滑坡规模，或考虑以隧道、桥梁通过并进行地基处理。

（2）边坡防治原则。由于膨胀土边坡具有"逢堑必滑、无堤不塌"的特殊性质，因此针对膨胀土的治理是以"先发治坡，以防为主"的总原则，即事前采取有效的工程措施保证边坡的稳定性，制止滑坡的发生。在防治滑坡的工程中，主要遵循防水、防风化、防反复干湿胀缩循环、防强度衰减四个原则。

（3）防水，即排水原则。水作为影响膨胀土的主要因素之一，防治滑坡必选防水。一是防止地表水和大气降水渗入边坡土体，二是及时疏导地下水。膨胀土地区的路基、桥涵、站场房建等工程，均应做好天沟、排水沟、吊沟等地表排水工程，使排水畅通，防止表水下渗，浸润土质；同时应做好排除积水的渗沟及纵向排水渗沟等工程；另外，对建筑物基底还要严格封闭防止蒸发失水引起膨胀土干裂收缩。

（4）缓坡率原则。边坡坡率应缓至稳定坡率，并分级设边沟平台，以减轻坡脚压力和可能产生的下滑力，对边坡坍滑起缓冲作用。膨胀土路堑边坡坡率，可以根据《公路路基设计规范》JTG D30—2015 的参考表综合考虑，边坡结构类型可采用直坡型和折线坡型（表 8-18）。

（5）膨胀土作为填料原则。膨胀土用作路基填料时，应通过室内试验和技术经济比较确定膨胀土填筑路堤的处理方案，并确定最佳配合比及处治后的强度控制指标。

路堑边坡坡率 　　　　　　　　　　　　　　　　表 8-18

边坡高度（m）	边坡坡率	边坡平台宽度（m）
<6	1∶1.25～1∶1.5	
6～10	1∶1.5～1∶1.75	2.0
10～20	1∶1.75～1∶5	≥2.0

8.5.2 膨胀土病害防治技术现状

由于膨胀土的特殊性，对于膨胀土的防治工作不能仅使用单一的方式手段。传统的防治技术在治理防护时通常是通过表层排水、减小大气影响范围、柔性支挡限制变形等方式。针对土层强度衰减、遇水变形等问题，刘加东提出了解决措施，并将控制措施分为换填法、化学改良法、柔性刚性支挡法。

目前常用的膨胀土边坡稳定性控制措施也均是在上述几种方法的基础上进行组合运用的。针对膨胀土雨水膨胀变形的特性，采用较多的就是排水、防渗或者是利用柔性支护抵抗膨胀土的变形。柔性支护较多的就是植被防护、土工格栅防护、锚杆组合防护、土工膜防护等。如肖林提出在坡比合理的情况下采取工程防护加植被防护相结合的防护措施，能对膨胀土边坡进行有效地防护。欧孝荡提出了生态护坡的方式，此种方式可以大大降低气候影响，对提高边坡稳定性有极大的帮助，同时还能达到绿化景观的效果。许英姿以南宁膨胀土为研究对象，提出了植被防护和农作物种植结合的防护措施，研究表明此种方法可以有良好的持水能力，能更好地约束膨胀土的变形。

膨胀土的治理过程中，土工材料有着广泛的应用。如广西崇左-爱店高速公路为工程示范提出膨胀土边坡防护的土工编织袋方法，其结果表明土工编织袋能有效阻止水分变化，能有效地将坡体水分变化与外界因素分隔开。针对膨胀土边坡变形、坡面冲刷的问题，刘斯宏等学者展开了土工袋加固边坡的试验，研究结果表明，土工袋对膨胀土有较好的约束作用，可以有效地抑制其膨胀变形，且土工袋有良好的排水效果，雨水能通过土工袋袋间间隙快速地排出，边坡内含水率的增加幅度较小。袁俊平发现土工膜能够阻隔雨水入渗，使土体有效应力增加，增强了边坡的稳定性；通过室内模型试验比较了土工膜、砂垫层、表砂层和水泥改性土 4 种防护方案，在干湿循环作用下对这 4 种方案下的膨胀变形、裂缝开展和含水率变化进行了研究，结果表明四种防护方案中水泥改性土方案的防护效果较优。

利用柔性组合支挡的防护方式也有很多，封志军针对广西百色地区强膨胀土特性设计支护方案，柔性挡墙有效防止了膨胀土因干湿循环而膨胀，同时挡墙因其容许较大变形，从而使边坡内膨胀压力因变形而释放，起到了以柔克刚的作用。郑俊杰针对高填方膨胀土路基边坡的治理问题，提出了在膨胀土和挡墙之间设置 EPS 柔性垫层的刚柔复合桩基挡墙结构。研究结果表明：刚柔复合桩基挡墙结构的墙背土压力、抗滑桩桩身弯矩和剪力、挡土墙和抗滑桩水平位移均明显减小，但路面沉降和水平位移有所增大；EPS 垫层弹性模量越小或厚度越大，则 EPS 垫层压缩量越大，允许膨胀土发生的侧向变形也越大，刚柔复合桩基挡墙结构的受力和变形则越小。王先忠依托河南地区南水北调工程中膨胀土边坡工程提出了脚墙、支撑渗沟、片石骨架、土钉墙的组合防护措施和挡墙加土钉墙的防护措施，前者适用于有地下水的边坡，后者适用于无地下水的边坡。程鑫依托南京某地膨胀土路堑边坡工程提出了针对性的治理措施，即浆砌片石护坡和土工格栅加筋护坡两种护坡形式，并提出了相应的实施方案，在实际工程中防护治理效果不错。

8.5.3　膨胀土边（滑）坡病害防治技术

本节案例选自《山区铁路（公路）路基工程典型案例》。以南昆铁路百色膨胀岩路堑滑坡为例。

（1）工程概况

该工程地处百色盆地残丘缓坡地带，地形左低右高，相对高差 15～25m，自然坡度 15°～26°。线路以路堑通过，中心最大挖深 8.25m，右侧最大边坡高度 16m。百色地区种猪场位于线路右侧 45m 斜坡上方。

地层上覆厚度 1～2m 第四系全新统坡残积（Q_4^{dl+el}）黏土，其自由膨胀率（F_S）51%～91%，为中至强膨胀土，下伏下第三系始新统-渐新统那读组（E_{2-3n}）泥岩地层，为中至强膨胀岩。岩层节理裂隙非常发育，多为层状破碎结构类型，贯通性强，层里面和节理面因风化淋滤作用呈黄褐色。经过室内土工试验，测得该段液限最大值 61.4%，自由膨胀率最大值 91%，干燥-饱和吸水率最大值 72.36%。岩层层理产状为 N5°W/45°NE，倾向和倾角局部变化较大。

（2）路堑施工及边坡坍滑情况

该工程以挖土机械大面积拉槽开挖，当路堑基本成型时右侧边坡上方产生裂缝，随着裂缝的发展，边坡上的种猪场地下陷，形成坍塌体。坍滑体平面呈圈椅形，长 130～150m，宽 20～35m，滑体厚度 5～9m，陡坎高度 0.5～2m，沿陡坎外边缘可见张拉缝 2～3 条，缝宽 0.5～1m，深 0.5～1m，呈"V"形。后大雨不断及增设天沟尚未完成，大量雨水沿坡面下渗，已趋稳定的滑坡体上方再次出现拉裂缝。

（3）路堑坍滑原因分析

根据现场调查和分析，边坡坍滑的主要原因是该工程为地层岩性主要为下第三系那读组强膨胀性泥岩，其成岩作用差，且节理切割，岩层节理裂隙非常发育，岩体强度低。其次是在施工过程，未按设计要求分段跳槽开挖施工挡土墙，采用大型机械全断面长拉槽施工，形成山体大面积临空，且暴露时间过长，加之岩层具有强膨胀性，路堑边坡土（岩）体失水收缩开裂强烈，遇水强度急剧衰减，造成边坡土（岩）体受力失去平衡而产生坍滑。

（4）变更设计情况

① 在路线右侧距中线 25m 处增设 25 根抗滑桩，桩长 9m，桩间距 5m，桩截面为 1.6m×2m，长度为 120m，紧接着又在长度为 1080m 范围内，右侧距中线 36m 处增设 20 根抗滑桩，桩长 9m，桩间距 5m，桩截面为 1.6m×2m。

② 为了解决种猪场废水流向及其下渗，将猪场废水引入铁路天沟及吊沟，并在地下水发育地段，增设了 3 条支撑渗沟，边坡平台增设截水沟。

③ 滑坡坡面按 1∶4～1∶3 清方夯实后，设拱形或方格骨架护坡。

病害设计断面如图 8-13、图 8-14 所示。

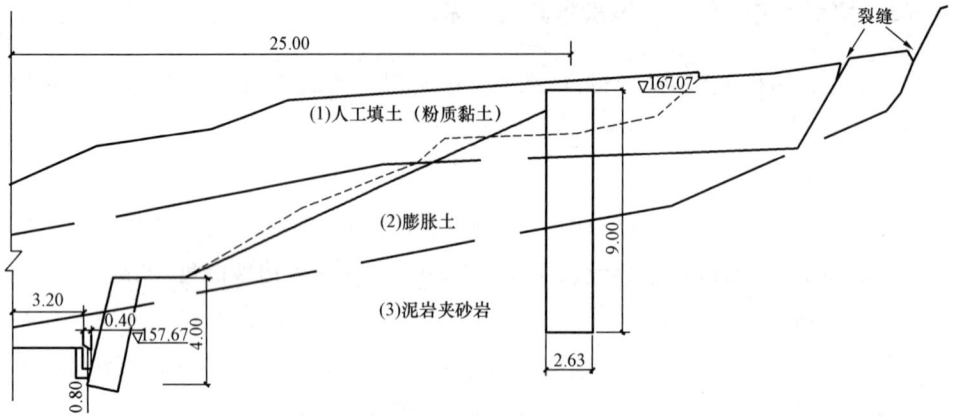

图 8-13　病害设计断面（一）

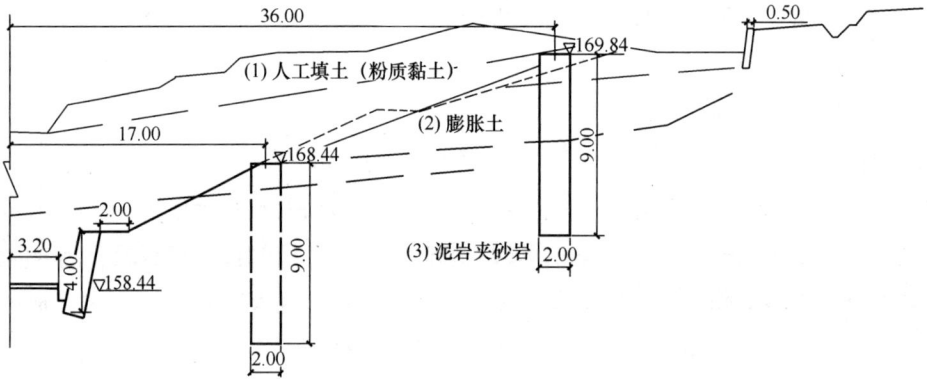

图 8-14　病害设计断面（二）

8.5.4　膨胀土地基病害防治技术

本节案例选自《山区铁路（公路）路基工程典型案例》。以洛湛铁路 D3K59 斜坡膨胀土路堤病害为例。

（1）工程概况

该工程位于洛湛铁路双中车站内，路段属于斜坡地带，属于中山剥蚀地貌，地形左低右高。段内海拔 160～300m，相对高差 140m，自然横坡范围在 20°～40°，局部陡峭；段内多为旱地、荒坡且植被发育不良。路段最大填方 11.42m，边坡最大高度 15m。本段上覆第四系全新统人工填土（Q_4^{ml}），膨胀土（黏土）；下伏泥盆系中统棋子桥组（D_2q）灰岩夹泥质灰岩。其中基底膨胀土厚 15～20m，棕红色、棕黄色，硬塑状，土质不均，夹砂岩、灰岩碎石、角砾 10%～30%，局部碎石含量较高，$\Phi=2～120mm$，厚 6～20m。膨胀土液限 69.2%～70.7%，天然含水率 39.9%～47.5%，自由膨胀率 48%～55%，$c=25kPa$、$\varphi=15°$、$\sigma_0=150kPa$。

（2）工程病害发生原因、特征

由于路段水沟附近地层构造为：上部为弱膨胀土，下部为灰岩。在经过连续暴雨后，由于排水沟排水不畅，致使水向地下渗透，岩土体中裂缝及土石界线一代运移。大量雨水渗入挡土墙后的土体，增加了土体的重量以及软化了挡土墙基础下的土体，使得挡土墙的有效抗压、抗滑能力降低，最终导致挡土墙下沉开裂。

（3）路堤潜在滑面分析

根据现场地面开裂位置以及勘测结果确定该段存在滑动面1和滑动面2两个潜在滑动面，如图8-15所示。对滑动面进行稳定性计算，临路堤潜在滑坡稳定性计算以极限平衡法为主，滑坡推力计算按传递系数法考虑，推力计算安全系数 $K=1.15$。滑坡推力计算中，采用滑面指标临界稳定状态（$K=0.98$）反算值，滑坡推力计算结果如表8-19所示。

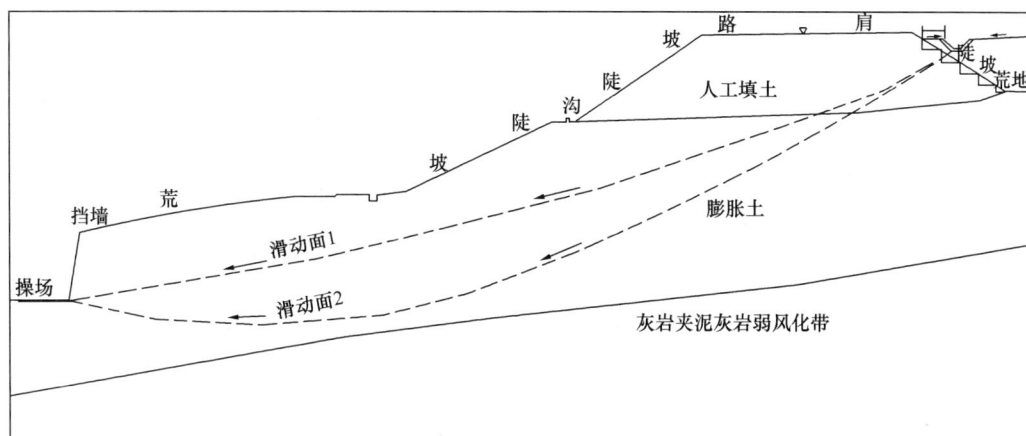

图 8-15 潜在滑面示意图

滑体推力计算结果表 表 8-19

位置	滑面强度指标	滑体重度	滑坡推力
滑面 1	$c=8$kPa、$\varphi=10.5°$	$\gamma=19.5$kN/m³	426kN/m
滑面 2	$c=8$kPa、$\varphi=10.5°$	$\gamma=19.5$kN/m³	629kN/m

（4）工程措施

从表8-20中可知，滑动面2的滑坡推力为629kN/m，因此采用锚固桩进行支挡加固，且同时考虑排水措施以降低积水对膨胀土的影响。采用锚固桩可确保桩后滑体稳定以及既有铁路安全。

滑体稳定性分析结果表 表 8-20

位置	滑面强度指标	滑体重度	稳定性系数
滑面 3	$c=8$kPa、$\varphi=10.5°$	$\gamma=19.5$kN/m³	1.26

最终该段路基病害整治工程措施如下（图8-16）：

① 左侧路堤坡脚设置13根锚固桩；桩长22m、桩截面1.5m×2.75m、桩间距5～

7m，桩身采用 C30 混凝土浇筑。桩间空缺处采用干砌片石回填。

② 由于桩孔位于地下，且地下水丰富，为避免由于施工过程中所产生的锁孔、变形、挤压的情况，土层中的锁口、护壁均加厚 10cm 设计。

③ 路堤坡脚改为台阶式护坡，总高度为 4m，台阶高 0.4m、宽 0.6m，采用 M7.5 号浆砌片石砌筑，厚 0.3m，表面采用 M10 水泥砂浆抹面；台阶式护坡垂直路线方向每隔 10～15m 设置一道伸缩缝，每隔 2～3m 设置泄水孔；台阶式护坡顶部留 3m 宽的平台，平台以下按 1∶1.5 刷坡，平台以上按 1∶1.75 刷坡；左侧路堤坡脚外排水沟距刷坡线大于等于 4.8m；平台以上 1∶1.75 边坡采用人字形截水骨架内灌草护坡防护。

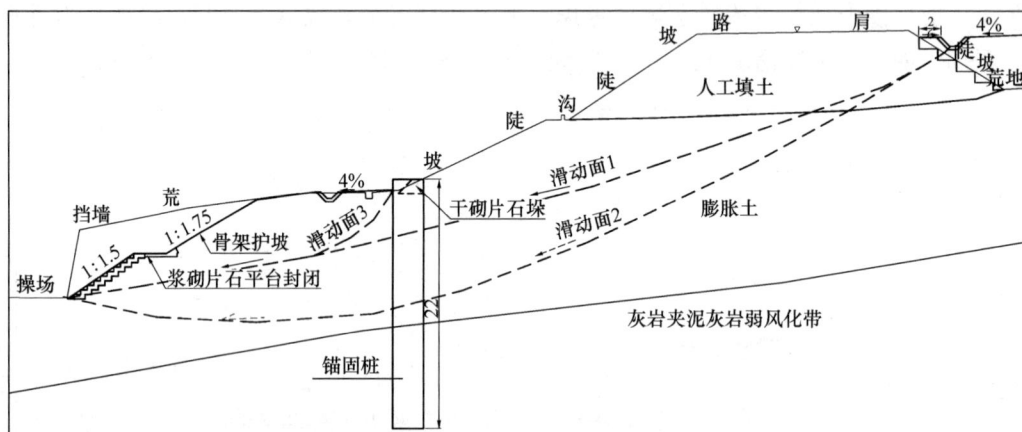

图 8-16　病害整治示意图

思 考 与 习 题

8-1　简述膨胀土的定义。

8-2　简述膨胀土中高岭石、蒙脱石、伊利石的形成过程。

8-3　膨胀土有哪些成分？鉴定膨胀土成分的方法有哪些？

8-4　简述膨胀土形成的内、外因。

8-5　简述膨胀土的分布特征与哪些因素有关。

8-6　简述膨胀土的工程性质。

8-7　简述影响膨胀土抗剪强度的因素。

8-8　讨论膨胀土的判别因素，这些因素如何反映膨胀土的性质？

8-9　简述膨胀土的分类标准。

8-10　简述膨胀土的晶体扩张理论和双电层理论。

8-11　讨论膨胀土病害类型及对工程的影响。

8-12　简述膨胀土的病害防治原则。

8-13　简述膨胀土的防治技术。

第9章 软　　土

　　软土是一种特殊性岩土，其定义各专业技术部门都不尽相同，国内外也无统一的标准。有的定义软土是一种简称，主要由细粒土组成；有的定义软土为含水率、孔隙比大，抗剪强度、渗透系数低，压缩性、灵敏度高的黏性土的统称；有的将软土泛指近代沉积的剪切强度低、压缩性大的软弱土层，主要为饱和软黏土，在天然地层剖面上，它往往与泥炭或粉砂交错沉积；有的还定义软土一般是静水或缓慢水流中以细颗粒为主的近代沉积物，直径小于 0.1mm 的颗粒一般占土样重量的 50% 以上；还有定义软土是指天然含水率大、压缩性高、承载能力低的一种软塑到流塑状态的黏性土，如淤泥、淤泥质土以及其他高压缩性饱和黏性土、粉土等。而我国《岩土工程勘察安全标准》GB/T 50585—2019 中规定，天然孔隙比大于或等于 1.0，且天然含水率大于液限的细粒土就判定为软土，包括淤泥、淤泥质土、泥炭、泥炭土等，其压缩系数大于 0.5MPa^{-1}，不排水抗剪强度小于 30kPa。

　　除以上定义外，河道疏浚、围海造地、人工促淤等冲填而成的冲填土，以及人工搬运的杂填土等高压缩性土也属于软土。

　　国内外各行业对软土的鉴别是按软土的若干特征指标划分的，采用的指标各不相同。我国住房和城乡建设部《软土地区岩土工程勘察规程》JGJ 83—2011 规定凡符合以下三项特征即为软土：（1）外观以灰色为主的细黏土；（2）天然含水率大于或等于液限；（3）天然孔隙比大于或等于 1.0。而我国铁路部门则建议以下列指标作为区分软土的界限：天然含水率接近或大于液限；孔隙比大于 1；压缩模量小于 4000kPa；标准贯入击数小于 2；静力触探贯入阻力小于 700kPa；不排水强度小于 25kPa。

　　由于软土成因类型复杂，分布范围广泛，在工程实践中经常会遇到软土地基以及相关工程问题，这是由于软土的工程特性决定的。一般软土地基的承载力均不能满足设计要求，需进行加固处理。不同成因、不同物质组成的软土，因其表现出的特性不同，选取的最优处理方案也就不同，故对软土特性的认识显得尤为重要，包括其物理性质、力学性质、渗透固结特性等。以此为基础，形成了实用的软土理论，软土理论的研究包括软土成因与特征、软土地基加固理论等，由于软土自身的特性复杂，故理论的发展在很大程度上取决于实践经验的总结。

9.1　软土的成因及分布

9.1.1　软土的成因与分布

软土是在静水或缓慢流水环境下沉积而成的。一般是指堆积在冲积平原、湖泊沼泽地、山谷等处的冲积层，沉积年代近，属于第四纪沉积物。基本上未经受过地形及地质变动，未受过荷载及地震动力等物理作用或颗粒间的化学作用。

根据软土的沉积环境，我国软土成因类型与特征如表 9-1 所示，沉积相分类如图 9-1 所示，并可归纳为沿海软土和内陆软土两大类。一般来说，沿海软土分布较稳定，厚度较大，土质疏松；内陆软土则零星分布，沉积厚度小，性质变化大。

软土成因类型与特征　　　　　　　　　　　　表 9-1

类型		特征	分布情况
滨海沉积	滨海相	面积广，厚度大，夹有粉砂薄透镜体，孔隙大，极疏松，透水性较强，易于压缩固结	东海、黄海、渤海等沿海岸地区
	三角洲相	分选性差，结构不稳定，粉砂薄层多，有交错层理、不规则尖灭层及透镜体夹层，结构疏松。含有贝壳等海生物残骸，表面有硬壳层。	
	潟湖相	颗粒细，孔隙比大，强度低，常夹有薄层泥炭。	
	溺谷相	孔隙大，结构疏松，含水率高，分布范围窄。	
湖泊沉积	湖泊	粉土成分高，呈放射状分布，层理均匀清晰，表面有硬壳层	洞庭湖、太湖、鄱阳湖、洪泽湖周边、古云梦泽边缘地带
河滩沉积	河床相	成层情况不均一，以淤泥与软黏土为主，含中细砂交错层，呈透镜体分布	长江中下游、珠江下游、汉江下游及河口、淮河平原、松辽平原、闽江下游
	河漫滩相		
	牛轭湖相		
谷地沉积	谷地相	呈片状、带状分布，靠山边浅，谷中心深，具有较大的横向坡，颗粒由山前到谷中心逐渐变细，下伏硬底坡度大	西南、南方山区或丘陵区
沼泽沉积	沼泽相	以泥炭沉积为主，且常出露于地表。孔隙极大，富有弹性。下部有淤泥层或薄层淤泥与泥炭互层	昆明滇池周边、贵州水城、盘州

9.1.2　软土分布特征及规律

软土在我国东海、黄海、渤海等沿海地区均有广泛分布。例如滨海相沉积的天津塘

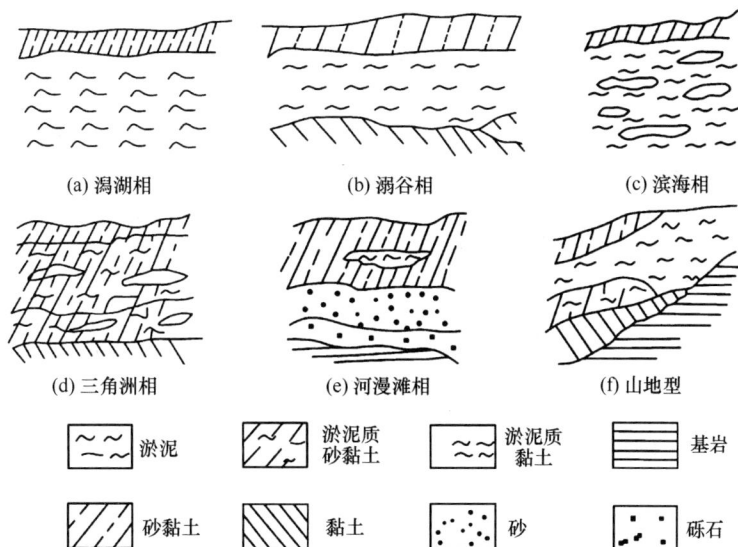

图 9-1　我国软土的沉积相分类

沽，浙江温州、宁波等地；溺谷相沉积的闽江口平原，河滩相沉积的长江中下游、珠江下游、淮河平原，松辽平原等地区。在内陆平原及山区，软土则分布较为零散，主要分布地有湖相沉积的洞庭湖、洪泽湖、太湖、鄱阳湖周围和古云梦泽地区边缘地带，以及昆明的滇池地区，贵州六盘水地区的洪积扇和煤系地层分布区的山间洼地等。

山区谷地的软土，在分布上甚为复杂，一般可从下列几个方面进行分析鉴别：

（1）从沉积环境分析：在沟谷的开阔地段，山间洼地、支沟与主沟交汇地段、冲沟与河流汇合地段、河流两侧山洼地段、河流弯曲地段、河漫滩地段等，往往有软土分布。

（2）从水地质条件分析：在泉水出露处，特别是潜水溢出泉出露处，水草发育，土体长期浸水呈饱和状态，往往有软土分布；在潜水位较浅的黄土及砂粒土地区，也有软土分布。

（3）从古地理环境分析：一些古河道、古湖沼、古渠道等分布地段，往往有软土分布。

（4）从地表特征分析：地势低洼，排泄条件不良，有湿地、沼泽、喜水植物（如芦、蒲草等）发育的地段往往有软土分布。

（5）从人类活动分析：人工蓄水构筑物（如渠、水库）大量漏水的地段，掩埋的粪池、工厂及生活污水废池等地段，也有软土分布。

9.2 软土的工程性质

9.2.1 软土工程特性

软土中含有大量亲水的胶体颗粒，具有海绵状结构，特定的沉积环境决定各类软土物质的组成和微观结构，由此形成了软土的特殊工程特性，最基本的是其"三低三高"特性，即高含水率、高孔隙比、高压缩性、低渗透性、低强度、低固结系数，此外还有不均匀性等工程特性，现总结归纳软土工程特性如下：

（1）天然含水率高

软土的天然含水率（ω）一般大于液限（ω_L），且呈软塑或半流塑状态。液限一般在 $40\% \sim 60\%$，天然含水率大于 35%，饱和度大于 95%。

虽然软土的天然含水率大于液限，但只要不被破坏扰动，仍可处于软塑状态，而一经扰动，土的结构受到破坏，将立即变成流塑状态。

（2）孔隙比大

软土的孔隙比（e）大于 1.0，一般介于 $1 \sim 2$ 之间，最大可超过 2，且山区的软土孔隙比甚至更大。

（3）压缩性高

由于软土的孔隙比大，因此具有高压缩性的特点。软土的压缩系数 $a_{1\text{-}2}$ 一般在 $0.5 \sim 2.0\text{MPa}^{-1}$ 之间，最大可达 4.5MPa^{-1}。如其他条件相同，则软土的液限愈大，压缩性也愈大。大部分软土是由鳞片状土粒以分散结构或絮凝结构组成的，土的压缩性主要是由于土粒的挠曲、变形和相对滑移使土体积变小所致，具体表现为孔隙中水和气体的向外排出。

（4）透水性低

软土的透水性低，其渗透系数 K 一般在 $10^{-9} \sim 10^{-7}\text{cm/s}$ 数量级上，有的则低至 10^{-10}cm/s。由此导致软土固结需要相当长的时间，当地基中有机质含量较大时，土中还可能产生气泡，堵塞渗流通道导致其渗透性降低。

（5）抗剪强度低

软土的抗剪强度低且与排水固结程度密切相关。在不排水剪切时，软土的内摩擦角几乎为零，抗剪强度主要由黏聚力决定，而软土的黏聚力值一般小于 20kPa。经排水固结后，软土的抗剪强度便能提高，但由于其透水性差，当应力改变时，孔隙水渗出过程相当缓慢，因此抗剪强度的增长也很缓慢。

（6）具触变性

软土具有絮凝结构，是结构性沉积物，具有触变性。当其结构未被破坏时，具有一定的结构强度，但一经扰动，土的结构强度便被破坏。当软土中含亲水性矿物（如蒙脱石）

多时，结构性强，其触变性较显著。其触变性的大小常用灵敏度 S_t 表示。

$$S_t = q_n/q_n'$$ (9-1)

式中　q_n——天然状态下的无侧限抗压强度；

　　　q_n'——保持含水率不变而结构破坏后的无侧限抗压强度。

灵敏度划分界线如表 9-2 所示。

灵敏度划分界线　　　　　　　　　　　　　　表 9-2

灵敏度 S_t	1	1～2	2～4	4～8	8～16	>16
灵敏程度	非灵敏土	低灵敏土	中灵敏土	高灵敏土	特别灵敏土	流动土

软土的灵敏度一般在 3～4 之间，个别可达 8～9。因此当软土地基受振动荷载后，易产生侧向滑动、沉降及基底面两侧挤出等现象。

（7）具流变性

软土具有流变性，其中包括蠕变特性、流动特性、应力松弛特性等。蠕变特性是指在荷载不变的情况下变形随时间发展的特性；流动特性是土的变形速率随应力变化的特性；应力松弛特性是在恒定的变形条件下应力随时间的延长而逐渐减少的特性。

（8）不均匀性

软土具有不均匀性，其由微细和高分散的颗粒组成，黏粒层中多局部以粉粒为主，平面分布上有所差异，垂直方向上具明显分选性，作为建筑物地基，则易产生差异沉降。

了解软土工程性质对于软土体理论模型、参数确定、分析计算、工程设计及施工都是最基本的，也是最重要的。

9.2.2　软土物理力学指标

不同成因类型软土的物理力学指标由于各类软土的成因条件不同（沿海、内陆或山区），土的结构强度上有所差别，因此，虽然土的物理性质指标有时接近，但力学性质往往有所不同，这是需要注意的。用一般剪切试验方法求得的各类软土的物理力学性质指标统计值如表 9-3 所示。

各类软土的物理力学性质指标统计值　　　　　　　　表 9-3

类型	重度 γ（kN/m³）	天然含水率 ω（%）	天然孔隙比 e	抗剪强度		灵敏度 S_t	压缩系数 a_{1-2}（MPa⁻¹）
				内摩擦角 φ_1（°）	黏聚力 c（kN/m²）		
滨海沉积软土	15～18	40～100	1.0～2.9	1～7	2～20	2～7	1.2～3.5
湖泊沉积软土	15～19	35～70	0.9～1.3	0～11	5～25	4～8	0.8～3.0

续表

类型	重度 $\gamma/$ （kN/m³）	天然含水率 ω （%）	天然孔隙比 e	抗剪强度		灵敏度 S_t	压缩系数 $a_{1\text{-}2}$ （MPa^{-1}）
				内摩擦角 φ_1 （°）	黏聚力 c （kN/m²）		
河滩沉积软土	15～19	35～70	0.8～1.3	0～10	5～30		0.3～3.0
沼泽沉积软土	14～19	40～120	0.52～1.5	0	5～19	2～10	＞0.5

　　为了对我国软土的工程性质有一个比较全面的了解，表 9-4 中列出了我国一些地区各类软土的物理力学指标的概况。

软土分类及物理力学指标 表 9-4

分类指标	软黏性土	淤泥质土	淤泥	泥炭质土	泥炭
有机质含量（%）	＜3	3～10		10～60	＞60
天然孔隙比 e	＞1.0	1.0～1.5	＞1.5	＞3	＞10
天然含水率 w_n（%）	≥w_L 或接近 w_L			＞w_L	
渗透系数 K（cm/s）	＜10^{-6}			＜10^{-3}	＜10^{-2}
压缩系数 $a_{0.1\sim0.2}$（MPa^{-1}）	≥0.5				
不排水抗剪强度 C_u（kPa）	＜30			＜10	
静力触探比贯入阻 p_t（kPa）	＜800				
标准贯入试验锤击数 N（击）	＜2				

　　注：软土及其类型的划分，应以天然孔隙比、天然含水率及有机质含量为主，并结合其他指标综合判别。外业勘测时，可以 p_s 作为判别标准。

9.2.3　软土常规试验项目

　　软土的力学参数宜采用室内试验，原位测试并结合当地经验确定。有条件时，可根据堆载试验，原型监测反分析确定。抗剪强度指标室内宜采用三轴试验，原位测试宜采用十字板剪切试验。压缩系数、先期固结压力，压缩指数、回弹指数、固结系数，可分别采用常规固结试验、高压固结试验等方法确定。

　　（1）室内试验

　　① 软土常规固结试验的加荷等级应根据软土的土性特征、自重压力和建筑物荷重确定，一般第一级荷重宜为 25kPa 或 50kPa，最后一级荷重一般不超过 400kPa。

　　② 应根据工程对变形计算的不同要求，测定软土的压缩性指标（压缩系数、压缩模量、先期固结压力、压缩指数、回弹指数和固结系数），可采用常规固结试验、高压固结试验等方法确定。

　　③ 对厚层高压缩性软土层，应测定次固结系数，以计算由于次固结作用产生的沉降及其历时关系。

④ 软土的抗剪强度指标宜采用三轴剪切试验确定，三轴剪切试验方法应与工程要求一致，对土体可能发生大应变的工程应测定残余抗剪强度；对饱和软土应对试样在有效自重压力下预固结后再进行试验。

⑤ 软土的无侧限抗压强度试验采用 1 级土试样，并同时测定其灵敏度。

⑥ 有特殊要求时，应对软土进行蠕变试验，测定土的长期强度；当研究土对动荷载的反应，可进行动扭剪试验、动单剪试验或动三轴试验。

⑦ 有机质含量宜采用重铬酸钾容量法测定。

软土地基的物理力学性质试验项目如表 9-5、表 9-6 所示。

（2）原位测试

软土的原位测试宜采用静力触探试验、旁压试验、十字板剪切试验、扁铲侧胀试验、荷载试验和螺旋板荷载试验。

① 采用荷载试验确定地基承载力时，首级荷重应从试坑底面以上土的自重开始，承载力特征值宜按 $p_{0.02}$ 标准取值，为了解深部土层的承载特性时，可采用螺旋板荷载试验。

② 十字板剪切试验，可测定不固结不排水条件下的抗剪强度、土的残余抗剪强度，并计算灵敏度。

③ 扁铲侧胀试验，可测定软土的弹性模量、静止土压力系数、水平基床系数，可判定土层名称和状态。

④ 宜采用注水试验，测定软土的渗透系数。

软土物理性质试验项目　　　　　　　　　表 9-5

天然含率	天然密实度	比重	天然孔隙比	塑限	液限	塑性指数	液性指数	有机质含量	颗料分析	击实试验
w_n	P	G_s	e	w_p	w_L	I_p	I_L			
%	g/cm³			%	%			%	%	

软土力学性质试验项目　　　　　　　　　表 9-6

试验项目			参数	单位
固结系数	压缩系数		a	MPa⁻¹
	垂直		C_U	cm²/s
	水平		C_H	cm²/s
	前期固结压力		P_c	
剪切试验	直剪	夯后快剪	c、φ	kPa、（°）
		快剪	r_q	
		固结快剪	r_{cq}	
	三轴剪	不固结不排水	UU	
		固结不排水	CU	
		固结排水	CD	
	无侧限抗压强度		q_u	kPa
	灵敏度		S_t	

9.2.4 地基承载力的确定

软土地基承载力在不考虑变形的前提下，可根据室内试验、原位测试和当地经验，按下列方法综合确定：

根据三轴不固结不排水剪切试验指标按《建筑地基基础设计规范》GB 50007—2011中的地基承载力计算公式（已考虑基础的深度和宽度）计算。

利用静力触探或其他原位测试资料与荷载试验或其他相应土性的直接试验结果建立的地区性相关公式计算确定。例如上海地区淤泥质土静探比贯入阻力 p_s 和锥尖阻力 q_c 与承载力特征值（未经深宽修正）之间经验关系如式（9-2）和式（9-3）所示。

$$f_{ak} = 29 + 0.063p_s \tag{9-2}$$

$$f_{ak} = 29 + 0.072q_c \tag{9-3}$$

式中　f_{ak}——未经深宽修正的地基承载力特征值；

　　　p_s——比贯入阻力平均值，大于 800kPa 时取 800kPa；

　　　q_c——锥尖阻力平均值，大于 700kPa 时取 700kPa。

利用物理性指标与承载力之间建立的对应关系确定，例如沿海地区淤泥和淤泥质土承载力与天然含水率之间的对应关系。

在已有建筑经验的地区，可以用工程地质类比法确定。

当为上硬下软的双层土地基时，应进行软弱下卧层强度验算。

软土地基承载力实质上是由变形控制的，必须在满足建筑物变形要求的前提下，由设计人员按基础的实际尺寸、埋深和建筑物的地基变形允许值最终确定地基承载力特征值。

9.3　软土的工程病害类型及特征

9.3.1 软土工程病害类型

软土的病害与其工程特性密切相关，在软土地基上进行工程活动，常因没有把握好这一特性而出现大量工程问题，主要表现为建筑物的沉降以及地基的强度问题。

（1）沉降

软土地基强度低，地基沉降量大且不均匀，沉降速率高、沉降稳定时间长。而位于倾斜基岩或其他倾斜坚硬地层上的软土，当倾斜坡度较大时，除造成不均匀沉降外，还可能发生倾斜面上软土的蠕变滑移。

软土压缩性很高，沉降量大，常出现地基下沉引起基础变形或开裂，直至建筑物不能使用。

软土地基其本身具有较强的压缩性能，进一步导致软土本身负荷容量相对较低。土层中软土地基的硬结不良特性容易导致地基发生失稳破坏，影响建筑物安全，容易在建筑物本身荷载和使用过程中产生的荷载（设备荷载、震动等）的影响下产生沉降甚至塌陷等问题。

软土成分及结构复杂，平面分布及垂直分布均具有不均匀性，易使建筑物产生不均匀沉降和倾斜。

（2）稳定性

软土地基承载力很低，抗剪强度也很低，长期强度更低。容许承载力一般低于0.1MPa，有时低至 0.04MPa 以下，往往由于地基丧失强度而失稳甚至破坏。

对于软土路基而言，其抗剪切强度小于路基或者路面以外荷载时，软土路基就会产生局部或者整体剪切破坏，导致路基塌方或者桥台破坏。当地基土受到地震或者过于频繁的车辆振动时，地基土和饱和黏土就会发生液化和失稳等问题，而当外界环境和温度发生变化时，也会导致地基强度的变化以及其他形变，进而影响道路的使用性能和使用寿命。

软土地区的土壤结构松散，土层中的颗粒易受水流和风力的侵蚀，从而导致土壤的流失和侵蚀。这种土壤侵蚀通常会导致地面的下沉和塌陷，进而影响基础结构的稳定性和安全性。

软土地区的土层大多是由沉积物的淤积而形成的，这种土层的结构较松散，容易发生塑性变形。当土层发生塑性变形时，往往会导致土体的裂缝和断层。这些裂缝和断层会影响土层的承载力和稳定性，进而影响基础结构的安全性。

在软土地区上修建铁路出现过不少问题，软土地基的强度问题在卸荷工程中主要表现为边坡稳定性丧失造成滑坡、深基坑开挖造成支护体系破坏等；在加荷工程方面表现为地面超载过大而超过地基极限承载力，以及由于加荷速率过大超过地基软土强度的增大而引起地基承载力破坏。

此外软土工程还会因为稳定性不足造成土堤、土坝、堆场地基的滑动、卸荷边坡滑动、加载边坡失稳、深基坑开挖失稳等问题。

9.3.2 软土工程病害特征

（1）沉降特征

地面沉降是在自然和人为因素作用下，地壳表层土体压缩而导致地面标高降低的一种环境地质现象。软土地区的地基沉降是软土工程中常见的问题，这种沉降通常是由于土层的固结和压缩引起的。地面沉降具有生成缓慢、持续时间长、影响范围广、成因机制复杂和防治难度大等特点，是一种对资源利用、环境保护、经济发展、城市建设和人民生活构成威胁的地质灾害。

由于软土含水率大，多接近或超过其液限而成为软塑或流塑状态，且因其持水性强，透水性差，对地基的固结排水不利，强度增长缓慢，沉降延续时间很长，影响工期和工程质量。

软土地基在建筑工程中造成房屋建筑工程不均匀沉降，而不均匀沉降是软土地基对建筑物产生的最大影响。除此之外，由软土地基引发的不均匀沉降普遍还导致混凝土结构发生开裂等问题，对混凝土结构强度产生不良影响，对建筑物产生巨大的安全隐患。地基沉降问题是由软土特性所决定的，是不可避免的，只有设法因地制宜采取相关措施加速地基的早期沉降，减少后期沉降，缩短沉降时间，尽早达到压密固结稳定。

（2）稳定性特征

地基的强度破坏相对于变形问题，是一种突发性事件，破坏的先兆十分短促，破坏规模大，造成的经济损失巨大，对人类的生命财产造成很大的威胁。

软土稳定性特征主要表现为软土的压缩性较强，容易发生沉降和变形，对工程建设和运营产生不利影响；软土在地震等振动作用下容易发生液化现象，导致土壤失去承载能力，造成严重的灾害；软土的塑性较强，容易发生流动和滑动，对工程建设和运营产生不利影响；软土的水分敏感性较强，受水分变化的影响较大，容易发生稳定性问题；软土的结构特殊，由于其颗粒间的黏聚力较小，容易发生土体松动和塌陷，对工程建设和运营产生不利影响。

9.4　软土工程病害防治技术

9.4.1　软土工程病害防治原则

近年来，由于生产、基建迅速发展，尤其是沿海开发区大兴土木，遇见软土地基的工程纷纷采用不同的方法处理，虽然有成有败，但是都推动了地基处理技术的进步。失败的经验告诫我们必须具备充分的勘察资料，选择最适宜的处理方法时，也要特别注重施工质量。一般认为，在软土地区不宜直接修建建筑物，需对软土地基进行相应地处理和工程病害防治，其防治原则一般遵循如下几个方面。

（1）处治原则

① 满足规范标准，因地制宜。根据各路段所处地质水文条件，按照路基填土高度与路基沉降稳定的标准，结合筑路原材料来源、施工工期及环境保护等措施，选择恰当的处治方案。

② 保证安全可靠、经济合理。根据项目软土地基地段特点，在满足设计安全规定的情况下，技术可行性与经济合理性相对统一，选择综合效益相对较优的方案。

③ 具有施工可行性，便于施工。根据软土性质和特点，做到设计方案施工可行。综合考虑软土分布与性质、填土高度和类型等因素。除浅层软土外，采用多种处理方法综合使用能加快软土地基的沉降，保证施工进度和质量。

（2）处理措施的原则

① 控制路堤高度，减轻建筑物自重或加大承载面积，以减小软土单位面积所受压力。

② 若软土埋藏不深，厚度较小时，可采用开挖换填砂卵石、碎石，或抛石排淤、爆破排淤的方法，使建筑物基础置于软土下面的坚实土层上。

③ 排水固结提高软土强度。根据不同要求及条件，可分别采用预压固结、分期分层填筑路堤、路堤底部设排水砂垫层、在软土地基中设置排水砂井、石灰砂桩等方法加速排除软土中水分，完成预期沉陷，提高软土承载力。

④ 为防止软土地基塑性流动，可采用反压护道法，在软土地基周围打板桩围墙。有时也可采用电化学加固法，防止软土被挤出。

（3）处理方法选用原则

针对软土地基基础的处理，其选用原则基本上是针对实际工程特点选择合适的处理方法，以保证在满足工程建设需求与工程质量的情况下，尽量降低处理费用，减少地基基础处理施工的投资。在实际施工中，要根据地勘报告提供的土层具体情况，结合建筑物的结构特征，尽量避免软土地基问题，若无法避免，则需要在保证上部结构和地基基础相结合的情况下选取合适的处理方法，确保技术和经济的合理性。

9.4.2　软土工程病害防治技术现状

理论来源于实践同时又可以更好地指导工程实践。由于我国软土分布广泛，故在大量的工程，如机场、码头、高速公路、高层建筑深基坑等均会遇到软土工程问题。软土工程在我国已有相当长的历史，随着改革开放更有新的发展。目前国际上已有的软土工程技术在我国都有应用与发展，其中主要的排水固结工程运用较为广泛（如塑料板排水、袋装砂井排水、真空预压排水等），排水固结工程是治本的软土工程，适用于大面积的软土加固。

此外复合地基技术也是软土工程的主要部分，目前我国应用的软土工程技术主要有：碎石桩复合地基技术、砂桩复合地基技术、灰土桩复合地基技术、水泥土复合地基技术、强夯块石墩复合地基技术、低强度混凝土桩复合地基技术、钢筋混凝土桩复合地基技术与水平向增强体复合地基技术。

复合地基理论与实践发展很快，但理论发展落后于实践发展，复合地基理论研究特别是复合地基承载力和变形计算理论的研究还不够丰富，需要将理论分析、现场测试和工程实录反分析结合起来，通过对各类复合地基应力场和位移场的分析，了解各类复合地基的荷载传递机理，从而发展、完善各类复合地基承载力和变形计算理论，特别是沉降计算理论。

无论采用何种软土加固工程，都有成功的范例与失败的经验。软土地基是软弱的，但软硬是相对的，软中有硬，要因地制宜地进行分析，做到物尽其用。软土地区地基处理常用方法及其适用范围如表 9-7 所示。

软土地基处理常用方法及其适用范围   表 9-7

方法	原理	适用范围
排水固结法（预压法）	在软土地基中设置竖向排水系统（如插置塑料排水板、袋装砂井或设置普通砂井）和水平向排水系统（砂垫层），在逐级填筑路堤荷载作用下，使地基土体排水固结，产生固结沉降，使土体强度增长，地基承载力提高，并可有效减少工后沉降	软黏土，淤泥和淤泥质土地基
强夯法	采用质量为 10～40t 的夯锤从高处自由落下，地基土在夯锤的冲击力作用下振实、挤密，可提高地基承载力，减少沉降	碎石土、砂土、低饱和度的粉土、黏性土、湿陷性黄土、杂填土和素填土地基
深层搅拌法	利用深层搅拌机将水泥或石灰和地基土原位搅拌形成圆柱状、隔栅状或连续增强体，形成水泥土桩复合地基，提高承载力，减小沉降	淤泥、淤泥质土和含水率较高地基。承载力标准值不大于 120kPa 的黏性土、粉土等软地基，用于处理泥炭土或地下水具侵蚀性时，宜通过试验确定其适用性
振冲置换法	利用振冲器在高压水流作用下，在地基中成孔，再在孔内填入碎石、卵石等粗粒料并振密成碎石桩，碎石桩与桩间土形成复合地基，提高地基承载力，减小沉降	不排水抗剪强度不小于 20kPa 的黏性土、粉土、饱和黄土和人工填土地基
沉管碎石柱法	采用沉管法在地基中成孔，再在孔内填入碎石、卵石等粗粒料形成碎石桩。碎石桩与桩间土形成复合地基，提高地基承载力，减小沉降	同上
强夯置换法	边填碎石边强夯，在地基中形成碎石墩体，由碎石墩、墩间土以及碎石垫层形成复合地基，提高地基承载力，减小沉降	人工填土、砂土、黏性土和黄土、淤泥和淤泥质土地基
石灰桩法	通过机械和人工成孔，在软弱地基中填入生石灰块或生石灰掺合料，通过石灰的吸水膨胀、放热以及离子交换作用来改善桩周土的物理力学性质，并形成石灰桩复合地基，提高地基承载力，减小沉降	杂填土，软黏土地基
低强度混凝土桩复合地基法	在地基中设置强度混凝土桩，桩与桩间土形成复合地基，提高地基承载力，减小沉降	各类深厚软弱地基
聚苯乙烯超轻质材料	聚苯乙烯（EPS）重度只有土的 $1/100～1/50$，并具有较好的强度和压缩性能，用于填土料，可有效减少作用在地基上的荷载，必要时也可置换部分地基土以达到更好效果	各种软弱地基
加筋土法	在土体中埋设土工合成材料（土工织物、土工隔栅等）、金属板条等形成加筋土垫层，增大压力扩散角，提高地基承载力，减小沉降	各种软弱地基

　　而对于软土地区路堤的地基加固措施有换土、抛石挤淤、反压护道、排水砂垫层、砂井、袋装砂井、塑料排水板、爆破排淤、侧向约束、石灰砂桩、柴排、土工织物、电化学加固、水泥粉煤灰碎石（CFG）桩、预压法等。其中换土、抛石挤淤、反压护道、爆破排淤、侧向约束等为常用方法。

（1）换土

换土指利用人工或机械挖除路堤下的全部软土，换填强度高和渗透性强的砂、砾石、碎石或片石等，如图 9-2 所示。

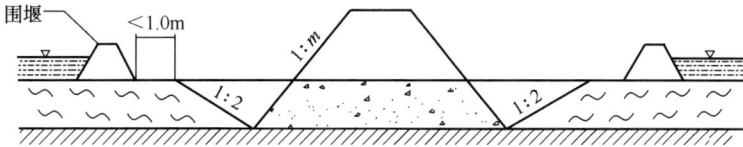

图 9-2　换土示意图

换土可以从根本上改善地基，不留任何隐患，适用于软土层位于地表，且软土层较薄和易于排水施工等情况。

（2）抛石挤淤

抛石挤淤指在液性指数较大的软土中，抛投片石将软土挤出的一种强迫换土形式。该法适用于湖塘、河流等积水洼地，常年积水，且水不易抽干，表层无硬壳，片石能沉达下卧硬层的路基，一般适用于软土层厚度小于 3m 的地段。抛投片石的大小视软土液性指数而定，一般直径不宜小于 0.3m。抛投时，应自路堤中部开始，抛出水面后，用重型夯滚或载重汽车反复辗压，然后铺设反滤层及填土，如图 9-3 所示。

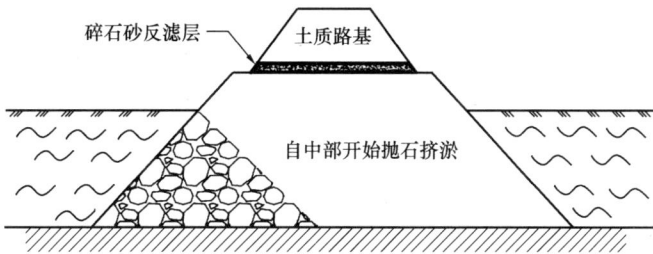

图 9-3　抛石挤淤

下卧岩层面有明显的横向坡度时，抛填片石应从高的一侧向低的一侧扩展，并且在低的一侧适当多抛填一些，以求稳定。

（3）反压护道

反压护道指在路堤两侧填筑一定宽度和高度的护道，使路堤下地基土不被挤出和隆起，从而保证路堤稳定的方法，如图 9-4 所示。

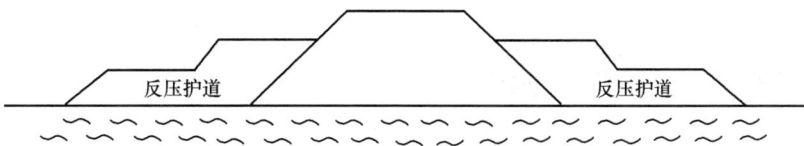

图 9-4　反压护道示意图

这种方法方式简便，不需要控制填土速率，但所用土方量大，占地面积广，仅适用于非耕作区和取土困难的地区。

当软土层较满且其下卧岩层面有明显的横向坡度时，路堤两侧应采用不同宽度的反压护道，横坡下方的护道宽 l_2 应较横坡上方的护道宽 l_1 宽些，如图 9-5 所示。

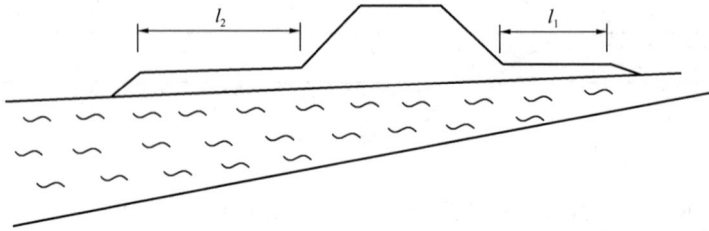

图 9-5　斜坡反压护道示意图

（4）排水砂垫层

排水砂垫层指在路堤底部的原地面上铺设一较薄的砂垫层，使软土在路堤逐渐增加的荷重作用下，加速排水固结，提高其强度。这种砂垫层较薄，对于基底应力的分布及沉降量无显著的影响，但可加速沉降的发展，缩短固结的过程，如图 9-6 所示。

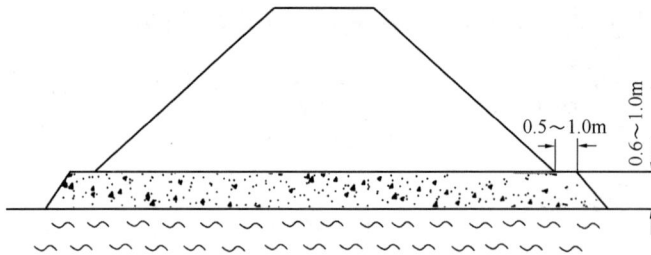

图 9-6　排水砂垫层示意图

这种方法方式简易，占地面积小，但施工时需严格控制加荷速率。故适用于施工期限不甚紧迫，路堤高度在设计临界高度的两倍以内，附近有丰富的砂来源，软土表面无渗透性能特低的硬壳等情况，砂垫层一般厚 0.6～1.0m。

（5）砂井及袋装砂井

砂井指在软土地基中做成许多按一定规格排列的圆形砂柱，使地基在附加荷重作用下，加速排水固结的方法。这种方法提高了地基强度，增大了地基承载力，从而保证了路堤的稳定。

施打砂井孔眼的方法，有打入钢管、高压射水及爆破等。在孔眼中灌进中粗砂即为排水砂井。砂井顶面与填土之间，用砂垫层或砂沟与砂井连接，构成地基的排水系统。

该方法少占农田，节约土方，减少后期沉降，地基承载力可提高 3 倍以上，当软土层较厚，路堤较高，采用其他简易方法不能满足实际要求时，常采用砂井加固。尤以天然土层的水平排水性能较垂直向为大，或软土中有边界薄砂层时，采用砂井排水更为合适，其使用范围包括：路堤高度大于填筑临界高度的；路堤高度大于填筑临界高度，但小于设计临界高度的；软土层厚度大于 5m。如软土层较薄，底部又有一透水层时，其效果更好。

（6）塑料排水板

将带状塑料板用插板机插入地基中，然后填土加荷，地基中的孔隙水沿着塑料板的沟槽排出，从而加速固结，提高地基承载能力。

（7）爆破排淤

爆破排淤指利用炸药在软土中爆炸时的张力作用，把软土扬弃，然后回填以渗水土或强度较高的黏性土。它较一般换土方法换填深度大，工效较高。适用于软土液性指数大，路堤较高和施工期限紧迫的情况。

爆破排淤法可分为先填后爆和先爆后填两种。前者适用于液性指数较大的软土，先在原地面上填筑低于设计临界高度的路堤，随爆随沉，避免了回淤。后者适用于液性指数较小、回淤较慢的软土，爆前应先准备好充足的回填土，以便爆后在尽可能短的时间内填满基坑。

（8）侧向约束

侧向约束指在路堤两侧坡脚修建纵向结构物，限制基底软土的侧向挤出，从而保持路基稳定的一种方法。常采用的纵向结构物有板桩、木排桩、钢筋混凝土桩、片石齿墙等，如图 9-7 所示。

地基在施设侧向约束之后，路堤的填筑速率可不控制，较反压护道可节约土方和少占用地，耗费木材、钢材和水泥，成本较高。在软土层较薄、底部有坚硬土层和施工期紧迫的情况下，下卧岩层面具有横向坡度时尤其适合采用。

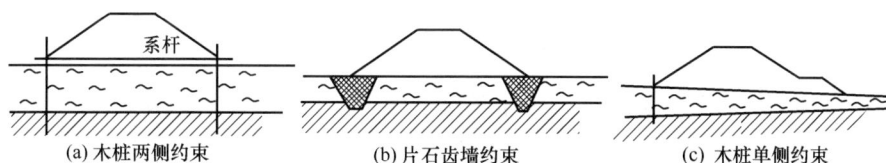

图 9-7　侧向约束示意图

（9）石灰砂桩

石灰砂桩指在软土地基中打入木桩或钢管，拔出后随即在已形成的洞孔内灌入一定比例的粗砂和生石灰碎块混合料。生石灰吸水膨胀，把土中的自由水吸干和挤实，而掺入的粗砂填充石灰膨胀后的孔隙形成稳定结构，因而加固了地基。

（10）柴排

柴排由直径粗大的圆木或捆扎梢料纵横编排铺于路堤底面，防止深层滑动面的形成。保持路堤基底的稳定，用圆木组成的称为刚性柴排，用梢料组成的则称为柔性柴排。这种方法适用于路堤较低，地下水位较高，施工紧迫，且附近又盛产木材的软土地区。

（11）土工织物

以土工织物作为补强材料加固地基，其作用类似柔性柴排，由于它承受了拉力，可增加路堤稳定力矩。这一加固方法，施工极其简单，造价低，得到了广泛应用。

（12）电化学加固法

电化学加固法即在软土地基中插入两个金属电极，阳极为铁质或铝质的金属棒，阴极为一个带有孔眼的金属管子，通直流电，土中的水便由阳极流向阴极，不断地通电和不断地在阴极中抽水，就可使软土得到固结，提高地基强度，从而增强路堤的稳定性。

电化学方法多用于海港工程和其他基坑的加固，国内外都有不少成功实例。在铁路工程中可用于小范围的路堤基底或既成建筑物地基的加固。

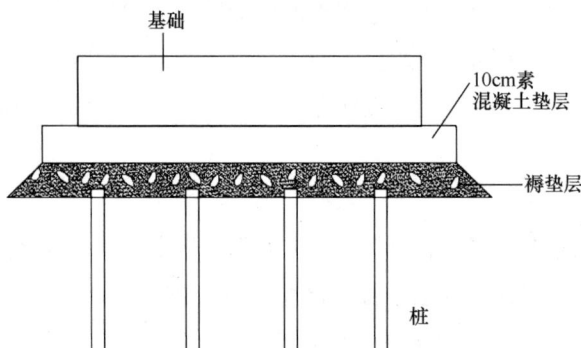

图 9-8　CFG 桩复合地基示意图

（13）水泥粉煤灰碎石桩（CFG 桩）

水泥粉煤灰碎石桩通常与桩间土和褥垫层一起形成复合地基，如图 9-8 所示，由长螺旋钻机或振动沉管桩机成孔，将碎石、石屑、砂、粉煤灰掺水泥加水拌和灌注而成的桩。CFG 桩的适用范围很广，在砂土、粉土、黏土、淤泥质土、杂填土等地基均有大量成功的实例。

（14）堆载预压法

在饱和软土地基上施加荷载后，孔隙水被缓慢排出，孔隙体积随之减少，地基发生固结变形，土体的密实度和强度提高。堆载预压法包括加压系统和排水系统。按堆载材料分为自重预压、加载预压和加水预压。按加压程序可分为单级加荷和多级加荷，按照预压荷载的大小又可分为等效预压和超载预压。

（15）真空预压法

在软土地基表面先铺设砂垫层，埋设垂直排水竖井，再用不透气的封闭膜使之与大气隔绝，薄膜四周埋入土中，通过埋设的排水竖井，用真空装置进行抽气。抽气使地表砂垫层及排水竖井内形成负压，使土体内部与排水竖井之间形成压力差。压差作用下土体中的孔隙水不断由排水竖井排出，从而使土体固结，如图 9-9 所示。

为同时解决软土路基沉降、失稳或加强某一种软土处理方法的效果，需考虑采用两种或两种以上软土地基处理措施，即软土的综合处理。设计综合处理时应遵循的一般原则是：将加强排水固结的措施与增强软土地基强度的措施相结合，地上、地面处理与地下处理相结合，避免两种软土地基处理方法在施工上出现干扰及其作用上的相互抵消，常用软土地基处理方法组合如下：

（1）砂垫层与固结排水法并用，不仅施工机械易于操作，同时对排水层也能起到一定

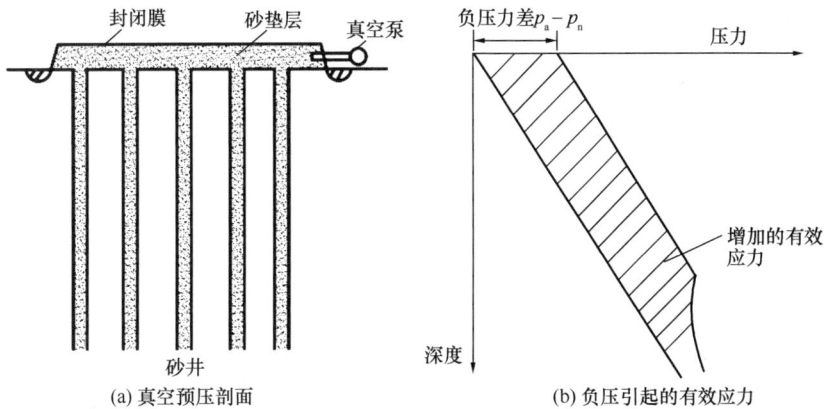

图 9-9 真空预压的原理

的作用。

（2）在填土中央采用竖向排水井，坡脚处采用砂子加实桩。其作用是竖向排水促进沉降，砂子加实达到稳定。

（3）反压护道法与竖向排水井并用。由反压护道获得软土路基的稳定，由竖向排水井法促进软土地基固结。

（4）填土预压法与反压护道法，或者填土预压法与砂子加实桩法并用，由填土预压促进固结沉降，由反压护道或砂子加实桩达到软土路基的稳定。

（5）填土预压法与竖向排水井法，这两种方法并用可加速固结沉降。

（6）缓速填土加载法与竖向排水井法并用。以缓速填土加载达到软土路基的稳定，以竖向排水井促进软土地基的沉降。

（7）反压护道与缓坡路堤是增加路堤稳定性的最简单有效的方法。反压护道给路堤可能出现的圆弧滑动破坏和横向位移的趋势提供了抵消力。但要考虑公路征地费用，有时反压护道的成本很高，这一原因影响着反压护道类型的最终确定，所以反压护道一般较少应用，即使应用也尽量使反压护道的尺寸减小到最小限度。

（8）反压护道与砂垫层、砂垫层与抛石挤淤法、反压护道与换土等并用。

此外尚可有多种组合，对于不同工程应根据现场实际决定最有效、最经济的方法，以下通过具体的工程案例介绍两种类型的软土地基处理措施方法，以便我们对软土地基防治措施有更加直观的感受和理解。

9.4.3 斜坡软土工程病害防治技术

普通斜坡地基路堤，其地基土体的强度较高，在路堤自重荷载作用下地基变形较小，填方工程的安全性除了确保路堤边坡自身的稳定外，尚需重点关注路堤沿斜坡地面的滑动稳定性。斜坡软弱地基路堤则是相对于水平软弱地基路堤而言的一类填方工程，从几何构造上讲，因地基存在地面横坡，导致了路堤横断面对称性丧失；从材料上看，其地基表层为软弱土层，虽然其成因特殊、物质组成独特，但宏观上地基软弱土体仍表现为低强度和高压缩性，在路堤自重荷载作用下仍然会产生过量的压密沉降和侧向变形。

斜坡软弱地基路堤这一科学问题的提出具有重要的现实意义和理论意义，主要体现在以下 3 个方面。

（1）斜坡软弱地基广泛分布于我国西南山区，铁路、公路等公共交通基础设施建设频遇。

（2）斜坡软弱地基路堤潜在风险严重，处理不当易造成滑塌失稳、侧向变形过大等重大工程事故，严重威胁行车安全。斜坡软弱地基路堤容易出现的病害主要有以下几类。

① 地基产生过大的侧向变形；

② 地基连同路堤朝下坡脚一侧发生失稳破坏；

③ 路基差异沉降显著，对于公路，路表易出现纵向长大裂缝；对于铁路，则会对轨道结构产生不利危害，影响行车安全性、舒适性等。

（3）斜坡软弱地基路堤这一科学问题的提出具有重要的理论研究意义和工程应用价值。

结合斜坡软弱地基路堤工程不同处治措施的加固特点、加固效果等因素，可分别基于以下 5 个方面开展针对性的选择。

① 处治重心从提高地基整体抗变形能力方面来讲，可选用清除软弱土层、强夯或重锤夯实加固、复合地基等处治措施。

② 处治重心从增强稳定性（抗失稳能力）方面来讲，可选用抗滑桩（高强度的钢筋混凝土桩）等侧向约束支挡结构、开挖台阶、开挖防滑铲等处治措施。

③ 从强化路堤本体方面来讲，应高度重视填料的选择与处理、路堤的填筑和压实工艺，合理设置反压护道等。

④ 如对结构的变形要求严格时，可采用新型的结构性路堤，如采用桩网结构、桩板结构等。

⑤ 鉴于斜坡软弱地基的成因与水密切相关，任何情况下均应高度重视水的不利影响，妥善解决防排水问题，避免水对斜坡地基表层的湿化、软化、弱化等作用。

本节案例选自《山区铁路（公路）路基工程典型案例》，工程案例：六盘水南站斜坡软土高路堤加固设计。

（1）工程概况

六盘水南站位于六盘水市北西-南东向水城断陷盆地南侧，是西南地区最大的编组站之一。该站右侧有一段斜坡高路堤工程，该段地形平缓，最大相对高差仅 20m，最大填方边坡高约 15m。线路右侧斜坡地带及沟槽中软土发育，主要为淤泥质黏土，局部为软黏土及一般黏性土，厚为 0～8m，颜色呈现为深灰、灰黑色，软塑状为主，部分为流塑。其土质较杂，均匀性差，含水率不均匀，具有孔隙比大、含水率高、承载力低、工程性能差等特点。软土上部分布一层厚 0～2m 硬壳层，下伏基岩为石炭系下统大塘组（C_1^d）灰岩、泥灰岩、页岩及炭质页岩，多挤压呈碎石角砾状。

（2）工程病害及其成因分析

受该段软土的工程特性影响，施工中路堤边坡产生了突发性滑坡，部分粉喷桩被剪断。

其病害原因主要是受特殊、不良的地质环境影响，该段岩体完整性极差，多被挤压成糜棱状的断层角砾，气候湿润，雨量充沛，盆地周边及盆地内地下水补给充分，使破碎的基岩和上覆的坡残积黏土长期处于地下水浸泡之中，形成一种特殊罕见的"非近代水下、静水或缓慢水流中沉积"的坡残积型软黏土，俗称"斜坡软土"。除具有一般软土孔隙比大、含水率高、承载力小、内摩擦角低的特点外，还兼有弱～中等膨胀性，湿胀干缩效应明显；受地质勘察人员缺乏经验，对区域内 C_1^d 地层上"斜坡软土"的特殊性认识不足影响设计力度不足，以及降雨影响和施工方法不当。

（3）边坡稳定性检算

① 通过补充地质调查，勘探取样、室内试验、原位测试、矿化分析等研究工作，结合地质断面反算，认定滑带土物理力学指标 $c=7.2\text{kPa}$，$\varphi=5.75°$。

② 根据上述假定，采用不平衡推力法分析，分别计算不同地质断面的剩余下滑力，计算结果显示，当安全系数 $K=1.05$ 时，最大下滑力约 1000kN/m。

③ 地基采用粉喷桩、碎石桩加固后，采用圆弧滑动法分析，进行填方边坡稳定性检算，得出安全系数 $K=1.17$。

④ 采用粉喷桩、碎石桩、抗滑桩加固后，采用不平衡推力法分别进行不同地质断面的抗滑桩越顶检算，确定抗滑桩桩顶高程为 1846.2m（图 9-10）。

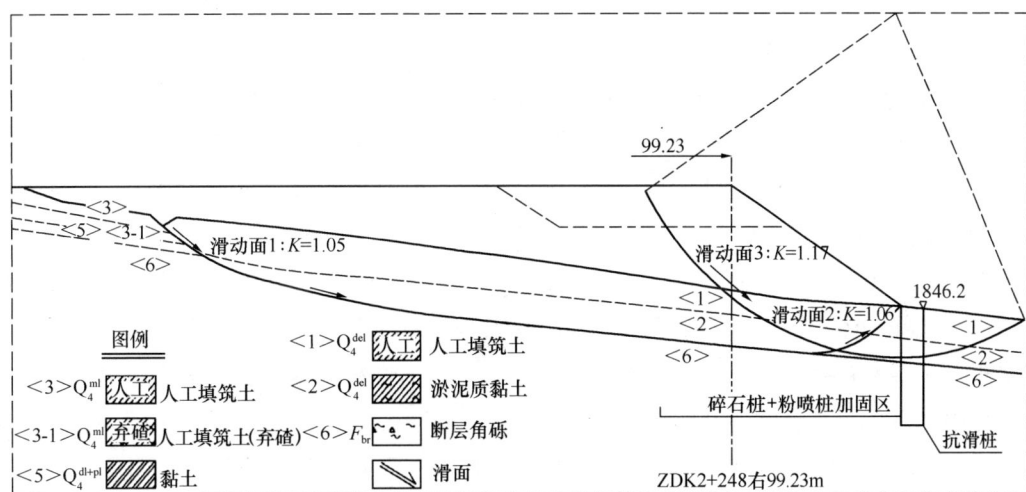

图 9-10　六盘水南站斜坡软土高路堤设计断面示意图

（4）整治设计方案与工程效果

根据边坡稳定性分析结果，结合病害产生的原因，六盘水南站斜坡软土高路堤加固设计方案主要采用粉喷桩加固地基，碎石桩兼作排水，抗滑桩坡脚约束的综合加固设计措施，即粉喷桩＋碎石桩＋抗滑桩加固方案（图 9-10）。

六盘水南站斜坡软土高路堤通过以上措施综合整治后，已运营多年，至今情况良好，边坡稳定，未见变形迹象。

9.4.4 深厚软土工程病害防治技术

深厚层软土作为软土的一种特殊情况，主要分布在沿海地区，尤其在温州和厦门等地区，深度可达 40～60m，厚度超过 20m，由于高速铁路的设计要求标准的提高，如何处理这种软土，成为亟待解决的问题。

深厚软土的地基处理方法有很多，其中排水固结法处理费用最低，但要求工期较长，施工期间还会对相邻段落的路基桥梁施工造成不利影响，此外，排水固结法与其他处理措施如复合地基等的衔接也不好控制，故不推荐采用。我国东部沿海地区对深厚软土地基进行加固时，常采用桩-网复合地基结构。桩-网复合地基由桩体和网结构共同作用，与桩间的软弱土体形成复合地基，有效提高地基承载力，且网结构能均匀化上部结构的荷载，使桩间土体受力均匀。桩-网复合地基中常见的桩型有预应力管桩、薄壁管桩、CFG 桩等，网体结构有土工格栅、土工格室等。

工程案例：福州市轨道交通 2 号线下院车辆段

（1）工程概况

福州市轨道交通 2 号线下院车辆段位于福州市晋安区鼓山风景区附近，所在地区地貌为闽江下游冲淤积平原地貌，整体地势平坦，地形起伏较小，场地地面高程在 4.35～11.3m 之间。第四系覆盖层厚度较大，主要由人工填土、淤泥、淤泥质土、砂层、黏土、卵石层（图 9-11）组成，基岩岩性主要为花岗岩，其中，淤泥层埋藏浅，层顶埋深 0.00～17.50m（标高 -10.74～5.86m），层底埋深 9.50～25.20m（标高 -18.04～-1.73m），层厚 2.40～22.10m，平均厚度 14.66m；淤泥质土、淤泥夹砂层为软弱下卧层，层顶埋深 11.40～18.60m，平均厚度约 20m。

场地内软土水平连续分布，分布较广泛，厚度普遍较大，为海相沉积淤泥层、淤泥夹薄层砂及淤泥夹砂层，具有含水率高、孔隙比大、压缩性高、灵敏度高的特点，软土力学性质很差，极易被扰动，场地地面条件为中等复杂，地面沉降地质灾害的危险性为中等，对场地内地基施工主要的不利影响因素有：

① 对基坑支护、地基稳定性及沉降控制均有不利影响，不能直接作为地基持力层，需进行加固处理，且该类土 pH 值偏低，对地基处理会有一定影响。

② 软土属高压缩性土，极易因其体积的压缩而导致地面和建筑物沉降，且软土透水性弱，对地基排水固结不利，不仅影响地基强度，同时延长了地基趋于稳定的沉降时间。

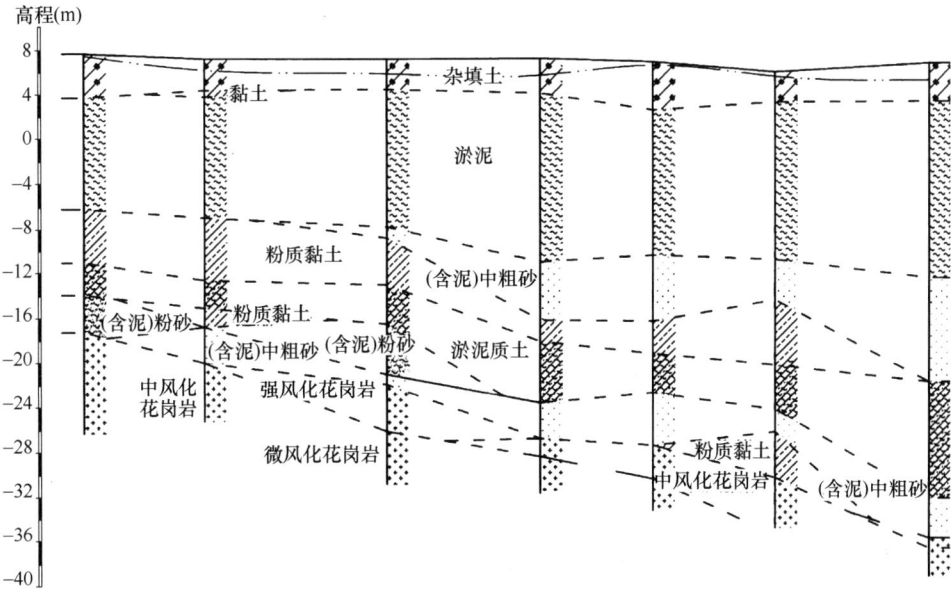

图 9-11　工程地质代表性剖面图

③ 软土地层成孔难度大，易产生缩径、塌孔等问题，对桩基施工存在不利影响。

④ 大面积填方会增大软土的上覆土压力，使软土的应力状态发生改变，产生变形，导致地面沉降。

（2）地基处理措施

站场股道及场区内道路地基多为填方地基，场地上部存在 0.60～9.20m 的杂填土层，其下分布有 7.50～22.10m 的软弱土层淤泥，工程力学性质差，场地不具备天然地基条件，对场地内下院车辆段股道区、场区内道路，及建筑物地基采用不同的地基处理方案，其地基处理方式及范围如图 9-12 所示，考虑既有建筑和软土地层的力学特性，设置应力释放孔，应力释放孔施工完成后才可进行桩基施工。

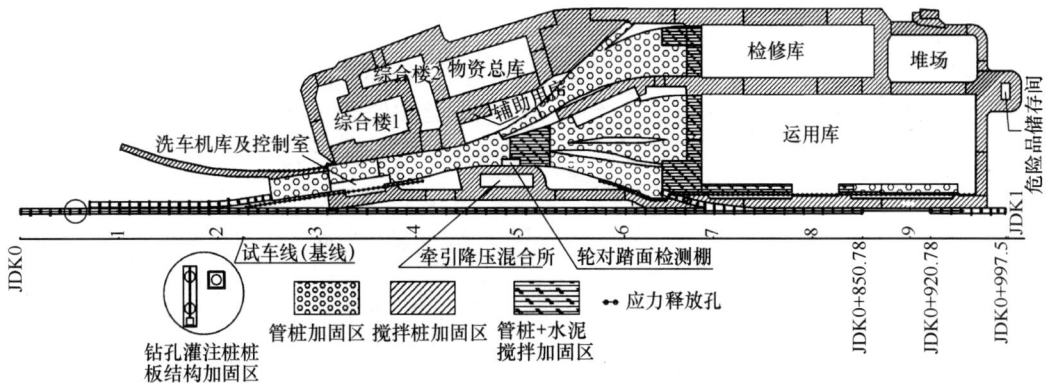

图 9-12　地基处理方式及范围

① 搅拌桩加固区

对东侧道路、危险品库存储间场坪、运用库与检修库道路、综合楼与物资总库道路、大部分试车线及其周边道路地基采用水泥搅拌桩加固（图 9-13），水泥搅拌桩按正三角形分布，加固深度为 8～14m，桩端可根据地层选择粉质黏土、（含泥）粉砂、（含泥）中粗砂、圆砾或卵石层作为持力层。桩基完成后，在桩顶设置 400mm 厚垫层，垫层采用未风化的干净且级配良好的碎石，其最大粒径不大于 30mm，含泥率不大于 5%，且不含草根、垃圾等杂质。垫层按照路堤相应部位规定的压实标准进行压实，垫层内铺设一层双向土工格栅，土工格栅极限抗拉强度不小于 80kN/m（破坏延伸率 10%）。

② 预应力管桩及管桩＋搅拌桩复合加固区

对库外股道区及道路、场坪处地基采用预应力管桩加固和水泥搅拌桩与管桩联合加固的方式，桩基采用正方形布置，管桩桩间距 2.2m，水泥搅拌桩间距 1.1m，加固深度为 6～11m，桩端置于粉质黏土、（含泥）粉砂、（含泥）中粗砂、圆砾或卵石层，采用 C30 微膨胀混凝土填芯封堵桩头，填芯长度 1.5m 以上，管桩桩顶设置不小于 300mm 碎石垫层，垫层采用未风化的干净且级配良好的碎石，其最大粒径不大于 30mm，含泥率不大于 5%，且不含草根、垃圾等杂质，垫层按照路堤相应部位规定的压实标准进行压实，此外，预应力管桩与搅拌桩复合加固区，在垫层内铺设一层双向土工格栅，土工格栅极限抗拉强度不小于 80kN/m（破坏延伸率 10%），垫层压实完成后，在其上面现浇 C35 钢筋混凝土筏板，筏板纵、横向每间隔 10～30m 设置一道伸缩缝，伸缩缝缝宽 2cm，缝内填塞沥青木板（图 9-14、图 9-15）。

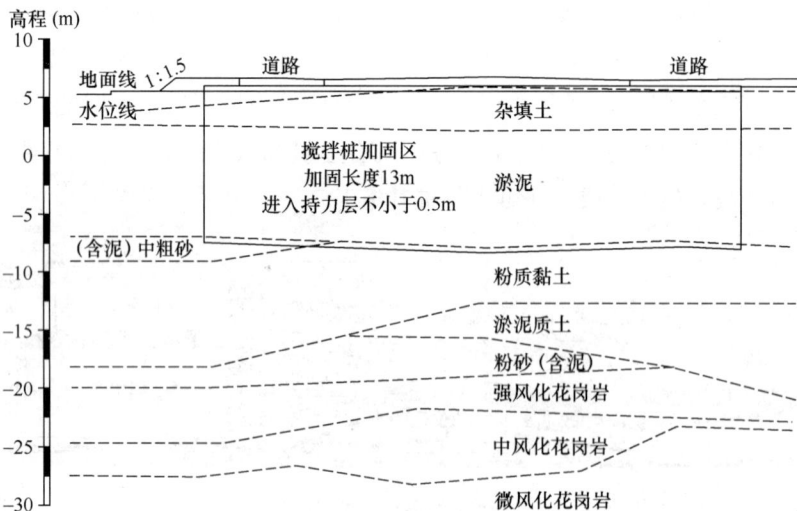

图 9-13　水泥搅拌桩加固区代表性断面图

③ 钻孔灌注桩＋桩板结构加固区

少数试车线及其周边道路、单体建筑物地基软土层过厚，稳定持力层过深，选择采用钻孔灌注桩＋桩板结构的方案加固地基（图 9-16、图 9-17），加固深度为 42～83m，桩端

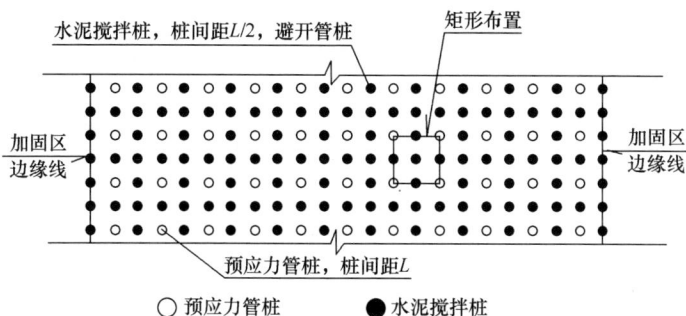

图 9-14　管桩搅拌桩复合加固区平面布置示意图

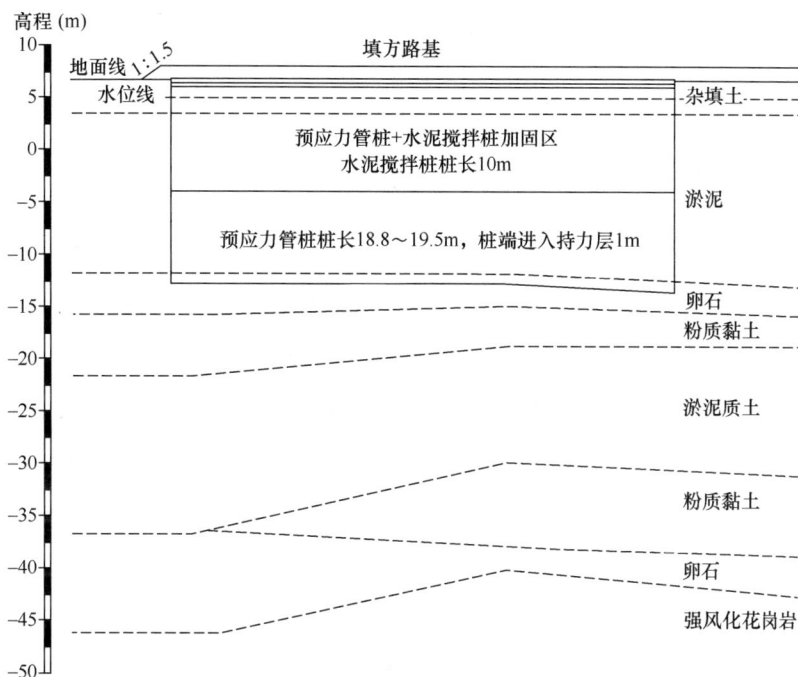

图 9-15　管桩搅拌桩复合加固区代表性断面图

持力层置于下部的卵石、强风化花岗岩（砂土状）、中风化花岗岩或微风化花岗岩层。桩基完成验收后，进行桩顶托梁（桩帽）施工，单线段托梁尺寸为宽 1.5m，高 1.0m 和 1.2m，变宽段尺寸为宽 1.5～1.82m，高 1.2m（桩帽长 2m，宽 2m，高 1m），在托梁（桩帽）上方现浇 1m 厚的混凝土承载板，承载板相邻处设置伸缩缝，伸缩缝缝宽 2cm，缝内填塞沥青木板。桩与托梁（桩帽）连接处、托梁（桩帽）与承载板连接处为施工缝，在浇筑上部结构前，需浇筑 0.2m 厚 C25 混凝土垫层。

（3）监测措施

确保既有线路、构筑物及人员安全，对下院小学围墙及建筑物、既有温州-福州铁路路基段和桥梁段、在建车辆段进行沉降和水平位移监测，监测标准规范如下：

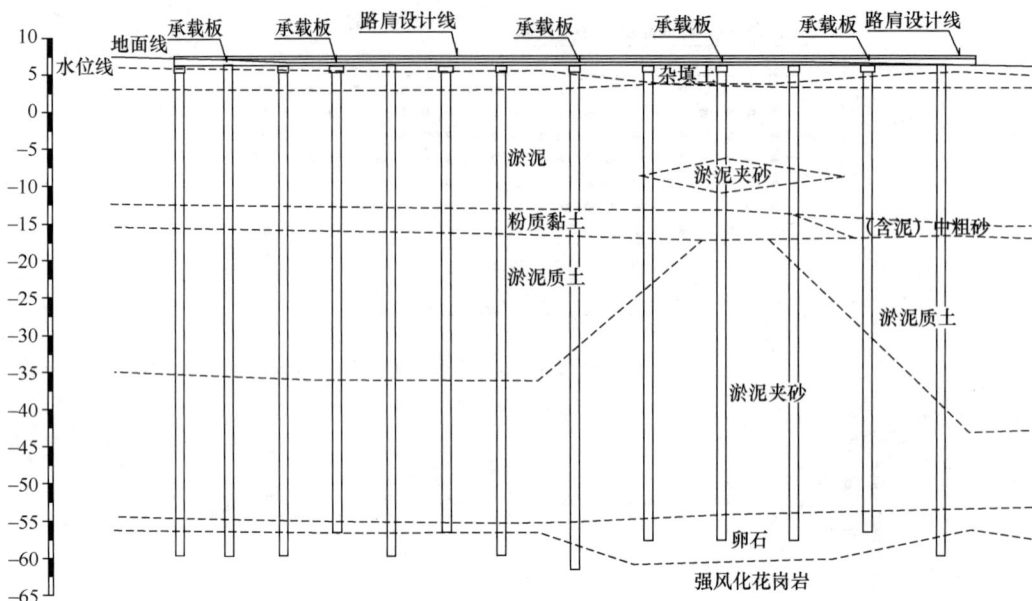

图 9-16　钻孔灌注桩＋桩板结构加固区代表性断面图

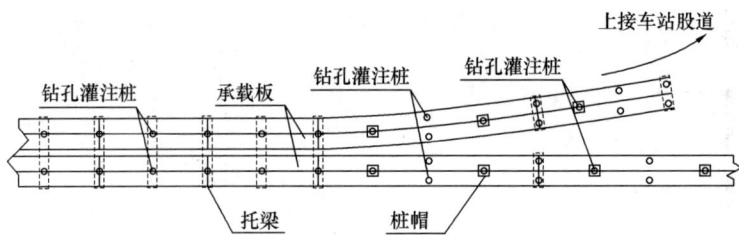

图 9-17　钻孔灌注桩＋桩板结构平面布置示意图

① 道路的沉降控制标准参照《公路路基设计规范》JTG D30—2015 中的二级公路标准执行，一般地段按照工后沉降不大于 30cm 控制，桥台与路堤相邻处按照工后沉降不大于 20cm 控制。工后沉降计算年限按照沥青路面为 15 年，计算荷载按 20kN/m 满布考虑。

② 库外道岔区工后沉降按照《地铁设计规范》GB 50157—2013 中的有砟轨道标准执行，一般地段工后沉降不大于 20cm，路桥过渡段工后沉降不大于 20cm，沉降速率不大于 5cm/年。

③ 既有建筑物及既有线的变形观测的等级及精度指标应按《建筑变形测量规范》JGJ 8—2016 中一等的规定，车辆段内路基观测应按《铁路工程测量规范》TB 10101—2018 中二级执行。

监测点布设位置及数量如下，具体布置详见图 9-18 和图 9-19。

① 既有建筑物下院小学：建筑物上布设 8 个沉降、水平位移监测点 Q4～Q11；围墙上布设 15 个沉降、水平位移监测点 Q1～Q3 和 Q12～Q23；下院小学内设 1 个水位监测孔 SW7，孔深 6m；小学内布设 2 个深层水平位移监测孔 CX14、CX15，深度应进入持力

层不小于 1.0m。

② 既有温州-福州铁路路基段：靠近铁路围护栅栏布设 10 个沉降、水平位移监测点 B1~B10；布设 2 个水位监测孔 SW1 和 SW2，孔深 6m；布设 3 个深层水平位移监测孔 CX1~CX2 和 CX16，深度应进入持力层不小于 1.0m。

③ 既有温州-福州铁路桥梁段：每个桥墩上对称布设 2 个沉降和水平位移监测点，共布设 46 个沉降、水平位移监测点 Q34~Q79；靠近既有线地表布设 22 个沉降和水平监测点 B11~B32，测点采用边桩布置；布设 4 个水位监测孔 SW3~SW6，孔深 6m；布设 11 个深层水平位移监测孔 CX3~CX13，深度应进入持力层不小于 1.0m。CX3~CX13 布设时应正对桥墩布设。

④ 道路场坪：布设 14 个沉降监测点 S14~S27，测点采用沉降板布置；布设 22 个沉降监测点 G19~G40，采用观测桩布置。

⑤ 道岔区：布设 13 个沉降监测点 S1~S13，测点采用沉降板布置；布设 18 个沉降监测点 G1~G18，采用观测桩布置。

⑥ 路肩坡脚：布设 11 个沉降监测点 B33~B43，测点采用边桩布置。

⑦ 测点按照平面图进行布设，可根据现场条件局部微调，测点应避开接触网基础、管线等结构物。小学围墙和桥墩上的测点必须布设在构筑物上，测点 S1~S27 和 G1~G41 必须布设在加固区范围内，S1~S13 和 G1~G18 布设在两股道正中间或股道中心正下方。对既有线和小学的监测应在施工前布设，其余监测点在填筑前布设。

对于既有建筑物和桥墩，测点布设在构筑物上；对于路基段，采用沉降板和观测桩相结合的方式；对于搅拌桩加固区，沉降板埋入褥垫层顶部 10cm，采用中粗砂回填密实；对于管桩和管桩－搅拌桩复合加固区，沉降板直接埋设在筏板顶部，如图 9-18 所示。

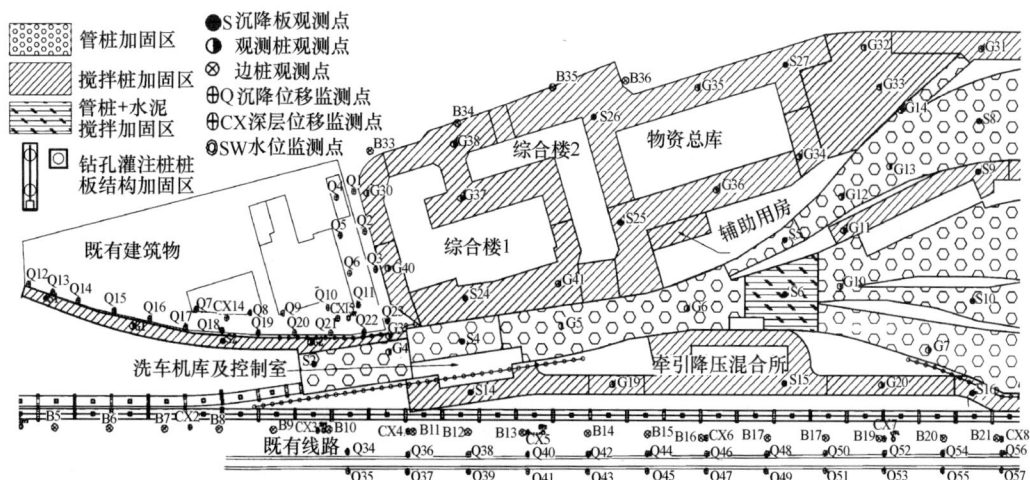

图 9-18　监测点平面布置示意图

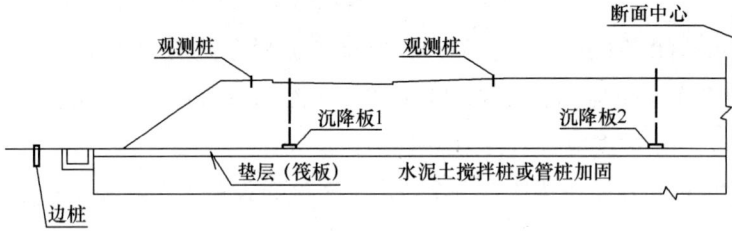

图 9-19　监测点布置断面示意图

思 考 与 习 题

9-1　简述软土的定义。

9-2　简述软土的成因及其成因类型。

9-3　简述软土的分布特征。

9-4　软土常见的鉴别方法有哪些？

9-5　简述软土的工程特性。

9-6　软土的常规试验项目包括哪些？

9-7　软土地基常见的工程病害有哪些？

9-8　简述软土地基稳定性破坏的特征。

9-9　简述软土工程病害防治的原则。

9-10　软土地基常用的处理技术有哪些？常用的组合处理技术包括哪些？

9-11　论述斜坡软土地基的特点及其常见工程病害。

9-12　简述深厚软土地基的特点，其地基处理技术有哪些？

第 10 章　黄土性质及灾害

本章介绍黄土的成因、组成分布、结构构造特征、物理性质、力学性质以及黄土区工程病害类型及其防治措施。从地层沉积物、黄土的组成成分以及不同地区黄土的差异性等方面阐述了黄土的成因和分布；分析了黄土结构、构造特征，根据其结构、构造特征的差异阐述了黄土的分类方式；基于黄土的物理特性及力学特性，介绍了黄土的基本性质，重点阐述了黄土的湿陷性及其判定标准；基于工程实例总结了黄土区工程病害的类型，针对各类工程病害介绍了其对应的病害防治措施。

10.1　黄土的成因、组成和分布

10.1.1　黄土的成因

中国黄土大致沿昆仑山、秦岭以北，阿尔泰山、阿拉善和大兴安岭一线以南分布，构成北西西-南东东走向的黄土带。黄土带的东端向南北两个方向延伸，北自松嫩平原北部，南达长江中下游，处于北纬 30°～ 49°之间，而以北纬 34°～45°之间的地带发育最佳、厚度最大、地层最全，构成中国黄土的发育中心。面对分布如此之广的黄土，尤其是北方典型区域的黄土，不同的学者对其成因有不同的认识。概括起来，中国北方黄土的成因主要是风成说和水成说，其中水成说主要包括湖成说、洪积说、坡积说、河流冲积说等。

（1）风成说

地质学家 Vladimr Afanasyevich Obruchev 将黄土的形成与沙漠、戈壁联系起来，认为中国北方等地区的黄土是沙漠黄土，成因与沙漠有关。他强调了大气活动对黄土物质的搬运和沉积作用，他认为典型的黄土在南部地区是由大风从沙漠中携带粉尘，并经过沉积而形成的，北方的黄土是由大风从冰川地带携带而来形成的。

19 世纪 70 年代至 20 世纪 30 年代，是风成说萌芽以及发展期。中国黄土风成说的创始人是德国的地质大师李希霍芬，他在中国期间（1868～1872 年）考察了中国黄土，将中国黄土与莱茵河流域的黄土进行比对，提出了中国黄土由风搬运而来，即为风成成因。在他的巨著《中国——亲身旅行和据此所作研究的成果》一书中以极大的篇幅来论述中国的黄土及其成因，首先提出中国大部分的黄土是粉尘通过大气搬运而形成。他认为由于当时中国北方有广阔的干旱草原盆地且在其周边分布着高山，气候比较干燥，周围山体经历着较强的风化作用，产生大量较细的风化物，这些风化物主要是被风（同时还有水的参与）搬运到盆地之中沉积下来，日积月累而形成厚厚的黄土层。

奥勃鲁契夫通过对中国北方等地黄土的考察，在李希霍芬基础上丰富了黄土风成成因的认识。他主张必须把黄土与黄土状土区分开，反对李希霍芬的关于黄土来源于内陆各个孤立的盆地及其附近山地，并由风和水共同搬运沉积形成的观点，认为中国黄土是典型的风积物，其物源来自于中亚。他通过风成理论将黄土与沙漠、戈壁联系起来。由于中亚地处内陆，气候干旱，产生大量的风化碎屑，在风力搬运的过程中，大的砂粒在内陆沉积，形成荒漠；细的粉砂就会被携带至荒漠边缘，形成黄土（图 10-1）。

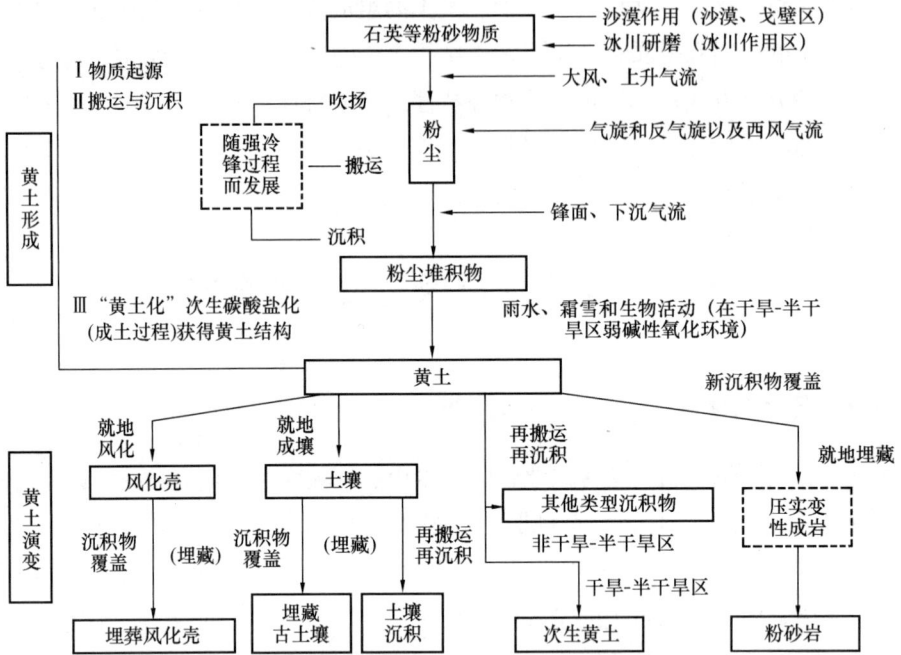

图 10-1　黄土的风成过程

20 世纪 50 年代至 20 世纪 70 年代，学者们进一步完善了这一理论。马溶之调查发现各种黄土的存在具有以下共同特征：在同一区域内高山与低地均有分布，无冲积层次，含有蜗牛化石，土体以粉砂为主，矿物以石英和长石为主，均含有石灰质结核。因此，他认为黄土为风积成因。根据李云通在陕西蓝田地区的研究，黄土中包括蜗牛在内的腹足类化石都是肺螺亚纲中的柄眼目，属于该目的绝大部分属种是陆生的，同时这些化石在黄土层中分布得十分均匀，没有水生介壳和螺类化石那种富集成层的现象。蜗牛的外壳特别脆弱，经不起水流的搬运，但黄土中的大部分蜗牛化石保存完好，这也说明黄土形成的表生环境，绝大部分没有流水的参与。此外，卢演俦等采集陕西洛川黑木沟口的黄土剖面样品，对其进行石英颗粒表面形态观察，发现不同时期、不同层位的黄土和古土壤的石英颗粒都有着相对一致的表面结构特征，呈不规则的棱角状、次棱角状，颗粒出现刀刃状锋锐的形态以及二氧化硅的沉淀（葡萄状结构）。他认为这些石英表面特征显示风成特点，由此推断，黄土可能来源于内陆沙漠地区，并由风力搬运沉积形成。

刘东生先生是倡导"风成学说的代表人物"，领导中国第四纪地质科学家长期致力于黄土的研究，对中国黄土的物质组成（包括粒度、矿物组成、地球化学元素）、分布、地层划分、年代等有了更为系统的认识，建立了新的风成学说。刘东生在《中国的黄土堆积》中指出，黄土的堆积厚度沿冬季风方向自西北向东南逐渐变薄，且黄土粒度自西北向东南方向逐渐变细，给出黄土风成成因的有力证据。刘东生在《黄土与环境》中，系统地论证并完善了黄土的风成学说，丰富了对黄土粉尘的产生、搬运、沉积和后期改造作用这一过程的认识，如图 10-2 所示，强调利用将今论古的原理，以现代大气环流尘暴动态作为认识过去黄土形成过程的参照系。

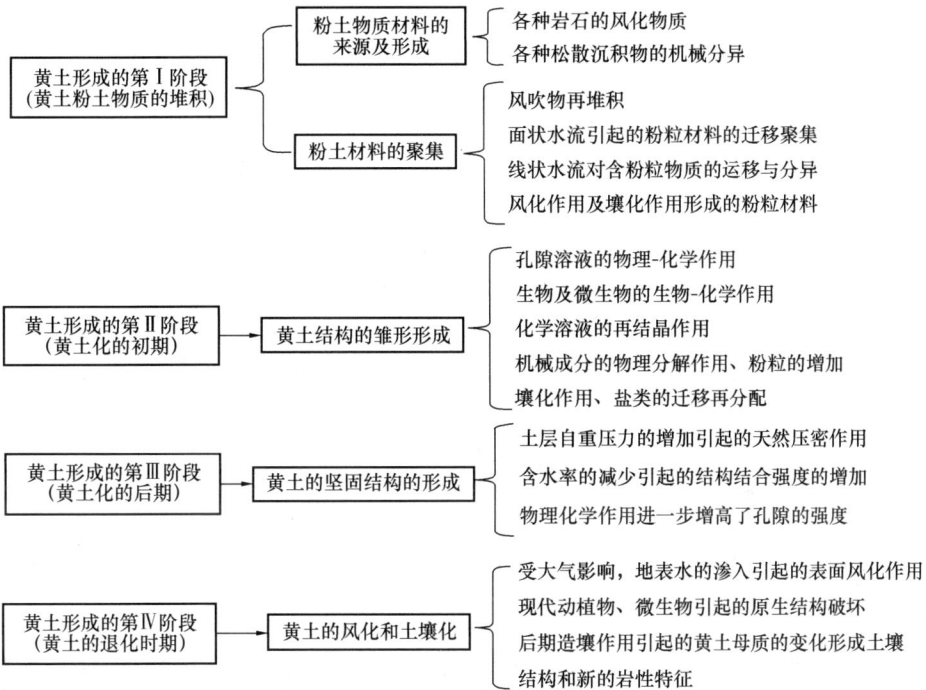

图 10-2　中国黄土形成基本模式

因此，由李希霍芬提出的，经奥勃鲁契夫、刘东生等科学家进一步发展的黄土风成说，将黄土的物源、搬运方式、堆积过程、黄土性质与古土壤发育等与第四纪全球性冰期旋回和大气环流联系起来，也就是将黄土堆积与大气圈的演化紧密联系起来。这个科学认识上的突破，为以后用黄土堆积来揭示亚洲季风的变化规律奠定了重要基础。

（2）湖成说

1866 年庞培利观察了中国北方（主要是内蒙古地区）的黄土，首先提出了中国黄土为湖泊成因，其重要依据是：在内蒙古自治区岱海的黄土阶地中发现介壳，认为是淡水湖泊沉积；同时他又发现黄土物质比较均匀且分布范围广，所以他推测这巨厚成层的黄土沉积物是由过去巨大河流搬运至湖泊中沉积形成的，至于湖盆地的生成，他认为可能是高原断裂的结果。依照他的看法，当时短小的桑干河和洋河不可能带来如此大量的黄土，推测是因黄河曾流经该地。

杨杰在研究中国北方黄土之后，从地文、产状、岩性、化石等方面推断黄土为标准的水成沉积（湖泊、河流沉积），其重要证据如下：

①根据产状和地文情况，发现整个黄土层都分布在山区边缘，沉积在壮年的山谷里。在山区内，多是沉积在内陆大湖或者山间湖沼里，底面具有侵蚀特征，顶面达到一定水平，说明这些沉积物是在洪积世（更新世）的陆相河流和湖泊环境中沉积的。

②从岩性来看，黄土底部有砾石且主要来源于当地，这无法用风成说来解释。

③从化石看，黄土层中有蜗牛、鸵鸟蛋等化石，它们代表相当温暖的气候，而不是干燥寒冷的气候。

可以看出，庞培利当年发现的介壳，可能就是后来报道的陆生蜗牛化石；主张黄土湖泊成因的学者将黄土当作湖底淤积物，却没有进一步深入追究淤积物如何转化为黄土这一过程。

（3）冲（洪）积说

20世纪50年代初拉西莫夫对中国黄土高原进行考察后，分析了中国黄土高原区沉积物及其所构成的地貌单元的关系，提出中国黄土的冲（洪）积成因。格拉西莫夫认为黄土是周围山间河流带来的冲积物，强调水（地表径流）在黄土形成中的重要作用，同时也不否认风在黄土形成过程中所起的作用，因为风可以重新搬运冲积物中的细颗粒实现再沉积。

张伯声从关中地区的黄土研究出发，发现黄土分布与河谷两侧的河流阶地高度相一致，提出黄土可能是河流冲积的产物。他认为不同高度的黄土线代表着在过去淤积的不同盆地的最高平面，是由无数次的洪水造成的。由于洪水造成的淤积作用时间非常短，暴露时间非常长，这就为洪水带来的淤积土转变为黄土提供了一个必要条件。

张宗祜认为必须对黄土采用综合的研究方法才有可能正确了解其成因，他根据对陇东地区黄土的研究，提倡"以水成为主"的综合成因说并且提出了该区黄土为洪积成因的新看法。首先，该区的黄土类沉积物无论是在岩石性质还是在地层特征上都不是均一的；其次，黄土物质主要来自盆地的周边高地（六盘山，永寿梁等地）的残积物、坡积物以及部分风积物，故推断黄土是洪积成因，而非湖相沉积和风成沉积。同时，认为黄土在形成过程中，在某个时期气候的原因导致洪积过程的中断，以洪积物为母质的古土壤便得以发育。

（4）多种成因说

孙建中通过研究发现，要想真正了解黄土的成因必须要全方位关注黄土的特点、黄土在形成时所经历的各个地质作用的相互关系，以及当时所处的地理环境。因此，他总结出"风成为主的多成因论"，主张黄土的形成以风成为主，水成为辅。

中国黄土具有以水成为主的综合成因，是由多种地质营力作用下堆积下来的，在相似的气候条件下，经过黄土化作用而形成。其物质来源于周边及邻近的基岩风化碎屑物质及下伏土层材料。经过对大量资料的分析研究，并提出中国黄土形成基本模式如图 10-2 所示。

阁隆瑞等倾向于"多种成因说"，他通过研究得出结论：午城黄土矿物成分及含量跟附近基岩比较接近，出露的位置比较低，因此认为水成为主，但是黄土的沉积很少受地势影响，其粒径从北向南由粗颗粒变为细颗粒，这符合风成黄土的说法。阁隆瑞还认为无论水成的黄土，还是风成的黄土，都必须经过黄土化的这一过程。总体来说，从不同的角度，不同的地质科学家对黄土形成看法是不相同的，不同学者之间的观点有时也会出现矛盾，但是大多数学者都认为原生的黄土是符合风成说的，而次生的黄土符合水成说。

10.1.2　黄土的物质成分

黄土和普通土一样，由固相、液相和气相三相组成。本节着重讨论其固相部分。黄土的固相是由不同粒径和形状的各种矿物颗粒组成，并被不同成因、不同性质、不同强度的胶结物质联结在一起。黄土的物质成分，就是指黄土固体部分的粒度成分、矿物成分和化学成分。这些成分对黄土土性具有重要影响。

（1）黄土的粒度成分

黄土的颗粒组成即为粒度成分，是指土中不同粒径颗粒的组成情况，可以通过室内颗粒分析试验来求得。

黄土颗粒组成的基本特点是：粉粒含量较大，一般为 60% 左右；黏粒和砂粒含量不大，一般各占 20% 左右。砂粒中，主要是细砂粒和极细砂粒，大于 0.25mm 的颗粒很少。

我国黄土的颗粒组成有以下两个规律：

① 就地层而论，我国黄土具有自上而下颗粒逐渐变细的规律。

② 就地区而论，我国湿陷性黄土具有自西北向东南颗粒逐渐变细的规律，如表 10-1 所示。表 10-1 中列出了我国湿陷性黄土主要地区的颗粒组成情况，从表中可以看出，从西到东，即从陇西到关中，再到豫西，湿陷性黄土的颗粒是逐渐变细的；从北到南，即从陕北到关中，从山西到豫西，颗粒同样是逐渐变细的。

中国湿陷性黄土的颗粒组成　　　　　　　　　　　　　　表 10-1

地区	粒组含量（%）		
	砂粒	粉粒	黏粒
陇西	20～29	58～72	8～14
陕北	16～27	59～74	12～22
关中	11～25	52～64	19～24
山西	17～25	55～65	18～20
豫西	11～18	53～66	19～26
总体	11～29	52～74	8～26

值得注意的是，我国黄土的湿陷性也具有自上而下、自西北至东南逐渐递减的趋势。这一现象说明，黄土的湿陷性的减弱，与其颗粒组成的变化有关。进一步研究表明，黄土湿陷性的减弱，与土中黏粒含量的增多有关，一般说来，黏粒含量越高，湿陷性越弱。

（2）黄土的矿物成分

天然生成的单元素和化合物，称为矿物。目前在自然界中共发现 3000 余种矿物。组成黄土的矿物，目前共发现有 60 余种，大致可分为以下三类：

①轻矿物：是指相对密度小于 2.9 的矿物，如石英、长石、白云母、黑云母、玉髓、方解石、白云石、蛋白石等。轻矿物在黄土中含量最大，一般为 60％左右，故又称为主矿物。在轻矿物中，又以石英、长石、云母的含量占优势。

②重矿物：是指相对密度大于 2.9 的矿物，如角闪石、绿帘石、黝帘石、钛铁矿、磁铁矿、赤铁矿、褐铁矿、锆石、电气石、金红石、辉石等。这类矿物的含量不大，故又称为副矿物。

③黏土矿物：因其粒径小于 0.005mm，故称为黏土矿物。如蒙脱石、伊利石、高岭石、绿脱石、埃洛石、拜来石、海泡石等，其含量虽然不大，但对黄土的湿陷性影响较大。

（3）黄土的化学成分

黄土的化学成分包括化学成分含量、水溶盐含量、有机质含量。

① 黄土的化学成分含量

黄土的化学成分含量是以各种氧化物的含量百分数来表示的。黄土的矿物组成主要是硅酸盐，而硅酸盐中间的阴离子主要是氧，故其化学成分的分析结果可以表示成各种氧化物的含量百分数。

黄土的主要化学成分是二氧化硅和倍半氧化物。黄土中二氧化硅和倍半氧化物的相对含量与黄土的风化程度有关，黄土在长期风化的过程中，二氧化硅会逐渐减少，倍半氧化物则会相应增多。二氧化硅和倍半氧化物是黄土固体颗粒的重要组成部分。钙、镁则呈固态或液态存在于黄土中，是黄土的重要胶结物质。当然，有一部分二氧化硅和倍半氧化物也能起胶结作用。

② 黄土的水溶盐含量

根据溶解度，黄土中的水溶盐分为以下三类：溶解度大的（＞10％）盐类，称为易溶盐；溶解度小的（0.1％～10％）盐类，称为中溶盐；溶解度很小（＜0.1％）或者说几乎不溶解的盐类，称为难溶盐。

黄土中的易溶盐主要有氯化钠、硫酸镁、碳酸钠、碳酸氢钠。各地黄土的易溶盐含量与年平均降雨量有关。一般说来，降雨量大的地区，黄土的易溶盐含量要少一些。

当黄土中易溶盐含量大于 0.5％时，则为盐渍黄土。就盐渍化而论，黄土的盐渍化程度高，其工程性能就越差。公路工程中将地表下 1m 深黄土中易溶盐含量大于 3％者称为盐渍黄土。黄土的 pH 值与易溶盐含量和黏粒所吸附的离子类型有关，它代表了土的酸碱性，pH ＜7 呈酸性反应，pH ＞7 呈碱性反应，pH ＝7 呈中性反应。

黄土中的中溶盐是硫酸钙，也就是石膏。黄土中的石膏含量一般为 0.01％ ～1.44％，平均为 0.3％。室内浸水压缩试验证明，浸水试验后，黄土中的石膏含量有所降低，这说明，起胶结作用的那一部分石膏，对黄土的湿陷性是有所影响的。

黄土的难溶盐主要是碳酸钙，其次是碳酸镁，二者在黄土中的含量约为 9：1。因此，常以碳酸钙的含量代表难溶盐。

难溶盐多为黄土矿物颗粒之间的胶结物质，能赋予黄土以强度和稳定性。由于其可溶性较差，故对黄土的初期湿陷变形无明显的影响，但黄土若长期处于浸水状态，随着难溶盐的溶解和析出，将会给黄土带来后期湿陷变形。

总之，水溶盐对黄土性质的影响取决于以下三方面：水溶盐的溶解度、水溶盐的含量、水溶盐在土中的存在状态。

③黄土的有机质含量

我国黄土的有机质含量一般为 0.002％ ～2.00％，平均为 0.64％。由于黄土中的有机质含量常小于 2％，故对土的工程性质影响不大。有机质持水性大，表面作用强，常聚集于大孔壁上，也有分散于黏粒中的，受水浸湿时会吸水膨胀，使土崩解，故当其含量超过 2％时，对土的工程性能会带来不利影响。

10.1.3　黄土的分布

（1）黄土的分布范围

黄土在世界上分布相当广泛，占全球陆地面积的十分之一，呈东西向带状断续地分布在南北半球中纬度的森林草原、草原和荒漠草原地带。在欧洲和北美洲，其北界大致与更新世大陆冰川的南界相连，分布在美国、加拿大、德国、法国、比利时、荷兰、中欧和东欧各地，俄罗斯、白俄罗斯和乌克兰等地；在亚洲和南美洲则与沙漠和戈壁相邻，主要分布在中国、伊朗、俄罗斯的中亚地区、阿根廷；在北非和南半球的新西兰、澳大利亚，黄土呈零星分布。

①世界黄土分布概况：全球黄土覆盖面积达 $1.3 \times 10^7 km^2$，约占陆地总面积的 9.3％。主要分布于中纬度干旱和半干旱地区，特别是荒漠、半荒漠及第四纪冰川地区外缘。

除南极洲外，世界各大洲均有黄土分布。南美洲黄土分布很广，如地处南纬 $30° \sim 40°$ 之间的阿根廷草原地区，到处可见黄土，全洲黄土覆盖面积约占总面积的 10％。北美洲黄土覆盖面积约占总面积的 5％。密西西比河和密苏里河流域都分布有大面积的黄土。欧洲黄土覆盖面积占总面积的 7％，主要分布在北纬 45°以北的中欧地区，西至法国的东北部，东至伏尔加河流域，到处可见黄土的分布，俄罗斯、德国、罗马尼亚、保加利亚、匈牙利、波兰等国家均有黄土分布，乌克兰黄土分布面积占领土面积的 70％以上。亚洲的分布也很广,约占总面积的 3%,除中国外,印度、蒙古国等国家均有黄土分布。非洲北部,大洋洲的新西兰也有黄土分布。

②中国黄土分布概况:我国黄土的覆盖面积约为 635000km²,约占世界黄土总面积的 5%,约占我国国土面积的 7%,主要分布于北纬 33°~47°之间,而以北纬 34°~45°之间最为发育。以中国黄土高原为例,中国黄土高原位于太行山以西,南至秦岭,北接阿拉善高原和鄂尔多斯高原,东西长 1000km,南北宽为 750km,主要包括陕西省、甘肃省、山西省、宁夏回族自治区、内蒙古自治区、青海省以及河南省的部分地区,总面积高达 380000km²,是中国的第四大高原之一。其地势总体呈现由西北向东南略倾斜,西北高、东南低的整体趋势,海拔高度在 800~3000m,按照地貌和气候特征,自西向东,以乌鞘岭、六盘山、吕梁山和太行山为界,将高原总体上分为三部分:乌鞘岭到六盘山为黄土高原西部、六盘山至吕梁山为黄土高原中部和吕梁山至太行山为黄土高原东部。中国黄土的分布如表 10-2 所示。

在我国黄土分布面积中,湿陷性黄土的覆盖面积约为 430000km²,约占我国黄土总面积的 68%。主要分布于西起祁连山,东至太行山,北自长城附近,南达秦岭的黄河中游地区。陕、甘、宁、晋、豫、青等省(自治区)分布较广,冀、鲁、辽、黑、内蒙古、新疆等省(自治区)也有不连续的或零星分布。

(2)黄土的堆积厚度

我国是世界上黄土堆积厚度最大的国家。厚度中心在洛河、泾河流域的中下游地区,最厚达 180~200m;由此向东、西两方,厚度逐渐变薄。湿陷性黄土层一般覆盖于非湿陷性黄土层之上,其厚度以六盘山以西地区较大,六盘山以东较小。我国湿陷性黄土层的厚度,大体上有自西北至东南逐渐变薄的趋势。

中国黄土的分布 表 10-2

分布区域		黄土面积 (km²)	黄土状土面积 (km²)	分布区域简述
东北	松辽平原	11800	81000	长白山以西,小兴安岭以南,大兴安岭以东的松辽平原以及周围山界的内侧
黄河流域	黄土下游	26000	3880	三门峡以东,包括太行山东麓、中条山南麓、冀北山地南麓以及河北北部山地和山东丘陵区
	黄土中游	275600	2440	乌鞘岭以东,三门峡以西,长城以南,秦岭以北
	青藏高原	16000	8800	刘家峡、享堂峡以西地区,包括黄河上游湟水河流域和青海湖附近
甘肃	河西走廊	1200	15520	乌鞘岭以西,玉门以东,北山以南,祁连山以北的走廊地带
新疆	准噶尔盆地	15840	91840	天山以北地区
	塔里木盆地	34400	51000	天山以南地区
	总计	380840	254440	

10. 2　黄土的结构和构造特征

10. 2. 1　黄土的结构特征

黄土的结构是指其颗粒形态、空间排列和联结状况的综合特征。这些特征是在黄土生成和发育过程中形成的。由于黄土的结构常借助于显微镜进行观察研究，故又称为微结构，或显微结构。黄土的湿陷性与其结构特征密切相关。

关于对黄土结构的认识，国内外学者都在探讨研究，现综合分析如下。

（1）黄土的颗粒形态

黄土的颗粒形态系指土中固体成分的聚集形态，可划分为两大类。

① 粗颗粒：即骨架颗粒。一般指砂粒和粗粉粒，呈棱角状或准棱角状。

由于土中黏粒的吸附作用，常使细散的黏粒吸附在粗颗粒的周围，并与水溶盐共同构成薄膜，形成外包胶结薄膜的粗颗粒，有助于土中团粒的形成。

② 团粒：系由水溶盐、黏土矿物和其他胶体、凝聚体胶结凝聚而成的集合体。按其形状，可以把团粒分为两种。

粒状团粒：又称集粒，状如土粒，粒径一般小于 0.25mm。集粒又有刚性和柔性之分。刚性集粒的刚度较大，常见于干旱地区，能赋予黄土湿陷性；柔性集粒见于湿润地区，由于雨水使盐类淋失，故其刚度较小，无湿陷性。

块状团粒：常呈凝块状或絮凝状。一般认为，它是由柔性集粒进一步软化、合并而成，故其刚度小、体型大，常见于湿润地区。它不赋予黄土湿陷性。

我国主要湿陷性黄土地区，西北部因气候干燥，故以粒状团粒为主；东南部因气候湿润，故以块状团粒为主；中间为二者的过渡。

（2）骨架颗粒的排列方式

黄土中骨架颗粒的排列有以下两种基本形式。

① 镶嵌排列：骨架颗粒排列紧密，犬牙交错，互相嵌入，为镶嵌排列。呈镶嵌排列的黄土，一般无湿陷性。

② 架空排列：骨架颗粒排列松散，架空起来，称为架空排列。呈架空排列的黄土，一般具有湿陷性。

（3）黄土的结构孔隙

黄土的结构孔隙分为以下三种：

① 细孔隙：凝聚在一起的胶体颗粒之间的孔隙，以及胶体颗粒与所附着粗颗粒之间的孔隙，均属于细孔隙。细孔隙占黄土孔隙总体积不足 10%。

② 粒间孔隙：指骨架颗粒呈镶嵌排列时的骨架颗粒之间的孔隙。这种孔隙的孔径比骨架颗粒的粒径小，因此比较稳定，对黄土的湿陷性不会造成影响。

③ 架空孔隙：指骨架颗粒呈架空排列时所造成的孔隙。其孔径比构成孔隙的骨架颗粒的粒径大，但一般不超过 0.5mm。这种孔隙的地位至关重要，其体积有时可占黄土孔隙总体积的 30％以上。当黄土浸水并能破坏粒间联结时，土粒在压力下挤入孔隙内，从而使黄土出现湿陷变形。

（4）骨架颗粒的连接形式

黄土中骨架颗粒的连接有以下两种基本形式。

① 接触连接：粒间一般为点接触，有时呈棱边接触。由于接触面很小，故在接触处只有极少的盐晶等胶结物，这种连接形式，称为接触连接。

② 胶结连接：粒间呈面接触，接触处有较厚的黏土矿物薄膜，并夹有盐晶薄膜，从而把骨架颗粒胶结在一起，这种连接形式，称为胶结连接。

（5）黄土的胶结类型

黄土中的胶结物主要是黏土矿物和水溶盐。黏土矿物以伊利石、蒙脱石、高岭石为主，水溶盐以碳酸钙为主。细粉粒也能起胶结作用。

黄土的胶结类型根据骨架颗粒的大小、形状和胶结物的聚集形式，可将黄土的胶结类型分为以下三种：

① 粒状胶结：即接触式胶结。土中胶结物较少，在棱角状骨架颗粒外形成薄膜，骨架颗粒彼此接触，粒间孔隙较大，接触点胶结物较少，称为粒状胶结。

② 粒状-团状胶结：即接触-基底式胶结。土中胶结物较多，不规则分布于骨架颗粒之间；呈团块状集中于骨架颗粒接触点处，将骨架颗粒镶嵌在一起，这种胶结称为粒状-团状胶结。它是粒状胶结和团状胶结的过渡型胶结。

③ 团状胶结：即基底式胶结。土中胶结物很多，而骨架颗粒又较细，呈星点状分布于胶结物中，这种胶结称为团状胶结。

（6）黄土的结构分类

根据黄土的结构特征，把黄土的结构分为以下三类：

① 粒状结构：其特点是黄土中黏粒含量较少，只能充当骨架颗粒间的接触胶结物，不足以引起团粒的形成与生长，还有一部分细小颗粒则起填充作用。

② 团粒结构：主要是由团粒组成，其特点是土中骨架颗粒较细，而胶结物较多，从而形成各种团粒。团粒强度由团粒的黏土矿物和盐类的数量和性质而定。

③ 粒状-团粒结构：属于过渡型结构，其特点介于粒状结构和团粒结构之间。

10.2.2 黄土的构造特征

黄土的构造是指同一成因黄土中结构和性质不同部分的排列及土中其他宏观现象的综合特征。黄土的构造有如下特征。

（1）层状构造

黄土的层状构造就是指黄土的成层性，即黄土沿竖向由若干层组成，不同层次的黄土，其结构和性质也不相同，有的湿陷性强，有的湿陷性弱，有的则无湿陷性。黄土的层状构造还反映在黄土中存在有粗粒夹层和透镜体，有时还有黏土组成的微薄层理及钙质结核层。

层状构造是次生黄土的构造特征。因为次生黄土是原生黄土经水力和重力作用再次搬运重新沉积而成的，加之地质演变的复杂性和沉积年代、成岩程度的不同，就必然会形成不同层次的黄土。黄土地层的划分，反映了黄土的成层性，也就反映了黄土呈层状构造的特征。

（2）裂缝状构造

黄土被柱状裂缝所分割，从而破坏了黄土的整体连续性，这种构造，称为裂缝状构造。裂缝状构造是原生黄土的构造特征。原生黄土的柱状裂缝最为发育；次生黄土也有柱状裂缝，但延伸较小，不是其主要构造特征。

黄土中的柱状裂缝，是由各种自然现象所造成的，如热胀冷缩、滑坡、地震等。在干旱地区形成的原生黄土，由于气候干燥且土结构多属粒状架空接触结构，故柱状裂缝发育最好。黄土的柱状裂缝缝壁不规则，缝壁上常有钙质粉末，且胶结不良、土粒突起，它的存在能加快湿陷变形的发展，对工程建设是很不利的。

（3）黄土中的其他构造孔隙

黄土中存在有各种肉眼可见的大孔隙（孔径大于 0.5mm），这些孔隙，可称为构造孔隙。黄土的构造孔隙除柱状裂缝外，还有如下数种。

① 大孔隙：系指一般肉眼可见的近于铅直的孔隙。孔径从 0.5mm 至数毫米。按其生成情况，大孔隙可分为两种。

原生大孔隙：大孔断面为棱角形，孔壁胶结较差，属于非水稳性大孔，遇水会丧失稳定，使土粒陷入孔内，从而将导致黄土湿陷变形的发生。

次生大孔隙：大孔断面为圆形和椭圆形，孔壁常布有碳酸钙胶结薄膜，紧裹着孔壁上的土粒，这种大孔隙属于水稳性大孔隙，遇水不易破坏，因此，它的存在对黄土的湿陷性不会有大的影响。

黄土中的大孔隙一般只占黄土孔隙总体积的 10% 左右，且又多是次生大孔隙，故它不应当是造成黄土湿陷的主要原因。但值得注意的是，这种大孔隙的存在会对黄土的渗透性带来重要影响。因它是近于铅直的，所以会加速水在黄土中的竖向渗透，这样，它可间接影响黄土的湿陷变形。

② 虫孔：由土中蠕虫活动而形成的孔洞，最大孔径可达 2mm，孔壁常布有虫屎。

③ 根孔：由植物根腐烂后而形成的孔洞，孔径随根径而变。

④ 鼠洞：由田鼠活动而形成的孔洞，直径较大。

⑤ 溶洞：即岩溶地区形成的黄土"喀斯特"，俗称土洞，由淋溶潜蚀造成的。

⑥ 人为穴洞：系指人工开挖而成的地下穴洞，如古墓、古井、地道等。它们与淋溶潜蚀大孔洞一样，潜水后也会造成地面塌陷。

10.2.3　黄土的类型及一般特征

（1）按典型特征划分

按照黄土的典型特征，可以把黄土分为两种：黄土与黄土状土。

黄土的典型特征，大致可归纳为以下六点：

① 颜色以黄色、褐色为主，有时呈灰黄色。

② 颗粒组成以粉粒（粒径为 0.005～0.05mm）为主，含量一般在 60% 以上，不含粒径大于 0.25mm 的颗粒。

③ 孔隙比较大，一般在 1.0 左右或更大，并具有肉眼可见的大孔隙，俗称黄土为大孔土。

④ 富含碳酸钙盐类，或含大量钙质结核。

⑤ 垂直节理发育，天然状态下能保持直立陡壁，故又称黄土为立土。

⑥ 无层理。

凡是全部具备上述六项典型特征的土，称为黄土。凡是缺少上述一项或几项特征的土，称为黄土状土。

（2）按成因划分

① 粗略划分法

按黄土的成因，可以把黄土分为两种：即原生黄土和次生黄土。

不具层理的风成黄土，称为原生黄土；原生黄土经水力和重力作用，再次搬运，重新沉积而形成的黄土，称为次生黄土。显然次生黄土具有层理，且含有砂粒，以至细砾。

② 我国铁路工程的划分法

在我国铁路工程中，按照黄土的成因将其分为以下七种：

风积黄土：分布在黄土高原平坦的顶部（特别是分水岭地带）和山坡上，堆积厚度较大，一般无层理，上下质地较均一，具有多孔性和发育很好的垂直节理。

坡积黄土：分布受地形条件影响，多在山地前梁、昂的斜坡上。一般厚度不大。

冲击黄土：主要分布在大河谷的阶地上，阶地越高，厚度越大。有层理，并具有其他土的夹层。下面常有较厚的砂砾层。

洪积黄土：多分布在山间盆地，有不规则的层理。分早期和晚期两种。

残积黄土：多分布于基岩上面，厚度较薄。

残积-坡积黄土：多分布于低山山顶及缓坡上。

坡积-洪积黄土：多分布在小型山间盆地和山前地带，厚度不均，夹有粗粒。

（3）按地层划分

我国黄土在第四纪各个历史时期都有堆积。黄土的形成年代决定了黄土的地层划分。形成年代不同，黄土的成分和性质也不同，一般说来，黄土的形成年代越晚，其湿陷性也就越强。

黄土形成年代的确定，常以土中动植物化石作为鉴定标准，而地层的区分，又常以特定地层剖面与标准地层剖面加以对比来确定。显然，二者是相辅相成的。

表 10-3 是我国《湿陷性黄土地区建筑标准》GB 50025—2018 对黄土的地层划分。我国黄土的地层分为四种：早更新世黄土（午城黄土）、中更新世黄土（离石黄土）、晚更新世黄土（马兰黄土）、全新世黄土（黄土状土）。

中国黄土的地层划分　　　　　　　　　　　　　　　　　　　表 10-3

时代		地层划分		说明
全新世	晚期	新黄土	黄土状土	一般具有湿陷性
	早期			
晚更新世黄土			马兰黄土	
中更新世黄土		老黄土	离石黄土	上部部分具有湿陷性
早更新世黄土			午城黄土	不具有湿陷性

① 早更新世黄土：在山西省隰县午城镇首先发现，故称为午城黄土。形成距今 700000～1200000 年之间。厚度一般为 40～100m，常见于古洼地，上覆中更新世黄土，下伏第三纪晚期红黏土或砂砾层，间有近 20 层的密集钙质结核层，系古土壤钙化的遗物。颗粒组成以粉粒为主，粉粒和黏粒含量比后期形成的黄土高。颜色为微红和红棕色。土质均匀致密，乃至坚硬，开挖很困难，孔隙比小，无大孔，故压缩性低，强度高，无湿陷性。柱状节理发育，无层理，出露地表风干后易坍塌。

② 中更新世黄土：在山西省离石区首先发现，故又称为离石黄土。形成于距今 100000～700000 年之间。厚度一般为 50～70m，最大可达 170m。上覆晚更新世黄土，下伏早更新世黄土，间有数层乃至十余层古土壤，常出露于山间深切河谷的两侧。颗粒组成以粉粒为主，粉粒和黏粒含量比马兰黄土高，一般无湿陷性，上部有时有轻微湿陷性。常呈深黄、棕黄、微红色。土质均匀致密，用锹镐开挖困难，稍具大孔，有柱状节理，无层理。上部含钙质结核少而小，下部渐多而大，有时夹有粗粒及岩屑透镜体。

③ 晚更新世黄土：在北京西北马兰山首先发现，故又称为马兰黄土。形成于距今 5000 年～100000 年之间。厚度一般为 10～30m，常覆盖于黄土螈顶部和大河谷高级阶地。土质均匀，大孔发育，具有垂直节理，有些地区还有黄土溶洞，即黄土喀斯特。颗粒组成以粉粒为主，粉粒和黏粒含量较早期黄土少。颜色以灰黄、褐黄为主。包含物有星点状钙质与小钙质结核，有时有粗粒物；局部地区有古土壤。常具有湿陷性。

④ 全新世黄土：又称黄土状土。形成于距今 5000 年内。厚度一般为 3～8m，最厚可达 15～20m，一般都具有湿陷性。其粉粒含量较高，常堆积在洪积扇、河流低级阶地和高级阶地的顶部，有时底部有 0.7～1.3m 的黑掉土。颜色为棕褐色、黄褐色或褐黄色。土质不均，具有大孔，有时呈块状结构，岩性比马兰黄土稍差。包含物有植物根，少量钙质结核，有时有人类活动遗物。

10.3　黄土物理特性

10.3.1　黄土的颗粒级配

（1）黄土的颗粒级配曲线

土的颗粒级配曲线反映了土中各个粒组的相对含量，反映了土样的颗粒级配组成。根据颗粒级配曲线的斜率可大致判断土样的均匀程度或级配是否良好。斜率大，表示粒径大小相差较小，土颗粒较均匀；斜率小，表示粒径大小相差悬殊，土颗粒不均匀，级配良好。

如图 10-3 所示，天然黄土试样中粉粒含量最多，黏粒含量次之，砂粒组的含量最少，且粒径较小。

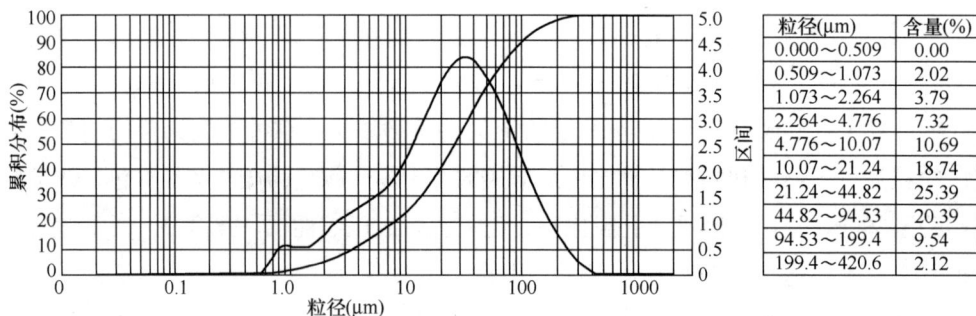

粒径(μm)	含量(%)
0.000～0.509	0.00
0.509～1.073	2.02
1.073～2.264	3.79
2.264～4.776	7.32
4.776～10.07	10.69
10.07～21.24	18.74
21.24～44.82	25.39
44.82～94.53	20.39
94.53～199.4	9.54
199.4～420.6	2.12

图 10-3　天然黄土粒径分布曲线

（2）黄土的不均匀系数

土的颗粒级配主要由不均匀系数反应，黄土的不均匀系数可由下式表达

$$C_\mathrm{u} = \frac{d_{60}}{d_{10}} \tag{10-1}$$

式中，C_u 为不均匀系数；d_{60} 为控制粒径，小于该粒径的土颗粒质量占总土重的 60%；d_{10} 为有效粒径，小于该粒径的土颗粒质量占总土重的 10%；

C_u 小于 5 的土为级配不良的土，不易压实；C_u 大于 10 的土为级配良好的土，易于压实；$C_\mathrm{u} = 5\sim10$ 的土属于中等级配的土。

表 10-4 为青海省各地黄土的不均匀系数。可得青海省黄土的不均匀系数最大值为 84.9，最小值为 4.2。各地平均值为 16.7～22.8；全省总体平均值为 19.7。依照不均匀系数分级可得，青海省的黄土属于级配良好的土。

由表 10-4 和图 10-3 中的数据分析可得，黄土的不均匀系数几乎都是大于 5 的，很少有小于 5 的，绝大部分都大于 10。黄土的颗粒级配曲线是连续的，很少缺乏中间粒径。因此，黄土是级配良好的土。

青海省各地黄土的不均匀系数　　　　　　　　　　　　表 10-4

地区	土样数量	不均匀系数			
		范围值	平均值	大值平均	小值平均
大通、互助、湟源	1103	7.3～71.8	19.8	31.4	15.2
民和、乐都	134	10.1～328	20.1	22.9	
循化、化隆、黄南	141	10.9～47.2	21.2	31.7	17.0
海西	374	5.5～55.1	9.0	28.1	12.8
海南	241	4.2～47.7	16.7	25.1	10.9
海北	179	0.6～84.4	22.8	44.2	19.1
总体	2172	4.2～84.9	19.7	30.8	14.7

10.3.2　黄土的可塑性

土壤可塑性是指土壤在一定含水率时，在外力作用下能成形，当外力去除后仍能保持塑形的性质。可塑性是黏性土区别于砂土的重要特征。可塑性的大小用土处在塑性状态的含水率变化范围来衡量，从液限到塑限含水率的变化范围愈大，土的可塑性愈好。这个范围称为塑性指数。当塑性指数 $I_p > 17$ 时，为黏土；当塑性指数 $10 < I_p \leqslant 17$ 时，为粉质黏土；当塑性指数 $3 < I_p \leqslant 10$ 时，为粉土；当塑性指数 $I_p \leqslant 3$ 时，为砂土。

部分黄土的液塑限和塑性指数　　　　　　　　　　　　表 10-5

试样号	塑限	液限	塑性指数
1	16.6%	25.0%	9.2
2	17.7%	25.9%	8.2

由表 10-5 可得，黄土液限与塑限的变化范围较小，黄土的可塑性较差。且黄土的塑性指数在 9% 左右，黄土为粉土或粉质黏土一类。

10.3.3　黄土的含水率

（1）含水率

土壤含水率是土壤中所含水分的数量。一般是指土壤绝对含水量，即 100g 烘干土中含有若干克水分。通常采用重量含水率（ω）和体积含水率（θ）两种表示方法。重量含水率是指土壤中水分的重量与相应固相物质重量的比值，体积含水率是指土壤中水分占有的体积和土壤总体积的比值。体积含水率与重量含水率两者之间可以换算。

重量含水率

$$\omega = \frac{M_w}{M_s} \tag{10-2}$$

体积含水率

$$\theta = \frac{V_m}{V_s} \tag{10-3}$$

重量含水率与体积含水率公式换算

$$\theta = \frac{\omega \rho_{b}}{\rho_{w}} \tag{10-4}$$

式中，ρ_{b} 为土壤重度；ρ_{w} 为土壤中水密度。

（2）黄土的最优含水率

在压实填土工作中，希望在一定的压实功的作用下，能获得最佳的压实效果，即获得最大的密度。在一定压实功作用下，压实土的干密度取决于土的含水率。含水率太小，土中水主要是强结合水，土粒周围结合水膜很薄，使粒间具有较大的分子引力，压实就比较难；含水率太高，土中自由水较多，压实时不易排出，效果也不好。只有在适当的含水率总体下，才能取得最佳的压实效果，该含水率称为最优含水率。最优含水率可由室内击实试验测定。

中国部分地区黄土的最优含水率 表 10-6

地区	最优含水率（%）	
	范围值	平均值
三门峡	14.0~24.0	17.1
平凉	16.2~24.1	20.4
铜川	14.5~16.5	15.4
狄家台	14.1~20.0	17.9
总体	14.0~24.1	17.7

由表 10-6 得，所列地区黄土的最优含水率为 14.0%~24.1%。黄土的最优含水率受击实功的影响较大。击实功越大，最优含水率越小。

10.3.4 黄土的渗透性

土的渗透性大小直接反映自由水在土中流动的难易程度，是土的重要性质之一。工程实践中基坑的开挖排水、路桥工程、地基工程、路基排水、土坝、坝基的渗流、渗透稳定及其安全分析与土的渗透性有密切的关系。

（1）达西渗透定律及渗透系数

达西渗透定律反映了水在土体中渗透的规律，令

$$i = \frac{h}{l} \tag{10-5}$$

式中，i 为水头梯度；h 为作用水头；l 为渗径，即渗流在土体中所流经的路程；令

$$V = ki \tag{10-6}$$

式中，V 为渗透速度，即水透过土体的速度；k 为渗透系数。

渗透系数反应土渗透性的强弱。依照渗透系数的大小，可将土的渗透性分为三类：当 $k > 10^{-2} \text{cm/s}$ 时，为强渗透性；当 $k = 10^{-6} \sim 10^{-2} \text{cm/s}$ 时，为中等渗透性；当 $k < 10^{-6}$

cm/s 时，为弱渗透性。黄土渗透系数可以通过渗透试验来测定。

表 10-7 为我国部分地区黄土的渗透系数。由表中数据可得，室内测得渗透系数为 0.02～6.01m/d，故黄土一般是属于中等渗透性的土。室内试验与野外试验测得结果相差甚大。可能是由两方面因素造成的：一是天然黄土层中有各种构造大孔隙存在，室内试验取样不可能把较大的孔隙包含在内；二是室内试验的原状大土样在制备过程中，可能会使某些较小的大孔隙堵塞。因此，使室内测得渗透系数常小于野外测得的渗透系数。

中国黄土的渗透系数（m/d）　　　　　　　　　　　　　　表 10-7

地区	室内试验	野外试验
亚峰	0.12～0.11	0.6～0.8
长武	0.22～6.01	
平凉	0.05～1.53	
庆阳	0.02～0.37	
环县	0.03～0.94	0.8～1.3
总体	0.02～6.01	0.6～1.3

（2）竖向节理对黄土渗透性的影响

黄土的竖向节理较为发育，在水的渗透作用中，竖向节理作为土体中的优势渗透面，可以加快水分入渗，对黄土边坡、路基等土工结构的稳定性有着不可忽视的影响。

节理处土体的含水率随着深度的增加而降低，但节理开度对含水率降低的幅度有明显影响。在土体浅层位置处，节理开度对含水率的影响并不明显主要原因在于表层经受过饱和入渗条件下的补水过程，使得含水率的区分不大。随着深度的增大，小开度节理土体的含水率相比大开度的节理来说快速下降，说明小开度节理的入渗能力不如大开度节理。对比相同深度处的含水率大小，也呈现出节理开度大的土体其含水率也较大的规律。说明节理开度越大，其对水分入渗的促进作用就越明显。

10.3.5　黄土的湿陷性及其判定

黄土湿陷性是一种特殊的塑性变形，是黄土在其附加土层的自重应力或其与附加应力共同作用下导致的显著附加下沉。其中，外界水源是导致其下沉的必要条件。黄土受到外界水的浸湿，直接导致黄土结构发生变化，强度迅速降低并在应力的作用下湿陷下沉。这种变形是不可逆性、非连续性的。

（1）黄土的湿陷性指标

湿陷性指标包括湿陷系数 δ_s、自重湿陷系数 δ_{zs} 等，一般通过室内试验测得。

① 湿陷系数 δ_s

按式（10-7）计算

$$\delta_s = \frac{h_p - h_q}{h_0} \qquad (10\text{-}7)$$

式中，h_p 为原状土试样压缩稳定后的高度；h_q 为浸水（饱和）附加下沉稳定后的高度；h_0 为加压前试样的原始高度。

② 自重湿陷系数 δ_{zs}

自重湿陷系数 δ_{zs} 的测定也是采用上述试验，但又不同于 δ_s 的测定。主要的区别是要求在分级加荷载过程中，应先加载到上覆土的饱和自重压力，等沉降结束之后，把试样浸水至饱和，然后附加压力至沉降结束。

自重湿陷系数计算公式

$$\delta_{zs} = \frac{h_z - h_q}{h_0} \qquad (10\text{-}8)$$

式中，h_z 为加压至上覆土的饱和自重压力时，压缩稳定后的高度；h_q 为浸水（饱和）附加下沉稳定后的高度；h_0 为加压前试样的原始高度。

③ 黄土湿陷性指标的影响因素

干重度：黄土湿陷系数（自重湿陷系数）与干重度负相关。当黄土干重度接近 15kN/m^3 时，基本失去湿陷性。

天然含水率：湿陷系数（自重湿陷系数）和天然含水率呈负相关。当其达到一定数值后，黄土湿陷系数趋于 0，黄土失去湿陷性。

孔隙比：孔隙比对黄土湿陷性较敏感。孔隙比越大，湿陷系数（自重湿陷系数）越大，反之越小。湿陷系数（自重湿陷系数）与孔隙比呈正相关。当孔隙比大约等于 0.8 时，黄土基本上失去湿陷性。

孔隙度：研究表明孔隙度越大，湿陷性指标越大，反之越小。湿陷系数（自重湿陷系数）与孔隙度呈正相关。当黄土孔隙度大约为 45% 时，湿陷性基本消失。

饱和度：黄土的饱和度越小，湿陷性指标越大，反之越小。湿陷系数（自重湿陷性）和饱和度呈负相关。

液性指数：当液性指数为负值时，湿陷系数（自重湿陷系数）一般较大；当液性指数为正值时，湿陷系数（自重湿陷系数）一般较小。当液性指数大约大于 1 时，黄土基本上失去了湿陷性。

（2）黄土湿陷性的影响因素

① 压力：压力是黄土湿陷性非常重要的影响因素。压力一般指黄土的上覆压力，包括自重压力或自重压力和附加压力的总和。

② 含水率：黄土的湿陷性与含水率有密切联系。初始含水率和浸入含水率与黄土的湿陷性相关性不一样。初始含水率与湿陷系数呈负相关性。而浸入含水率与湿陷系数呈正相关性。

③ 孔隙性：孔隙性也是引起黄土湿陷变形的重要因素。但是大小不同对其影响程度

也不同。其中中孔隙在湿陷的过程中比其他的孔隙影响大。

④ 深度：湿陷系数与深度有一定关系。一般情况下，黄土深度与湿陷系数呈负相关，即黄土深度越深，则湿陷系数越小，反之越大。

⑤ 重度：黄土的重度与湿陷性程度呈负相关性。一般情况下，重度越大，则湿陷性越弱，反之越强。

⑥ 黏粒含量：研究表明黄土湿陷性和黏粒含量相关。黏粒含量少则湿陷性强，反之则弱。

⑦ 可溶盐：易溶盐是加速黄土湿陷的因素，但影响不大。中溶盐和难溶盐是阻碍黄土湿陷的因素，其中碳酸盐影响较大。

⑧ 黄土成因：成因不一样，湿陷程度也不一样。同一地质时期，风积黄土湿陷程度大于等于冲洪积黄土大于等于残积黄土。

⑨ 成壤作用：黄土的湿陷性与成壤作用也密不可分。成壤时间与其一般情况下呈相反关系。时间越短，则其强，反之则弱。

（3）黄土湿陷性的分类

湿陷系数是黄土湿陷性分类的指标。黄土湿陷性分类如表 10-8 所示。

黄土湿陷性分类 表 10-8

分类名称	分类标准（δ_s）	黄土的湿陷程度
非湿陷性黄土	$\delta_s < 0.015$	无湿陷性
湿陷性黄土	$0.015 \leqslant \delta_s \leqslant 0.03$	湿陷性轻微
	$0.03 < \delta_s \leqslant 0.07$	湿陷性中等
	$\delta_s > 0.07$	湿陷性强烈

（4）黄土湿陷性判定

湿陷系数 δ_s 为单位厚度土层由于浸水在规定压力下产生的湿陷量，它定量地表示了土样所代表黄土层的湿陷程度。另外，黄土的湿陷性与所受的压力大小有关，使黄土产生湿陷的临界压力称为湿陷起始压力 P_s，不同的黄土其 P_s 不同。若 P_s 小于上覆土的饱和自重时，则该土层在上覆土层自重压力的作用下受水即刻发生湿陷，称为自重湿陷性黄土。如果土的 P_s 大于上覆土的饱和自重，则土层在上覆土自重压力作用下，并不发生湿陷，称为非自重湿陷性黄土。

① 湿陷性判定：

当湿陷系数 δ_s 值小于 0.015 时，为非湿陷性黄土；当湿陷系数 δ_s 值等于或大于 0.015 时，为湿陷性黄土。

② 黄土的湿陷程度判定

当 $0.015 \leqslant \delta_s \leqslant 0.03$ 时，湿陷性轻微；当 $0.03 < \delta_s \leqslant 0.07$ 时，湿陷性中等；当 $\delta_s > 0.07$ 时，湿陷性强烈。

③ 场地的湿陷类型判定：

按自重湿陷量的实测值 Δ'_{zs} 或计算值 Δ_{zs} 判定，并应符合下列规定：

当自重湿陷量的实测值 Δ'_{zs} 或计算值 Δ_{zs} 小于或等于 70mm 时，应定为非自重湿陷性黄土场地；当自重湿陷量的实测值 Δ'_{zs} 或计算值 Δ_{zs} 大于 70mm 时，应定为自重湿陷性黄土场地；当自重湿陷量的实测值和计算值出现矛盾时，应按自重湿陷量的实测值判定。

湿陷性黄土场地自重湿陷量的计算值 Δ_{zs}，应按下式计算

$$\Delta_{zs} = \beta_0 \sum_{i=1}^{n} \delta_{zsi} h_i \tag{10-9}$$

式中，δ_{zsi} 为第 i 层土的自重湿陷性系数；h_i 为第 i 层土的厚度；β_0 为因地区土质而异的修正系数，在缺乏资料时，可按照下规定取值：陇西地区取 1.50，陇东-陕北-晋西地区取 1.20，关中地区取 0.90，其他地区取 0.50。

④ 湿陷性黄土地基的湿陷等级判定：

湿陷性黄土地基的湿陷等级，应根据湿陷量的计算值和自重湿陷量的计算值等因素判别。湿陷量的计算值 Δ_s，应按下式计算

$$\Delta_s = \beta \sum_{i=1}^{n} \delta_{zsi} h_i \tag{10-10}$$

式中，δ_{zsi} 为第 i 层土的自重湿陷性系数；h_i 为第 i 层土的厚度；β 为考虑基底下地基土的受水浸水可能性和侧向挤出等因素的修正系数，在缺乏资料时，可按照下规定取值：基底下 0～5m 深度内，取 $\beta = 1.50$，基底下 5～10m 深度内，取 $\beta = 1$，基底下 10m 以下至非湿陷性黄土层顶面，在自重湿陷性黄土场地，可取工程所在地区的 β_0 值。

10.4　黄土力学特性

10.4.1　黄土的压缩性

黄土的压缩性是指黄土在外部荷载作用下发生体积压缩变小的性质。压缩过程中忽略了土颗粒以及土中水的压缩，认定主要是由于土中孔隙被压缩而引起的。黄土压缩性的判断通过压缩曲线和压缩模量来进行，压缩曲线和压缩模量通过单向固结试验获得。

（1）压缩性判断

① 孔隙比：是土体中的孔隙体积与其固体颗粒体积之比，一般以 e 表示，是说明土体结构特征的指标。孔隙比越小，土越密实，压缩性越低；孔隙比越大，土越疏松，压缩性越高。土的压缩性高，表明土体的结构强度差，则土体的压缩量大。

② 压缩模量 E_s：是土压缩性的指标之一，其值越大，土体越难以被压缩，压缩性越小。

按式（10-11）计算

$$E_s = \frac{\sigma_z}{\varepsilon_z} \tag{10-11}$$

式中，σ_z 为附加应力（应力增量）；ε_z 为与 σ_z 对应的应变（应变增量）。

③ 压缩指数

按式（10-12）计算

$$C_c = \tan\beta \tag{10-12}$$

式中，C_c 为压缩指数，若应力大于 1600kPa，为一个常数。$C_c < 0.2$，为低压缩性土；$0.2 \leqslant C_c < 0.35$，为中压缩性土；$C_c \geqslant 0.35$，为高压缩性土。

（2）天然黄土的压缩性

天然状态的黄土孔隙比为 $0.6 \sim 1.8$，一般属中压缩性或高压缩性黄土。我国湿陷性黄土的压缩系数一般为 $0.1 \sim 1\text{MPa}^{-1}$；压缩模量 E_s 为 $2 \sim 20\text{MPa}^{-1}$。

此外，一般情况下，湿陷性黄土的压缩性比非湿陷性黄土的压缩性高。这说明，湿陷性黄土与非湿陷性黄土相比，变形较为敏感，当荷载较小时尤其如此。新近堆积黄土的压缩性，一般比普通湿陷性黄土的压缩性高。

（3）黄土压缩性变化规律

黄土的压缩模量随着压力的增大而增大，黄土的压缩性随着压力的增大而减小。

含水率一定时，黄土的压缩模量随干密度的增大而增大，黄土压缩性随着干密度的增大而减小。干密度一定时，压实黄土的压缩模量随含水率的增加而减小，减小幅度随着含水率的增大而逐渐减小。

10.4.2　黄土的抗剪强度

土的抗剪强度可定义为土体在内部或外部应力的作用下抵抗剪切破坏的极限能力。土作为一种多孔、多相、松散介质，既考虑到黏聚力的作用，又能够体现与正应力有关的内摩擦力的贡献，并使土的特性参数与其破坏时的应力状态相联系。

（1）莫尔-库仑定律

通常用莫尔-库仑强度公式来表述抗剪强度与垂直压力之间的关系

$$\tau_f = c + \sigma_f \tan\varphi \tag{10-13}$$

式中，τ_f 为抗剪强度；σ_f 为破坏时垂直压力；c 为黏聚力；φ 为内摩擦角。

由库仑定律可知，黄土的抗剪强度由两部分组成。

① 内摩擦力：指剪切破坏面两侧土体之间的摩擦力。

两个物体相对滑动时，二者之间将产生动摩擦力，摩擦力的大小等于接触面上的法向压力乘摩擦系数，摩擦系数则为内摩擦角的正切。

$$\tau_f = N\tan\varphi \tag{10-14}$$

式中，τ_f 为摩擦力；N 为法向压力；$\tan\varphi$ 为摩擦系数；φ 为内摩擦角。

② 黏聚力

黄土的黏聚力由原始黏聚力和固化黏聚力两部分组成。

原始黏聚力由细小土颗粒间的电分子引力所产生，主要取决于土的颗粒组成、矿物成分和扩散层中的离子成分和数量。显然，黄土中黏粒含量越多，黏土矿物越多，土越密实，原始黏聚力就越大。

固化黏聚力由化学胶结作用所形成，黄土中黏土矿物（蒙脱石、伊利石、高岭石等）和水溶盐（碳酸钙、石膏、氯化钠、硫酸镁等）以固体胶结薄膜的形式包裹在土粒表面，对土粒起着胶结作用，形成了土的固化黏聚力。固化黏聚力在黄土强度中的地位十分重要，固化黏聚力的大小，与土中黏粒含量、水溶盐含量、含水率、土的结构特征、密实程度以及土的形成年代有关。黄土的天然含水率越低，密实度越低，架空结构特点越明显，则固化黏聚力占整个黏聚力的比例也越大。一般说来，黄土的黏粒和水溶盐含量越大，形成年代越久，其固化黏聚力也越大。就黄土的类型而论，湿陷性黄土的黏聚力常以固化黏聚力为主，浸水后固化黏聚力被削弱，以至丧失后便会导致黄土湿陷的发生。由以上分析可知，就黄土本身而论，内摩擦角和黏聚力，是构成抗剪强度的基本因素，故把它们共同称为抗剪强度指标。

（2）天然黄土抗剪强度

从表 10-9 可得随着含水率的逐渐增大，抗剪强度逐渐降低，同时可以看出土体的内摩擦角 φ 随着含水率 w 的变化不大，黏聚力 c 值随着含水率的增加而逐渐降低。

天然黄土抗剪强度试验结果　　　　　　　　　　　　　　表 10-9

试样编号	干密度	含水率	抗剪强度				黏聚力	内摩擦角
			200kPa	200kPa	300kPa	200kPa		
1	1.65	11.86	139	153.45	167.99	191.63	113.75	10.81
2	1.54	13.7	56.76	66.79	86.79	111.64	3.34	10.6
3	1.53	14.49	36.83	63.69	80.01	98.64	19.36	11.9
4	1.45	15.49	72.01	83.02	116.62	130.01	48.52	11.73
5	1.5	19.03	31.44	47.87	62.49	77.97	16.39	8.77
6	1.51	20.84	32.86	46.59	64.57	83.22	14.55	9.6

（3）重塑黄土的抗剪强度

重塑黄土的抗剪强度可认为由两部分组成。一部分是粗粉粒接触点处的胶结物质形成的加固黏聚力和吸附黏聚力，也就是黏土颗粒间接触的联结强度，这是最有效的抗剪强度；另一部分是存在于水-气分界面上的表面张力。前者是黄土压实后所固有的强度，主要与土的成分、密度有关，对同种土和同样密度的土来说，其值不变。后者是由于水-气分界面内的水分子受力不平衡产生的，受含水率影响很大，很不稳定。

由表 10-10 可得，干密度、含水率是影响重塑土抗剪强度的主要因素。当试样干密度一定时，含水率对抗剪强度的影响最为显著。重塑黄土的抗剪强度随着含水率的增大而减小，干密度大的减小得快。对于处在固态或半固态的土体，含水率小，土粒之间的黏结力是很大的，因而抵抗剪切破坏的极限强度也大。随着含水率增加，土粒之间的薄膜水增厚，粒间的黏结力受到削弱，黄土的抗剪强度也随之降低。

重塑黄土抗剪强度试验表　　　　　　　　　　　　表 10-10

干密度	围压 （kPa）	含水率（%）			
		14.83%	17.66%	20.22%	26.83%
1.6	100	43.97	38.92	29.69	4.85
	200	62.89	54.94	48.48	7.34
	300	79.39	66.73	58.92	9.69
	400	99.32	87.13	65.99	15.76
1.68	100	54.54	43.49	34.41	6.94
	200	74.47	62.62	45.11	8.42
	300	91.10	71.31	57.23	11.24
	400	115.81	88.95	72.11	13.39

10.5　黄土区工程病害类型及特征

随着社会的发展，特别是我国近年来西部大开发工程的推进，越来越多的工程在黄土地区开展，但由于黄土具有的湿陷性以及易崩解性，在黄土地区修建道路、隧道、输油管道等工程时，常常遇到各种各样的病害问题。本节主要讲述的病害类型为黄土区道路病害、黄土区隧道病害、黄土区边坡病害、黄土区油气输运病害。

10.5.1　黄土区道路病害

路基的沉陷在湿陷性黄土地区是最常见的病害问题。湿陷性黄土路基在受到雨水的浸润后，其内部结构发生改变，在荷载及重力的作用下发生沉降，最后导致路基发生沉降破坏。黄土地区的路基沉降主要表现形式为下沉、基床软化、翻浆冒泥以及路肩隆起，局部沉降也会导致路面产生裂缝。造成黄土路基沉陷的原因除了其本身的湿陷性外，路基压实度不够、地基未作处理、填料不符合要求、排水措施不到位等都会造成路基沉降。

路基陷穴也是黄土区道路病害的问题之一。黄土组成成分以粉砂为主，含有碳酸钙的可溶盐，孔隙较大。在雨季时，降水及地下水的流动沿着孔隙向路基内部渗透，含盐黄土在遇到水后盐分溶解，在重力作用下颗粒重组，导致土体不断崩解，在水流冲刷下土颗粒被带走，形成暗穴，持续作用下，洞壁不断坍塌形成更大的暗穴或形成露出地面的陷穴。

路基的陷穴通常发生在地形起伏多变、地表径流容易汇聚的地方和土质松软、垂直节理较多的黄土中。路基陷穴病害发生的原因与路基沉降类似，都是黄土的湿陷性造成的，而降水及地下水流动是导致路基陷穴的诱因。

塌陷病害常常发生于长江中下游地段黄土地区，是其丰富的降水量导致。因为黄土一旦受到强降水的冲刷，坡面就容易产生破坏，并且高边坡显露在外更容易受到外力作用而影响坡型，导致路基下部形成反坡。反坡会导致路基承载力下降，路基承载力下降一旦受到超载作用就会发生塌陷（图 10-4）。造成塌陷的主要原因就是出现反坡造成下部无法有效地支撑路基，导致较为严重的变形现象，随着长时间的使用，导致路基出现断裂而引起塌陷。

图 10-4　雨水入渗造成的边坡滑塌及路基陷穴

高填方路堤病害也是黄土区常见病害问题，高填方路堤主要用于冲沟等区域的公路路基的施工。这一区域中受湿陷性黄土土壤结构的影响，土壤结构强度的下降容易导致路基滑坡问题的产生。高填方路堤病害主要是在施工过程中对路基进行开挖和填方对原始土体造成冲撞，对原始土体破坏程度较大，加上后期雨水的冲刷，造成路基边坡密实度降低，随着雨水入渗，破体质量增大，从而造成路基横截面负载加大，最终造成路基形状改变使得边坡溜塌。

10.5.2　黄土区隧道病害

由于不同地区的黄土形成的条件不同，在形成时代、气候及水文地质等方面存在差异，同时在施工工艺上也存在不同，造成黄土隧道施工过程中及交付使用过程中先后出现不同类型的病害形式。黄土区隧道主要的灾害类型包括塌方、塌顶、坍洞、滑坡、坍塌、地表冲刷、突水突泥等。目前我国已建成大量黄土隧道，如黄陵至延安高速公路群、土家湾隧道、羊马河隧道、甘泉隧道以及新庄黄土公路隧道等，这些隧道在修建过程中也发生过不同程度的施工地质灾害。根据调查不同隧道不同的病害特点，对黄土区隧道病害进行以下分类。

（1）衬砌开裂

这种类型的病害主要表现特征为：隧道洞内一衬混凝土开裂（均为环向裂缝）或者初期支护开裂变形，以及局部拱顶、墙体开裂，路面开裂及网裂，路面和电缆槽之间的开裂（该种形式主要是横向裂缝）。在施工期间和运营的过程中都有可能产生这种病害。我国发生的典型的隧道病害包括新庄岭隧道、祁家大山隧道、七楞山隧道、羊马河隧道等。

衬砌开裂主要发生在隧道进出口洞段，如新庄岭隧道和羊马河隧道。黄土隧道衬砌开裂特征如表 10-11 所示。

黄土隧道衬砌开裂特征　　　　　　　　　　　　　　表 10-11

隧道名称	位置	特征
新庄岭隧道	洞口	洞内一衬混凝土裂缝均为环向裂缝，且距混凝土施工缝不超过 5cm，裂缝宽度最大不超过 2mm
	洞口，洞身	局部拱顶、墙部开裂，路面开裂，路面与电缆槽之间开裂
祁家大山隧道	洞身	路面碎裂、网裂、裂缝 84 处；衬砌拱墙纵、横裂缝 73 处，环向开裂 26 处，缝宽 1～9mm
七楞山隧道	距洞口 100m	开挖至 DK428＋583 处时，初期支护的喷射混凝土突然开裂，格栅严重弯曲变形
羊马河隧道	洞身	对 DK438＋354～DK359 段初期支护进行测量时，发现支护底部出现裂缝，该段右侧边墙部位长约 4.0m 的初期支护平行推移，整体划出

（2）洞顶掉块、塌方

洞顶掉块、塌方病害规模一般较大，具突发性，主要发生在隧道进出口洞段或围岩条件（地层岩性或水文地质条件）发生突变的地段（土石交界面、泥岩夹心或地下水富集地段）。典型隧道包括七楞山隧道（地质条件特点为饱水、围岩差）、燕家岭隧道（土石交界面）、翅膀沟隧道、羊马河隧道、土家湾隧道。

此类病害常发生于施工阶段（图 10-5），在运营阶段的隧道中未发现洞顶掉块或者塌方的现象。黄土区隧道洞顶掉块、塌方特征如表 10-12 所示。

图 10-5　山西某隧道出口塌方

黄土区隧道洞顶掉块、塌方特征　　　　　　　　表 10-12

隧道名称	位置	特征
七楞山隧道	洞口 100m	地质条件变差，围岩含水率逐渐增大，近乎饱和，呈泥塑状，开挖时掉块严重
燕家岭隧道	右线（RK78＋575～RK78＋555）（土石交界面附近）	因山体变化突然发生坍塌，塌方段长度 20m，位于隧道右侧，右半拱顶距开挖工作面（RK78＋438）117m。在清运塌方渣的施工过程中，山体再次发生塌方，塌方面从拱顶以上高度扩大为 9m，宽度 3～6m 不等，右侧一次支护开裂，塌方外露顶面为卵石层
翅膀沟隧道	DK446＋350	当上半断面开挖至 DK446＋337，下断面开挖至 DK446＋342.4 及 DK446＋465～DK446＋353.6 全断面衬砌，下导坑 DK446＋350 处护拱有掉块现象，后右边墙松动，随后右边墙发生坍塌，次日塌至山顶，洞内塌方段长度约 13.8m，塌方段施工支护全部被压坏，山顶塌体直径 20m，地表陷坑 3～5m
羊马河隧道	DK438＋354～DK438＋359	发现支护底部出现裂缝，该段右侧边墙部位长约 4.0m 的初期支护平行推移整体滑出，之后，该段边墙及拱部不断坍塌掉块，发生大规模的塌方，塌方长度约为 30m，塌方高度不详（此处覆盖层厚约为 90m），经过 7d 后，土块才将拱顶塌口封死，洞内塌方长度 31m，初期支护全部被压坏
土家湾隧道	下行线进行 K29＋199.8～198.6 段拱部洞身（饱水地段）	开挖时，土体含水率增大（饱和黄土层含水率高达 32.5%～33.7%），洞顶突然出现塌方，黄土泥流涌入隧道，使开挖掌子面后退近 10m

（3）渗水漏水

不同黄土隧道的水文地质条件存在差异，导致不同隧道中渗水漏水病害的严重程度差别较大，主要表现形式以洞身渗水、淌水为主。有些隧道则表现为局部地段沿基岩裂隙发生渗水、滴水。典型隧道包括祁家大山隧道、土家湾隧道、楼子沟隧道。

隧道渗水和漏水在施工期间和运营过程中均可能发生。黄土隧道渗水漏水特征如表 10-13 所示。

黄土区隧道渗水漏水特征　　　　　　　　表 10-13

隧道名称	位置	特征
祁家大山隧道	距隧道东洞口 280～300m，460～480m，700～730m 等断面	对洞身两侧墙脚基底、路面基底钻孔探查，发现洞身墙脚与路面基底以下 30～50cm 厚原岩含水率为 15%～60%，部分泥化呈高塑状态。普遍饱和度在 85%～99%，抗压强度较设计值衰减 30%～50%，探查孔终孔时普遍渗积水，个别富含水孔眼水深 2.3m
土家湾隧道	洞口	隧道口沟壑纵横，陷穴较多，水系发达。地下水位高，局部地点有泉水出露，土层含水率为 25.10%～27.50%，局部达 29%。饱和度达到 0.90 以上，呈软塑～流塑状。由于该段饱和黄土压缩性大，易触变，地基承载力低
楼子沟隧道	洞身	隧道大部分地段位于地下水位线附近，隧道开挖后，地下水逸出形成渗水和沿裂隙脉渗出

（4）拱顶下沉

本次调查的拱顶下沉病害在七楞山隧道和祁家大山隧道中表现得尤为突出，七楞山隧道拱顶下沉量为 32cm，祁家大山隧道局部洞段也发生了拱顶下沉。黄土区隧道拱顶下沉特征如表 10-14 所示。

黄土区隧道拱顶下沉特征　　　　　　　　　　表 10-14

隧道名称	位置	特征
祁家大山隧道	洞身	洞内水平收敛量测：57d 内最大收敛值 11.2mm，基本收敛值为 5～8mm；水平沉降观测：洞身纵向傍山侧拱脚均发生竖向沉降，最大值约 8cm，普遍为 4～6cm；另一侧人行道纵向产生不均匀的上翘和局部沉降
七楞山隧道	洞口 100m 左右	由于地质条件变差，围岩含水率逐渐增大，近乎饱和，呈泥塑状，开挖时掉块严重。开挖至 DK428＋583 处时，初期支护的喷射混凝土突然开裂，格栅严重弯曲变形，经量测，拱顶下沉 32cm

10.5.3　黄土区边坡病害

黄土区边坡灾害类型主要有坡面侵蚀、泥流、边坡失稳及沿河公路的边坡水毁等。

（1）坡面侵蚀

坡面侵蚀是指在降雨等流水作用下坡面表层土体经过破坏、起动、运动和沉积四个环节的搬运，处于不同地段的黄土，其所处的气候、地形地貌也不相同，造成了侵蚀形态的差异，主要形成了雨滴侵蚀、层状侵蚀、蜂窝状侵蚀、沟状侵蚀和陷穴等几种形态。黄土边坡坡面侵蚀方式主要表现为雨滴溅蚀到片流侵蚀再到小股水流侵蚀、沟蚀，最后发展形成溅蚀麻坑、鳞片状斑痕、细沟、浅沟及冲沟。

黄土区公路边坡在降雨的作用下容易发生坡面侵蚀，在植被覆盖度低或缺少防护情况下，路堑或路堤边坡顶部易发生侵蚀破坏，携带的泥沙堵塞边沟，影响边坡的稳定性，甚至引起边坡崩塌、滑溜、滑坡等灾害的发生。其破坏方式包括：坡面大量水土流失、边坡冲沟、路堤坡脚冲刷和路肩冲蚀缺口等。

在土质、溅蚀、水流和工程等众多因素的综合作用下，黄土地区公路边坡的冲蚀破坏现象十分多见，对公路边坡的整体性和稳定性造成不同程度的影响。由于施工及防护等多种原因，路堑边坡的冲蚀破坏较路堤边坡多，且破坏更为严重，应引起重视。

（2）泥流

黄土泥流是一种含有大量泥沙（不夹石砾）的特殊洪流，是泥石流的一种特殊类型，也是山地环境恶化的标志。陕北黄土地区地形破碎，沟壑发育充分，黄土层结构疏松，在暴雨冲刷作用下易促成泥流，可诱发公路边坡灾害。特殊的地形环境条件形成了陕北黄土高原这个大的泥流分布区。

7～9 月降雨比较集中，雨水会携带沟道上游的松散堆积物形成泥流。泥流携带的泥团、石块等杂物常会堵塞排水沟，使排水系统丧失功能，导致路基或边坡灾害的发生，甚至掩埋路面桥涵，破坏公路，中断交通，如图 10-6 和图 10-7 所示。

图 10-6　泥流

图 10-7　泥流淤埋路面

（3）边坡失稳

黄土地区的公路由于高边坡、大坡角、土的力学指标太低或防排水不完善等因素，在降雨作用下易沿软弱面失稳引起滑坡。黄土斜坡的自然坡率（1:2.0～1:1.5）小于人工开挖边坡坡率（1:1.0～1:0.5），公路挖方边坡降低了其原有稳定性，更易发生失稳。施工完成后若不及时进行边坡和坡脚的防护，雨水会造成冲刷性坍塌，坡率将变得更陡，更不稳定，在持续降雨或暴雨作用下，最终将导致边坡的失稳破坏。陕北黄土地区公路边坡失稳破坏形式主要有崩塌、滑坡和坍塌等（表 10-15），其中边坡坍塌尤为普遍。

黄土地区公路边坡失稳破坏形式及产生原因　　　　　　　　表 10-15

黄土公路边坡失稳破坏形式	崩坏	定义	陡坡上的岩土体在重力或其他外力作用下，突然垂直下落运动，崩落的岩体或土体顺坡猛烈地翻滚、跳跃、相互撞击，最后堆积于坡脚	
		原因	黄土垂直节理发育，冲沟深切，边坡高陡，土质疏松，在重力和潜蚀等各种外部营力作用下，特别是坡度过陡且超过其临界坡度时易发生黄土边坡崩塌	
	滑坡	定义	黄土的强度下降引起土体稳定性平衡的破坏	标志性区别
		原因	在老黄土和岩土间不整合倾斜接触面处，在降雨或其他条件如地震、施工大爆破等作用下，极易产生土体滑坡，小型滑坡多出现在新黄土，中大型滑坡常发生在松散结构或湿陷性黄土层中	坍塌没有事先的破坏面，滑坡则一般沿软弱的结构面滑动
	坍塌	定义	黄土斜坡，特别是高陡斜坡在自然或人类工程活动影响下所引起的特殊黄土地质灾害，其具有"滑坡"和"崩塌"两种机制和"先滑后塌"的变形破坏过程	
		原因	已建公路上边坡坍塌较多，主要原因是在降雨影响下大坡率边坡土体易失去稳定性，坍塌具有单点规模小的特点，但沿线数量多，加上具有突发性和频发性的特点，给公路建设和养护带来困难	

10.5.4 黄土区油气输运病害

我国西部不仅是主要的天然气产区，而且也是进口油气输送的主要区域。按照规划，我国的"西气东输""西油东送"将建设七条管线，目前已建成一线和二线，三线建设已经开始，从已建成的一线、二线运行情况看，运行当中存在着种种问题。不仅在油气管线的勘察建设阶段，而且在其运营期间，各类工程地质病害所造成的工程造价和运行维护费用的增加也是相当大的。

（1）水力侵蚀

水力侵蚀中的溅蚀对输油管道的直接影响不大，但溅蚀堵塞土壤孔隙，阻止雨水下渗，为面蚀创造了条件。

面蚀冲走土壤表层土粒，影响土壤肥力，最终影响坡面植被恢复，尤其是在输油管道扫线作业带内。扫线、管沟开挖破坏植被和扰动土壤，引起水土流失。植被恢复缓慢意味着坡面径流流量较大的现象将在较长时间内存在，进而可能使径流汇集，形成侵蚀沟，影响管道安全。

沟蚀对输油管道的安全运行影响较大。在管线周围的沟蚀，如下切侵蚀常使管道出现露管现象，沟蚀进一步发展，还可使管道悬空。位于腰岘部位的输油管道，沟头溯源侵蚀也会使管道产生露管。若沟道下切较深，沟头部位沟底比降较大，还会导致管道周围土坡失稳，发生崩塌、小范围滑坡等现象，对管道安全威胁更大，且难于处理。尤其在黄土高原的晋陕丘陵区，要髻部位坡度陡，沟壑下切深，施工条件恶劣，沟头溯源侵蚀治理难度很大。

山洪侵蚀对堤岸和沟岸的冲刷也会对管道的安全运行产生较大威胁。山洪具有流速高、冲刷力大的特点，对河沟床的冲刷往往导致其底部埋设的管道出现露管现象，如果洪水含有较大块石等物质，其对管壁的冲击将导致管壁及其防腐层破损。洪水对河岸、沟边的掏蚀，也有可能使沟坡或岸坡变得较为陡峭，从而引发滑塌等重力侵蚀，这对以"V"形方式通过河、沟的输油管道安全十分不利。河、沟处的滑塌牵引有可能使管道发生变形、断裂，引起极其严重的后果。

（2）重力侵蚀

在黄土高原地区，对输油管道产生较大影响的重力侵蚀形式主要有崩塌和滑坡。

水力侵蚀发展到沟蚀时，往往伴随崩塌的产生，崩塌导致沟、河岸扩张和沟头前进，其对管线的影响与沟蚀类似，这里不再详述。

滑坡对管线的安全运行影响巨大。如滑坡体滑动方向与管道敷设的方向一致，无论是蠕动还是快速滑动，其对管道的巨大作用力，很容易导致管道变形、断裂，酿成重大事故。如滑坡体移动的方向与管道敷设方向垂直，当滑坡体蠕动时，会使管道发生位移，久之，可使管线断裂；若滑坡体快速移动，在其带动下，可导致滑坡体两端管道发生断裂。黄土高原是滑坡等地质灾害的易发区，成百上千甚至几万立方米的滑坡体较为常见，为保护输油管道的安全，应特别重视滑坡的防治。

（3）混合侵蚀

黄土泥流流动时似沥青，堆积时为一堆黄土。黄土泥流有较大的切力，常对河、沟岸产生下切侵蚀和侧蚀，此时对输油管道的影响与沟蚀类似。黄土泥流堆积时常阻塞河沟，引发洪水灾害。若黄土泥流在管道下游的河沟内堆积，会引起河沟水位上涨，使管道出现漂管现象；若在管道上游的河沟内堆积，堆积物堵塞河沟引发的高水位，使水流冲刷力增大，可能使管道产生露管现象，还会产生洪水灾害，并诱发其他地质灾害。

（4）风力侵蚀

黄土高原风力侵蚀对输油管道安全运行的直接影响不大。

10.6　黄土区工程病害防治技术

10.6.1　黄土区公路病害防治技术

基于提高路基土体的压实度和压实均匀性的目的，从控制路基填料和施工质量来防止病害的发生，加上黄土对水的特殊敏感性，对路基路面排水设施的合理设计是防止黄土地区高速公路病害发生的重要方面；桥台背路基为病害的集中发生带，可根据实际情况采用强夯法或注浆法加固。

（1）严格控制路基填料的土质和级配，避免不同土料的混填。对拟定的取土坑或土料场沿深度方向的土层分布、土性、含水率进行调查，并列表说明，避免不同土性填料的混填或分段填筑，避免使用不宜于填筑路堤的填料，确有困难时必须提出改进措施及其技术质量指标，但不能用于易产生稳定问题和下沉问题的部位，如桥台背处。

（2）严格控制填土含水率，应使施工时的土料含水率高于最佳含水率（1%～2%）。路堤填土的压实，与填料的含水率有着密切的关系，只有在相应土料的击实最佳含水率附近，才能达到路基填土较好的压实效果。压实施工时应尽量避免压实含水率小于最佳含水率，控制施工含水率在大于最佳含水率1～2个百分点范围内。因为小于最佳含水率时，黄土土粒表面仅存在很薄的结合水膜，土粒相互间的引力很大，使得土料间移动困难，难以达到较好的密实度；而过大的含水率又会使土粒被水膜包围而分散，也难以有效压实。同时由于黄土对水的特殊敏感性，过低的含水率会使高速公路建成后路基浸水的情况下，路基土发生过大变形的可能性增大，更易于发生路基病害。

（3）尽量避免冬期施工。冬期气温低，可使土料冻块过多，易导致施工时压实不均匀。对在低温下黄土碾压施工的性能研究目前进行的还较少，没有可以遵循的工程质量评价标准和施工对策。

（4）加强路基边部压实。在路堤的填筑过程中，往往由于路基边部压实困难，而忽略了边部压实工作，为保证路基的整体稳定性，必须采用一定的措施对边部进行有效地压实。一般采取超填削坡的办法保证边坡的压实度；路堤高度不大时，也可采用斜坡振动碾压实。

水是黄土路基产生病害的外部条件，道路建成后，水的冲刷和破坏是导致路基路面病害的主要因素。因此黄土地区路基的施工排水和道路竣工后防止地表水进入路基十分重要。路基基底处理应按设计要求和黄土的湿陷类型进行施工，同时必须做好两侧的施工排水防水措施；填土路堤设计应考虑采用土肩及其边坡防护或用急流槽将水引离路堤，保证填土路堤边坡稳定。

10.6.2　黄土区隧道病害防治技术

1. 隧道渗水、漏水病害的处置

从黄土隧道病害调查结果发现，黄土隧道中出现的大多数病害与水有关，如隧道中的塌方、衬砌开裂、路面开裂、路面与电缆槽之间开裂、地表开裂、地表陷穴。溶洞等病害均在很大程度上与水有密切的关系。不同的病害类型在很多情况下并不是独立发生的，它们之间经常存在依存关系。因此，在黄土隧道病害预防与处治过程中，应首先处理好水的问题。

隧道防排水处治是"以排为主，防截排堵相结合，因地制宜，综合治理"，当前更多地关注环保和生态，提出了"以堵为主"的理念。但考虑黄土的物质特征、结构特征及其特殊的水理性质，建议黄土隧道洞身渗水、漏水病害处治应以排为主，其他措施为辅进行。

2. 洞顶掉块、坍塌的处置

洞顶掉块、坍塌病害在黄土隧道中是较常见的一种突发性病害，该病害发生的原因有多种。例如，由于黄土饱水，湿陷性或承载力不够而引起黄土隧道不同部位发生不同规模的坍塌，影响施工安全和施工的正常进行。下面分别介绍不同原因和不同地段黄土隧道病害的具体处治措施。

（1）饱水引起坍塌的处置方案

黄土饱水是引起洞顶掉块、坍塌的主要原因之一。本隧道采用水泥-水玻璃双液注浆固化、分部开挖、密排支撑，并结合降排水等工程措施对病害段进行综合整治。

（2）黄土湿陷性引起湿陷、坍塌病害的处置措施

新、老黄土的湿陷性是黄土地段坍塌发生的主要原因之一。一般处于干硬、硬塑状态下看起来比较稳定的土体，一旦遇水浸泡，极易发生湿陷，呈饱和流塑状态，从而减弱以至丧失承载力和自稳能力。特别是埋深浅的洞口段、沟谷汇水地段、不同地质分界的洞身段，往往容易出现地下水或有季节性地表水下渗。施工过程中，要认真做好隧道的防排水工程，加强初期支护，缩短铺底、二次衬砌作业面与开挖工作面的距离。

（3）承载力低导致拱顶坍塌的处置措施

黄土地层的承载力都在 $120 \sim 150 \mathrm{kPa}$ 之间。因无水黄土的黏滞系数大，围岩壁立性

好，但拱部范围地层稳定性较差，开挖后拱部垂直荷载较大，而且初期支护与周边地层的黏结力低。格栅拱架或型钢拱架的基座一般直接落在黄土上，在垂直荷载和初期支护自重的作用下，初期支护的沉降量较大，一旦外力超过基底承载力极限，拱脚或墙脚容易失稳，甚至导致拱顶坍塌，特别是在进行下半断面开挖时，需要采取有效措施，防止拱脚下沉、拱部坍塌。

一般情况下可采取如下措施：

① 尽早施作仰拱、铺底，使全断面的初期支护尽早封闭成环，这样能够合理拉开与二次衬砌有关的各工序，有利于组织机械化施工。

② 在上半断面初期支护的拱脚位置设斜向外侧的锁脚锚杆，以增强初期支护的稳定性。当用先拱后墙法施作二次衬砌时，在其拱脚设置钢筋混凝土托梁，并设置环向接缝的连接钢筋。

由于黄土隧道洞顶坍塌在隧道中发生的位置不同，其处治措施也有所差异。下面分别介绍洞口和洞身坍塌的处治措施。

（4）洞口塌方的处置措施

对黄土隧道洞口段塌方主要采用下列处理措施：

① 对中小型塌方，应将塌体自上而下全部清除，根据塌方清除后的坡面情况，决定是否采用刷坡卸载的方法，同时对仰坡面自上而下进行喷锚网加固。

② 对于大型或特大型塌方，不必全部清理塌体。可采取挖台阶的形式清除一部分，然后进行喷锚网加固，并在仰坡上的适当位置设置浆砌片石挡土墙作防护。

③ 当塌方是因为洞口附近的山体滑动引起，且塌方发生后，滑动体尚未稳定，此时必须先加固滑动体，然后再处理塌方。

④ 仰坡加固完成后，对于洞口段已露空洞身时，可采用暗洞明做或改为明洞衬砌，拱圈上部回填土石或浆砌片石。

⑤ 根据仰坡塌方的规模及处理后的稳定情况，对洞内二次衬砌进行适当加强，如增大衬砌厚度或采用钢筋混凝土、钢架混凝土衬砌等。

（5）洞内塌方的处理措施

洞内塌方规模一般较大，主要为大型和特大型塌方。对于土质类塌方的处理，不能采用清渣的方法，而必须采用 Z 法进行，即"注浆＋管棚"的方法。但须注意以下两点。

① 注浆应根据塌体中土质（或砂）的颗粒大小分别采用渗透注浆、劈裂注浆或化学注浆。其选择标准为：$d \geqslant 1.0mm$ 时，渗透注浆；$0.1mm < d < 21.0mm$ 时，劈裂注浆；$d < 0.1mm$ 时，化学注浆。其中，d 为颗粒粒径。

② 施作管棚时，因在土质中钻孔、成孔困难，可采用跟管钻机进行。管棚安装完成应利用管棚再行注浆，并在管棚内安放小钢筋笼并灌注水泥砂浆，以提高刚度。当土质类塌方塌至地表（这种情况在浅埋时经常发生）时，应先对地表塌口进行处理，其处理的内容及步骤同岩石类塌方的相应内容。

3. 衬砌开裂

衬砌开裂是在围岩压力作用下，衬砌因变形而发生的一种破坏。衬砌开裂病害处治应从两方面进行：一方面应提高围岩自身的力学性能，增强自承能力，减小围岩压力；另一方面要增加支护体的刚度和强度。

（1）治理的原则

提高围岩力学性能，改善衬砌的受力条件，对洞身衬砌背后的空洞、松散体进行注浆回填，对隧道周圈围岩进行注浆加固，或对整座隧道进行混凝土套衬，补作仰供，使衬砌结构形成一个封闭的整体；对隧道的排水系统进行重新施作，采用纵向排水管和中心排水沟降低地下水的影响。

（2）处置措施

① 锚喷加固

为了加固围岩，提高围岩力学性能，改善衬砌的受力条件，在隧道周围形成一个支承环，防止衬砌结构受力状况的恶化。采用小导管对洞身衬砌背后的空洞、松散体进行注浆回填，对隧道周圈围岩进行注浆加固，注浆的范围为 4m 左右；为增加衬砌的整体刚度，对二次衬砌内表面喷射 10cm 厚的钢纤维混凝土。对原衬砌的裂缝及钻孔等漏水处，采用半管将水汇集到隧道底部的排水盲沟，同时，重新整修隧道底部排水盲沟。

② 套衬加仰拱方案

对整座隧道进行钢筋混凝土套衬，套衬的厚度为 30cm，补作 60cm 厚钢筋混凝土仰供，使衬砌结构形成一个封闭的整体；周边注浆回填，对隧道的排水系统进行重新施作，采用纵向排水管和中心排水沟组合，降低地下水的影响。套衬和二衬之间满铺防水板，作为防水层。

③ 套衬和基层加固围岩方案

为减少隧道底部拆除路面量和降低开挖仰可能造成的危害，对隧道底部和周边采用 50mm 小导管注浆加固，上部采用套衬 30cm 钢筋混凝土衬砌，两衬砌之间铺防水板作为防水层，重作排水系统。

4. 地表变形（裂缝、陷穴、溶洞）的处置

地表变形（裂缝、陷穴、溶洞）主要是由于隧道开挖引起围岩下沉，或在降雨和地表水入渗（农田灌溉）作用下引发黄土的湿陷性而产生。处治地表变形时，首先应处理地表已有的裂缝、陷穴、溶洞，同时应注意完善防排水系统。

10.6.3　黄土区边坡病害防治措施

选择的建设场地，当其附近的斜坡无法满足稳定性要求或风险较大时，应采取防治措施。无论是对尚未严重变形与破坏的斜坡进行预防，还是对已经有严重变形与破坏的斜坡进行治理，都涉及边坡设计问题。边坡设计一方面取决于所处的工程地质条件，另一方面则与工程建设的重要程度和级别有关，如城市乡镇、居民点、重要工程设施、交通干线等

建设对边坡安全系数的要求不尽相同，所以，这里仅提一些原则性建议。

（1）防水措施

黄土中发育有垂直节理、裂隙、陷穴、落水洞等渗水通道，降水在地表汇集后，很快渗入地下，或在古土壤面之上形成上层滞水，或在基岩之上形成潜水，常常使地下水位抬升，岩土体含水率增大，结构面被软化，强度降低，引发斜坡变形与失稳。所以，边坡防治设计应该遵循防水措施为先的原则。

防水措施可以根据工程重要性综合选用堵截措施、引水措施和疏排措施，具体如下：

① 堵截措施就是对已有的节理、裂隙、陷穴、落水洞、鼠洞等渗水通道进行回填、夯实，堵截地表水汇集灌入。这一方法是防水措施中的首选方法，尤其是对于新出现的险情，乡镇和居民点附近的隐患点，在实施其他措施之前，应首先采取堵截的方法防止地表水汇集灌入。

② 引水措施就是修筑截水沟、槽，排水暗沟和排水沟，及时将地表水及泉水引走，减少其停滞下渗的机会。这一方法是防治黄土地质灾害最有效的方法之一，但应做到沟、槽切实不漏水，并设计检漏措施。

③ 疏排措施主要是指在水库、淤地坝附近建设时，由于地下水位相对较高，对斜坡稳定性产生不利影响，必要时可采取疏排地下水，降低地下水位的措施。

（2）削坡措施

通过削坡、减荷措施，使斜坡高度降低，坡度减小，是防治黄土地质灾害的有效措施之一。由于城市、乡镇、居民点、重要工程设施、交通干线等建设对边坡安全系数的要求不同，所以削坡、减荷的程度也不同。

（3）斜坡防护

斜坡防护包括：

① 坡面防护，主要是防止坡面水流冲刷、冻融风化和裂隙剥落等。本区黄土裂隙发育，古土壤风化严重，降水量大而且暴雨集中。因此，边坡应考虑采取生物措施进行防护。

② 坡脚防护，因边坡存在各种裂隙，并且一般坡脚土体应力集中，为了不使裂隙进一步发展，甚至导致边坡破坏，高边坡坡脚应进行砌护。砌护的种类主要有浆砌片石、白灰浆砌料姜石、泥砌料姜石等。

针对不同类型地质灾害发生的主要原因，采取综合的地质灾害防治措施，可供采取的地质灾害防治措施各有特点，应结合具体条件而定。

10.6.4　黄土区油气输运病害防治措施

黄土高原地区最大的环境问题是水土流失，输油管道建设对生态环境的扰动在加剧水土流失的同时，也影响管道的安全运行。因此，黄土高原长输管道周边综合治理的关键在于防治水土流失，改善生态环境。

　　输油管道周边环境治理的各种措施只有相互协调，治理的效果方能更佳，生态恢复的速度才会更快，而综合治理措施中最关键的则为工程措施和生物措施，因此，讨论这两者怎样协调配置则是油区管道周边环境综合治理的重要议题。

　　（1）坡面

　　坡面治理工程措施主要有梯田、水平沟、水平阶、鱼鳞坑、蓄水池、排水沟、跌水等。

　　梯田是坡面水土流失治理、生态环境恢复最常见的工程措施。黄土高原地区的梯田基本为土坎水平梯田。发生强降雨时，梯田田坎附近冲刷最为严重，所以梯田田坎的稳定和安全至关重要。土坎水平梯田田坎种植林草是保护梯田田坎的重要措施之一，也是工程措施保持水土、植物措施保护工程的一种重要形式。同时，种植林草还是生态环境建设的重要内容。

　　水平沟、水平阶、鱼鳞坑均属陡坡集流造林种草工程。黄土高原大部分属干旱半干旱地区，水平沟、水平阶、鱼鳞坑在保持水土、保护管道安全运行的同时，还可聚集径流提高土壤水分，为植被生长和恢复提供水分上的有利条件。

　　在以上措施尚不能完全拦蓄径流的情况下，还可在坡面较平坦的部位设置蓄水池。蓄水池可用当地土料构筑而成，池边种植草皮以达到保护蓄水池和改善环境统一的目的。

　　当坡度陡峻、地形破碎或蓄水条件不良时，可考虑采用排水措施，排水出口消能设施后可种植防冲林以提高消能效果和防冲，同时也有利于生态恢复。

　　（2）沟壑

　　沟壑治理工程措施主要有沟头防护工程、谷防工程、淤地坝和拦渣坝等。

　　沟头防护工程中的沟壑式防护和池梗结合式防护可在梗内、埂上种植林木、灌木等植物，在土质蓄水池旁种植树木等，在拦蓄沟头径流防止径流入沟引起沟头前进等溯源侵蚀的同时，还可护埝、护池，改善生态环境，有利于输油管道的长治久安。

　　谷坊工程可抬高侵蚀基点，防止沟道冲刷、沟底下切、沟头前进和沟岸扩张。当输油管道周边毛沟、支沟沟道侵蚀影响管道安全时，可采取谷坊工程。

　　输油管道工程建设中，沟道及其附近弃土、弃渣的处理常采用拦渣坝的形式。在黄土高原地区，如果是弃土，拦渣坝建成后，弃土和后续泥沙在坝内的淤积有利于早日形成坝地；如果是弃石，则可在渣石表面覆土，种植林草，尽快使之恢复到与周围环境相协调的状态，并融合成为周围环境的一部分，不再对环境产生破坏与损害。

　　（3）边坡防护

　　边坡坡面防护工程主要有植物防护、坡面夯实、干砌石防护和浆砌石护墙等，其中与植被恢复有关的坡面防护措施主要有植物防护，坡面夯实和浆砌石骨架护坡等。

　　植物防护措施主要有种草、平铺草皮和植树，本身就有利于输油管道周边生态环境的改善。因此适宜于植物防护的边坡尽量采用植物防护措施。当植被成活后，无须再对其进行管护，让植被自行恢复和自我修复以适应当地生态环境，成为当地生态环境的一部分。

　　坡面夯实一般有灰土夯实和素土夯实两种。灰土夯实因夯实面碱性较大，植被难于生长，不利于生态恢复。素土夯实的坡面经过一段时间后，可生长一些杂草，尤其在水分条件较好和坡面坡度较缓的部位。所以，从考虑生态恢复的角度出发，输油管道建设开挖等所形成的边坡，如采用坡面夯实防护时，应优先选用有利于生态恢复并与环境协调的素土夯实措施。

　　骨架护坡常根据骨架内边坡土质、坡度及当地材料来源情况选用铺草皮、捶面或栽砌卵石的形式。就生态恢复来说，骨架内应尽量选用铺草皮的形式，因为铺草皮在工程建设的初期能够较快起到恢复植被的作用，而且草皮下为土，有利于当地原生植物的生长，当原生植物替代草皮后，更易融入当地生态系统。所以在有条件时，骨架内防护措施应尽量选用与环境较为友好的铺草皮的方式。

思 考 与 习 题

　　10-1　黄土成因主要包括哪些？成因主要理由分别是？

　　10-2　黄土的颗粒组成主要包括哪些？

　　10-3　世界黄土以及我国黄土的主要分布特征？

　　10-4　简述黄土结构特征特点。

　　10-5　简述黄土构造特征特点。

　　10-6　黄土的一般特征包括哪些？有哪些分类依据？

　　10-7　影响黄土抗剪强度的因素有哪些？

　　10-8　如何评价黄土的压缩性？

　　10-9　什么是土的液限、塑限、液限指数和塑限指数？

　　10-10　黄土湿陷的物理实质是什么？

　　10-11　计算自重湿陷量时，如何选取 β_0。

　　10-12　造成黄土路基沉陷的原因有哪些？

　　10-13　黄土区隧道病害形式有哪几类？简述解决该类病害的方法及措施。

　　10-14　简述黄土区边坡病害形式及其防治对策。

　　10-15　简述黄土区油气输运病害表现形式。

　　10-16　简述黄土区油气输运病害防治措施。

参 考 文 献

[1] 黄润秋，许强，等. 中国典型灾难性滑坡[M]. 北京：科学出版社，2008.

[2] 国家防汛抗旱总指挥部办公室，中国科学院、水利部成都山地灾害与环境研究所. 山洪、泥石流、滑坡灾害及防治[M]. 北京：科学出版社，1994.

[3] HUNGR O，LEROUEIL S，PICARELLI L. The Varnes classification of landslide types，an update[J]. Landslides，2014，11(02)：167-194.

[4] SASSA K，TIWARI B，LIU K F，et al. Landslide Dynamics：ISDR-ICL Landslide Interactive Teaching Tools[M]. Cham：Springer，2018.

[5] 时卫民，郑颖人，唐伯明. 滑坡稳定性评价方法的探讨[J]. 岩土力学，2003，24(04)：545-548＋552.

[6] 国家市场监督管理总局，国家标准化管理委员会. 滑坡防治设计规范：GB/T 38509—2020[S]. 北京：中国标准出版社，2020.

[7] 陈俊，张东，黄晓明. 离散元颗粒流软件(PFC)在道路工程中的应用[M]. 北京：人民交通出版社，2015.

[8] OUYANG C，ZHOU K，XU Q，et al. Dynamic analysis and numerical modeling of the 2015 catastrophic landslide of the construction waste landfill at Guangming，Shenzhen，China[J]. Landslides，2017，14(2)：705-718.

[9] 甯尤军，吕昕阳. 岩石力学与工程问题的 DDA 和 NMM 模拟研究进展[J]. 应用力学学报，2022，39(04)：657-672.

[10] 王玉峰，林棋文，李坤，等. 高速远程滑坡动力学研究进展[J]. 地球科学与环境学报，2021，43(01)：164-181.

[11] 刘传正. 论崩塌滑坡—碎屑流高速远程问题[J]. 地质论评，2017，63(06)：1563-1575.

[12] 樊晓一. 岩土体与场地条件作用下的滑坡碎屑流运动机制研究[M]. 北京：科学出版社，2017.

[13] 罗先启，葛修润. 滑坡模型试验理论及其应用[M]. 北京：中国水利水电出版社，2008.

[14] IVERSON R M. Scaling and design of landslide and debris-flow experiments[J]. Geomorphology，2015，244(Sep. 1)：9-20.

[15] 许强，汤明高，黄润秋，等. 大型滑坡监测预警与应急处置[M]. 2 版. 北京：科学出版社，2020.

[16] 陈宁生，佘德彬. 基于弃渣综合利用的矿山泥石流灾害防治新模式——以冕宁盐井沟泸沽铁矿为例[J]. 山地学报，2019，37(01)：78-85.

[17] 陈光曦，王继康，王林海. 泥石流防治[M]. 北京：中国铁道出版社，1983.

[18] 费祥俊，朱程清. 高含沙水流运动中的宾汉切应力[J]. 泥沙研究，1991(04)：13-23.

[19] 陈晓清，崔鹏，游勇，等. 关于汶川地震灾区泥石流灾害工程防治标准的讨论[M]//宋祖武. 汶川

大地震工程震害调查分析与研究. 北京：科学出版社，2009.

[20]　张军，熊刚. 云南蒋家沟泥石流运动观测资料集[M]. 北京：科学出版社，1997.

[21]　钱宁，张仁，周志德. 河床演变学[M]. 北京：科学出版社，1987.

[22]　陈晓清，崔鹏，赵万玉. 汶川地震区泥石流灾害工程防治时机的研究[J]. 四川大学学报（工程科学版），2009，41(03)：125-130.

[23]　崔鹏，柳素清，唐邦兴，等. 风景区泥石流研究与防治[M]. 北京：科学出版社，2005.

[24]　胡凯衡，游勇，庄建琦，等. 北川地震重灾区泥石流特征与减灾对策[J]. 地理科学，2010，30(04)：566-570.

[25]　刘希林，唐川. 泥石流危险性评价[M]. 北京：科学出版社，1995.

[26]　陈晓清，崔鹏，游勇，等. 汶川地震区大型泥石流工程防治体系规划方法探索[J]. 水利学报，2013，44(05)：586-593.

[27]　中国地质灾害防治工程行业协会. 泥石流灾害防治工程勘查规范（试行）：T/CAGHP 006—2018[S]. 武汉：中国地质大学出版社，2018.

[28]　刘希林，唐川. 泥石流危险性评价[M]. 北京：科学出版社，1995.

[29]　何思明，王东坡，吴永，等. 崩塌滚石灾害形成演化机理与减灾关键技术[M]. 北京：科学出版社，2015.

[30]　FAN X，SCARINGI G，KORUP O，et al. Earthquake-induced chains of geologic hazards：patterns，mechanisms，and impacts[J]. Reviews of Geophysics，2019，57(2)：421-503.

[31]　肖锐铧，许强，冯文凯，等. 强震条件下双面坡变形破坏机理的振动台物理模拟试验研究[J]. 工程地质学报，2010，18(06)：837-843.

[32]　LIU W M，CARLING P A，HU K H，et al. Outburst floods in China：a review[J]. Earth-Science Reviews，2019，197.

[33]　吴昊，年廷凯，单治钢. 滑坡堵江成坝的形成演进机制及危险性预测方法研究进展[J]. 岩石力学与工程学报，2023，42(S1)：3192-3205.

[34]　郭剑. 滑坡-泥石流灾害链形成及转化机制研究[D]. 西安：长安大学，2022.

[35]　邱国庆，刘经仁，刘鸿绪. 冻土学辞典[M]. 兰州：甘肃科学技术出版社，1994.

[36]　周幼吾，郭东信，邱国庆，等. 中国冻土[M]. 北京：科学出版社，2000.

[37]　徐敩祖，王家澄，张立新. 冻土物理学[M]. 北京：科学出版社，2010.

[38]　吴紫汪，赖远明，藏恩穆. 寒区隧道工程[M]. 北京：海洋出版社，2002.

[39]　赖远明，张明义，李双洋. 寒区工程理论与应用[M]. 北京：科学出版社，2009.

[40]　路建国. 土体冻融过程中水热参数变化特征研究[D]. 北京：中国科学院大学，2017.

[41]　HARLAN R L. Analysis of coupled heat-fluid transport in partially frozen soil[J]. Water Resources Research，1973，9(5)：1314-1323.

[42]　O'NEIL K，MILLER R D. Exploration of a rigid ice model of frost heave[J]. Water Resources Research，1985，21(3)：282-296.

[43]　李萍，徐学祖，陈峰峰. 冻结缘和冻胀模型的研究现状与进展[J]. 冰川冻土，2000，22(01)：90-95.

[44]　盛煜，张鲁新，杨成松，等. 保温处理措施在多年冻土区道路工程中的应用[J]. 冰川冻土，2002，

24(05)：618-622.

[45] 程国栋，吴青柏，马巍. 青藏铁路主动冷却路基的工程效果[J]. 中国科学：技术科学，2009，39(01)：16-22.

[46] 赖远明，张鲁新，张淑娟，等. 利用抛石护坡调节冻土路基阴阳坡的温度分布[J]. 岩石力学与工程学报，2004，23(24)：4212-4220.

[47] 赖远明，张明义，喻文兵，等. 边界条件对碎石层降温效果及机理的影响[J]. 冰川冻土，2005，27(02)：163-168.

[48] 牛富俊，刘明浩，程国栋，等. 多年冻土区青藏铁路路基的长期热状况[J]. 中国科学：地球科学，2015，45(08)：1220-1228.

[49] 温智，盛煜，马巍，等. 青藏铁路保温板热棒复合结构路基保护冻土效果数值分析[J]. 兰州大学学报(自然科学版)，2006，42(03)：14-19.

[50] 高江平，王永刚. 盐渍土工程与力学性质研究进展[J]. 力学与实践，2011，33(04)：1-7.

[51] 万旭升，赖远明. 硫酸钠溶液和硫酸钠盐渍土的冻结温度及盐晶析出试验研究[J]. 岩土工程学报，2013，35(11)：2090-2096.

[52] 路建国. 寒区水库大坝水热力相互作用过程及冰冻害防治技术研究[D]. 北京：中国科学院大学，2020.

[53] 张学富. 寒区隧道多场耦合问题的计算模型研究及其有限元分析[D]. 兰州：中国科学院寒区旱区环境与工程研究所，2004.

[54] 高炎. 寒区高速铁路隧道温度场理论与保温技术研究[D]. 成都：西南交通大学，2017.

[55] 朱志武. 冻土水-热-力三场耦合机理及本构关系[M]. 北京：科学出版社，2021.

[56] 马巍，王大雁. 冻土力学[M]. 北京：科学出版社，2014.

[57] 周国庆，周扬，胡坤，等. 正冻土的冻胀与冻胀力[M]. 北京：科学出版社，2020.

[58] 孟上九，王森. 季冻土力学特性及工程测试分析[M]. 北京：科学出版社，2022.

[59] 吴青柏，童长江. 寒区冻土工程[M]. 兰州：兰州大学出版社，2019.

[60] KONIORCZYK M. Salt transport and crystallization in non-isothermal, partially saturated porous materials considering ions interaction model[J]. International Journal of Heat and Mass Transfer, 2012, 55(4)：665-679.

[61] REMPEL A W. A theory for ice-till interactions and sediment entrainment beneath glaciers[J]. Journal of Geophysical Research: Earth Surface, 2008, 113(f1)：F01013-1- F01013-20.

[62] ASHWORTH E N, ABELES F B. Freezing behavior of water in small pores and the possible role in the freezing of plant tissues[J]. Plant Physiology, 1984, 76(1)：201-204.

[63] KOZLOWSKI T. A comprehensive method of determining the soil unfrozen water curves：2 stages of the phase change process in frozen soil-water system[J]. Cold Regions Science and Technology, 2003, 36(1-3)：81-92.

[64] WU D Y, LAI Y M, ZHANG M Y. Thermo-hydro-salt-mechanical coupled model for saturated porous media based on crystallization kinetics[J]. Cold Regions Science and Technology, 2017, 133：94-107.

[65] DASH J G, WETTLAUFER J S, FU H. The premelting of ice and its environmental consequences

[J]. Reports on Progress in Physics, 1995, 58(1): 115-167.

[66] WAN X S, PEI W, LU J, et al. Analytical model to predict unfrozen water content based on the probability of ice formation in soils[J]. Permafrost and Periglacial Processes, 2022, 33 (4): 436-451.

[67] PAINTER S L, KARRA S. Constitutive model for unfrozen water content in subfreezing unsaturated soils[J]. Vadose Zone Journal, 2014, 13(4): 1-8.

[68] SUN Z, SCHERER G W. Pore size and shape in mortar by thermoporometry[J]. Cement and Concrete Research, 2010, 40(5): 740-751.

[69] WAN X S, LIU E, QIU E, et al. Study on phase changes of ice and salt in saline soils[J]. Cold Regions Science and Technology, 2020, 172(Apr.): 102988. 1-102988. 12.

[70] WAN X S, YANG Z J. Pore water freezing characteristic in saline soils based on pore size distribution[J]. Cold Regions Science and Technology, 2020, 173(May.): 103030. 1-103030. 12.

[71] WAN X S, LAI Y M, WANG C. Experimental study on the freezing temperatures of saline silty soils[J]. Permafrost and periglacial processes, 2015, 26(2): 175-187.

[72] DERLUYN H. Salt transport and crystallization in porous limestone: neutron-X-ray imaging and poromechanical modeling[D]. Zürich: Eidgenössische Technische Hochschule Zürich, 2012.

[73] MERSMANN A. Crystallization Technology Handbook[M]. New York: Marcel Dekker, 2001.

[74] MULLIN J W. Crystallization[M]. Oxford: Butterworth-Heinemann, 1993.

[75] EVERETT D H. The thermodynamics of frost damage to porous solids[J]. Transactions of the Faraday Society, 1961, 57(1): 1541-1551.

[76] KURYLYK B L, WATANABE K. The mathematical representation of freezing and thawing processes in variably-saturated, non-deformable soils[J]. Advances in Water Resources, 2013, 60 (Oct.): 160-177.

[77] ESPINOSA R M, FRANKE L, DECKELMANN G. Phase changes of salts in porous materials: crystallization, hydration and deliquescence[J]. Construction and Building Materials, 2008, 22(8): 1758-1773.

[78] SCHERER G W. Crystallization in pores[J]. Cement and Concrete Research, 1999, 29 (8): 1347-1358.

[79] DALL' AMICO M, ENDRIZZI S, GRUBER S, et al. A robust and energy-conserving model of freezing variably-saturated soil[J]. The Cryosphere, 2011, 5(2): 469-484.

[80] LI S, ZHANG M, PEI W, et al. Experimental and numerical simulations on heat-water-mechanics interaction mechanism in a freezing soil[J]. Applied Thermal Engineering, 2018, 132: 209-220.

[81] ZHOU G, ZHOU Y, HU K, et al. Separate-ice frost heave model for one-dimensional soil freezing process[J]. Acta Geotechnica, 2018, 13(1): 207-217.

[82] LAI Y M, PEI W S, ZHANG M Y, et al. Study on theory model of hydro-thermal - mechanical interaction process in saturated freezing silty soil[J]. International Journal of Heat and Mass Transfer, 2014, 78: 805-819.

[83] O'NEILL K, MILLER R D. Exploration of a rigid ice model of frost heave[J]. Water Resources

Research，1985，21(3)：281-296.

[84] KONRAD J M，MORGENSTERN N R. The segregation potential of a freezing soil[J]. Canadian Geotechnical Journal，1981，18(4)：482-491.

[85] 中华人民共和国住房和城乡建设部，中华人民共和国国家质量监督检验检疫总局. 盐渍土地区建筑技术规范：GB/T 50942—2014[S]. 北京：中国计划出版社.

[86] 赵凯旋，张莎莎，常春普，等. 多因素下氯离子对粗粒硫酸盐渍土盐胀的影响[J]. 建筑科学与工程学报，2023，40(03)：180-190.

[87] 迟春明. 松嫩平原苏打盐渍土逆境胁迫研究[M]. 成都：西南交通大学出版社，2016.

[88] 汪林，甘泓，于福亮，等. 西北地区盐渍土及其开发利用中存在问题的对策[J]. 水利学报，2001，(06)：90-95.

[89] 王遵亲. 中国盐渍土[M]. 北京：科学出版社，1993.

[90] 徐学祖，张立新，刘永智，等. 甘肃盐渍土及土壤水分改良三环节探讨[J]. 冰川冻土，1998，20(2)：5-11.

[91] 徐学祖，王家澄，张立新，等. 土体的冻胀和盐胀机理[M]. 北京：科学出版社，1995.

[92] 徐学祖，王家澄，张立新. 冻土物理学[M]. 北京：科学出版社，2010.

[93] 邴慧，何平. 不同冻结方式下盐渍土水盐重分布规律的试验研究[J]. 岩土力学，2011，32(08)：2307-2312.

[94] 路建国，万旭升，刘力，等. 降温过程硫酸钠盐渍土水-热-盐相互作用过程[J]. 哈尔滨工业大学学报，2022，54(02)：126-134.

[95] 靳贻杰，陶勇，张婷，等. 含盐冻土冻结温度及导热系数试验研究[J]. 郑州大学学报(工学版)，2023，44(04)：120-126.

[96] 罗述伟. 钠盐盐渍土的电阻率特性分析[D]. 咸阳：西北农林科技大学，2019.

[97] 汪林，甘泓，于福亮，等. 西北地区盐渍土及其开发利用中存在问题的对策[J]. 水利学报，2001，(06)：90-95.

[98] 杨劲松. 中国盐渍土研究的发展历程与展望[J]. 土壤学报，2008，45(05)：837-845.

[99] 周家作. 土在冻融过程中水、热、力的相互作用[D]. 兰州：中国科学院寒区旱区环境与工程研究所，2012.

[100] 李生林，施斌，杜延军. 中国膨胀土工程地质研究[J]. 自然杂志，1997(02)：82-86.

[101] 刘清秉，项伟，吴云刚，等. 膨胀土工程特性及改性理论研究[M]. 武汉：中国地质大学出版社，2015.

[102] 吴珺华，袁俊平. 膨胀土裂隙特性与边坡防治技术[M]. 北京：中国建筑工业出版社，2017.

[103] 杨果林，刘义虎，黄向京. 膨胀土处治理论与工程建造新技术[M]. 北京：人民交通出版社，2008.

[104] 廖世文. 膨胀土与铁路工程[M]. 北京：中国铁道出版社，1984.

[105] 张波. 膨胀土边坡浅层失稳的非饱和土力学机理及浅层稳定性计算[D]. 南宁：广西大学，2022.

[106] 凌昊. 膨胀土隧道受力机理及结构设计方法研究[D]. 成都：西南交通大学，2014.

[107] 贾磊柱，胡春林，杨新. 考虑膨胀土抗剪强度衰减特性的深基坑支护工程设计研究[J]. 岩土工程学报，2014，36(S1)：66-71.

[108] 王欢，任俊玺，凡超文，等. 粉砂土掺量对膨胀土膨胀与力学特性的影响[J]. 地下空间与工程学报，2021，17(01)：172-178.

[109] 王保田，李进，韩少阳，等. 膨胀土化学改性技术[M]. 北京：科学出版社，2022.

[110] KHALIFA A Z，CIZER Ö，PONTIKES Y，et al. Advances in alkali-activation of clay minerals [J]. Cement and Concrete Research，2020，132：106050-106077.

[111] 中华人民共和国住房和城乡建设部，中华人民共和国国家质量监督检验检疫总局. 膨胀土地区建筑技术规范：GB 50112—2013[S]. 北京：中国建筑工业出版社，2013.

[112] 《工程地质手册》编写委员会. 工程地质手册[M]. 5版. 北京：中国建筑工业出版社，2018.

[113] 胡水玲. 膨胀土地区铁路基床病害分析与整治技术[D]. 西安：长安大学，2011.

[114] 周福胜. 广西公路沥青路面典型结构研究[D]. 重庆：重庆交通大学，2008.

[115] 徐永福，王宁，郝贵发，等. 土工编织袋防护膨胀土路堑边坡的应用研究[J]. 岩土工程学报，2023，45(02)：402-410.

[116] 刘斯宏，沈超敏，程德虎，等. 土工袋加固膨胀土边坡降雨-日晒循环试验研究[J]. 岩土力学，2022，43(S2)：35-42.

[117] 郑俊杰，吕思祺，曹文昭，等. 高填方膨胀土作用下刚柔复合桩基挡墙结构数值模拟[J]. 岩土力学，2019，40(01)：395-402.

[118] 李安洪，魏永幸，姚裕春，等. 山区铁路(公路)路基工程典型案例[M]. 成都：西南交通大学出版社，2016.

[119] 徐至钧，胡中雄，潘林有. 软土地基和预压法地基处理[M]. 北京：机械工业出版社，2005.

[120] 毛绪美，易珍莲，钟晓清，等. 软土地基工程地质特性评价——以佛山市中心城区为例[M]. 武汉：中国地质大学出版社，2010.

[121] 杨顺安，冯晓腊，张聪辰. 软土理论与工程[M]. 北京：地质出版社，2000.

[122] 高金川，张家铭. 岩土工程勘察与评价[M]. 2版. 武汉：中国地质大学出版社，2013.

[123] 国家铁路局. 铁路工程地基处理技术规程：TB 10106—2023[S]. 北京：中国铁道出版社，2023.

[124] 李彰明. 软土地基加固的理论、设计与施工[M]. 北京：中国电力出版社，2006.

[125] 张小峰. 软土地区公路路基设计及地基处理方法应用研究[D]. 西安：长安大学，2018.

[126] 刘晋南. 斜坡软弱地基路堤工程特性及其双指标设计体系研究[D]. 成都：西南交通大学，2014.

[127] 殷一弘. 深厚软土地层紧邻地铁深大基坑分区设计与实践[J]. 岩土工程学报，2019，41(S1)：129-132.

[128] 张栋樑. 深厚层软土路基桩网复合结构地基沉降机理及计算方法研究[D]. 上海：同济大学，2007.

[129] 应宏伟，孙威，吕蒙军，等. 复杂环境下某深厚软土基坑的实测性状研究[J]. 岩土工程学报，2014，36(S2)：424-430.

[130] 高宏兴. 软土地基加固[M]. 上海：上海科学技术出版社，1990.

[131] 杨建中，顾福明，严赪强，等. 沪通铁路软土路基沉降变形控制技术方法研究[M]. 成都：西南交通大学出版社，2018.

[132] 王午生. 铁道线路工程[M]. 上海：上海科学技术出版社，1999.

[133] 徐光黎，刘丰收，唐辉明. 现代加筋土技术理论与工程应用[M]. 武汉：中国地质大学出版

社，2004.

[134] 温欣. 真空法处理软土地基[M]. 天津：天津大学出版社，2021.

[135] 李泰澧. 高速铁路软土路基桩网复合地基体系沉降分析及对策研究[D]. 北京：中国铁道科学研究院，2017.

[136] 尤昌龙，赵成刚，张焕城，等. 高原斜坡软土路基施工试验研究[J]. 岩土工程学报，2002(04)：503-508.

[137] 刘红军. 寒区湿地软土地基固结沉降与稳定性研究[D]. 哈尔滨：中国地震局工程力学研究所，2007.

[138] 张吾渝，马艳霞，蒋宁山，等. 黄土工程[M]. 北京：中国建材工业出版社，2016.

[139] 李明光. 喜马拉雅山的崛起和黄土高原的形成[M]. 哈尔滨：黑龙江科学技术出版社，1988.

[140] 张宗祜，张之一，王芸生. 论中国黄土的基本地质问题[J]. 地质学报，1987(04)：362-374.

[141] 孙建中. 黄土成因问题的探讨[J]. 地质科学，1980(02)：194-200.

[142] 闵隆瑞，范蕙. 中国黄土高原的形成及其黄土成因的探讨[J]. 科学通报，1988(09)：690-692.

[143] 黄汲清，闵隆瑞. 青藏高原的隆起，沙漠和黄土的形成，人类的起源与演化[J]. 第四纪研究，1992(01)：24-28.

[144] 陈正汉，许镇鸿，刘祖典. 关于黄土湿陷的若干问题[J]. 土木工程学报，1986(03)：86-94.

[145] 中华人民共和国住房和城乡建设部，中华人民共和国国家质量监督检验检疫总局. 建筑地基基础设计规范：GB 50007—2011[S]. 北京：中国建筑工业出版社，2012.

[146] 中华人民共和国住房和城乡建设部，国家市场监督管理总局. 湿陷性黄土地区建筑规范：GB 50025—2018[S]. 北京：中国建筑工业出版社，2019.

[147] 付宇. 黄土湿陷性与物理指标相关性研究[D]. 北京：中国地质大学(北京)，2016.

[148] 冯志焱，宋战平，赵治海. 湿陷性黄土地基[M]. 北京：科学出版社，2009.

[149] 陈剑波，刘洋. 土力学与地基基础[M]. 2版. 武汉：华中科技大学出版社，2020.

[150] 杨磊. 黄土抗剪强度特性分析[J]. 水利与建筑工程学报，2010，8(03)：163-165＋169.

[151] 刘相如. 陕北黄土地区公路边坡降雨灾害预测预警研究[D]. 西安：长安大学，2007.

[152] 马东涛，崔鹏，张金山，等. 黄土高原泥流灾害成因及特征[J]. 干旱区地理，2005，(04)：19-24.

[153] 鲍燕妮. 黄土地区高填方路基病害分析及处理方法[J]. 城市道桥与防洪，2021，(08)：107-110.

[154] 幸瑞. 国道310南移新建公路工程典型黄土高边坡稳定性分析[D]. 重庆：重庆大学，2021.

[155] 张胜利，钱招国. 黄土高原地区长输管道水工保护[M]. 北京：石油工业出版社，2009.

[156] 康军，谢永利，李睿，等. 黄土公路隧道工程[M]. 北京：人民交通出版社，2011.

[157] 陈新建，王勇智，宋飞，等. 黄土滑坡灾害特征及防治对策[M]. 北京：冶金工业出版社，2013.